U0244062

LÜYOU JINGGUAN SHEJI

# 旅游景观设计

李宏 石金莲 徐荣林 ◎ 编著

中国财经出版传媒集团

经济科学出版社
Economic Science Press

**图书在版编目（CIP）数据**

旅游景观设计 / 李宏，石金莲，徐荣林编著 . —北京：经济科学出版社，2017.9
ISBN 978-7-5141-8371-9（2021.8 重印）

Ⅰ.①旅⋯　Ⅱ.①李⋯②石⋯③徐⋯　Ⅲ.①旅游区－景观设计　Ⅳ.① TU984.18

中国版本图书馆 CIP 数据核字（2017）第 207227 号

责任编辑：李　雪　李　军
责任校对：王苗苗
责任印制：王世伟

**旅游景观设计**

李　宏　石金莲　徐荣林　编著

经济科学出版社出版、发行　新华书店经销
社址：北京市海淀区阜成路甲 28 号　邮编：100142
总编部电话：010-88191217　发行部电话：010-88191522
网址：www.esp.com.cn
电子邮箱：eps@esp.com.cn
天猫网店：经济科学出版社旗舰店
网址：http://jjkxcbs.tmall.com
北京季蜂印刷有限公司印装
787×1092　16 开　22.25 印张　280000 字
2018 年 1 月第 1 版　2021 年 8 月第 2 次印刷
ISBN 978-7-5141-8371-9　定价：66.00 元

# 前　言

2009 年春季，因旅游管理专业培养计划调整，要求增设部分专业课程，《旅游景观设计》就属于这种背景下新增设的课程之一。虽然之前本人曾经开设过《旅游景区管理》课程，但旅游景区管理与旅游景观设计是完全不同的课程。景区管理更注重景区的人、财、物、时间和信息的管理，关注景区管理的细节；而景观设计既是技术也是艺术，更关注土地的分析、规划、设计、管理、保护和恢复，景观设计意味着设计不露痕迹地陪伴着人的活动，实现天、地、人三者之间的和谐统一。

经过长达 3 年的准备，2012 年本人开始给 2009 级旅游管理本科学生讲授旅游景观设计课程，主要参考教材是邓涛编著的《旅游区景观设计原理》。尽管该教材内容丰富，但对于场所精神、景观设计的发展趋势关注不够。在使用该教材两年后，本人开始对教学内容和结构、教学方法进行反思，并萌发了编写适宜旅游管理专业景观设计教材的想法。

对于旅游管理专业的学生而言，目前开设的与规划、设计紧密相关的课程并不多，因此，学习旅游景观设计课程具有一定的难度。在 32 学时的教学环节，应突出其理论性，还是突出其实践性？哪些内容属于课堂教学的核心，哪些内容属于实习环节的关键内容？诸如此类的问题，在教学过程中一直困扰着作者。

编写本教材的目的是通过景观设计理论方法的内容，重点培育学生热爱大自然、传统文化，尤其是对于国内外著名景观设计作品的欣赏、分析鉴别能力。由于旅游管理专业的学生在学习旅游景观设计之前没有系统学习过园林规划设计理论、实践方面的课程，因此，在组织教材内容时，既要体现学科前沿，又要给他们实时补充一些专业基础知识。本教材通过大量景观设计案例，宣传传统文化，弘扬生态环境保护、生态修复的思想，使学生认识到，景观设计不只是空谈或者是画几张图，而是协调人与土地、人与社会关系的一门艺术和科学。基于以上思想，本教材内容、案例的组织，既要考虑到国外一些先进的理念、设计方法，也要兼顾到中国在景观设计理论和实践方面取得的重要成就。

教材内容共分 6 章，第 1 章，旅游景观设计概述；第 2 章，旅游景观设计要素；第 3 章，旅游景观设计理论基础；第 4 章，旅游景观设计程序和方法；第 5 章，旅游景观要素设计；第 6 章，旅游景观设计案例。书中各章节所插入的实景图片绝大部分为李宏实地拍摄。

在本教材编写过程中，编著者力图体现理论综合性、实践指导性。世无遗憾不成书，由于知识水平有限，难免挂一漏万，希望得到专家、学者们的批评指正，以期抛砖引玉。

编著者

2017 年 7 月

# 目录 CONTENTS

# 第1章　旅游景观设计概述

由于对英文名称"Landscape Architecture"（LA）的不同理解，中译名称有不同版本的提法：国内对 LA 的翻译有造园学、园林建筑学、园景建筑学、风景建筑学、景观建筑学[①]、大地规划与风景园林学、景观学、地景建筑、地景设计等。日本则按传统不变，仍译为"造园学"，韩国也按传统不变，译为"造景学"。LA 中文翻译如此混乱，究其原因，其一是对 landscape 和 architecture 理解的不同，其二是市场经济下来自不同专业背景的话语权力之争。不管名称如何界定，专业的核心内容仍离不开规划与设计。"景观设计"的名称是 18 世纪 landscape planning 的中文译名。如果将"景观设计"翻译为 landscape architect，不仅是对这一学科名称的误译，而且使其含义倒退到 18 世纪了。[②]

尽管中国有着上千年优秀的园林文化和辉煌的园林传统，但现代景观设计在中国却是一个非常年轻的行业。改革开放以来，随着中国城市化的快速发展，人地关系失调，环境恶化、自然\文化遗产遭到蚕食等问题以及景观专业人才奇缺等现象，为中国景观设计的实践及理论发展带来了前所未有的机遇。

## 1.1　Landscape 与 Landscape Architecture辨析

### 1.1.1　Landscape 词义辨析

#### 1.1.1.1　欧美landscape 的词义变迁

"景观"（landscape）有"风景""景色"之意。从汉词词义上理解，"景观"是"景"与"观"的统一体，是客观景物与人的视觉欣赏的统一。"景"是现实中存在的客观事物，而

---

① 戴维·索特著，王玲、孟祥庄译：《景观建筑学》，中国林业出版社 2008 年版，序言。
② 孙筱祥：《第 1 讲国际现代 Landscape Architecture 和 Landscape Planning 学科与专业 "正名" 问题》，载《风景园林》，2005 年第 3 期，第 12 ～ 14 页。

"观"是人对"景"的各种主观感受与理解,"景"与"观"实际上是人与自然的和谐统一。[①]

在欧洲,"景观"(landscape)一词最早出现在《圣经·旧约全书》内,被用来描写所罗门皇城(耶路撒冷)的瑰丽景色,这时"景观"的含义与现代汉语中"风景""景色""景致"一致。

古英语中的 landscipe、landskipe 和 landscaef 等表示地域或乡间,后来逐渐被废弃了,其古日耳曼语系的同源词(古高地德语 lantscaf、古挪威语 landskapr 以及中古荷兰语 landschap 等)表示的含义也相近。瑞典语中的 landskap 是历史上行政区划分的单位(省),至今仍在使用。同属日耳曼语系的德语 landschaft 继续保持了原始的含义,表示一个"人占据的单元",指一个社区的环境。在使用上,通常指小的行政地理区划(即地方行政体),如村、镇、乡等行政体,类似英文的 ward(行政区、选区)。由此可见,在现代英语以前与 landscape 一词有关的古英语形式及其同源词,包括一些现代同源词都与土地、地区或区域有关,而与自然风景或景色无关。

14 ~ 16 世纪大规模的全球性旅行和探险,使欧洲人对"景观"概念的理解发生了深刻的变化。在 16 世纪中后期到 17 世纪,尼德兰地区特别是其所属的荷兰地区出现一大批风景画家,形成了写实的风景画派;荷兰语 landschap 从土地、乡间和地域等原始意义演变成为区别于海景画和肖像画等画种的陆地自然风景画。比如,在埃萨亚斯·范德·威尔德的画作中,总有渔夫、赶牛人、行人和骑马者点缀其间。[②] 在同时代的英国口语中演变为 landskip,它的意大利同义词 parerga,指向小河潺潺、满山金黄麦田的田园牧歌的发源地,众所周知的古典神话和圣经主题的辅助背景。

16 ~ 17 世纪之交,荷兰语 landschap 作为描述自然景色特别是田园景色的绘画术语被引入英语,演变成现代英语的 landscape 一词,意为"描绘内陆自然风光的绘画"。

landscape 一词进入西方园林是与风景画(landscape painting)有很大关系的。18 世纪早期英国庭园设计的理论家爱迪逊(J. Addison)、波贝(A. Pope)和沙弗·斯伯瑞(A. Shaftesbury)等都直接或间接地将绘画作为庭园设计的范本。当时,这种形式的造园都类似于风景绘画,只不过这种"绘画"是在真实的三维空间中进行的,设计师将风景绘画中的主题与造型移植到庭园创造过程中去。[③] 肯特(William Kent,1685—1748)是早期英国

---

① 吕智强:《景观设计概论》,中国轻工业出版社 2006 年版,第 2 页。
② 西蒙·沙玛著,胡淑陈、冯樨译:《风景与记忆》,译林出版社 2014 年版,第 8 页。
③ 王晓俊:《Landscape Architecture 是"景观/风景建筑学"吗?》,载《中国园林》,1999 年第 15 卷第 6 期,第 46 ~ 48 页。

自然风景式造园家，他抛弃了几何式园林，代之以自然风景式园林。他说："大自然是厌恶直线的"，并把前人遗留下来的通直的林荫大道全部破坏，采用中国"曲径通幽处"的方法加以改造。他的学生"万能的"布朗（Lancelot "Capability" Brown，1715—1783）把历史上遗留下来的意大利几何式园林全部改造为"自然风景式园林"。他的风格可以描述为"像自然的"（nature-like）或者"如自然的"（nature-esque）。布朗的作品特征是圆形的树丛、建筑前面茂盛的草地、蜿蜒的湖泊、环绕四周的林带和环形马车道。[①]1805年，布朗的继承人亨弗利·雷普顿（Humphry Repton，1752—1818）出版了《造园的理论与实践》（*Observation on the Theory and Practice of Landscape Gardening*）。他在著作中写道："那些用栏杆围起来的石头平台，壮丽的石级、拱门和人造的山洞，高耸的修剪树墙、壁龛和后退部分，处处装饰着雕像……那种意大利几何式园林，……什么雪泥鸿爪，什么断垣废址，都已荡然无存！"

显然，landscape garden（风景园）是表示按自然风景画构图方式创造的庭园。landscape gardening 则是指这种庭园创造活动。英语中的"garden"原来是表示"围合的土地"，后来变成了"为栽培花卉、果树、蔬菜等植物而围合的土地"。

英国人虽然在西欧以提倡"自然式"园林而自豪，却长期囿于"园艺""放牧"的范畴中。当英国人试图从"园"的篱笆中走出来时，仍然不能摆脱这个困扰。[②]18世纪以前欧洲的园林，大多数只是建筑的延伸和扩大部分，是室外的绿色建筑。由于大城市还没有出现，所以也根本没有供城市居民共同享用的公园（public park，urban park）。[③]

由于美国现代景观设计脱胎于传统的园林设计，尤其受英国风景园（landscape garden）影响颇深。这种园林形式后来传入美国，唐宁（Andrew Jackson Downing，1767—1845）、弗雷德里克·劳·奥姆斯特德（Frederick Law Olmsted，1822—1903）、强生（J. Jensen）等在美国掀起了学习热潮。作为美国园林发展史上的重要人物之一，唐宁将英国著名园林设计师雷普顿等人的设计思想应用到美国乡村庄园园林设计之中。根据雷普顿的设计原则，用树木、灌木与花草将园地规划分成不同的空间，这一做法对美国早期园林实践产生了很大影响。[④]

19世纪初期，植物地理学家和自然地理学家洪堡德（Alexander Von Humboldt）将"景观"作为一个科学名词引用到自然地理学中，并将其定义为"某个地理区域的总体特

① Tom Turner 著，林箐、南楠、齐黛蔚等译：《世界园林史》，中国林业出版社2011年版，第234页。
② 王绍增：《论 LA 的中译名问题》，载《中国园林》，1994年第10卷第4期，第58～59页。
③ 孙筱祥：《风景园林（Landscape Architecture）从造园术、造园艺术、风景造园到风景园林、地球表层规划》，载《中国园林》，2002年第18卷第4期，第7～12页。
④ 王晓俊：《Landscape Architecture 是"景观/风景建筑学"吗？》，载《中国园林》，1999年第15卷第6期，第46～48页。

征"（the land forms of an area）。随着地理学、地质学及其他地球科学的发展，地理学界对景观主要有以下几种理解：某一区域的综合特征，包括自然、经济、人文诸方面；一般自然综合体，如气候、地貌、土壤、植被等；区域单位，相当于综合自然区划等级系统中最小一级的自然区；任何区域分类单位。前两种理解形成了没有空间尺度限制的类型学派，后两种理解代表发生上最具一致性的某个地域（或地段）的区域学派。[①]1949年俄国地理学 H. A. 宋采夫认为，"自然地理景观应该是在发生上如此一致的地域，在它的范围内，能观察到地质构造、地貌形态、地表水、地下水、小气候和土壤变种、植物群落和动物的同一种相互联系、相互制约的结合体有规律的典型的重复"。[②]

生态学中，景观的定义可概括为狭义和广义两种。狭义的景观是指几十千米至几百千米范围内，由不同生态系统类型所组成的异质性地理单元。广义景观是指在微观向宏观不同尺度上的，具有异质性或缀块性的空间单元。广义景观概念强调空间异质性，其空间的尺度随研究对象、方法和目的而变化，而且它突出了生态系统中多尺度和等级结构的特征。这一概念越来越为生态学家所关注和应用。[③]

早在1939年，德国著名的生物地理学家特罗尔（Carl Troll）提出了"景观生态学"的概念，他把景观看作一个广义的"人类生存空间的'空间和视觉总体'，包括地圈、生物圈（biosphere）和智能圈（Noosphere）的人工产物"。美国学者福曼（R. T. T. Forman）和戈登（M. Godron）在《Landscape Ecology》（1986）一书中将景观定义为相互作用的镶嵌体（生态系统）构成。后来福曼在《Landscape Mosaics：The Ecology Landscape Regions》（1995）一书中进一步将景观定义为空间上镶嵌和紧密联系的生态系统的组合，在更大尺度的区域中，景观是互不重复出现且对比性强的结构单元。可见，景观生态学将景观概念进一步发展，视景观为地域尺度上具有空间可量测性的异质空间单元，同时也接受了地理学中景观的类型含义（如城镇景观、农业景观）。[④]

值得注意的是，无论地理学还是景观生态学，都在深化景观概念的同时，逐渐忽略了景观原义中景观的视觉特性。不过，近年来，景观生态学在景观规划和城市绿地规划与设计领域已得到重视。肖笃宁（1997）认为，景观是由景观要素有机联系组成的复杂系统，含有等级结构，具有独立的功能特性和明显的视觉特征，具有明确边界、可辨识的地理实体。[⑤]

---

① 中国大百科全书出版社编辑部：《中国大百科全书·地理学》，中国大百科全书出版社1990年版，第252页。
② 孙文昌：《现代旅游开发学》，青岛出版社2001年第2版，第1页。
③ 邬建国：《景观生态学——概念与理论》，载《生态学杂志》，2000年第19卷第1期，第42～52页。
④ 楚道文：《景观生态学概念起源与发展》，载《山东师大学报》，2002年第17卷第1期，第54～57页。
⑤ 肖笃宁、李秀珍：《当代景观生态学的进展和展望》，载《地理学报》，1997年第17卷第4期，第356～364页。

Landscape Design 和 Landscape Planning 的融合导致了 Landscape 在 LA 学科中含义的中性化。Landscape 不再只是包括田野风光的审美的含义，更主要是变成了人目力所及的视觉环境（视景）。[①]

1973 年，第一个以"景观"规划为主题的国际性刊物《土地利用和景观规划》（*Land Use and Landscape Planning*）正式创刊，明确提出了为土地利用服务的规划目标。1974 年，该刊物更名为《景观规划》（*Landscape Planning*），进一步明确目标是把城市用地之外的土地利用的规划与设计作为其研究对象。1986 年，随着《景观规划》与《城市生态学》（*Urban Ecology*）杂志合并成《景观与城市规划》（*Landscape and Urban Planning*），城市和乡村的界限消失，景观规划正式确立其特定地域空间的综合性整体规划的研究领域。

### 1.1.1.2　中文语境下的景观词义变迁

景观这个日语中的汉字词语是由日本植物学者三好学博士（1862—1939）于明治 35 年（公元 1902 年）前后作为对德语"landschaft"的译语而创造的，最初作为"植物景"的含义得以广泛使用。1916 年前后，地理学者村太郎把景观概念导入地理学领域；1937 年前后，社会学者奥井复太郎（1897—1965）把景观概念导入都市社会学领域。日本人在引进意义暧昧和复杂的 landschaft 的时候，也产生了相当的困惑；且有"景观"与"景域"之争。景观这两个日语汉字相对于中国人来说，还是外来语，这就增加了我们理解上的困难性。[②]

景观一词最早于 1930 年出现在中国学者的著作中。陈植先生（1899—1989）在其著作《观赏树木》的参考文献、1947 年出版的《造园学概论》（增订本）中出现了景观一词。显然，当时的景观一词已有"景色""景致"和"景物"等意思。

1936 年，村太郎的著作《景观地理学》被翻译成中文，他归纳了地理学者们对景观的各种暧昧和复杂的理解。从此"景观"一词日渐为中国地理学界所熟悉，并已成为中国景观设计学科中一个频频使用的词语。1939 年《北京景观》出版，该书收录了北京附近地区的风景、古迹、名胜图片近百幅，统一以景观一词概之，表现了其在中文语境下的巨大的包容性，这也标示了景观在中文语境下以视觉为主的特点。然而，绝大多数 LA 学科专业人士使用景观一词比较随意，只是使用一个中国人都能够听得懂的词语来表达一个陌生的英文单词而已——然而二者之间的区别很大。[③]

1949 年新中国成立以后，在全面学习苏联的思潮下，苏联的景观地理学尤其是景观

---

① 林广思：《景观词义的演变与辨析（1）》，载《中国园林》，2006 年第 22 卷第 6 期，第 42～45 页。
② 林广思：《景观词义的演变与辨析（2）》，载《中国园林》，2006 年第 22 卷第 7 期，第 21～25 页。
③ 林广思：《景观词义的演变与辨析（1）》，载《中国园林》，2006 年第 22 卷第 6 期，第 42～45 页。

学思想为地理学界所熟悉，"景观"成为中国地理学的重要习语。尽管后来有一些关于景观地球化学方面的文献发表，但是整个时期基本是在介绍景观学的概念、原理、方法与实践等。景观学被认为是"建立在生物地理学和土壤学"的基础上的，研究"地域自然地理分异的一般规律、景观学说和自然地理区划"的学科。除了"景观"概念与景观学的内容之外，景观形态学、景观动力学、景观分类、景观研究与制图方法、实用景观学等问题也被涉及。后来，景观学被发展成为综合自然地理学。1979 年出版的《辞海》第一次收录了"景观"词条，其解释就是基于苏联景观学的表述。

随着景观一词为城市建设部门和人居环境建设领域管理人员和学者们所熟悉，它逐渐成为规划和设计界的一个新习语，景观规划、景观设计以及景观规划设计等名称和概念也次第浮现。景观已经获得了从自然地理到人文地理的意义以及作为视觉审美的普遍意义。

当年，日本人把德语"landschaft"译为汉字"景观"，却没有表达出地理学上的"地域综合体"的意义，以致当它不被作为一个严密的科学术语来理解的时候，只能被有限地解读甚至被重新建构。这就是地理学、生态学与 LA 学界尽管都是使用同样的词语——景观，但对其理解差别甚大的原因。

进士五十八等（2008）认为，"景观"可翻译为："景观、风景""景域""风土"。"景观、风景"是从视觉感觉享受出发的含义；"景域"是强调土地利用规划（特别是考虑自然生态系统）的含义；"风土"是强调自然界的存在物与人类之间的关系。[①]

景观概念及其研究的发展过程见表 1-1。

表 1-1                                景观概念及其研究的发展简表

| 景观概念 | 作为视觉美学意义上的概念，与"风景"同义 | 作为地学概念，与"地形""地物"同义 | 作为生态系统的功能结构 |
|---|---|---|---|
| 以景观为对象的研究 | 景观作为审美对象，是风景诗、风景画、风景学科的研究对象 | 作为地学的研究对象，主要从空间结构和历史演化上研究 | 景观生态学及人类生态学的研究对象，不但从空间结构及其历史趋势上，更重要的是从功能上进行研究 |

资料来源：俞孔坚：《论景观概念及其研究的发展》，载《北京林业大学学报》，1987 年第 9 卷第 4 期，第 433～438 页。

随着景观逐渐获得了视景、地理学术语和生态学术语的意义并逐渐普及，它在城市建设领域的使用越来越普遍。在新的汉语语境下，视景意义增强，以致失去了美学上的意义，成为一个中性词。[②]《风景名胜区规划规范》（GB50298—1999）中对"景观"的解释是：可以引起视觉感受的某种景象，或一定区域内具有特征的景象。

① 进士五十八、铃木诚、一场博幸编，李树华、杨秀娟、董建军译：《乡土景观——向乡村学习的城市环境营造》，中国林业出版社 2008 年版，第 18 页。
② 林广思：《景观词义的演变与辨析（2）》，载《中国园林》，2006 年第 22 卷第 7 期，第 21～25 页。

现代"景观"是一个含义广泛的术语，被广泛运用于各个领域中。将这一概念移植到旅游学，可将其理解为一个地区的整体外貌，即各景观要素组成相互联系、和谐的综合体。[①] 俞孔坚等（2003）认为，景观是指土地及土地上的空间和物体所构成的综合体。它是复杂的自然过程和人类活动在大地上的烙印。景观是多种功能（过程）的载体，因而可被理解和表现为风景、栖居地、符号。[②]

景观的形态多种多样，小至花园、庭院、街道，大至广场、公园、海岸，都是景观。景观包罗万象，凡是环境中具有美感的物象都属于景观的范畴。景观作为一个可感知的行为空间，可以是大范围的，也可以是小范围的；可以是开放的，也可以是闭合的；可以是室内的，也可以是室外的。

景观除了具有功能性外，还具有文化性、艺术性等特点。景观不单单是一种文化的载体，更是一种积极影响现代文化的工具。如古村落、石沪（一种捕鱼的方式）等景观都与人们的生产、生活紧密联系在一起，是一定时期社会经济、文化的反映。如果让人们搬离古村，或者让人们采用机帆船捕鱼，这些景观以及它所承载的文化就失去了存在的文化基础。

### 1.1.1.3　景观类型

（1）根据景观的属性分类。

1）自然景观。自然景观是由自然界各要素相互联系、相互作用所形成的景观物象。自然景观是天然形成，非人力所为的形态，反映了大自然原有的风貌，主要包括地貌、植被、水文以及气候条件等。

2）文化景观。文化景观一般指人类为了生产生活的需要，利用自然资源，在自然景观上叠加了人类劳动后所创造的景观，如农田、乡村、牧场、矿山和水利设施等。文化景观与自然景观一样，也具有地域性，包含着丰富的历史和文化信息，是人类与自然共同历史的一部分。大量研究表明，当文化景观的多样性达到中等水平时，就能吸引我们，并带来愉悦感。[③]

3）综合景观。综合景观是自然景观与人造景观经过有机融合，组成浑然一体的新景观。如生态农业景观和植物园景观等。综合景观中的人造景观除了以具体的形式与自然景观相融合外，还以一种精神文化的形式渗透到自然景观中，形成一个和谐、统一的有机体。绝大部分景观属于复合景观，中国古代的园林崇尚山水写意，成为复合景观的典范。

---

① 闫立杰、崔莉：《旅游景观鉴赏》，旅游教育出版社2007年版，第6～7页。
② 杨世瑜、庞淑英、李云霞：《旅游景观学》，南开大学出版社2008年版，第1～3页。
③ Wohwill，J. F. Human response to levels of environmental stimulation，Human Ecology，1974（2），pp. 127-147.

约塞米蒂国家公园绚丽的草甸让它的发现者惊叹这里是未染俗尘的伊甸园。但事实上，它是当地居民阿瓦基尼印第安人（Ahwahneechee）定期火耕的结果。[①] 伦敦 Hamstead 石楠林看来像是未经人工修剪的乡野游憩区的典范，事实上却被精心经营，以供城市使用。草地到夏末才修剪，使春花盛开，倚地为寨的鸟类和动物哺育幼雏。[②]

（2）按景观系统与环境的关系分类。

1）独立景观。独立景观指景观与环境交换的物质和能量很少或者可以忽略不计，如雕塑、纪念碑等。

2）封闭景观。封闭景观指景观环境仅有能量交换，如灯饰，电能转化为光能；喷泉，电能转化为动能。

3）开放景观。景观与环境既有物质又有能量的交换。大多数景观属于开放景观。如城市景观，其中植物的生长、发展，需要外界环境中的水分、二氧化碳和阳光。

（3）按景观系统内发生的实际过程分类。

1）物理景观。物理景观指发生物理学变化所形成的景观系统，如海市蜃楼、雾凇、冰雕及云海景观等。

2）化学景观。化学景观指发生化学组成或结构变化的系统，如焰火景观等。

3）生命景观。发生生命过程的景观系统，如植物园景观、野生动物园景观及生态湿地景观等。

（4）按自然度（Degree of Naturalness）分类。韦斯特霍夫（Westhoff）按照自然度将景观类型划分为自然景观、亚自然景观、半自然景观和农业景观（表1-2）。

表 1-2　　　　　　　　　　韦斯特霍夫（Westhoff）的景观分类

| 景观类型 | 植物与动物区系 | 植被与土壤的演变 |
| --- | --- | --- |
| 自然景观 | 自然产生的动植物区系 | 基本上没有受到人类的影响 |
| 亚自然景观 | 完全或是绝大部分属于自然产生的动植物 | 一定程度上受到人类的影响 |
| 半自然景观 | 绝大部分属于自然产生的动植物群体 | 受到人类的激烈影响 |
| 农业景观 | 主要由人类活动产生的景观群体 | 受到人类的强烈影响 |

资料来源：王云才：《现代乡村景观旅游规划设计》，青岛：青岛出版社2003年版，第77页。

（5）按景观系统内各景观要素的相互作用特点分类。

1）线性景观系统。系统中景观要素的关系是线性的，如城市天际轮廓线景观中，作

① 西蒙·沙玛著，胡淑陈、冯樨译：《风景与记忆》，译林出版社2014年版，第8页。
② 凯文·林奇·海克著，黄富厢、朱琪、吴小亚译：《总体设计》，中国建筑工业出版社1999年版，第179页。

为要素的各个建筑单体，它们之间的相互关系是一种位置、高度等简单的关系。

2）非线性景观系统。非线性景观要素之间存在着自催化、正反馈之类的复杂的非线性相互作用。如滨水景观系统中，水边不同的植物可以引诱不同的昆虫为植物授粉、繁殖，昆虫同时引来鸟类和兽类，它们的粪便又为水边的植物提供养分。生态林业景观系统中，不同的树种招来不同的鸟类，这些鸟类对于树木虫害的防治起着重要的作用。[1]

（6）根据景观的材质分类。分为硬质景观（如混凝土、石料、砖、金属等）、软质景观（植物、水景观等）。景观系统是由多个景观要素组成的。山石、水体、植物、动物和雕塑等景观要素，均具有形态、颜色、线条和质地等属性，它们在时间和空间上的不同组合和排列，构成了景观系统。[2]

（7）根据景观的社会性分类。景观是一个由人创造或改造的空间的综合体，是人类存在的基础和背景。[3]杰克逊（Jackson John Brinckerhoff，1909—1996）将景观划分为政治景观、乡土景观两种类型。乡土景观是符合乡土习俗，积极地适应环境，具有不可预测的机动性的景观。没有哪个人类群体会以营造景观为目的，我们营造的景观只不过是人们工作、生活的副产品。[4]政治景观是法律或政治机构创建、维护、支配的景观，政治景观毫不考虑所在地的地形及文化特点，而栖居景观视自己为世界的中心，是一片混乱中孕育秩序的绿洲，是人类的栖居地。[5]

#### 1.1.1.4 旅游景观与旅游资源

旅游景观指人类社会与自然环境一起，共同形成的、具有地域特色和旅游吸引力的景观。它是反映统一的自然空间、社会经济空间组成要素总体特征的集合体和空间体系。[6]

旅游景观与旅游资源的共性是吸引功能。旅游资源、旅游景观的吸引力均能满足旅游者求新、求异、求知、求美等精神需求。两者的区别是：旅游景观所要求的吸引力，有更明确的指向性，要满足旅游者审美和愉悦的需要，必须把旅游景观系统开发成能满足游客旅游需求的旅游吸引物，才能激发人们的旅游动机，提高游憩兴趣和开展审美活动。

---

① 吴家骅著，叶南译：《景观形态学》，中国建筑工业出版社 2000 年版，第 13～18 页。
② 叶鹏、潘国泰：《景观物质形态的系统化特征》，载《合肥工业大学学报》，2004 年第 27 卷第 9 期，第 1024～1027 页。
③ 约翰·布林克霍夫·杰克逊著，俞孔坚、陈义勇译：《发现乡土景观》，商务印书馆 2015 年版，第 11 页。
④ 约翰·布林克霍夫·杰克逊著，俞孔坚、陈义勇译：《发现乡土景观》，商务印书馆 2015 年版，第 16 页。
⑤ 约翰·布林克霍夫·杰克逊著，俞孔坚、陈义勇译：《发现乡土景观》，商务印书馆 2015 年版，第 77 页。
⑥ 邵琪伟：《中国旅游大辞典》，上海辞书出版社 2012 年版，第 354 页。

### 1.1.2 Landscape architecture词义辨析

#### 1.1.2.1 Landscape architect的出处

田园诗人，庭园理论家和造园家申斯通（**William Shenstone**，1714—1763）在其著作《造园艺术断想》中第一次使用了"风景造园师"（landscape gardener）这个名称。雷普顿是第一个称自己为"风景造园师"的职业设计师（约1794年），他认为"只有把风景画家和园丁（花匠）两者的才能合二为一，才能获得园林艺术的圆满成就。"

在Landscape Architecture成为学科名词之前，首先出现的是职业称谓landscape architect。该名称的出现与奥姆斯特德及其合作的建筑师卡尔弗特·沃克斯（Calvert Vaux）有关。约在1860年，当时的纽约市街委会委员艾略特（Henry H. Elliot，1859—1897）在给纽约市议会的一封信中提到了纽约中央公园（Central Park）的设计师奥姆斯特德和沃克斯被委任为"landscape architects and designers"。根据研究奥氏的学者贝弗里奇（C. E. Beveridge）和舒勒（D. Schuyler）的研究，这是最早用"landscape architects"来称呼奥姆斯特德和沃克斯所从事的设计工作。

由于在纽约中央公园设计与建设过程中遇到了种种压力和障碍，奥姆斯特德和沃克斯于1863年5月联名给纽约公园委员会写了一封信，信中落款使用了"landscape architects"，据称这是该职业名称首次正式出现在官方文档之中。奥姆斯特德本人对该称谓并不十分满意，希望能有更合适的名称来代替，相反，沃克斯对此兴趣很浓。同时代的很多园林设计师并不是很乐意接受这种称呼，有一部分仍然称其为landscape gardener（风景造园师），例如科恩（M. Kern）、斯塔其（A. Strauch）等。克里夫兰（H. W. Cleveland）也主要沿用旧称，偶尔用landscape architect。尽管作为美国景观设计师协会（American Society of Landscape Architects，ASLA）开创者之一，但法兰德（B. J. Farrand）一直称自己为Landscape Gardener。直到20世纪仍有相当一部分设计师使用Landscape Gardener。另外一部分设计师则更倾向于Landscape Designer或Landscape Engineer。[1][2]

1995年美国VNR出版公司出版的《建筑图像词典》中对architecture的解释是"设计与建造房屋的科学和艺术"。architect被译为建筑师，但其准确翻译应是"大匠"或"总匠""大艺术家"。将architect翻译成"建筑师"是日本人所为，并由早期的留日学生引

① 林广思：《景观词义的演变与辨析（1）》，载《中国园林》，2006年第22卷第6期，第42～45页。
② 王晓俊：《Landscape Architecture是"景观/风景建筑学"吗？》，载《中国园林》，1999年第15卷第6期，第46～48页。

入中国的。19 世纪造园家是施工者，景观设计者只是设计者。因此，将 architecture 译为"营造学"，而 architect 译为"营造师"较为准确。[①]

Alan Jay Christensen 编著的《Dictionary of Landscape Architecture》认为，Landscape Architect 一是指获得专业资格从事 LA 服务的人，二是指专业从事 LA 的人，他们通过使土地特性的设计变化满足公民享乐，并对土地结构、交通和游步道、种植、土木工程、灌溉设施、建筑、土地利用等进行合理布局，并完成设计文档。[②]

### 1.1.2.2 Landscape Architecture的出处

关于 landscape Architecture 一词的出处，也有一些争议。劳登（Loudon）在他 1840 年出版的《H. 雷普顿先生晚期的风景式造园与风景建筑》（*The Landscape Gardening and Landscape Architecture of the H. Repton Esq*）一书运用了"Landscape Architecture"这一名词。[③]《牛津英语词典》（增补卷）中引例最早的是《雷普顿造园艺术》中的一段文字（1840）。美国学者普雷基尔与沃克曼（P. Pregill and N. Volkman）则在《园林史》中认为：Landscape Architecture 一词最早出现在英国孟松（Laing Meason）1828 年所著的《意大利画家造园论》（*The Landscape Architecture of the Painters of Italy*），不过该书指的是风景环境中的建筑，主要与绘画题材有关。此时，Landscape 依然为风景之意。[④]实际上在园林文献中最早较正式使用 Landscape Architecture 作为行业术语的是当时著名设计师克里夫兰（Horace W. Cleveland）的著作《Landscape Architecture as Applied to the Wants of the West》（1870）。

美国的劳莱教授（M. Laurie）在其著作《An Introduction To Landscape Architecture》中写道："一提到 Landscape Architecture 这个专业术语，便是一个费解的难题，专业工作者常常因为他们的现代专业观念被社会误解而苦恼。因而还常常用风景造园（landscape gardening）来解释，但是又经常用总体规划（Site Planning）、城市规划（Urban Planning）和环境规划（Environmental Planning）等术语阐明 LA 这一术语的广泛含义和工作深度。"

奥姆斯特德是从事农场和土木工程技术工作的，他设计过华盛顿特区市中心及市中心的国家首都公园、纽约中央公园、墨林塞德公园、波士顿墓园、密歇根州立大学的校园；主持过城市公园、个人私园、城市规划和道路交通网规划、用地规划、居住区规划和面积

① 王绍增：《论 LA 的中译名问题》，载《中国园林》，1994 年第 10 卷第 4 期，第 58～59 页。
② Alan Jay Christensen，Dictionary of Landscape Architecture，New York：McGraw-Hill，2005，P. 202.
③ Tom Turner 著，林箐、南楠、齐黛蔚等译：《世界园林史》，中国林业出版社 2011 年版，第 292 页。
④ 林广思：《景观词义的演变与辨析（1）》，载《中国园林》，2006 年第 22 卷第 6 期，第 42～45 页。

超过 3 000km² 约瑟米蒂国家公园（Yosemite National Park）的规划、波士顿市园林绿地系统规划以及哈佛大学阿诺德树木园设计。他把所有他从事过的性质很不相同的工作统统称为 Landscape Architecture，所以劳莱教授说："无怪乎人们对于'Landscape Architecture 到底是干什么的'在思想上引起了混乱。"[1]

奥姆斯特德对用 Landscape Architecture 作为学科名词既感到不满意，也感到十分困惑。他在给沃克斯的一封信中认为：landscape 不很恰当，architecture 也不合适，两者组合在一起同样不恰当，而 gardening 却更糟。由于当时没有人针对新的环境与实践提出更恰当的名称，虽然 Landscape Gardening 当时是较盛行的术语，但是 Landscape Architecture 一词也逐渐使用与流行起来。[2]

1899 年美国景观设计师协会（ASLA）成立，标志着现代意义的 LA 正式产生。1900 年后，哈佛等大学相继开设了 Landscape Architecture 专业方向，仍然沿用传统的"Landscape Gardening"或"Landscape Design"为专业名称。由此可见，landscape architecture 和 Landscape architect 被业内人士普遍接受是经过了相当长一段时间的。

20 世纪初，"巴黎艺术学院派"的正统课程和奥姆斯特德的自然主义理想占据了美国景观规划设计行业的主体。前者多用于规则式设计，后者则用于公园和其他公共复杂地段的设计，但两种模式很少截然分开。[3]

1948 年 9 月，国际景观设计师联合会（International Federation of Landscape Architects，IFLA）在英国剑桥成立，目前会员分布在 67 个国家。IFLA 是一个非政治性的、非营利性的国际学术团体。创建者的目的是通过国际学术交流来推动高等教育和技术标准的发展。Landscape Architecture 和 Landscape Architect 作为本学科通用的名称与术语逐渐为世人所接受。

梁思成先生主张将 Architecture 翻译成"营建"，古汉语的"营"字含有经营、策划、规划、设计等意，"建"即建造和维护，将"营建"一词挂在"风景"一词的后面，则一切对于 Architecture 的不理解都将云飞烟散。余树勋建议将 LA 译为"风景建造"或"园林建造"。王绍增（1999）认为，LA 还是译为"风景营建学"更为可取。LA 并不是园艺 +

---

① 孙筱祥：《风景园林（Landscape Architecture）从造园术、造园艺术、风景造园到风景园林、地球表层规划》，载《中国园林》，2002 年第 18 卷第 4 期，第 7 ~ 12 页。
② 王晓俊：《Landscape Architecture 是"景观/风景建筑学"吗？》，载《中国园林》，1999 年第 15 卷第 6 期，第 46 ~ 48 页。
③ 张健健、曹雨露：《美国现代景观设计百年回顾（上）》，载《苏州工艺美术职业技术学院学报》，2007 年第 2 期，第 42 ~ 43 页。

林业，同时景观营造学的视野比单纯的城市要大得多，将其列入介于城市规划和建筑学之间的城市设计学科是不对的，这种想法是在思想上始终未能摆脱狭小"造园"藩篱束缚的表现。[①]

### 1.1.2.3　LA和landscape gardening

西方LA专业是以民主和理想象征的城市公园运动发轫的。从奥姆斯特德设计的纽约中央公园等一大批作品中都不难发现英国自然风景园的精神。无论是称为Landscape gardener的唐宁（A. J. Downing），还是称为Landscape architect的奥姆斯特德及其后继者，都深受英国自然风景园林的影响。他们开创的业绩在美国园林发展史中占据着重要位置。[②]因此，Landscape Garden中的Landscape与风景的影响有很大关系，与来自地理的景观概念没有任何关系。Landscape Gardening是指18～19世纪英国盛行的自然风景园的创造活动，而从深受英国影响的美国大地上产生的Landscape Architecture一词就与当时盛行的术语Landscape Gardening有着内在的特殊关系。如果没有Landscape Gardening中的Landscape在先，恐怕就不会有后来的Landscape Architecture一词。流行于19～20世纪早期的Landscape Gardening（"造园学"），已被Landscape Architecture所代替。

### 1.1.2.4　LA与landscape Planning

Landscape Planning在不同规划规模下有不同译法。用地规模大、性质复杂、有多学科专家参加的情况下常译为"景观规划"。Alan Jay Christensen编著的《Dictionary of Landscape Architecture》认为，Landscape Planning是"与土地利用及管理评价、布局和适用性相关联的决策技术与设计过程"[③]。

根据1986年美国哈佛大学设计研究生院举办的景观规划教育世界会议阐述的Landscape Planning的含义，孙筱祥（2002）教授将其译为"大地规划"，认为它是这个行业的具体工作，而且这一学科的最现代观念已经扩展到"地球表层规划"。所以在18世纪人们把Landscape Planning译作"景观规划"是可以的，但到了21世纪还是那样翻译的话就不确切了，与国际学术界很难接轨。[④]

① 王绍增：《必也正名乎——再论LA的中译名问题》，载《中国园林》，1999年第15卷第6期，第49～51页。
② 王晓俊：《Landscape Architecture是"景观/风景建筑学"吗？》，载《中国园林》，1999年第15卷第6期，第46～48页。
③ Alan Jay Christensen，Dictionary of Landscape Architecture，New York：McGraw-Hill，2005，P. 202.
④ 孙筱祥：《风景园林（Landscape Architecture）从造园术、造园艺术、风景造园到风景园林、地球表层规划》，载《中国园林》，2002年第18卷第4期，第7～12页。

### 1.1.3　LA的概念、内容

#### 1.1.3.1　LA的概念

1950年，ASLA的章程将LA定义为"一种安排土地及其地上物以适合人类利用和享受的艺术"。1972年阿尔伯特·范因博士（Albert Fein）建议将LA的定义改为："为了公众、健康和福利，把科学原理应用到土地的规划、设计和管理的艺术，并带有承担土地管理职能的概念"。1975年ASLA协会章程规定LA是设计规划和土地管理的艺术，通过文化和科学知识来安排自然与人工元素，并考虑资源的保护与管理，反过来环境将创造有利于人们的结合。1983年该定义又有了新的发展，LA被定义为：通过艺术和科学手段，对自然与人工场地进行研究、规划、设计和管理的学科。[①]

曾任美国LA学会会长的C. W. 埃略特（Charles William Eliot）提出的LA定义获得了普遍的支持，他说，"LA主要是一种艺术，因此它最重要的作用是创造和保存人类居住环境和更大范围内的郊野自然景色的美；但它也涉及城市居民的舒适、方便和健康的改善。市民由于很少接近到乡村景色，迫切需要借助风景艺术创作的自然充分得到美的、恬静的景色和天籁，以便在紧张的工作生活之余使身心恢复平静。"

1986年3月24～26日，在美国哈佛大学设计研究生院，景观规划教育世界会议（World Conference on Education for Landscape Planning）由联合国自然与自然资源联合会（IUCN）、EXXON教育基金会和美国哈佛大学设计研究生院联合举办。会议明确阐述了关于LA学科的含义："这是一门多学科的综合性科学，其重点领域关系到土地利用，自然资源的经营管理，农业地区的发展与变迁、大地生态、城镇和大都会的景观。"

进士五十八等（2008）认为，Landscape Design是以土地、自然为基调，通过对其进行保护和灵活运用，构筑起人与自然最良好的共存、共生关系的特征空间。对象范围包括住宅周围、街道、城市以及田园、延续到自然地域的范围。与"景观"的含义相对应，"景观设计"强调视觉效果方面的景观设计内容；出于对自然生态系统的考虑，制订土地秩序的土地利用规划（景域规划）；构造自然和人类的共生方法的根本。[②]

俞孔坚教授认为，LA是关于土地的分析、规划、设计、管理、保护和恢复的科学和艺术。[③]土地（land）和田野（country）是两个不同的概念：土地是生长五谷、有水沟渠和可能

① 徐清：《景观设计学》，同济大学出版社2012年版，第41页。
② 进士五十八、铃木诚、一场博幸编，李树华、杨秀娟、董建军译：《乡土景观——向乡村学习的城市环境营造》，中国林业出版社2008年版，第17～18页。
③ 张大为、尚金凯：《景观设计》，化学工业出版社2009年版，第25页。

抵押的地方，而田野则是土壤、生物及气候的统称。田野完全超脱了土地法人所具有的种种烦恼。贫瘠的土地可能是富饶的田野，反之，肥沃的土地可能是贫劣的田野。有的田野尽管贫瘠荒凉也是富有的，其价值并不是一眼能看到，有的人永远也看不出来。[1][2] 所谓"保护"（conservation）是在保持景观原有规模和特点的条件下，对其进行修缮、重建或使之现代化。

LA 的本质是协调人跟土地的关系，为人创造安全、高效、健康和舒适的环境。从大的方面讲，LA 是指人在自然环境中的创造活动；从小的方向讲，LA 是指人在城市环境中具体的艺术造型活动。

### 1.1.3.2　LA的内容、宗旨

Landscape Architecture 学科重点领域关系到土地利用，自然资源的经营管理，农业地区的发展与变迁、大地生态、城镇和大都会的景观（1986 景观规划教育世界会议）。

美国景观设计师协会（ASLA）主席佩里·霍华德说，LA 的内容涵盖了景观的保护、发展和适当的使用、可行性研究、工程的成本计算等。20 世纪 90 年代，ASLA 申明 LA 的内容是灵活的设计，追求文化和自然环境的混然相融，构建建成区与自然和谐的可持续平衡，并在这样的自然之中，保护文化传统的多样性。总之，LA 的全部努力，要达到可持续发展的实现。[3]

LA 的宗旨（定位）是协调人跟土地的关系，实现人与自然和谐相处。早在 20 世纪 50 年代的美国，面对当时与当今中国同样的学科争论，已故景观设计泰斗佐佐木·英夫（Hideo Sasaki）就曾告诫景观设计学界："要么致力于人居环境的改善这一重要领域，要么就做些装点门面的皮毛琐事。"对于景观设计师而言，最重要的不是设计"如画式"（picturesque）的公园，而是保护和经营自然环境。

20 世纪 60 年代以后，以麦克哈格（Ian L. McHarg）《设计结合自然》（1969）为代表的景观生态规划，早已赋予 LA 学科从拯救城市走向拯救人类、拯救大地的历史使命。他把景观从一个小尺度的园林，一个花园的视野扩展到整个土地的生态规划，从审美意义上的风景艺术扩展到解决人类生存问题的科学和艺术。[4] 正如麦克哈格所说："不要问我你家花园的事情，也不要问我你那区区花草或你那棵将要死去的树木……我们是要告诉你关于

① 奥尔多·利奥波德著，邱明江译：《原荒纪事》，科学出版社 1996 年版，第 146 页。
② Land：a ground or soil of the same type（同一类型的）地带；ground of soil as a particular purpose（作某种用途的）土地。Country：land away from towns and cities，typically with fields，woods，etc and used for agriculture 乡下，乡村，田野。
③ 洪铁城、俞孔坚、曹杨：《漫谈俞孔坚创建中国景观设计学》，载《建筑创作》，2008 年第 2 期，第 134～143 页。
④ 孔祥伟、李有为：《以土地的名义：俞孔坚与"土人景观"》，生活·读书·新知三联书店 2009 年版，第 14～15 页。

生存的问题，我们是来告诉你世界存在之道的，我们是来告诉你如何在自然面前明智地行动的。"

1983 年，ASLA 宪章规定：LA 是一个通过艺术和科学手段来研究、规划、设计和管理自然与人工的专业。从业者学习以科学理念来进行对自然的安排，并考虑对自然的保护建设及对人类的保护和利用。LA 内容既涵盖了景观保护、发展和促进、调研的适当使用、可行性研究，工程的成本计算等，还包括景观可持续的调研等工作。

### 1.1.3.3　LA的工作范围

LA 设计对象不仅有围墙或篱笆的园林，还包括更大范围的大地和土地景观。活动范围从传统的花园、庭院、公园，到城市广场、街头绿地、校园和企业园区，以及国家公园、自然保护区、区域规划等都是景观设计师工作的范围。

ASLA 于 1992 年修正公布的景观设计师专业与公共政策更加明确了景观设计师的专业职责以及可能或应该参加的专业范畴：公有土地；州立和区域公园；公有保留区；国家森林；国家公园；私有土地；乡村景观；资源保护；开放空间；采矿与采砂石的土地再利用；水资源保护；荒野地保护与利用；历史纪念地、人文景观的保护；海岸资源规划与利用；野生物与野生物栖息地保护；野溪与景观河流；湿地；热带雨林；游憩。除了对专业职责有清楚的定位外，同时又阐明了风景设计师对生活品质应有的责任，如美质（aesthetic quality）、视觉资源、环境教育、污染防治等。

## 1.1.4　LA与其他设计学科的关系

### 1.1.4.1　LA与景观学

景观学（Landscape Studies）是"综合自然地理学的分支。主要研究景观形态结构、景观中地理过程的相互联系，阐明景观发展规律、人类对它的影响及其经济利用的可能性"。（《辞海》）。LA 是景观学的一个组成部分。在哈佛，景观设计学被视为一个非常大的专业领域来对待，从花园和其他小尺度的工程到大地的生态规划，包括区域规划和管理。[①]

景观学的核心是人类户外生存空间的建设，应该在协调人和自然的关系上发挥重大的作用。然而，在当代景观规划设计中存在着大量不尊重自然规律的建设，非生态的规划设计引导着不可持续的景观的创造。

① 俞孔坚：《景观：文化、生态与感知》，科学出版社 2000 年版，第 51 页。

### 1.1.4.2　LA与景观建筑学

当前有一些人以为 Landscape Architecture 就是建筑学。其实，LA 不是建筑学。任何广义建筑学、大建筑学都不能把 LA 包含在内。建筑学（Architecture）是用无生命的材料来进行设计的艺术和科学的综合学科。Landscape Architecture 是用有生命的材料和与植物群落、自然生态系统有关的材料进行设计的艺术和科学的综合学科，两者显然是不能互相替代的。

### 1.1.4.3　LA与城市规划

19 世纪后半叶，以奥姆斯特德为首的美国设计师基于城市公园规划的实践经验，开始了新城镇规划、城市公园系统、公园路以及国家公园等大尺度的土地利用和区域规划实践，这就是 1906 年哈佛大学的城市规划为什么从 Landscape Architecture 学科中产生的原因。

城市规划从宏观角度来研究城市发展，主要关注社会经济和城市总体发展计划。LA 是对城市物质空间的进一步规划和设计，其规划与设计内容涵盖了整个城市和城市各区域的所有物质空间。尽管中国的城市规划专业仍主要承担城市的物质空间规划设计，那是因为中国景观设计发展滞后的结果。只有同时掌握自然系统和社会系统两方面知识、懂得如何协调人与自然关系的景观设计师，才有可能设计人地关系和谐的城市。

国际上，人居环境的设计学科由建筑学、LA、城市规划学三个相对学科所构成，我国目前三缺一，没有设立 LA，所以城市和环境建设出现的问题很多。

### 1.1.4.4　LA与公共艺术设计

公共艺术设计可简单地理解为公共空间的艺术品设计，包括广场、绿化、雕塑、建筑和城市设施等方面的艺术品。公共艺术品是 LA 中不可缺少的设计元素。苏州的公交站点古香古色、美而不华、贵而不奢，成为苏州的标志性景观。

LA 更注重城市物质空间的整体性设计，解决问题的途径是建立在科学理性的分析基础上的，景观设计是多学科知识相互结合的物质空间的创造活动。

### 1.1.4.5　LA与园林设计

由于奥姆斯特德在其后来的职业生涯中绝大部分从事公园和公园系统方面的工作，因而他所选用的行业名称变得与公共项目有关，而与私家园林有所区别，这也成为这个名称的主要用途。LA 侧重于开放空间和公共项目；园林设计侧重于围合的空间和私人项目。两者的技术和理论课程是公共的。[①]

---

① Tom Turner 著，林箐、南楠、齐黛蔚等译：《世界园林史》，中国林业出版社 2011 年版，第 201 页。

传统的园林，如苏州园林、岭南园林，是在农业社会背景下产生的自然环境和人工环境相结合的一种建筑形式。在中国人的园林中，治愈身心的山水是宇宙的象征。山石花木，亭台楼阁，写照着人的心境，也重建了古人心中宇宙的和谐，这是中国人思想中人工所能达到的最佳人居状态。园林的本质是一种自然形态的生长模拟，<sup>①</sup>是人们通过对自然法则的学习，经过内心智性和诗意的转化，主动与自然积极对话的半人工半自然之物。在园林所关涉的三个世界（自我世界、园林世界、宇宙世界）中，园林世界唯其是人性灵所寄，乐意所归，故它实际上是人达于宇宙的媒体。

在历史上，园林设计多为地位显赫的人们服务，园林设计的风格更注重个人的喜好和偏爱。传统园林的创造者最终是主人而不是匠人，"七分主人，三分匠人"，园林设计师仅仅是匠人而已，没有独立的人格。匠人将天地之无限生机和博大雄奇收取摄于壶天勺地之中，而主人却通过这壶天勺地领略天地宇宙的无限秘密，由此抒发自己的超越情怀。<sup>②</sup>在大工业时代，Landscape architect 具有独立人格，在景规规划中的作用是协调者和指挥家，服务的对象是人类和其他物种，所研究的创作的对象是景观综合体。园林设计偏重于园艺技术，而 LA 更偏重于城市的美化和艺术表现，并且在新材料和新工艺的运用方面有所突破。LA 以城市大环境设计作为基本出发点，并根据周围公共环境等因素的需要进行建造。

LA 是在大工业社会一个大的现代学科体系下产生的，是一个现代科学。因此，一些学者认为，园林设计是 LA 的早期形态，或者说，LA 设计是传统园林学的现代称谓。当代人永远无法延续祖先们古老的生活方式，我们一直以来心神向往的不是先人们赖以为生的古老技艺，而是他们的生存智慧。<sup>③</sup>中国悠久的历史、独特的自然环境和信仰，孕育了多样灿烂的园林文化。现代人完全没有必要停留在仿古的园林中，因为园林的目的是为了生活。造园并不是复古，而是力图将现代与古典巧妙地融合，营造一个能适应现代生活的理想居所。面对现代人的休闲、娱乐、观光的需求，纯中国风的园林设计风格的市场份额变得越来越小。中国古老的园林文化元素和特有的原材料只有与现代的设计理念、时尚相结合，才能提升中国景观设计的整体水平。

### 1.1.4.6 Landscape Planning 与大地景物规划

美国 LA 学界喜欢使用 Landscape Design 和 Landscape Planning 作为 LA 的两个子学科，而中国的 LA 学科被汪菊渊先生归纳为传统园林学、城市园林绿化学和大地景物规划

---

① 王澍：《造房子》，湖南美术出版社 2016 年版，第 32 页。
② 朱良志：《中国艺术的生命精神》，安徽教育出版社 1995 年版，第 280 页。
③ 《生存的艺术——定位当代景观设计学》，载《建筑学报》，2006 年第 10 期，第 39～43 页。

的综合体，并得到实践和理论上的证明。这两种分类方法的内涵和外延都存在着差异，不能一一对应。大地景物规划是发展中的课题，任务是把大地的自然景观和人文景观当作资源来看待，在开发时最大限度地保存自然景观，最合理使用土地，大地景物规划与国际上Landscape Planning 的概念是基本一致的。[①]

1986 年 3 月 24 ～ 26 日，在美国波士顿召开了"景观规划教育世界会议"。根据这次大会内容，孙筱祥教授认为，将 Landscape Architecture（LA）翻译并称之为"景观设计""景观规划"是不正确的，而应将 LA 译为"风景园林与大地规划设计"。也有部分学者建议将 LA 译为"风景园林规划"，将 Landscape Architect 译为"风景园林设计师"。

由于"景观设计"一词目前已经广为人知，并为大家所熟悉，因此，本教材中仍按习惯将 Landscape Architecture（LA）译为"景观设计"，但其内涵实际上是指"风景园林与大地规划设计"，将 Landscape Architect 译为"景观设计师"，其内涵实际上是指"风景园林设计师"。

# 1.2　旅游景观设计发展历程

## 1.2.1　早期的景观设计

这一时期为从公元前 2000 年至公元 1850 年。本节只对这个时期的景观设计作品、特点进行非常简要的论述。

### 1.2.1.1　国外早期景观设计

（1）雅典卫城。雅典卫城（Acropolis）建在陡峭的山岗上，布局没有采用一般宗教建筑轴线对称的秩序，而是顺应地势，分布在一个约 280 米 ×130 米大小的平台上，沿山岗贴近西、北、南三边布置的建筑物，给予山下的观望者一个完整的景观。祭祀的游行队伍从位于卫城西北方的陶匠区广场出发，穿过市场，先在山下绕城一周。从山门开始建筑的布局不规则的偏离轴线使人的视线总是略微偏离一些角度。既考虑到从城下四周仰望卫城时的美，又考虑到置身其中的美（见图 1-1）。

勒·柯布西耶（Le Corbusier，1887—1965）在《走向新建筑》中引述了舒瓦西的视觉序列，并将其看成是沿轴线左右的精心摆布——"雅典卫城的轴线从彼列港直达潘特利克山，从海到山，山门垂直于轴线，远处的水平线就是海。水平线总是跟你感觉到的你所在的建筑物的朝向正交，一个正交的观念在起作用。高处的建筑：卫城一直影响到远处的

---

① 林广思：《景观词义的演变与辨析（2）》，载《中国园林》，2006 年第 22 卷第 7 期，第 21 ～ 25 页。

图 1-1  希腊雅典卫城

地平线那儿。山门在另一个方向，阿西娜的巨像在轴线上，潘特利克山是背景。因为帕提农和伊瑞克提翁不在这强有力的轴线上，一个在右，一个在左，我们才有机会看到它们总面貌的四分之三。切不可把所有的建筑物全都放在轴线上，那样它们就会像抢着说话的一些人"（图 1-2）。①

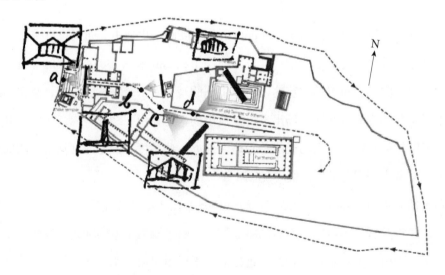

图 1-2  雅典卫城视觉序列分析

① 勒·柯布西耶著，陈志华译：《走向新建筑》，陕西师范大学出版社 2004 年版，第 155～156 页。

（2）古罗马园林。帝国时代，私家园林多种多样，每个贵族家庭都有自己的园林，也有园林向公众开放，如庞贝剧场圆柱的门廊被用作散步的场所；斯基里山上利维娅的柱廊、凯撒的花园，战神广场的希律亚基帕一世（Herod Agrippa I）的花园等均向公众开放。

古罗马的学者和作家瓦洛（Marcus Terentius Varro，116BC—27BC）说，他那时的罗马人，如果没有柱廊、雀笼、花架等，"就认为自己没有真正的别墅"。当时园林的特点是：花园别墅在风光优美的自然环境里。建筑物跟大自然和花园的关系非常密切。通过绿棚、廊、折叠门等的过渡，互相渗透。喷泉、水池、经过修剪的树林等既把建筑趣味带到园林和自然中去，也把园林和自然趣味带进建筑里来，同时也用壁画把自然气息延续到室内。水的处理很活泼，不仅看它的喷射、溅落或阴洁如镜，还听它的声音。但树木和水体很大程度上都建筑化了。[①] 也就是把山坡、树木、水体等都图案化，服从于对称的几何构图（见图1-3）。

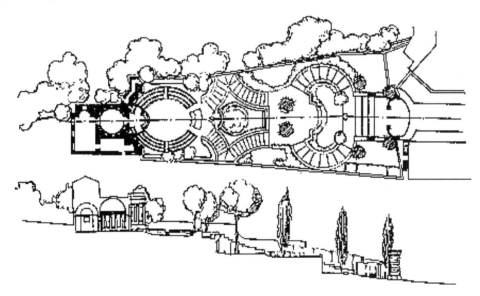

图1-3 意大利台地园平面、立面图

由于受自然山地、传统文化和本民族固有的工程技术水平的影响，古罗马的园林设计形式是采用规划对称的台地形式，形成了著名的意大利"台地园"形式的景观作品。[②]

欧洲文艺复兴时期（约1400～1650年），社会是等级制度的，神为上，人和自然为下。人们认为神明察自然世界，这种思想通过艺术和物质表达出来。它与园林设计有密切的关系。"自然提供原材料——土地、树木、植物、花卉、山石和水体，它们的形式、色

---

① 周武忠：《理想家园：中西古典园林艺术比较》，东南大学出版社2012年版，第67～68页。
② 刘抚英、王育林、张善峰：《景观设计新教程》，同济大学出版社2010年版，第98页。

彩、质地和气味的无限变化来选择、分割、定型和组织。"在建筑方面，形成了比例、对称性和比率等概念。人们认为这些观念是永恒的自然规律。它们为文艺复兴时期的艺术家和建筑学家所接纳，并作为设计的主要手段。人与自然、住宅与景观的关系可以从尺度和比例的公式体系中得到揭示。①

（3）法国巴洛克园林（1600—1750）。"巴洛克"（barocco），意思是"不规则的珍珠"。巴洛克园林的基本要素是：林荫道；运河；花坛；绿墙；位于轴线上的建筑；园内的焦点（如喷泉）；园外的焦点（如教堂）；根据轴线布置的台阶、水景要素和雕塑；与周围的风景融合。巴洛克园林的特点随着建造它的国家的环境而变化。

凡尔赛（Versailles）花园属于法国盛期的巴洛克园林，被视为专制的君王路易十四（Louis Dieudonné，1638—1715）的富丽堂皇的政府中心。安德鲁·勒·诺特尔（André Le Notre，1613—1700）从1661—1700年为这个项目工作。设计凡尔赛的艰巨任务体现在：一是面对巨大尺度的地域（约 3.5 千米 ×2.5 千米）；二是他所企求的艺术目标。设计要点是将一大批园林组织进一大片自然风景之中，以体现拥有者的高贵与尊严，以满足感官愉悦的需求。所有的景观格调必须符合这一整体要求。于是，大量的泥土被搬运；不惜工本开凿运河从远处引水；掘出巨大的盆地；上万棵树、无数的树篱和灌木从别处运来。②

勒·诺特尔的设计原则是：

1）建筑物的体积巨大，高踞于园林中轴线的起点。虽然文艺复兴时期的城堡已经位于园林的边缘，但路易十四的宫殿位于场地的中心。放射性的轴线指向并且穿过法国最偏远的角落。这是一个为太阳王而建的太阳平面，并不完全是一座我们今天所理解的园林，而是一个政府的中心。③

2）中轴线成为艺术中心，统率着整个园林。在中轴线上面布置宽阔的林阴道、植坛、河渠、水池、喷泉、雕像、花坛等，其余部分用来烘托轴线。中轴线两侧，对称地设置副轴线，有些还有横轴线。之间开辟了笔直的道路，交叉点形成小小的广场，点缀着小建筑物或喷泉、雕像等。以住宅为基础逐步扩大尺度感。雕塑和喷泉既是独立的艺术品，又兼具调整空间节奏和点缀重点地位的功能。

3）根据具体规则提炼绿色植物的形式。常绿植物在设计中占首要地位，而花卉应用很少。为了加强主轴线效果，密植树木被修剪成青枝绿叶的树墙。树丛被设计成规则紧密

① 南希·A·莱斯辛斯基著，卓丽环译：《植物景观设计》，中国林业出版社 2004 年版，第 17 ～ 19 页。
② 朱淳、张力：《景观艺术史略》，上海文化出版社 2008 年版，第 163 ～ 164 页。
③ Tom Turner 著，林箐、南楠、齐黛蔚等译：《世界园林史》，中国林业出版社 2011 年版，第 201 页。

的格栅,给人以有序的视觉感受。正规的几何形林地具有高大树篱,创造原野的效果。

4)花园不再是住宅的延伸,而是整体景观设计的一部分。大型花坛的设计是通过使用低矮灌木、花卉和沙土来模仿华丽的刺绣服装。从室内观赏花坛,可以看见平坦地形增添了色彩和纹理。

5)发展了透视和错视觉原理。凡尔赛宫的地形没有意大利台地园那样的高差变化,而是使用了大量的缓坡和微地形变化。站在拉托娜喷泉前的大台阶上俯瞰全园,感觉大运河向上翘了起来,原因是从拉托娜喷泉开始到国王林阴路,一直是一条下坡路,它的透视灭点和大运河的灭点不重合。而从运河的西端看花园,由于有将近3千米的距离,所有的景物都浓缩在一个层面上,这时的国王林阴路已经变成了竖立起来的一小块绿毯(见图1-4)。

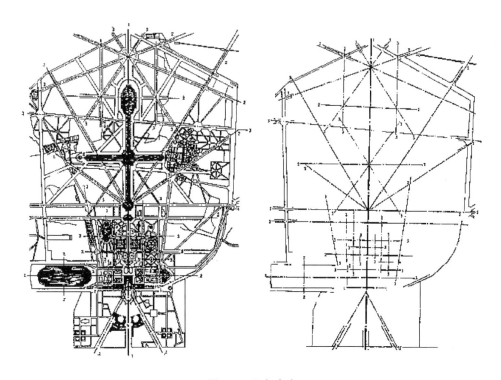

**图1-4　凡尔赛宫**

凡尔赛花园中几个水体的大小是按照“远大近小”的规律来布置的。宫殿前的一对水池,在现场看已经是十分巨大,它们是与宫殿的尺度相适宜的。但与远处的阿波罗水池和大运河相比,这两个水池又实在是小巫见大巫。大运河的东西两端和中间,各有一个放大的水池,从平面上看,这3个水池呈逐渐扩大的趋势。尤其是西端的水池,与整个运河相比,有些超乎寻常的大,显得有些比例失调,但实际看起来轴线上的系列水体比例是和谐的。大运河的末端距宫殿将近 3 千米，如果不将它放大，由于透视的关系，在宫殿前的花园里看起来不免会显得过于渺小。①

凡尔赛花园中所有设计手法的运用都是一个目的——不惜一切手段充分体现帝国的尊严和荣耀。从居高临下的台地上，可以看到为一个视点体系安排的整个园林悦目的景色（见图 1-4）。许多观察者，尤其是那些来自英格兰的，认为它过于壮观了。除举办大型活动的时候，这些园林看上去太大、太空、太宏伟了。② 凡尔赛花园在欧洲和美洲的园林设计中产生了深远的影响，被英国、荷兰、德国和意大利广泛模仿。③

受英国理性主义的影响，18 世纪法国启蒙主义运动的倡导人之一让 - 雅克·卢梭（Jean-Jacques Rousseau，1712—1778），大力提倡"回归大自然"，并具体提出自然风景式园林的构思设想，后来在埃默农维尔（Ermenonville）园林设计建造中得到体现。该园的特点是总体布局呈自然风景式；水面中心有一著名小岛；偏僻之地十分自然。④

（4）新古典主义和浪漫主义园林（1700—1810）。16 世纪末，英国经验主义哲学家培根（Francis Bacon，1561—1626）把感性认识当作知识的基础。在美学上，他怀疑先验的几何比例的决定性作用，承认未经雕琢的自然可以是美的。在 1625 年发表的《论花园》里，培根主张理想的花园应该有一块很大的、草木丛生的野地。在《训示》里，他谴责"对称、修剪过的树木和死水池子"，而提倡"完全的野趣，土生土长的乔木和灌木"林。在另一篇著作（Novum Organum）里，他希望"苗圃尽可能像荒野的自然"。这些观点都与后来的古典主义者的观点有很大不同，而接近于自然式花园的观念。

1685 年，王政复辟时期，古典主义的造园艺术在英国正在大行其时，关于中国造园艺术的信息传到了英国。坦伯尔爵士（Sir William Temple，1628—1699）在文章《论伊壁鸠鲁的花园，或论造园艺术》中写道："……在我们这儿，房屋和种植的美，都主要表现在一定的比例，对称和整齐划一上；我们的道路和我们的树木一棵挨一棵地排列成行，间隔准确。中国人要讥笑这种植树的方法。他们说，一个会数数到一百的小孩子，就能把树种成直线。一棵对着一棵，硬性定出间距。中国人运用极其丰富的想象力来造成十分美丽夺目的形象，但是，不用那种肤浅地就看得出来的规则和配置各部分的方法。""中国的花园如同大自然的一个单元"，它的布局的均衡性是隐而不显的。⑤

① 林箐：《理性之美——法国勒·诺特尔式园林造园艺术分析》，载《中国园林》，2006 年第 4 期，第 9～16 页。
② Tom Turner 著，林箐、南楠、齐黛蔚等译：《世界园林史》，中国林业出版社 2011 年版，第 203 页。
③ 南希·A·莱斯辛斯基著，卓丽环译：《植物景观设计》，中国林业出版社 2004 年版，第 21～23 页。
④ 张祖刚：《世界园林史图说》，中国建筑工业出版社 2013 年第 2 版，第 196 页。
⑤ 陈志华：《中国造园艺术在欧洲的影响》，山东画报出版社 2006 年版，第 35～36 页。

所谓自然风景园，最纯净的形态就是把花园布置得像田野牧场一样，像从乡村自然界里取来的一部分。经过加工提炼的田园牧场，显得更加优雅、宁静和清爽。18世纪中叶，自然风景园在英国风靡一时，取代了古典主义造园艺术的统治地位。这种附属于新贵族庄园的自然风景园，经济、闲适，具有日常起居生活的散逸情趣。在英国创造自然风景园的代表性人物，是布里奇曼（Charles Bridgeman，1690—1738）、肯特（William Kent，1685—1748）和布朗（Lancelot "Capability" Brown，1715—1783），凡布鲁（John Vanbrugh，1664—1726）也起到了推波助澜的作用。[①]布里奇曼的设计连接了伦敦海德公园（Hyde Park）的一系列小池，形成了一个大湖面，"蜿蜒式"（The Serpentine）由此得名。布里奇曼首次采用了非行列式的不对称的树木种植方式。肯特发展了布里奇曼的造园手法，强调完全模仿自然、再现自然的造园准则。布朗进一步发展了造园手法，蜿蜒的线条成为了布朗的商标。布朗的作品特征是圆形的树丛、建筑前面茂盛的草地、蜿蜒的湖泊、环绕四周的林带和环形马车道。[②]一些布朗的设计是如此的"自然"和"英国"，以至于如果不去调查一块场地以前的状态和实施项目的平面图，就很难去评判。[③]雷普顿是继布朗之后著名的造园师，主张在建筑附近保留规则式的元素，作为建筑与自然式园林之间的过渡。在雷普顿之后，威廉·钱伯斯（William Chambers，1723—1796）提出了造园还应该使其成为供人娱乐休息的地方。

丘园（Kew Gardens）最初是为威尔士亲王的遗孀奥古斯塔（Augusta）王妃建造的，正式名称为皇家植物园（Royal Botanic Gardens），丘园始建于1759年，由钱伯斯设计。1841年，丘园被移交给国家管理，并逐步对公众开放。之后，经皇家的三次捐赠，至1904年，丘园的规模达到了121公顷。2003年被列入联合国教科文组织世界文化遗产名录。

丘园的特点是：

1）模仿自然画。总体布局为自然风景区，东面设水池，西部为湖面，道路曲直，彼此呼应。

2）建造了中国塔。该塔共10层，登塔可俯瞰全园景色。

3）建有一个罗马遗迹和一些希腊神庙。钱伯斯在园中增加这些建筑装饰，是其浪漫主义的表现。

4）引进国外树种，成为世界著名植物园。[④]经过200多年的发展，收集了大约5万种植物，约占已知植物的1/8（见图1-5）。

---

① 陈志华：《中国造园艺术在欧洲的影响》，山东画报出版社2006年版，第48页。
② Tom Turner著，林箐、南楠、齐黛蔚等译：《世界园林史》，中国林业出版社2011年版，第234页。
③ Tom Turner著，林箐、南楠、齐黛蔚等译：《世界园林史》，中国林业出版社2011年版，第236页。
④ 张祖刚：《世界园林史图说》，中国建筑工业出版社2013年第2版，第195页。

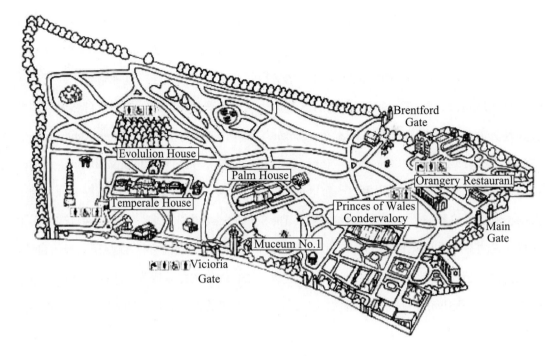

图 1-5  丘园平面图

（5）德国景观。在德国，景观规划起源于弗里德里奇·弗兰兹·范·安哈尔特 - 德绍
王子（Friedrich Franz von Anhalt-Dessau，1740—1817）。1790 年他继承了一个小公国，并
以英国的方式改造景观。沃尔利兹（Worlitz）庄园建于 1765—1817 年。它不仅成为传授
先进农业技术的基地，还成为英国自由主义精神的象征。弗兰兹王子的重要贡献在于他不
是简单复制一个景观，而是利用景观来教育民众。

林内（Peter Joseph Lenne，1789—1866）无疑是德国最著名的景观设计师。波特斯丹
（Potsdam）是当时皇帝建立宫殿的地方。好多著名的建筑师在这里设计了非常著名的建
筑，但林内确立了整个景观格局。他在那里创造了一条长达 3 千米的轴线，而所有的其他
项目都跟这条轴线相联系。林内证明，如果有一个鲜明的景观理念，它能将随后的各种变
化组织起来。他于 1819 年和 1832 年规划建设的公园可以供大众享用，在这些公园里，他
在排干的沼泽地里开辟了蜿蜒的小溪和呈几何图形状的园中步行小径。

（6）印度景观。典型的天堂园形式是被水渠划分为若干部分的矩形。从公元前 6 世纪
开始受到波斯人的影响，公元 8 世纪受到阿拉伯人的影响，公元 16 ～ 18 世纪受到蒙古人
的影响，天堂园的形式在不断地发展变化。《古兰经》中把天堂描述为一座永恒的花园（jannat
alkhuld），其中流淌着水、乳、酒、蜜四条河流。这一思想隐含在四分花园（chahar bagh）发
展演变的背后，花园被水渠分为 4 个部分，代表土、水、火、气四大元素。当修建在斜坡

上时，天堂园采用了台地园的形式。现在我们所知的四分花园也被用于建筑群内的室外庭院。天堂园用于休闲纳凉、招待朋友及睡觉。人们可以在其中陶醉于芬芳的气息，倾听悦耳的声音，品尝鲜美的水果，欣赏美丽的印花和珍禽异兽。秩序性是天堂园的显著特征。建于城镇外的可能是有凉亭的大型露营花园，建于城内的则是离群索居的远离外界尘嚣的庭院。

　　泰姬陵墓与园林建于 1632—1654 年间，作为对莫卧尔皇帝沙·贾汉（Shah Jehan，1628—1658）最宠爱的妃子慕姆泰吉·玛哈尔（Mumtaz Mahal）的纪念。这是一个典型的四分天堂园平面，但是陵墓没有布置在花园的中心，而是布置在园林的边缘，可以俯瞰朱木拿（Jumna）河。入口位于主轴线的尽端，横轴的两端布置有凉亭。由 Ustad Ahmad 设计的最初的泰姬陵平面可能是绘制在一张带有网格的底图上的，但这个园林在 19 世纪被欧洲化了，变成了自然式的种植。该作品意图"揭示建筑形式与位置隐含的意义——审判日天堂园前面神的宝座"。[①] 印度泰姬陵"四分式"水体景观形式见图 1-6。

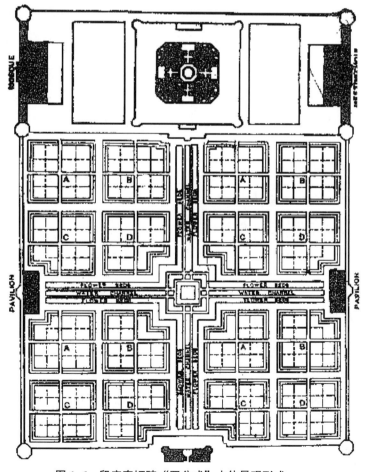

图 1-6　印度泰姬陵"四分式"水体景观形式

① Tom Turner 著，林箐、南楠、齐黛蔚等译：《世界园林史》，中国林业出版社 2011 年版，第 121 页。

### 1.2.1.2　中国早期景观设计

中国园林以自然山水园著称，山、水、建筑和植物是构成山水园的四大要素，但古典园林并非简单地利用或模仿这些构景要素的原始状态，而是采用概括、提炼的艺术手法，在有限的园林空间中，表现一个典型化的自然美景。

中国古典园林的创作融合了诗画艺术，从总体到局部都包含着浓郁的诗情画意。古诗词是中国文化厚重的一部分，更是中国文化不可分割的一部分。一般人比较偏重于现实，而诗人往往更偏重于理想。尤其是中国的旧诗，它们经常表现的一个主题就是对美好的事物、美好的对象、美好的理想的追求与怀思。正如人们常说的，园林是"无形的诗，立体的画"。传统山水画对园林有着极为深刻、直接的影响。长期以来，园林的创作即是以山水画论为指导，从立意构思到具体技法，全面借鉴于绘画以增强艺术表现力。

处于园林中的建筑都不是孤立的存在，而往往与邻近的山、水和植物共同组成一处景观。拙政园的雪香云蔚亭坐落在中央岛上，四周有花木相衬，亭下有石山相托，夏日池中满植荷花，成为园中一景。网师园水池的东岸，突出水面的射鸭廊和它南面的堆石假山，加上廊下石间配置的四季不同色彩的花木，在粉墙的衬托下，呈现出一幅多彩的画面。山水建筑组成景点，多个景点组成景区，景点和景区搭配组合，让园林美不胜收。[①]

## 1.2.2　近代的景观设计

### 1.2.2.1　西方近代的景观设计

近代的景观设计及其发展，包括景观设计思想变革和城市公园运动的兴起，以及逐步建立城市绿地系统观念。

19世纪初，由于英国人踏出了国门，有机会看到并引进外来的植物，人们被现实中丰富的植物材料所吸引，从此渐渐地淡化了伤感主义的庭院设计思想，开始极力营造各种自然环境以适应外来植物的生长。在社会公众意识方面，英国的私人花园开始对市民开放。如19世纪初，英国伦敦的皇家大猎苑开始面向市民开放，这时人人都可以在此游玩和从事打猎等活动。在这种民主主义思想的感染下，一种新型的景观设计形式——自然风景式园林开始在英国逐渐形成。后来，这种自然风景式园林设计思想也被法国、德国等其

---

① 楼庆西：《中国园林》，五洲传播出版社2003年版，第54页。

他西方国家所接受。

1810 年，由约翰·纳什（John Nash，1752—1835）设计的摄政公园是皇室财产，一部分用作房地产投资。以环绕公园的联排住宅和新月形建筑为核心，这种向公众开放的景观公园提高了该处地产的品位和价值。公园设计了蜿蜒的湖岸和相应的植载配置，如同乡绅的别墅。由于每个人分担了小部分的费用，使得更多的人享受到在城市中心拥有大型景观公园的感觉。然而，由于工业城市的不断扩大，给公园预留的土地越来越少，而且公园采用个人捐赠的形式，使得这些公园只能是零散地分布，有的地方根本没有公园。

1843 年，英国公园委员会邀请约瑟夫·帕克斯顿（Joseph Paxton，1803—1865）筹划一项公园兼房地产投资的草案。利物浦附近的伯肯海德市（Birkinhead）是第一个采取此项举措的直辖市。这个项目允许动用税收，但规定必须以 70 英亩的土地无偿为居民提供休闲娱乐为条件。实际上，收购的 226 英亩土地是不适合耕种的贫瘠荒地，其中 125 英亩为公众所用，剩余部分作为建筑房地产出售。该方案包括用于如板球和射箭体育项目的场地、蜿蜒的马车道以及穿梭在林间的漫步小径。[1]公共资金投入伯肯海德公园（Birkinhead Park）建设导致的市场开发成功，自然风景园的魅力，对当时的欧洲和美洲产生了巨大而深远的冲击力，开启了公园繁荣的建设期。

1850 年奥姆斯特德前往英国旅行，轮船在利物浦码头靠岸之后，他花了几天时间去领略当地风光。伯肯海德的一位面包师建议他一定要去参观一座新的公园。这件事给他留下了深刻的印象，他后来写道："心甘情愿地承认，在追求民主的美国，却想不出任何东西可与这座人民的花园相媲美"。[2] "所有的这类壮观的游乐场地，完全地、毫无保留地、永远地都是为了人民的利益。最贫困的英国农民也能自由观赏，和英国女王的心境并无二样。不仅如此，伯肯海德的面包师也为自己能算作公园的'主人'而感到自豪。难道这不是一件大好事吗？"[3]

在 18 世纪，美国城市发展中专门用于休闲娱乐的开放空间很少出现，而且是没有必要的。美国大陆的东北部地区，原来用于放牧或军事阅兵等类似用途的功能区域，19 世纪初开始担负起公共园林的角色。费城（Philadelphia）和萨凡纳（Savannah）等城市规划

① 米歇尔·劳端著，张丹译：《景观设计学概论》，天津大学出版社 2012 年第 2 版，第 76 ～ 77 页。
② Olmsted F. L. ，Walks and talks of an American farmer in England，Ann Arbor：University of Michigan Press，1852，P. 52.
③ Olmsted F. L. ，Walks and talks of an American farmer in England，Ann Arbor：University of Michigan Press，1852，P. 54.

时，居住区的广场虽然不是公园，但通常为周边住宅中的居民使用，并栽植树木，这说明绿地的概念已为城市居民接受。

1850 年的纽约市长竞选期间，两个竞选人都把修建一座大型城市公园作为竞选承诺。后来的胜出者安博罗斯·昆士兰（Ambrose C. Kingsland）信守了诺言，于 1851 年 5 月 5 日向市议会递交了兴建纽约城市公共公园的议案。他还富有远见地断言："没有任何时期比现在更适合于投资兴建一座城市公园，在某种程度上来说它对提升城市的价值至关重要。"[1]

中央公园指位于城市中心区，为人们提供便利可行的休闲方式的大型公园。其特点是开放性和体验性、社区性和综合性、公益性和公共性。[2] 在曼哈顿岛东侧沿河建设公园的方案流产后，1853 年中央公园（Central Park）的位置及规模大致确定。公园的提倡者主要是富商和地主，他们欣赏伦敦和巴黎的公共用地，敦促纽约通过类似的方式建立其国际声誉。他们认为充满吸引力的公园也为他们的家庭提供了乘马车游览的场所，为纽约的工薪阶层提供了一个比酒吧更健康的休闲场所。在对公园的选址和成本进行了三年的讨论之后，州议会于 1853 年批准纽约市通过土地征用权在曼哈顿中心获得了 700 多英亩的土地。

中央公园是 19 世纪纽约最庞大的公共工程项目之一。通过对该地区的地形进行重塑，这片田园风光才得以建立。包括美国工程师、爱尔兰工人、德国园艺家以及美国本土的石匠在内的两万名志愿者参与到这项工程中。工人们用火药将岩石构成的山脊炸开，用去的炸药比葛底斯堡战役中用到的还多，之后又运来了几乎 300 万立方米的土壤，种植了 27 万多株树木和灌木。公园 1858 年开始建设，1876 年竣工，总投资 1600 万美元，而当时美国向俄国购买阿拉斯加州才花了 900 万美元。2003 年 7 月 19 日，中央公园迎来了它建园 150 周年的纪念日。

公园建设委员会提出有 4 条城市街道要横穿公园而过，而且要求在夜晚公园关闭后，这些道路依然可以通行无阻。为了营造一种广阔无垠的感觉，奥姆斯特德和沃克斯将这几条横穿公园的街道设计成下沉式的（低于公园地面 8 英尺，2.43 米），公园里的行人和自行车道通过桥梁跨越这些街道，既避免了城市街道与公园使用中的冲突，又保持其在地下

---

① Witold Rybczynski 著，陈伟新、Michael Gallagher 译：《纽约中央公园 150 年演进历程》，载《国外城市规划》，2004 年第 19 卷第 2 期，第 65 ~ 70 页。

② 邵琪伟：《中国旅游大辞典》，上海辞书出版社 2012 年版，第 708 页。

的隐蔽性。人们在公园里散步、骑马、驾驶马车，从而与一般的城市交通相分享，又不会使人察觉。[①]

通过对中央公园原有地形的改造、沼泽的扩建、马车道的设计等手法使原来极不统一的地形呈现出略有起伏，又能与远处连绵的乡村幻景相连接的开阔空间，使来自不同阶层和不同国家的人们在欣赏风景的过程中不知不觉地接受了这个民主社会的思想。[②]

中央公园建设既开了现代景观设计学之先河，又标志着普通人生活景观的到来，美国的现代景观设计从中央公园起，就已不再是少数人所赏玩的奢侈品，而是普通公众身心愉悦的空间（见图 1-7）。

造园家西蒙兹（John Ormsbee Simonds，1913—2005）高度地评价中央公园说："凡是看到、感觉到和利用到中央公园的人，都会感到这块不动产的价值，它对城市的贡献是无法估计的。"

图 1-7　美国纽约中央公园实景图

### 1.2.2.2　中国近代的景观设计

1840 年后，特别是辛亥革命后，中国的景观设计历史开始步入了一个新的阶段。公

① 米歇尔·劳瑞著，张丹译：《景观设计学概论》，天津大学出版社 2012 年第 2 版，第 79～80 页。
② 朱淳、张力：《景观艺术史略》，上海文化出版社 2008 年版，第 231 页。

园的建立是中国近代景观设计发展阶段的主要标志。在这期间，公园的建设包括两个发展方向，其一是各国列强在租界内建立的公园，使西方的造园艺术开始被较多的民众所认识，如上海的外滩公园（建于 1868 年）、法国公园（现复兴公园，建于 1908 年），天津的英国公园（现解放公园，建于 1887 年）、法国公园（现中山公园，建于 1917 年）等；其二是中国自建的公园，如无锡的城中公园（建于 1906 年）、南京的玄武湖公园（建于 1911 年）、成都的少城公园（建于 1910 年）等。在中国自建的公园中，除无锡的城中公园为当地商人集资营建外，其他的公园建设均为清朝地方政府出资。

辛亥革命后，北京的皇家苑囿和坛庙开始陆续向民众开放，其中有 1914 年开放的中央公园（现中山公园）、1924 年开放的颐和园、1925 年开放的北海公园等。截至抗日战争爆发，中国已建有数百座公园。此外，一些军阀、官僚、地方和资本家等仍在建造私家景园，如府邸、墓园、避暑别墅等，其建造风格多为仿西式或中西混合的设计形式，但很少有成功的力作。[①]

## 1.2.3 现代的景观设计

### 1.2.3.1 国外现代景观设计

在美国，20 世纪五、六十年代是现代主义景观的黄金时期，以 SWA 景观事务所为代表的现代主义风格在景观设计行业中占据了显眼的位置。

（1）极简主义。20 世纪 60 年代受风格派与结构主义的影响，极简主义（Minimalism）最早出现在绘画和雕塑领域，主张以非常简单和纯净的形式，并通过将元素的不断重复来表达一种明确的统一完整性。[②] 极简主义的核心是减少不必要的元素，崇尚简约、重视功能、强调精粹、摒弃烦琐。极简主义设计理念的突出特点：

1）设计目标的简约。充分了解并顺应场地的文脉特性，从景观环境的客观环境出发，尽量减少对原有景观的人为干扰。

2）设计方法的简约。要求设计师抓住设计对象的关键性因素，减少细枝末节，以最少的改变获得最大的成效。

3）表现手法的简约。要求设计表现简明、概括，以最少的元素、景物，表现景观环境中的最主要特征。[③]

---

① 张大为、尚金凯：《景观设计》，化学工业出版社 2008 年版，第 11 ～ 12 页。
② 朱淳、张力：《景观艺术史略》，上海文化出版社 2008 年版，第 280 ～ 281 页。
③ 张大为、尚金凯：《景观设计》，化学工业出版社 2009 年版，第 72 页。

极简主义以简洁的几何形体作为基本的艺术语言，讲究概括的线条、单纯的色块，力求以简洁的形式表现深刻而丰富的内容。极简主义景观始于极简艺术，强调以少胜多，追求抽象、简化和几何秩序。极简主义园林中植物具有形式简洁、种类较少、色彩比较单一的特点。①

皮特·沃克（Peter Walker）是"极简主义"设计代表人物，他将极简主义解释为：物即其本身（The object is the thing itself）。"我们一贯秉承的原则是把景观设计当成一门艺术，如同绘画和雕塑。……所有的设计首先要满足功能的需要，即使在最具艺术气息的设计中还是要秉承功能第一的理念，然后才是实现它的形式。例如柏林的索尼总部首先是一个公共广场，它的设计十分别致，令人难忘，但是它的设计与形象是在相互依赖中共存的。"

皮特·沃克的设计体现出强烈的空间感，他喜欢采用与自然对立的规则式的设计手法，采用严谨定义的形状与柔和的植被形成对比，或将植物组织成团状的条带形式。他的许多大型项目还采用了图案形式，如凯宾斯基酒店（Hotel Kempinski）的花园，是以方格网为基准的花坛园，运用与底层格网互成角度的二层方格网的叠加，形成复杂的角度和韵律感。②

1979年皮特·沃克设计的哈佛大学泰纳喷泉（Tanner Fountain）最富极简主义和大地艺术特征。他用159块石头排成了一个直径18米的圆形石阵，雾状的喷泉设在石阵的中央，喷出的水珠形成漂浮在石间的雾霭，透着史前的神秘感，设计虽然简单，但形成的景观体验却丰富多彩，伴随着天气、季节及一天中不同的时间有着丰富的变化，使喷泉形成体察自然变化和万物轮回的一个媒介。③1990年，皮特·沃克设计德克萨斯州的"索拉纳"IBM研究中心园区，为了保护尽可能多的现代环境景观，将外围与自然的树林草地相衔接，在建筑周围使用了一些极端几何的要素，与周围环境形成强烈的视觉反差（见图1-8）。1993年设计的慕尼黑机场凯宾斯基酒店花园（Garden of Kempinski Hotel），将古典的花坛园用极简的图案式构图重新组合，创造了一个绿色的、令人愉悦的场地。

① 陈小敏、田志平、张延龙：《极简主义园林中的植物应用研究》，载《安徽农业科学》，2007年第35卷第29期，第9246～9247,9252页。
② 安德鲁·威尔逊著，张红卫、佘美萱译：《现代最新影响力的园林设计师》，云南科技出版社2005年版，第73页。
③ 王向荣、林箐：《现代雕塑与现代景观设计》，载《世界建筑》，2002年第7期，第70～73页。

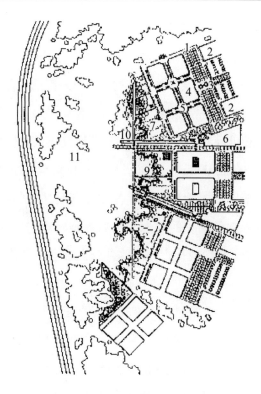

**图 1-8　索拉纳 IBM 研究中心景观**

1. 外来车辆停车场　2. 室内停车场　3. 入口喷泉　4. 办公楼　5. 园路　6. 餐厅　7. 会议室
8. 湖　9. 小溪　10. 水渠　11. 草地

（2）大地艺术。所谓大地艺术（Land Art，Earth Art），是利用大地材料在大地上创造的一种超大尺度的雕塑。大地艺术孕育于 20 世纪 60 年代初期，主要特征是：将自然作为设计要素，各种自然界的材料，如土壤、石头、冰雪和沙石等均可成为艺术家使用的材料，而沙漠、森林、农场或工业废墟则成为他们关注的对象；表现抽象特征常用点、线、面、螺旋和金字塔等几何形式；设计艺术地形，用完全人工化、主观化的艺术形式改变大地原貌；它是四维空间的艺术，在创作中加入了时间因素，引起人们的遐想。[①]

大地艺术尤其是在一些工业废弃地景观的更新、改造，以及一些大尺度的郊野自然景观建设项目中得到应用。著名的大地艺术作品有艺术家罗伯特·史密森（Robert Smithson，1938—1973）的"螺旋形防波堤"（Spiral Jetty），克里斯托夫妇（Christo and Jeanne Claude）的"包裹的海岸"（Wrapped Coast）、"包裹帝国大厦"（Wrapped Reichstag Project for Berlin），瓦尔特·德·玛利亚（Walter de Maria）的"闪电的原野"。

螺旋形防波堤位于犹他州大盐湖的北部，布里格姆（Brigham）以西 30 英里，这里

① 唐小敏、徐克艰、方佩岚：《绿化工程》，中国建筑工业出版社 2008 年版，第 47 页。

被废弃的景色和孤立无助的一片荒凉，激起了罗伯特·史密森创作一件优美作品的冲动。1970年，他用65 000吨的黑色玄武岩、石灰岩和泥土，建设了长1 500英尺（450米），宽15英尺（4.57米）的大螺旋形的防波堤。整个作品的形状，像蛇一般缓慢地爬入粉红色的湖水中。作品的比例非常适合观众的观看。1971年，由于湖水升起，这件作品沉没在水下15英尺的地方，人们已经不可能再亲眼看见它了，但它仍然是具有无比的魔力。在许多艺术爱好者的脑海里，螺旋防波堤甚至已经成为大地艺术的代名词。1999年防波堤又重新浮出湖面。史密森的"大地艺术品"就像所有的地景艺术一样，都涉及了风景画类型，但又不仅仅是再现自然，螺旋形防波堤本身就是风景。作品本身具备的纪念碑意义和神话般的特质，可以追溯到古代巨大的建筑遗迹，比如埃及金字塔、英国巨石阵、美洲土著的仪式土丘等。防波堤的功能之一是利用水流拦截回收油污，提醒人们反思人类对自然的破坏力。

克里斯托夫妇认为，物体被包裹后，原有形式被"陌生化"，形成了一种独特的视觉力量，从而凸显出对象的本质、历史等内涵。1968～1969年，克里斯托花了1年时间，完成了对澳大利亚悉尼附近海岸的包裹，作品面积超过90 000平方米。原先嶙峋峥嵘的悬崖绝壁在人们的视线中消失了，竟然变成了一片陌生的人造世界，银白色的织物绵延着，长达16千米，海岸从刚性的变为柔软的，呈现出一片不可知的朦胧。这件作品的诞生使他们在国际上广为人知。1995年6月17日，克里斯托夫妇再次呈现惊世之作——《包裹德国国会大厦》，这件作品用超过10万平方米的丙烯面料以及15 000米绳索，包裹了整栋德国柏林国会大厦。这是一项耗资1 000多万美元的巨大工程，建筑物最基本、最抽象的形状被强调出来。为此，克里斯托夫妇花费24年的时间说服近200位德国议员支持他们的作品创作计划。被包裹的国会大厦展出时间仅为两周，却吸引了500多万人次游客。

1971年，玛利亚（Walter de Maria）在新墨西哥州大片的土地上用400根、每根长6.27米的不锈钢柱，按杆距67.05米的标准，摆成宽列为16根，长列为25根的矩形阵列。钢柱之间的距离非常大，如果观众身处其间，必须竭力寻找下一根，他们也只有在一根一根的寻找跨越中，才会对作品的巨大张力产生切身的体验。在6～9月经常有雷电的季节，这些钢柱就会变成原野中的电极，它们在接引雷电时，就是天地之间最佳的纽带。但它们这时是危险的，所以观众必须远远地离开它们，才能欣赏这天地交会时的壮观景象（见图1-9）。

史密森 螺旋形防波堤1970　　　　　　　　玛利亚 闪电的原野1971

克里斯托夫妇 包裹的海岸 1983　　　　　克里斯托夫妇 包裹帝国大厦 1995

图1-9　大地艺术

（3）生态主义。生态主义（The ecologic socialism）是一种大至整个城市规划，小至数棵植物配置的综合设计过程，它不仅要体现生态原则，还必须以合理的社会功能为出发点，以艺术化的表现为手段，综合各种技术为人类的可持续发展推波助澜。[①]生态主义景观以生态设计为主导，同时兼顾艺术、经济和社会的综合属性；突破了传统的景观审美思想，实现了从以人类为中心到以自然为中心的转变；要求景观设计师具有严密、系统的生态科学知识。

从19世纪下半叶至今，西方景园的生态设计思想先后出现了4种倾向，即：自然式设计——与传统的规则式设计相对应，通过植物群落设计和地形起伏处理，从形式上表现自然，立足于将自然引入城市的人工环境。乡土化设计——通过对基地及其周围环境中植被状况和自然史的调查研究，使设计切合当地的自然条件并反映当地的景观特色。保护性设计——对区域的生态因子和生态关系进行科学的研究分析，通过合理设计减少对自然的

① 朱淳、张力：《景观艺术史略》，上海文化出版社2008年版，第288页。

破坏，以保护现状良好的生态系统。恢复性设计——在设计中运用种种科技手段来修复已遭破坏的生态环境。[①]

1969 年，麦克哈格（Ian Lennox McHarg，1929—2001）的经典著作《设计结合自然》（*Design with Nature*）问世，书中阐述了自然环境之间不可侵害的依赖关系、大自然演进的规律和人类认识的深化，他将生态学思想运用到景观设计中，把两者完美地融合起来，开辟了生态化景观设计的科学时代。威廉·M·马什（William M Marhs）《景观规划的环境学途径》一书聚焦于自然景观过程、系统、形式分析，尤其是在生态适宜性思想的基础上，补充并完善了对景观结构过程（特别是景观中营养流、水循环生物运动等水平流和过程）和变化等景观生态学理论的解释与应用，弥补了麦克哈格理论强调景观垂直过程而忽略水平过程的缺陷。同时，马什注重从静态格局的研究转向景观动态的分析，强调对生态过渡带和边缘效应以及破碎化景观的研究，这些都代表了现代景观生态规划的最新研究进展。[②]

今天的景观设计面临着越来越复杂的基址，有些看来是没有价值的废弃地、垃圾场或被人类生活所破坏的其他区域，景观设计师更多的是在用景观来修复城市的疮疤，解决各种各样的问题，促使城市各个系统的良性运行。

西雅图煤气厂公园（Gas Works Park），原先其实是一个瓦斯厂，1956 年停工后，1975年在一位市政府官员的游说之下，成为世界上第一个以资源回收的方式修复的公园。设计师理查德·海格（Richard Haag）天才的设计，荣获了美国建筑风景协会的最高奖。设计的独特之处在于工业废弃物作为公园的一部分被利用，有效地减少了建造成本，实现了资源的再利用。有些机器成为废墟，给公园带来一种独特的美感；有些机器被漆成鲜艳的颜色，放在以前的厂房里，成为孩子们的玩具。公园还开创了生态净化工业废弃地的先例，煤气厂的前身使得土壤污染非常严重，表层的污染虽能被清除，但深层的石油精和二甲苯的污染却很难除去。海格建议通过分析土壤中的污染物，引进能消化石油的酵素和其他有机物质，通过生物和化学的作用逐渐清除污染。由于土质的关系，公园中基本上是草地，而且凹凸不平、夏天会变得枯黄。哈克认为，万物轮回、叶枯叶荣是自然的规律，没有必要用常年灌溉来阻止这一现象。这一决策让公园不仅建造预算极低，而且维护管理的费用也很少。

彼得·拉兹（Peter Latz），德国当代著名景观设计师，尤其擅长用生态的手法，巧妙

---

① 骆天庆:《近现代西方景园生态设计思想的发展》，载《中国园林》，2000 年第 16 卷第 3 期，第 81～83 页。
② 朱强、黄丽玲、俞孔坚:《设计如何遵从自然——〈景观规划的环境学途径〉评介》，载《城市环境设计》，2007年第 1 期，第 95～98 页。

地将旧工业区改建为公众休闲、娱乐的场所。拉兹认为，景观设计师不应过多地干扰一块地段，应对现存的要素尽可能地"照单全收"，在此基础上分析研究场地的结构特征，尽可能利用已存在的要素，摆脱"形式追随功能"的做法，力图使自然和技术达到境界的完美统一。拉兹的代表作是杜伊斯堡诺德风景公园（Landschaftspark Duisburg-Nord）。[①]

公园占地面积200公顷，坐落于杜伊斯堡市北部，园址曾经是具有百年历史的August Thyssen 的钢铁厂。1985 年钢铁厂关闭后，很快陷入了荒废破败之中。1989 年，政府决定将工厂改造为公园。在工厂在废置期间，这里的生态系统已然悄悄开始了自我修复的进程，大片植被在工厂荒无人烟的地方和那些废弃污染物的表面繁衍起来。早在 2 月份，眩目的黄色植被就覆盖了铁路周边的区域，青苔和地衣在矿渣堆的石块上生长。在煤灰混合的土壤表面，金属浇铸的沉积物和锰矿矿渣上面生长着类似草原物种的植物。拉兹非常认可这些再生植物的力量。[②] 在改造过程中，一方面将这些自然而生的植物全盘接纳，并且设定了相当大的区域来保护这些自然恢复的植物，让它们自由地蔓延；另一方面创造性地对工厂中的构筑物予以保留，对部分构筑物赋予了新的用途，使高炉等工业设施成为人们攀登、眺望的场所。[③] 曾经污秽不堪的排水渠现在变成了干净的河流，两岸的钢制构架和柳树在河面上留下了别具一格的倒影。游客可以在新建的亲水平台上休息，视线刚好与对岸的芦苇齐平。水生植物和纯净的水面把工业结构变成了文艺复兴一样庄严的景观（见图1-10）。[④]

料仓花园中的儿童活动场地

料仓花园中的攀岩场地

① 乌多·维拉赫编著，林长郁、张锦惠译：《景观文法——彼得拉兹事务所的景观建筑》，中国建筑工业出版社 2011 年版，导读。
② 冯潇：《让自然做功——现代风景园林中自然过程的引入与引导》，中国建筑工业出版社 2014 年版，第 142 页。
③ 朱淳、张力：《景观艺术史略》，上海文化出版社 2008 年版，第 286 页。
④ 凯琴琳·迪著，陈晓宇译：《设计景观：艺术、自然与功用》，电子工业出版社 2013 年版，第 160 页。

料仓花园中的儿童活动场地 　　　　　　料仓花园顶部的网格状步行道

图1-10 杜伊斯堡诺德风景公园

（4）解构主义（Deconstruction）。Deconstruction是法国哲学家贾克·德里达（Jacques Derrida）1967年自己发明的，现在任何一部词典都不会缺失这个词语，它在中文中有分解论、消解论、解构主义等不下十来种译名。[①]"解构"并不是一个否定性的贬义词，而是把现成的、既定的结构解开，所以它和历史上的批判传统一脉相承。德里达本人对于"解构"的解释是：解构不是别的，就是怀疑、批判、扬弃，就是他者的语言，是事件的如实发生，是既定结构的消解。他把解构喻为公正，声称一切都可以解构，唯独解构自身不能解构。[②]

解构主义真正成为一种设计风格是在20世纪80年代。乔治·格鲁斯博格在他的《解构主义导论》一文中说，解构主义不是一个学派，也不是一个符号，它不过是一个激进的方面，目的是发现，和对于我们自身的发现。从很大程度上来讲，它依然是一种十分个人的、学究味的尝试，一种小范围的实验，具有很大的随意性、个人性和表现性等特点。解构主义一般会影响园林中建筑物和构筑物的造型和布局，对园林绿化的影响微不足道。

巴黎的拉·维莱特公园（Parc de la Villette）面积约55公顷，是为纪念法国大革命200周年而建造的，被认为是解构主义的代表作。1982年，巴黎举办了国际性的公园设计竞赛，最后建筑师伯纳德·屈米（Bernard Tschumi，1944—）的方案中奖。拉·维莱特公园在建造之初，目标确定为：一个属于21世纪、充满魅力的、独特并且具有深刻思想意义的公园。既要满足人们身体上和精神上的需要，同时又是体育运动、娱乐、自然生态、科学文化与艺术等诸多方面相结合的开放性的绿地，并且公园还要成为各地游人的交流场所。建成后的拉·维莱特公园展示了法国的优雅、巴黎的现代、热情奔放，具体到音乐、绘画和雕塑等，甚至还有被认为是最优雅的语言——法语的展示。[③]

---

① 陆扬：《后现代文化景观》，新星出版社2014年版，第17页。
② 陆扬：《后现代文化景观》，新星出版社2014年版，第72页。
③ 朱淳、张力：《景观艺术史略》，上海文化出版社2008年版，第277～278页。

　　屈米的设计富有争议性，因为他既反对迷人耳目的曼妙的形式设计，又反对现代主义的社会价值和作用。屈米抛弃了"公园"的旧有概念，试图去创造"世界上最大的不连续建筑"。在拉·维莱特公园，屈米建起了一个几何形网络，运用点、线、面三种基本元素将园内外的复杂环境有机地统一起来——象征疯狂（folies）的亮红色格网"Folie"，笔直遮荫散步道的道路系统以及具有简单几何形状的空间序列。尽管设计者[①]在网络的节点上布置了近 40 个红色游乐场建筑物，它们的设置不受已有建筑的位置限制，有的设在建筑的室内，有的与其他建筑连在一起只显露出半个，有的正好成为一栋建筑的入口；其建筑形式为立方体的多种变形，都被限定在 10 米 × 10 米 × 10 米的立方体中进行变化，打破了传统建筑的构图规则；它们有些具有实用功能，有些则仅仅作为点的要素出现。这些红色建筑，以架空的通廊连接，中间是公园绿地，构成统一的整体。[②]

　　通过这些点、线、面的处理，屈米对传统意义上秩序的质疑得到了充分的展示。他运用这三种要素各自组成完整的系统，又以新的方式将三者分层叠加起来，形成强烈的交叉与冲突感，而这些冲突又因硕大的公园尺度而依旧充满着自然的气息，加之男女老少的参与和城市无边界的设计，更使这个公园充满了游人活动的生机。从拉·维莱特公园的设计可以看出，屈米以其大胆的设计证实了解构主义多元、高度模糊化、貌似凌乱而实质上却又有内在结构因素和总体性考虑的高度理性的理论特点。用他自己的话说：现代主义"形式追随功能"（form follows function）的口号应该用"形式追随幻想"（form follows fiction）的表述更为贴切（见图 1-11）。

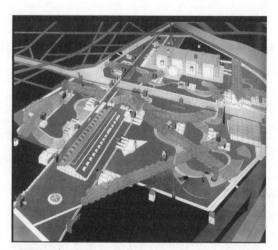

图 1-11　拉·维莱特公园平面分解图

① Ian Thompson, Torben Dam, Jens Balsby Nielsen 著，王进、卢鹏译：《欧洲景观建筑学——最佳细部设计实践》．机械工业出版社 2013 年版，第 3 页。
② 张祖刚：《世界园林史图说》，中国建筑工业出版社 2013 年第 2 版，第 221 页。

　　李布斯金（Daniel Libeskind）在 1989 年参加柏林犹太人博物馆的设计竞赛中，运用了强烈的解构主义的手法。博物馆的设计灵感基于一个爆炸的大卫之星，它放弃了直角、门、窗和其他传统的建筑元素。用"之"字形的折线形式设计平面图，用纵横交错的线开启建筑外墙上窗户，用不同方向上穿插的线形铺装组织草地上的游路。从整体上看，平面上的折线和大小不等的斜向开设的窗户与环境中的线性要素相穿插、呼应，给人以耳目一新的空间感觉。[①]

　　这栋新建筑最离经叛道的地方是没有前门。参观者必须先进到柏林博物馆原来的巴洛克建筑，再走过地面下的三条通道。这两栋建筑物所涵纳的历史，彼此之间的联系虽然不是一眼可辨，但实则密不可分，而且留在柏林的根柢永不磨灭。进入新建筑的三条通道中，其中两条是死路，一条通向象征大屠杀塔（Holocaust Tower）。大屠杀塔里面一片漆黑，伸手不见五指。屋里唯一的光线是从顶上一道裂缝渗透进来的，但从底下几乎看不到这道裂缝。更精彩之处在于新建造的部分：建筑物内部是没有任何装饰的清水混凝土，极简的几何锐角彰显出冲突和不安，暗示着犹太人曾经的苦难经历和不屈精神（见图 1-12）。

**图 1-12　柏林犹太人博物馆**

　　（5）后现代主义。查尔斯·詹克斯（Charles Jencks），美国建筑评论家，在《后现代主义建筑语言》中，首次提出了"后现代主义"（Postmodernism）概念，他认为后现代主义不是反对现代主义，而且是对现代主义的超越。后现代主义强调借鉴历史、强调地方传统。后现代主义景观的主要特征表现在：用隐喻和象征的手法表达对文脉的理解，用历史

① 朱淳、张力：《景观艺术史略》，上海文化出版社 2008 年版，第 278 ～ 279 页。

主义的手法对待传统与现代的结合、地方风格、超现实色彩。法国巴黎的雪铁龙公园的创作就明显受到了后现代主义影响。

玛莎·施瓦茨（Martha Schwartz）是 20 世纪中后期现代景观艺术的标志性人物，世界著名景观建筑大师、艺术家，哈佛大学终身教授。她非常注重作品对生态系统所产生的社会影响力，喜欢在场景中采用技术手段而非自然标准或假定的自发性方案。[1] 在纽约亚克博·亚维茨广场（Jacob Javits，1996）的设计中，她以法国巴洛克园林的大花坛为原形，将长椅、草丘、街灯、铺地和栏杆等要素以出人意料的方式组合，用简单的形式获得了丰富的广场空间。6 组涡轮纹状的绿色椅子，各围绕 6 个圆球状的草丘蜿蜒在广场中央，并分为内外两个朝向，供人们从不同的角度观赏四周环境，以一种艺术与实用性完美结合的方式受到了人们的广泛喜爱（见图 1-13）。

图 1-13　纽约亚克博·亚维茨广场

施瓦茨的另一项代表作是 1979 年设计的面包圈花园。花园的布局让人联想到历史悠久的花坛形式，只不过种植的不是郁金香而是面包圈，紫色的水族箱砾石，藿香蓟属（*Ageratum*）的花坛植物，以及司空见惯的面包圈，这些流行文化元素综合在一起，以设施艺术的形式应对环境的同时，改造环境。[2]

施瓦茨在明尼阿波利斯联邦法院大楼前广场（1998）的设计，是极简主义与大地艺术的结合。该设计利用的景观元素并不多，其中最引人注目的部分是一组铺着草坪的土丘，它们呈东西向排列，每个呈 30° 夹角隆起在灰白相间的广场地面上，上面种着明尼苏达州森林里最常见到的土生土长的小型针叶树。这些土丘象征着冰川运动地带所遗留下的起

① 孙文婧、马博华：《步道铺装材质的创新表现》，载《艺术与设计》，2013 年第 3 期，第 93 页。
② 凯瑟琳·迪著，陈晓宇译：《设计景观：艺术、自然与功用》，电子工业出版社 2013 年版，第 150 页。

伏的地势，同时，用大树干当座椅，由此来象征明尼苏达州由来已久的支柱工业——伐木业（见图 1-14）。

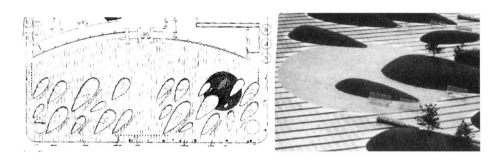

图 1-14　明尼阿波利斯联邦法院大楼前广场

### 1.2.3.2　中国现代景观设计

中国目前的景观设计特征是：追求设计要素的创造；突出形式与功能的完美结合；强调景观场所特征与景观文化的现实意义；尊重自然和保护生态环境的可持续；在当代艺术思潮影响下不断向传统的景观设计观念挑战；现代景观的开放性与公众参与意识增强。

美国景观设计对世界景观设计的最大贡献之一是将自然原野地作为公园，而这种先进的思想在中国却往往因"国情"被拒之千里之外。"玉不琢不成器"的"造园"思想，成为中国"城市美化"中的一大特色。当城市规划将城郊某片山林划分为"公园"时，"美化"的灾难便随之降临。随后，落叶乔木被代之以"常青树"；乡土"杂灌"被剔除而代之以"四季有花"的异域灌木；"杂草"被代之以国外引进的草坪草；自然的溪涧被改造成人工的"小桥流水"；自然地形也被人工假山所替代。即所谓公园当作花园做，把仅有的自然地也要改造成花园式的公园。[①]总之，景观设计者必须随着时代的发展清醒地认识自身所处的历史环境，在继承和发展传统文化的同时，更要注重体现现代景观设计的文化内涵，并以此体现景观环境的时代感与现代意义。

## 1.2.4　未来趋势

设计过程中，谦卑与创新的互动，不仅必要、而且从某种程度上来说，更是"设计之天性"。没有对人性与环境的尊重，就无法实现设计的功能；没有创新，设计不过是怀旧

---

① 俞孔坚、李迪华：《景观：文化、生态与感知》，科学出版社 1998 年版，第 17 页。

之举，缺乏时代感、新鲜感与实际功用。[①]

随着休闲度假旅游的蓬勃发展，旅游产业已对景观设计提出了专门的要求，要求研究旅游产业的独特需求，提供更加深度的专业化景观服务。旅游景观设计的五大独特趋势：景观主题化、景观情境化、景观生态化、景观游乐化和景观动感艺术化。

景观主题化。项目设计必须服务于旅游项目的"主题"定位，在主题整合下，形成项目的独特吸引力，凸显"独特性卖点"，形成主题品牌。

景观情境化。让景观变成制造情境的手段，让景观成为体验过程中的道具和工具，如迪士尼的童话世界。

景观生态化。以生态和谐为特点的景观，形成绿色生态，环保节能效应。相应的景观生态技术，包括生态材质运用，本土化植物配置，低耗能技术应用，绿色植物环境，环保材料与技术等。

景观游乐化。将风景区中的功能型消费建筑景观，融入游乐化的趣味，使功能型建筑具备更强的吸引力。

景观动感艺术化，动感艺术具有很强的表现力和震撼力，可以使游客与场景、情境很好地互动。

生态、艺术和社会功能的结合。有人批评生态主义设计由于强调对生态系统的保护而忽视艺术的创造，从而显得过于平淡，缺乏艺术价值。实际上，景观设计是一个综合的整体，除了考虑生态原则，还必须满足社会的功能，同时也属于艺术范畴。[②]

# 1.3 旅游景观设计教育发展历史、现状

## 1.3.1 专业性质和学科特点

### 1.3.1.1 专业性质

英国学者普雷斯（R. A. Preece）认为，景观设计是唯一将主要职责放在改善室外空间（outdoor space）质量的专业。美国景观设计大师海尔普林（Lawrence Halprin）早在 20 世纪 60 年代就认为，景观设计的专业性质与方向是开放空间（open space）及其相关的领域。建筑师常将开放空间仅仅视为建筑的前后院，市政工程师多将开放空间与排水或道路

① 凯瑟琳·迪著，陈晓宇译：《设计景观：艺术、自然与功用》，电子工业出版社 2013 年版，第 6 页。
② 张健健、曹雨露：《美国现代景观设计百年回顾（上）》，载《苏州工艺美术职业技术学院学报》，2007 年第 2 期，第 42～43 页。

线型联系在一起，城市规划师往往将开放空间看作复杂的城市中毫无区别的一块块绿地（green swatches），对他们而言，开放空间本身并不重要。虽然海尔普林的言辞也许有些过激，但是从总体上讲，只有景观设计师才会真正因为开放空间本身而关注开放空间。[①]

据IFLA-UNESO《风景园林教育宪章》，[②]"景观设计的目标是改善自然和人工环境的质量，建立和协调风景与建筑、基础设施的关联以及对自然环境和文化传统的尊重等，这些都与公众利益息息相关"。

佐佐木·英夫（Hideo Sasaki）认为，设计是针对给出的问题提出解决方案，将所有起作用的因素联系成一个复杂过程。在这一过程中，要运用研究、分析和综合三种方法。研究和分析的能力可以通过教学获得，而综合的能力则要靠设计者自身的天分，但是可以引导和培养。教师的任务就是要培养学生这三方面的能力。[③]

### 1.3.1.2 学科特点

最初许多学校都把景观设计归属于文科，并且侧重于艺术设计方向。20世纪以后，由于社会发展的需要，景观设计专业的学科结构发生了变化，由原来的以艺术为主，逐渐衍变为以生态、艺术和社会学三位一体的综合学科体系，使景观设计专业有了很大的发展。

（1）学科综合性。景观设计是由自然科学、社会科学和人文学科所组成的跨学科领域。自然科学揭示的是自然事实，包括地质学、土壤学、气象学、生物学、植物学和生态学、园艺学、造林学等。社会科学揭示的是由人组成的社会事实，社会科学的知识是人发现的，包括社会学、经济学、管理学、人口学、人类学、地理学、心理学等。人文学科的知识是人创造的，即原本没有的、后来由人所发明出来的东西，如文学、哲学、美术、音乐、舞蹈、戏剧、电影和电视等。人文学科之所以不能称为人文科学，是因为其目的不是揭示客观事实。[④]

（2）广泛性。景观设计工作范围小至庭园、花园、公园、道路、建筑及种植设计，大至现代大都市绿地系统工程的规划和建设。基于航测遥感技术和卫星遥感技术的应用和计算机技术手段，开展土地利用、自然资源的经营管理、农业区域的变迁与发展、大地生态的保护、城镇和大城市的园林绿地系统规划。

① 王晓俊：《Landscape Architecture 是"景观/风景建筑学"吗？》，载《中国园林》，1999年第15卷第6期，第46～48页。
② IFLA：International Federation of Landscape Architects.
③ 张健健、曹雨露：《美国现代景观设计百年回顾（上）》，载《苏州工艺美术职业技术学院学报》，2007年第2期，第42～43页。
④ 乔晓春：《中国社会科学离科学有多远》，北京大学出版社2017年版，第12～13页。

（3）实践性、艺术性。各城市公园、城市绿地等景观设计过程，不仅要求景观设计师熟练地掌握各种造园原则、造园手法，而且要求他们从环境保护、陶冶情操、怡情养性的角度，创新性地提出设计思路。一位没有学过植物学的建筑师、规划师或美术师来主持景观设计工作，除了在总图上涂绿线、绿带、绿片的颜料以外，就没有别的任务可做了。要培养杰出的景观设计师，不能仅局限于在计算机上写写画画，必须采取"五条腿"模式，即景观设计的学生既要有诗人、画家的浪漫主义气质和天马行空的跳跃思维，也要有园艺学家、生态学家、建筑师的严谨和动手技能。

### 1.3.2 学科历史、现状

#### 1.3.2.1 国外学科历史、现状

早在 1866 年，奥姆斯特德在写给布鲁克林公园委员会的一封信中描述自己的职业是用艺术的形式去营造风景作品。[①]景观设计专业教育是哈佛大学首创的。从某种意义上讲，哈佛大学的景观设计专业教育史代表了美国的景观设计学科的发展史。1900 年，老奥姆斯特德之子小奥姆斯特德（F. L. Olmsted，Jr）和舒克利夫（A. A. Sharcliff）在哈佛开设了全国第一门 Landscape Architecture 专业课程，并在劳伦斯科学学院首创了四年制景观设计专业学位教育（BSLA）。[②]1908—1909 学年开始设立硕士学位。BSLA 与 1893 年开始的建筑学理学学位并行。1929 年起，从景观设计中衍生出独立的城市规划专业。到 20 世纪20 年代，三个学科已经存在了某种程度的合作。1936 年，哈佛大学将建筑、景观设计、城市规划三个专业合并，组建了设计研究生院。这种学科设置保持了景观设计较为独立的设计学科地位，并加强了与建筑、规划学的联系，为许多学校纷纷仿效。如加州大学伯克利分校（University of California，Berkeley）的环境设计学院也是由景观设计与环境规划系、建筑、城市与区域规划三个系一起组成；加州理工州立大学的建筑与环境设计学院则设立了 5 个系：建筑工程、建筑学、城市与区域规划、建筑管理及景观设计。

马萨诸塞大学（1902）、康奈尔大学（1904）、伊利诺伊大学（1907），加州伯克莱分校（1913）、衣阿华州立大学（1914）、俄亥俄州立大学（1915）、威斯康星大学（1915）、剑桥学院（1916）等也相继成立了景观设计专业。这些较早设立的专业通常放在农学院中，仍然沿用传统的"Landscape Gardening"或"Landscape Design"为专业名称。[③]之后，

① 林广思：《景观词义的演变与辨析（1）》，载《中国园林》，2006 年第 22 卷第 6 期，第 42 ～ 45 页。
② 俞孔坚：《景观：文化、生态与感知》，科学出版社 2000 年版，第 51 页。
③ 王晓俊：《Landscape Architecture 是"景观/风景建筑学"吗？》，载《中国园林》，1999 年第 15 卷第 6 期，第 46 ～48 页。

衣阿华州立农学院、亚利桑那大学等一些学校的景观设计，从园艺专业中逐步发展成长并分离出来，一些院校景观设计从农学院中逐渐发展出完备的设计学科群。

在全世界范围内，英国的景观设计专业发展得也比较早。英国首先采用 Landscape Architecture 这个名称的设计师是 Patric Geddes，他在苏格兰担任 Landscape Architecture 的工作。1932 年，英国第一个景观设计课程出现在莱丁大学（Reading University），相当多的大学于 20 世纪 50～70 年代早期分别设立了景观设计研究生方向。景观设计教育体系相对成熟，其中，相当一部分学院在国际上享有盛誉。"二战"以后，这个学科迅速发展，工作领域越来越大，包括新城镇的规划、扩建、改建、公路和道路、国家天然公园、水库修建、森林、矿区和工业区重建等工作。

#### 1.3.2.2　国内学科历史、现状

新中国成立后，启用园林一词始于汪菊渊先生（1913—1996）命名了北京园林局，当时汪先生对园林的理解就是 gardens and parks。现代景观设计在中国的发展有着先天的不足。20 世纪初，当欧洲国家开始了现代景观设计探索之路时，中国除了少数由外国人设计、为外国人使用的租借地园林外，几乎没有一定规模的园林实践，理论研究更是无从谈起。

20 世纪中叶，当西方国家现代景观设计蓬勃发展时期，中国才刚刚有了相应的大学教育并培育了第一批园林设计师。由于种种原因，当时中国并没有向西方学习先进的现代主义运动的思想，而是将苏联的体系作为中国刚建立起来的园林行业和教育体系的学习蓝本。与其他艺术领域一样，学院派式的复古或半复古思潮长期以来成为中国园林的核心。中国早期的设计师从事的研究领域还多为古典园林，特别是中国的古典园林，设计领域多为庭院、公园设计或机关企业的绿化。直到 20 世纪 90 年代，现代主义在中国仍没有成为设计的主流。[①]

中国景观设计行业发展状况：中国正处在全面的发展上升期。2004 年 12 月 2 日，景观设计师被国家劳动和社会保障部正式认定为我国的新职业之一。目前，景观设计专业人才需求量较大。该专业方向的毕业生就业形式较为乐观。

### 1.3.3　未来使命及要求

未来的景观设计教育能否重振百年前的雄风，取决于它作为一种现代专业教育或"新

① 王向荣：《现代景观设计在中国》，载《技术与市场：园林》，2005 年第 3 期，第 12～14 页。

学科"，能否在新技术革命和全球化条件下，重新走到造福人类的前沿，能否将业已取得的景观设计国际核心共识——人地关系的科学性和艺术性，落到实处。因此，未来景观设计教育的使命是：为人类的健康权利、公共福利创造公共空间产品；教育、传播有关人类和自然的知识，培训学生的构思、调整和实施能力；通过创造性的保护，确保土地利用至少与环境相和谐，为市场机制失败所带来的感知环境的综合后果承担重任。

据 IFLA-UNESO《风景园林教育宪章》，景观设计教育的基本目标是设计师在满足社会和个人环境需求的同时，发展成为能够解决由不同需求而引起的潜在矛盾的专家。景观设计教育要求学生掌握以下知识和能力：职业道德规范与价值观；文化形态史；文化和自然系统；景观设计的理论与方法；各种尺度的景观规划设计调查、研究、实践；信息技术和计算机应用；植物材料及其应用；工程材料、方法、技术、建设规范和工程管理；公共政策与法规；沟通与交流能力。

麦克哈格（Ian H. McHarg）曾说："景观设计师之角色宛如一个身体健康情形之诊断师，他的规划设计作品呈现必须能解决问题，解决问题前又必须有能力去探索、诊断问题，方能对症下药……"。一个务实、负责的景观设计师，必须非常自信、知识渊博并有很好的沟通能力。景观设计师的角色与医生非常相同，他不仅要接受完整的景观专业基础教育训练，而且要有丰富的实践经验，以及不断自我充实、养成自我的毅力与耐力。[①]

未来的景观设计教育结构包括价值取向、专业知识教育、专业技能教育三个方面。价值取向教育须体现人类与自然共存的自然之道（人地关系），体现公共政策的目标，尊重文化和观念的多元化共存，满足不同社会群体所具有的不同需求。专业知识教育包括人文艺术、工程学、植物学三个方面。未来专业技能目标是资料收集、勘查分析、问题判定、社会协商、策划创意、决策优化等能力的培训。未来的景观设计教育，应在调整知识教育的基础上，形成以技能教育为重心、价值导向教育为主线的现代教育体系。

旅游景观设计是关于旅游区景观分析、规划、设计、管理、保护和恢复的科学和艺术。旅游景观设计是景观设计的一个主要构成部分。本书将从旅游景观设计要素、理论基础、规划设计程序和方法、要素规划、案例分析五个方面对旅游景观设计进行论述，以便相关人员对旅游景观设计获得系统、整体的认识。为叙述方便，本书中从第 2 章至第 6 章中"景观设计"即指"旅游景观设计"，与之对应的案例也都以旅游景区（城市公园、度

① 郭琼莹：《景观学体系的发展创新研究——国际思想与台湾经验．景观教育的发展与创新——2005 国际景观教育大学论文集》，中国建筑工业出版社 2006 年版，第 86～91 页。

假村、森林公园、植物园或动物园等）为对象。

# 复习思考题

## 一、名词解释

景观、景观设计、生态主义、大地艺术。

## 二、思考题

1. 为什么旧厂矿的改造（798、首钢）、河流治理（永定河、京杭大运河）、废弃地的改造（南海子、北京园博园）均属于景观设计的范畴？

2. 景观设计学与公共艺术设计、城市规划的联系是什么？

3. 国外近现代景观设计的流派有哪些？

4. 大地艺术的主要特征是什么？代表性作品有哪些？

5. 什么是生态主义，代表性作品有哪些？

6. 什么是极简主义，主要精神是什么，代表性作品有哪些？

# 第2章　旅游景观设计要素

一个景区的景观设计实际上是由各种要素基于地域精神和文化特色，优化组合而成的作品。任何一件好的产品，加上地域独有的视觉符号，就可以根据市场的需求进行无限的排列组合，也是设计者对于产品和市场深度思考后创新的尝试。

景观要素有两种含义，一是景观中的任一组成部分，二是景观生态学中从空中俯瞰相对均一的空间要素，它可以是一个斑块，基质、廊道等的一个组成部分。[①] 景观设计的要素由物质要素、艺术要素两个部分组成，物质要素包括地形地貌、水体、动植物、园路与广场、景观建筑、景观小品；艺术要素包括几何要素、色彩、质感。每一个要素都存在着动态性、相关性和复杂性等特点。如地形通过对光、温、水和气等气候因子，对土壤、野生动植物的垂直地带性分布产生影响，而地形、气候因素又对建筑景观、道路因素的选址、布局产生影响。不同要素的系统整合、优化构成了不同的景区类型，如自然与文化遗产、国家公园、自然保护区或者综合性城市公园。

## 2.1　旅游景观艺术要素

### 2.1.1　几何要素

任何一种从背景中分化出的形态，或是符合聚合条件而形成的图形，都是由点、线、面、体组成的相对的几何图形。概括地说，点、线、面、体是视觉表达实体——空间的基本要素，生活中所看到的或感知的每一种形体都可以简化为这些要素中的一种或几种的结合。

从几何学概念出发，点是无面积大小之分的，只表示图形的位置；线有长短和位置的区别，而无宽度和厚度；面有位置、长度和宽度的特点，而无厚度的概念；体有位置、长度、宽度和厚度等特点。

---

[①]　Alan Jay, Christensen, *Dictionary of Landscape Architecture*, New York：McGraw-Hill, 2005, P. 202.

从动力学概括：点运动形成线，线运动形成面，面运动形成体。当体运动时，体缩小为点，重新启动它运动的历程，并进入下一个度量的范围之中。[1]

### 2.1.1.1　点

"点"是一切形态的基础。一个点（point）严格地说没有大小，但它可以占据一定的空间位置，没有上下、左右连接性和方向性。其大小绝不可以超越当作视觉单位的"点"的限度，超越这个限度就失去点的性质，变成"面"或"形"了。

在空间中放置一点，由于它刺激视觉感官而产生注意力，点的特性可以和权力及所有权发生联系，可以有各种象征性。点放置在空间的中心、外部、向着一侧或碰到边缘，每一种位置都建立一种关系，唤起一种感觉，或是稳定、平衡，或是力量、移动和紧张。[2]

点的性质和作用：点在空间中，具有张力作用；两点同时存在，具有线的感觉；三点按一定位置安排，具有形状感；一定数目的点有规律排列，产生面感；一定数目、大小不同的面，按一定秩序排列，产生节奏感、韵律感；较多数目、大小不同的点，在位置上有目的地排列，可产生立体感图形（见图2-1，图2-2）。

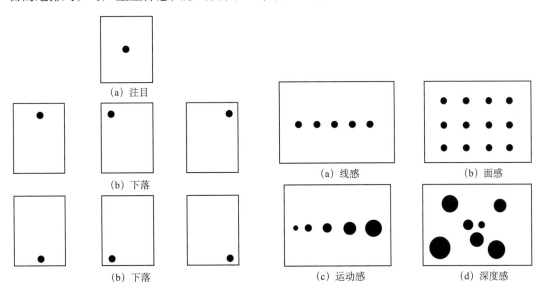

图 2-1　点的位置视觉特征　　　　图 2-2　点的组合视觉特征

小的物体可以被看成是一个点。景观中的点状要素有孤植树、孤赏石、亭、台、塔、楼、阁、汀步、石矶和座椅等。点状要素的聚集、线状排列、分散等多种组合方式可产生不同的景观效果。[3]

---

① 埃德蒙·N.培根著，黄富厢、朱琪译：《城市设计》，中国建筑工业出版社2003年版，第69页。
② 西蒙·贝尔著，王文彤译：《景观的视觉设计要素》，中国建筑工业出版社2004年版，第37页。
③ 汤晓敏、王云：《景观艺术学——景观要素与艺术原理》，上海交通大学出版社2009年版，第96～98页。

#### 2.1.1.2 线

线（line）是点运动的轨迹，具有位置、长度和方向性。线包括：直线，如粗直线、细直线、垂直线、水平线、斜线等；曲线，如几何曲线、自由曲线。

直线紧张、锐利，给人以简洁、明快与刚直的感觉，从心理或生理感觉来看，直线具有男性特点；曲线则轻柔、温和，给人以飘逸、自然的感觉，一般用于较为休闲、娱乐的场所。细线，在纤细、敏锐、微弱当中具有直线的紧张感；粗线，在豪爽、厚重、严密的环境中，具有强烈的紧张感。长线，具有时间性、持续性、速度快的运动感；短线，具有刺激性、断续性、较迟缓的运动感（见图2-3）。

日常生活中面对竖直的和水平的线条会比面对斜线更加敏感。线条互相平行或垂直时，要比互相成斜角时更容易辨别线条之间的空间关系。人类大脑中与视觉有关的神经元更加关注水平的或竖直的线条，因此我们倾向于对直线排列更为敏感。没有人知道这种偏向的起源，不过，这可能与重力作用之下我们身体的方向有关。[①]

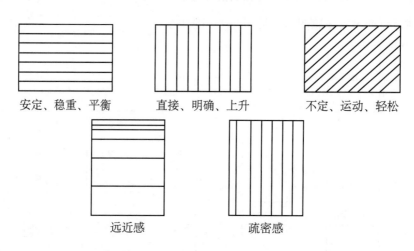

安定、稳重、平衡　　　　直接、明确、上升　　　　不定、运动、轻松

远近感　　　　疏密感

**图2-3　线的视觉特征**

自然界的线存在于河流、溪涧、树冠边缘、天际线、地平线以及地层中。在景观设计作品中，线的表现形式有长廊或曲廊、墙垣、立柱或栏杆、路灯、溪流、驳岸、曲桥、地面铺装等。[②]

#### 2.1.1.3 面

按照数学的解释，面是线移动的轨迹。点、线的积聚会形成面（area）。线条首尾相

---

① 科林·埃拉德著，李静滢译：《迷失——为什么我们能找到去月球的路，却迷失在大卖场？》，中信出版社2010年版，第86～87页。
② 黄胜英：《园林中的视觉基本元素》，载《苏州大学学报》，2009年第29卷第5期，第88～90页。

接形成的视觉空间，给人以面的充实感。面有平面、曲面之分。平面在空间中具有延展、平和的特性；弯曲的或扭曲的面表现出活泼、自由和流动的特征，以柔和的形态融入环境。面的视觉特征确定了空间的大小、形态、色彩、光影与质感，以及空间的开放性与封闭性。

在景观设计作品中，面可以理解为屋面、墙面、草坪、候车亭、顶棚和大型花坛等，这些都是实面，而水潭和溪涧则是虚面。完全静止的水面是最完美的平面，树木、云彩倒映其中，完美地衬托出周围的自然形状（见图2-4）。

凸面 广西龙胜 龙脊梯田

凸面 2016 世界月季洲际大会 主题公园

曲面 北京 玉渊潭公园

曲面 北京 通州台湖公园

图 2-4　平面、曲面示意图

### 2.1.1.4　体

体（object），是二维平面在三维方向的延伸。除了具有面的视觉特征外，体还具有大小、颜色和质感等视觉特征。体有实体、虚体（开敞的体）两种类型。实体是三维要素形成的，如地形、树木和森林、桥梁等；虚体是由平面或其他实体限定，如建筑物的内部、深深的山谷和森林中树冠下的空间。实体可以是几何型的，或者是不规则的（如鸟巢、央视新址大楼等）（见表2-1）。

表 2-1 体的分类与观景效果的比较

| 分类 | | 形体特征 | 景观效果 | 常见现实景观 |
|---|---|---|---|---|
| 规则体 | 柱 体 | 顶面与底面相等 | 稳重、呆板 | 现代建筑 |
| | 台 体 | 顶面与底面不等 | 具有上升或下降的导向 | 下沉广场 |
| | 锥 体 | 顶面为零 | 上升感强 | 塔、屋顶、基督教堂 |
| | 球 体 | 等半径 | 稳重、圆滑 | 雕塑、局部装饰 |
| | 环 体 | 空心、具有内外半径 | 虚实相间 | 局部装饰 |
| 不规则体 | | | 奇异、冲击性强 | 雕塑、局部装饰 |

资料来源：吴晓松，吴虑：《城市景观设计——理论、方法与实践》，中国建筑工业出版社 2009 年版，第 148 页。

在景观设计作品中，体表现为假山、雕塑、建筑、棚架和柱廊等，它可以打破面的单调，同时和平面上的图形相呼应、协调，使景观产生较舒适的视觉感受，甚至会形成视觉的焦点。

在空间图形中，点是线与线的相交位置。线是两个面相交的位置。距离可以改变要素被呈现出来的感觉。一扇窗子相对于一幢建筑的立面而言，是一个点；相对于小空间的室内而言，却是一个面。一座房子相对一个城市而言，是一个点；相对于一个小区而言，是一个体。一条路或一条街相对于城市而言，它是一条线，相对于一个小区而言，则是一个面，或是一个体。

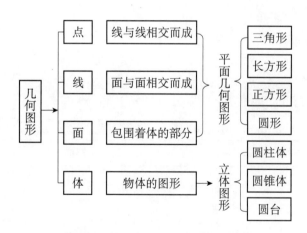

图 2-5 点、线、面、体关系示意图

在空间图形中，体是面的运动轨迹。[1]

在景观设计作品中，游憩、娱乐广场不会单纯地只存在点、线、面、体一种形式。实际上，不同景区的不同景点，都是由点线、线面、点线面或者四个要素的组合构成的，形成了多元化艺术构图（见图 2-6）。

① 西蒙·贝尔著，王文彤译：《景观的视觉设计要素》，中国建筑工业出版社 2004 年版，第 34 页。

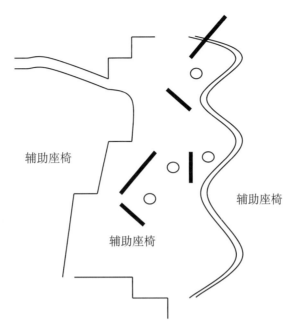

图 2-6 点、线、面的组合（赣州市绿道）

（图中西侧的细线表示辅助座椅，中央的短粗线为长石柱，圆圈表示种植的树木）

### 2.1.1.5 几何要素组合的相关变量

（1）数量（number）。数量是指事物的多少，包含比例和数列。单个要素可以独立存在，而且与其周围环境没有明显的关系。通过重复、相加或用其他方法增多，每个要素与另一个要素发生视觉关系，并产生某种空间效果。通常，某种要素的数量越多，格局或设计就越复杂。在解决一个设计问题时，增加数量会导致复杂性。在景观布置单个建筑，与布置两个或多个建筑相比，是较简单的任务；建筑群的视觉关系、朝着建筑群看和从建筑向外看的景色、安排通道和服务设施等会使设计更复杂。[①] 中国古典园林建筑中时常蕴含着数字象征，譬如北京天坛的祈年殿。在现代的一些景观设计中，时常也会在作品的数量、高度、宽度等方面通过数字与其主题、历史等相关联，以突出景观设计作品的文化寓意。

（2）位置（position）。位置指所在或所占的地方。位置有三种类型：水平（平行于地平线）、垂直（垂直于地平线）、倾斜（介于水平和垂直之间）。水平的位置看起来稳定、静止、不活动、贴着地面；垂直的位置用来表述与上天的关系，代表向上生长，如树干、植物的茎；倾斜的位置创造出更动态的效果并可能显得不稳定。

---

① 西蒙·贝尔著，王文彤译：《景观的视觉设计要素》，中国建筑工业出版社 2004 年版，第 34～35 页。

建筑在景观中的位置需要考虑体、面与线的组成，以便维持和谐的平衡。如图2-7a中，一个小的建筑物在林地边缘外的开阔空间中，建筑物在视觉上占据了空间但不切断林地的边缘线。功能上，建筑物得到大量的阳光，但还有一些没有表示出来的视觉效果，如道路和停车场会增加设计的复杂性。建筑不像束缚在景观中。图2-7b中，建筑物隐藏在林地的边缘中，隐蔽性好，没有闯入开阔空间，可以隐蔽所有附加的功能要求。但建筑物的采光不足，屋顶和天沟在秋天会收集落叶。图2-7c中，建筑物贴着林地边缘，有助于吸引视线焦点，光线、外貌、通道好，停车场可以隐藏在林中。贴着线的位置有助于与景观连成一体，又不像图2-7a那样占地。①

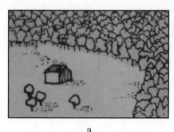 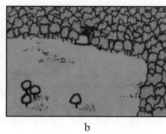 

图2-7　建筑物在景观中的可选位置

（3）方向（direction）。方向，一指东、南、西、北等；二指正对的位置。要素的摆放位置通常具有特定的方向和运动感，或从上到下（垂直），或从一侧到另一侧（水平）。要素的形状可以加强方向感（见图2-8）。

（4）方位（orientation）。方位是位置和方向的组合，字面上的含义是指"面向东方"。方位有三种基本类型：一是指罗盘的方向，如阳光的方向和角度，一年中特定时间盛行的风的方向、太阳和月亮升起的方向；二是相对于其他要素，特别是地平面是水平的或是倾斜的；三是相对于观察者，从一个大房子的阳台上看到的花园轴线，一个潜在的攻击者看到的通向堡垒的角度（见图2-9）。②

宗教建筑通常有特定的方位，如清真寺的方位使礼拜者都朝着麦加的方向。

因我国处于北半球，四季阳光都由南向照射到房间。"负阴抱阳"是建筑选址和建筑格调的基本形式之一。坐北朝南，是"负阴抱阳"的基本形式，完全的南北向只限于皇家建筑与衙门建筑，这种思想来源于《易经》；"圣人南面而听天下，向明而治"，正南正北体现了权力和尊严，也是理气派风水理念的主体内容。

① 西蒙·贝尔著，王文彤译：《景观的视觉设计要素》，中国建筑工业出版社2004年版，第37～39页。
② 西蒙·贝尔著，王文彤译：《景观的视觉设计要素》，中国建筑工业出版社2004年版，第45页。

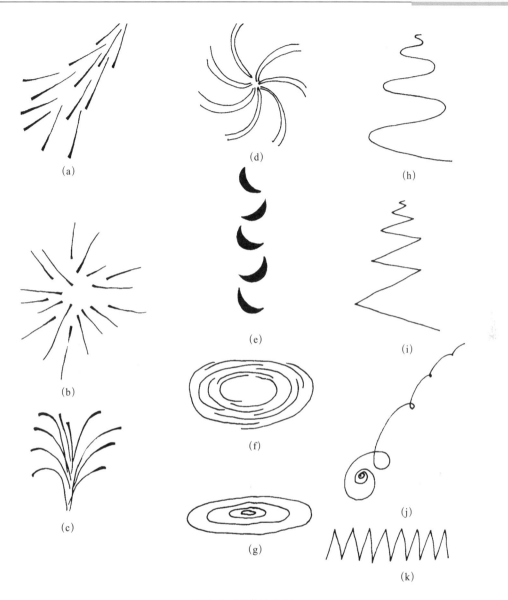

图 2-8 要素的方向

（a）～（c）要素组合可表示许多不同的方向；（d）～（k）方向性的运动可产生不同的品质

观察点在东侧

观察点在正中

观察点在西侧

图 2-9 物体与观察者的方位关系

　　一些设计可能故意要使观察者迷惑或混淆（如迷宫），通过小路的弯曲和转弯使一个地方显得比实际的情况大。迷宫经过方向的不断转弯后，一个人很容易失去方向感。

　　（5）形状（shape）。形状是物体或图形由外部的面或线条组合而呈现的外表。形状是最重要的变量之一，线、面、体都有形状。形状的范围很广，从简单的几何形状到复杂的有机形状，自然的形状通常是不规则的，只有少量是规则的，植物特别是树木，表现出不同的形状和形式。建筑物较常见的是由几何形式组成，但也能见到有机形状的设计。①

　　形状是人们感知环境的重要因素，如果去掉一个物体的所有其他性质，只要有它的基本形状，我们仍然能认出它来。自然形状通常在小比例上表现出令人惊讶的对称性，而当尺寸和规模增大时，不能维持对称性。不同植物的树冠、树干、枝条、叶形和花冠形状不同。平面形状和三维形式的互动可以产生有趣的结果，不规则地形上的规则的、几何形的田地或森林格局可能显得扭曲而使规则性减弱，或者几何形与地形一样显著，造成的不协调会引起视觉混乱。

　　三维立体可以是几何的、不规则的、有机的。人工的建筑通常是几何形的，如立方体、金字塔、球体或这些形状的片断组合。但类似 SOHO、呼家楼万科广场的建筑形状则比较前卫，给人以耳目一新的感觉。

### 2.1.2　色彩要素

　　我们看到的物体颜色，实际上是物体将不能吸引的光子反射开来。如我们看见植物的叶子是绿色的，是因为红光和蓝光与树叶的分子相互作用，而绿光的光子不能与树叶的分子相互作用。如果光子雨落在一个会将大部分有色光都反射回去的表面（如天鹅的羽毛），我们看到的物体就是白色的。②

#### 2.1.2.1　色彩的作用

　　（1）情绪感染作用。色彩作用于人的感官，刺激人的神经，进而影响人的精神状态和心绪。之所以色彩影响人的情绪，是因为色彩源于大自然。看到与大自然先天的色彩一样的颜色时，自然就会联想到与这些自然物相关的感觉体验。过去英国伦敦菲里埃大桥

① 西蒙·贝尔著，王文彤译：《景观的视觉设计要素》，中国建筑工业出版社 2004 年版，第 50 页。
② 布赖恩·考克斯、安德鲁·科恩著，闻菲译：《生命的奇迹》，人民邮电出版社 2014 年版，第 44～45 页。

的桥身是黑色的，常常有人从桥上跳水自杀。皇家科学院的医学专家普里森博士提出这与桥身是黑色有关。英国政府试着将黑色的桥身涂成蓝色，之后，跳桥自杀的人数当年就减少了 56.4%，普里森为此而声誉大增。

（2）美感作用。人类长期生活在色彩环境中，逐步对色彩发生兴趣，并产生了对色彩的审美意识。因此，有史以来人们就以美术、宗教、文学、哲学、音乐以及诗歌等形式，用直接或间接的方法来称颂色彩的美感以及色彩的哲理作用。其中尤以美术及宗教的方法最为普遍。故宫建筑以黄色和绿色为主，代表着庄重和理性，而圆明园建筑有 7 种颜色的琉璃之多，说明圆明园是一个轻松、生动、适合休闲的地方。

色彩本身没有美丑之分，只要配置符合周边环境和观者的心理就会使观者产生直观、舒适的感觉。[1] 马里奥·博塔（Mario Botta），当代最著名的现代主义理性建筑大师说："你们没有必要生搬西方的东西，只要把故宫研究透就够了。你看，故宫只有两三种色彩、两三种建筑材料，就是用这么简单的东西便营造出如此震撼人心的建筑环境！"

### 2.1.2.2　色彩的属性、用途

色和色彩这两个术语，在实际使用中容易混淆，但严格地说，色多指光色，是从心理物理特性考虑，如色感觉属混色体系。色彩多指物体表面色，是从心理特性考虑的，如色知觉属显色体系。

（1）色彩表示方法。

文字表示。以动物、植物、矿物等的色彩或以色彩的质地，产地来形容色彩的。如鸡冠紫、鹤顶红、孔雀蓝、乌贼棕、桃红、橘红、玫瑰红、印度红、西洋红、苍绿、草绿、葱心绿、土黄、石青、锌钡白、钴蓝、铜绿、象牙白、雪白、天蓝、普蓝等。以色彩的明暗、深浅、强弱等形容色彩，如晴红、挥红、粉红、鲜红、明黄、中黄、淡黄、嫩绿、浅绿、深绿等。

数字符号表示。依据光学测色定量表示，如以主波长、反射率（或透射率）及刺激纯度三个定量指标表示，或以光色的三色刺激值表示。这属于混色体系，以国际照明委员会（CIE）表色体系为代表。

色彩的视觉效果表示。如以色彩的三个属性或以色彩的含量等表示。这属于显色体系，以孟塞尔表色体系为代表。

---

① 北京动物园：《公园导览标识》，建筑工业出版社 2012 年版，第 49 页。

（2）色彩的三个属性。孟塞尔颜色立体由美国画家孟塞尔（Alfed Munsell）1929年提出，1943年经过修正，并得到美国光学学会认可，成为美国国家标准。由于它的方便性与准确性，孟塞尔系统得到了世界的承认。

孟塞尔颜色立体是一种能直观准确地表达颜色的表色系统，采用三维空间类似球体的模型，将各种表面色的色相（Hues，H）、明度（Value，V）、饱和度（Chroma，C）作为三维空间的坐标，按"目视色彩感觉等间隔"的排列方式，把各种表面色的特征表示出来。每一特定部位都代表一种颜色，并有一组特定的标号。

色相（色调）：一种色彩区别于另一种色彩的相貌特征，即各种色彩的名称。孟塞尔颜色立体中用围绕孟塞尔立体明度轴的周向位置来代表。孟塞尔色相是以红、黄、绿、蓝、紫（P）五色为基础，再加上它们的中间色相，红黄、绿黄、蓝绿、紫蓝、红紫成为10个主要色相。在这10种主要色相的基础上，再细分为40种颜色。

明度（亮度）：明度指色彩的明暗程度。以颜色立体的中央轴代表，黑色在底部，白色在顶部。将亮度因数等于102.57的理想白色定为10，将亮度因数等于0的理想黑色定为0。孟塞尔明度值由0～10，共分为11个在视觉上等距离的等级，每一明度值对应于一定的亮度因数。虽然有11个等级，但是实际应用中只用到1～9级。

饱和度（纯度，彩度）：饱和度指色彩的纯净程度。在孟塞尔色立体中，颜色样品离开中央轴的水平距离代表饱和度的变化，称为孟塞尔饱和度。它表示具有相同明度值的颜色离开中性灰的程度。在轴上的彩度定为0，离轴越远饱和度值越大。通常以每两个饱和度等级为间隔制作一个颜色样品。各种颜色的最大饱和度是不相同的，个别颜色饱和度可以达到20（20能产生最强的颜色样品）（见图2-10）。

颜色的表示方法：先写出色相H，再写出明度值V，在斜线后写出饱和度C。如HV/C＝色相明度值/饱和度。标号为10Y8/12的颜色，10Y为色相，是黄与绿黄的中间色，明度值是8，饱和度是12。

对于非彩色的黑白系列，中性色用N表示，在N后标明度值V，斜线后不写饱和度。NV/表示中性色明度值。如N5/为明度值为5的中性灰色。

（3）色立体主要用途。

1）提供了几乎全部的色彩体系，帮助人们开拓新的色彩思路。

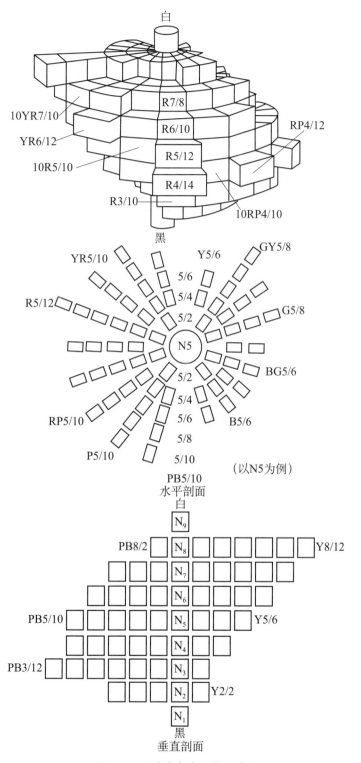

图 2-10  孟塞尔颜色立体示意图

2）揭示了科学的色彩对比，调和规律。

3）统一了色彩的标准，给色彩的使用和管理会带来很大的便利。

4）根据色立体可以任意改变一幅绘画作品的色调，并能保留原作品的某些关系。

总之，色立体能使人们更好地掌握色彩的科学性、多样性，使复杂的色彩关系在头脑中形成立体的概念，为更全面地应用色彩，搭配色彩提供了根据。一个好的景观设计师应该善于利用色彩给人的不同视觉感受来进行景观的设计。

#### 2.1.2.3 景观色彩类型

（1）颜色类型。颜色基本上可以分为基色、间色和互补色（第三色系）三类。

1）基色。基色（原色）是色彩中不能再分解的基本色，原色具有独立性，几种原色合成其他的颜色，而其他颜色却不能还原出原色。我们通常说的三原色（即红、绿、蓝）按照不同比例和强弱混合，可以产生自然界的各种色彩变化。但三原色中任何一色都不能用其余两种原色合成。这三种原色既是白光分解后得到的主要色光，又是混合色光的主要成分。

从人的视觉生理特性来看，人眼的视网膜上有三种感色视锥细胞——感红细胞、感绿细胞、感蓝细胞，这三种细胞分别对红光、绿光、蓝光敏感。当其中一种感色细胞受到较强的刺激，就会引起该感色细胞的兴奋，产生该色彩的感觉。人眼的三种感色细胞，具有合色的能力。当一复色光刺激人眼时，人眼感色细胞可将其分解为红、绿、蓝三种单色光，然后混合成一种颜色。正是由于这种合色能力，我们才能识别除红、绿、蓝三色之外的更大范围的颜色。

2）间色，指三原色中每两组相配而产生的色彩。有色光有红、绿和蓝三种基色，颜料的基色是绛红色、青色和黄色。任何两种原色的混合生成间色，任何两种间色的混合得到第三色系。

3）互补色。在光学中指两种色光以适当的比例混合产生白光时，则这两种颜色就称为"互为补色"。如红和绿混合成黄色，因为完全不含蓝色，所以黄色就是蓝色的补色。红色与绿色经过一定比例混合后就是黄色。所以黄色不能称为三原色。达·芬奇说过："同样美观的色彩之中，凡与它的直接对比色并列的颜色最悦目。黑与白、天蓝与金黄、绿与红都是直接对比色。"

邻近色是在色带上相邻近的颜色，例如绿色和蓝色，红色和黄色就互为邻近色。邻近色之间往往是你中有我，我中有你。比如：朱红与橘黄，朱红以红为主，里面略有少量黄色；橘黄以黄为主，里面有少许红色，虽然它们在色相上有很大差别，但在视觉上却比较接近。在色轮中，凡在 15°～ 45° 范围之内的颜色都属于邻近色的范围（见图 2-11）。

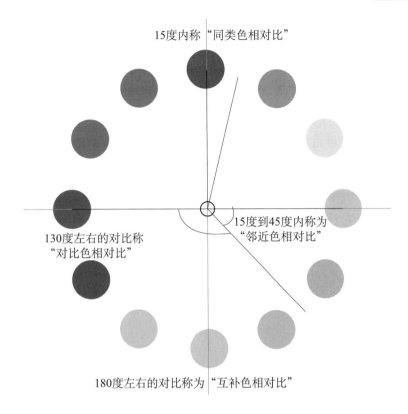

15度内称"同类色相对比"

15度到45度内称为"邻近色相对比"

130度左右的对比称"对比色相对比"

180度左右的对比称为"互补色相对比"

图2-11 邻近色与对比色

（2）按属性分。

1）自然色。自然色指自然物质所表现出来的色彩，如天空、水体、植物等的色彩。自然色来自自然界，会随时间和气候的变化而变化，是不可控制的。花草树木在一年中的色彩也存在天壤之别。在景观色彩的设计中，可以通过设计自然色在空间中的面积和位置，并与其他色彩因素搭配组合以达到理想的色彩效果。

2）半自然色。半自然色是经过加工但不改变自然物质性质的色彩，如经过加工的各种石材、木材和金属的色彩。虽然经过加工，半自然色仍具有自然色的表现特征，在配色上很容易取得协调。自然界中，天然物质的色彩大多是由多种色相、明度和饱和度的颜色组成，表达了丰富的层次感。自然色和半自然色更容易使人眼感觉舒适。

3）人工色。人工色是指通过各种人工技术手段创造出来的色彩，如各种瓷砖、玻璃、涂料的色彩。人工色比较单一、缺乏自然色和半自然色那种丰富的全色相组成，在使用中需慎重。但人工色可以调配出各种色相、亮度和线度，可以用于建筑、小品和铺装上，色彩的选择比较多样。

#### 2.1.2.4 色彩与心理

（1）色彩的物理性心理错觉。

1）冷暖感（温度感）。人们将色彩分为暖色与冷色。暖色波长较长，容易使人感到温暖、兴奋，如红、橙、黄等；冷色，波长较短，给人以寒冷的感觉，能使人沉静下来，如蓝、蓝绿、蓝紫等。冷暖色调在设计中的应用十分广泛。例如，如果在酷热的一天进入灰蓝色的房间，我们会立刻感到凉快一点儿，即使室内温度与户外差不多。[①]

2）轻重感（重量感）。康定斯基（1866—1944）在《论艺术的精神》中对各种色彩的不同感受进行过详细的比较分析："如果画两个圆圈并且分别涂上黄色和蓝色，那你静观片刻就可以看出：在黄色的圆圈中心立刻出现了一个从中心向外扩展的运动，而且明显地向观众逼近。相比之下，蓝色的圆圈却从观众眼前退出自身，如同一只蜗牛缩进了自己的螺壳。"

明度是决定色彩轻重感觉的主要因素。明度高的色彩感觉轻，明度低的色彩感觉重；在同明度、同色相条件下，纯度高的感觉轻，纯度低的感觉重。从色相方面，暖色黄、橙、红给人的感觉轻，冷色蓝、蓝绿、蓝紫给人的感觉重。例如两个体积、重量相等的皮箱分别涂以不同的颜色，浅色密度小，有一种向外扩散的运动现象，给人质量轻的感觉；深色密度大，给人一种内聚感，从而产生分量重的感觉。暗的屋顶可以使建筑物显得更稳固地站在地上，而浅色屋顶会显得飘浮。这种作用还取决于颜色的明度与天空颜色的关系（见图2-12）。

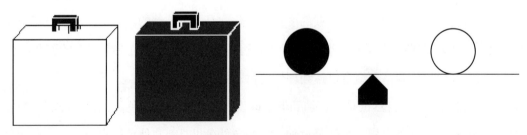

**图2-12 颜色的轻重感**

（重）黑＞低明度＞中明度＞高明度＞白（轻）。

色彩的轻重感在景观建筑中的影响较大，一般建筑的基础部分采用重量感强的暗色，而上部采用重量感较轻的色彩，给人一种稳定感。例如在室内景观的处理上也是如此，自下而上大多是由深到浅，如房间的顶棚及墙面采用白色及浅色，墙裙使用白色及浅色，踢脚线使用深色瓷砖，会给人一种上轻下重的稳定感，反之，上深下浅会给人一种头重脚轻的压抑感。

① 西蒙·贝尔著，王文彤译：《景观的视觉设计要素》，中国建筑工业出版社2004年版，第74页。

3）软硬感。色彩的软硬感与明度、纯度都有关。凡是明度较高的含灰色系具有软感，明度较低的含灰色系具有硬感。强对比色调具有硬感，弱对比色调具有软感。色彩的软硬也与纯度有关，中纯度的颜色呈软感，高纯度和低纯度色呈硬感。色相对软硬感几乎没有影响。在女性服装设计中，为体现女性的温柔、优雅、亲切宜采用软色，但一般的职业装或特殊功能服装宜采用硬色。在景观设计中，居室设计多用软色，公共场所多用硬色。

4）疲劳感。色彩的饱和度越强，对人的刺激越大，就越使人疲劳。一般暖色系的色彩比冷色系的色彩疲劳感强，绿色则不显著。不同物体表面的颜色对光线的反射是不同的。红色和黄色的物体对光线反射强，容易产生眩光，伤害视神经细胞，故而久看会不舒服。绿色对光线的吸收和反射比较适中，可以减轻眼的疲劳，因此看见绿色眼睛会舒服。森林中的植物对光有透过和反射的作用，能吸收强光中的紫外线，保护视网膜。所以在森林中，眼睛会变得格外舒适。

许多色相在一起，明度差或饱和度差较大时，容易感到疲劳。色彩的疲劳感又会引起饱和度减弱、明度升高，逐渐呈灰色（略带黄）的视觉现象，此为色觉的褪色现象。因此在色彩设计中，色相数不宜过多，彩度不宜过高。

5）注目感。注目感即色彩的诱目性，是在无意观看的情况下，容易引起注意的色彩性质。具有诱目性的色彩，从远处能明显地识别出来，建筑色彩的诱目性主要受其色相的影响。光色的诱目性的顺序是红—青—黄—绿—白；物体色的诱目性顺序是红色、橙色及黄色。通常皇家园林、殿堂、市井牌楼等的柱子、走廊及楼梯间铺设的地毯均为红色。"万绿丛中一点红"，各种植物鲜艳的红花，在绿叶的映衬下，显得更加光彩照人。

建筑色彩的注目性还取决于它本身与其背景色彩的关系。如在黑色或中灰色的背景下诱目的顺序是黄、橙、红、绿、青，在白色的背景下的顺序是青、绿、红、橙、黄。各种安全及指向性的标识，其色彩的设计都应考虑到颜色的诱目性。在日本高津地区，再生水水渠边建起了一些公寓，时尚的灰色中以正红为突出色，在欣赏流淌的渠水和护堤樱花树低垂的枝条时，这种强烈的红色不容分说地跃入眼帘，每天看着这种比鲜花还艳丽的原色，使观赏者再也感受不到柔和的自然变化。高津地区地势多起伏，因而能很好地看到住宅的屋顶。红色和蓝色的屋顶能有效地吸引人的眼球，但很难再看到清爽欲滴的树木。①

---

① 吉田慎司著，胡连荣、申畅、郭勇译：《环境色彩规划》，中国建筑工业出版社 2011 年版，第48页。

6）空间感。从生理学上讲，人眼晶状体的调节，对于距离的变化是非常灵敏的，但它总是有限度的，对于长波微小的差异无法正确调节，就造成波长长的暖色，如红、橙等色在视网膜上形成内侧映像。波长短的冷色，如蓝、紫等色在视网膜上形成外侧映像，从而使人产生暖色好像前进，冷色好像后退的感觉（见图 2-13）。

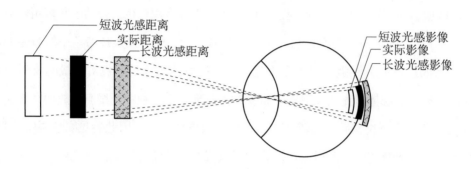

**图 2-13　长、短波型光在人眼视网膜上所形成的影像示意图**

色彩的处理是使空间获得和谐、统一的重要手段。文艺复兴时期的许多罗马建筑使用的是橘黄色，这种色彩的建筑物对于纪念性的教堂和宫殿，可以起到很好的前景和背景作用，橘黄色是一种前进色，比起蓝色的后退和透明，橘黄色的建筑物更富有立体感，作为有丰富雕刻的白色教堂的前景，使其立面看上去似乎更近，而且引导人们欣赏雕刻的细部。采用橘黄色是教皇加强对所有巨大建筑的控制而采取的法律措施，其目的是保证教堂和纪念性建筑处于支配地位。橘黄色的选择在罗马城的整体形象中表现出了极大的美感（见表 2-2）。[①]

表 2-2　　　　　　　　　　　　　　　　　　**色彩的空间感比较**

| 暖色 | 膨胀前进 | 高彩度 | 大面积 | 亮色（暗底中） | 对比色 | 集聚色 | 明度对比强 |
|---|---|---|---|---|---|---|---|
| 冷色 | 收缩后退 | 低彩度 | 小面积 | 暗色（亮底中） | 调和色 | 分散色 | 明度对比弱 |

一般而言，暖色比冷色更富有前进的特性。两色之间，亮度偏高的色彩呈前进性，饱和度偏高的色彩也呈前进性。黄色与蓝色以黑色为背景时，人们往往感觉黄色距离自己比蓝色近。换言之，黄色有前进性，蓝色有后退性。但是色彩的前进、后退与背景色密切相关。如在白背景前，属暖色的黄色给人后退感，属冷色的蓝色却给人向前扩展的感觉。将相同的色彩，放在黑色和白色上，比较色彩的感觉，会发现黑色上的色彩感觉比较亮，放在白色上的色彩感觉比较暗，明暗的对比效果非常强烈明显，对配色结果产生的影响，明

① 周岚、陈闽齐、王奇志等：《城市空间美学》，东南大学出版社 2001 年版，第 45 页。

度差异很大的对比，会让人有不安的感觉。

7）尺度感。尺度感指因色彩对空气穿透能力及背景色的制约，产生色彩膨胀与收缩的色觉心理效应。通常暖色、明度高、彩度大和暖色背景、暗色背景、黑色背景的色彩，易产生色觉膨胀感。反之，会使色觉产生收缩感。色彩从膨胀到收缩的顺序是：红、黄、橙、绿、青、紫。形成或改变色觉膨胀感以平衡其色觉心理的主要方法是变换色彩宽度。如法国国旗由白、红、蓝三色带组成，为达到色觉宽度相等而改变色带宽度，白、红、蓝宽度比例为 30 ： 33 ： 37。

8）混合感。将不同色彩交错均匀布置时，从远处看去，呈现色彩的混合感觉。在建筑色彩设计时，要考虑远近相宜的色彩组合，如黑白石子掺和的水刷石呈现灰色，青砖勾红缝的清水墙呈现紫褐色。

（2）色彩表情与联想。色彩容易引起人们的思想感情的变化，受各方面因素的影响，人们对不同的色彩有不同的思想感情。色彩表情是一个复杂、微妙的问题，对不同的国家、不同的民族、不同的条件和时间，同一色相可以产生许多不同的表情（见表2-3，表2-4）。

表 2-3 色相、明度、饱和度与人的心理感受

| 色的属性 | | 人的心理感受 |
| --- | --- | --- |
| 色 相 | 暖色系 | 温暖、活力、喜悦、甜热、热情、积极、活泼、华美 |
| | 中性色系 | 温和、安静、平凡、可爱 |
| | 冷色系 | 寒冷、消极、沉着、深远、理智、休息、幽情、素静 |
| 明 度 | 高明度 | 轻快、明朗、清爽、单薄、软弱、优美、女性化 |
| | 中明度 | 无个性、随和、附属性、保守 |
| | 低明度 | 厚重、阴暗、压抑、硬、迟钝、安定、个性、男性化 |
| 饱和度 | 高彩度 | 鲜艳、刺激、新鲜、活泼、积极、热闹、有力量 |
| | 中彩度 | 日常的、中庸的、稳健、文雅 |
| | 低彩度 | 无刺激、陈旧、寂寞、老成、消极、无力量、朴素 |

表 2-4 各种色彩的心理感受

| 色相 | 心理效应 |
| --- | --- |
| 红 | 激情、热烈、热情、积极、喜悦、吉庆、革命、愤怒、焦灼 |
| 橙 | 活泼、喜欢、爽朗、温和、浪漫、成熟、丰收 |
| 黄 | 愉快、健康、明朗、轻快、希望、明快、光明 |

续表

| 色相 | 心理效应 |
|------|---------|
| 黄绿 | 安慰、休息、青春、鲜嫩 |
| 绿 | 安静、新鲜、安全、和平、年轻 |
| 青绿 | 深远、平静、永远、凉爽、忧郁 |
| 青 | 沉静、冷静、冷漠、孤独、空旷 |
| 青紫 | 深奥、神秘、崇高、孤独 |
| 紫 | 庄严、不安、神秘、严肃、高贵 |
| 白 | 纯洁、朴素、纯粹、清爽、冷酷 |
| 灰 | 平凡、中性、沉着、抑郁 |
| 黑 | 黑暗、肃穆、阴森、忧郁、冷峻、不安、压迫 |

在景观作品中运用颜色的时候应当记住下列原则：人具有倾向于明亮鲜艳颜色的心理趋势；柔和的冷色调更有助于反射；明亮的暖色令人兴奋，可引导观赏者穿越绿地；任一植物或者是植物群必须与周围环境相协调；为了不破坏连续性，色彩变化应当分级。[①]

（3）色错觉。个体视觉由于生理和心理共同形成的一种本能而又敏感的视觉逆反功能。通常，当视觉在长时间地受到某种光线直射或反射后，会使色觉产生与其原色相补色的色知觉，这是由于生理上的视觉功能和心理的逆反效应。色彩心理学认为：当某色的感色锥体细胞疲劳时，其补色的感色锥体细胞就兴奋，反应敏捷，一触即发，并将捕捉到微弱的光刺激反映给大脑。色平衡心理使这个微弱的信号在知觉中能得到明显的反映，从而形成不同于原色的色彩知觉。如"胀缩感"的色知觉效应，就是色错觉的一种现象。同样宽的白、红、蓝三色带，在色知觉中会感到白色带较宽。[②]

### 2.1.3 质感要素

#### 2.1.3.1 质感

质感（texture）或纹理，是材料材质被视觉和触觉感受后经大脑综合处理产生的一种印象。不同的质感有不同的表达，光洁的表面给人以简洁、清纯和干净的感觉，粗糙的质地给人以朴实和大方的感觉。质感引起的感觉是其他形式要素所无法取代的，能造成深刻入微的知觉体验，软硬、粗细、青涩，都是通过接触可以获得的

① 理查德·L·奥斯汀著，罗爱军译：《植物景观设计元素》，中国建筑出版社 2005 年版，第 43 页。
② 王展、马云：《人体工学与环境设计》，西安交通大学出版社 2007 年版，第 39 页。

感觉。

质感是相对的，取决于观赏距离、参照物。随着距离的变化，质感会发生极大的变化。近距离产生的视觉质感属于第一秩序质感，远距离产生的视觉质感属于第二秩序质感。如用花岗岩碎石预制的混凝土板嵌外墙，从近处看有粗涩的触觉质感，从远处看时由于硅酸盐水泥板的接缝，则产生细腻的视觉质感。因此，不同的纹理可以同时存在（见图2-14）。

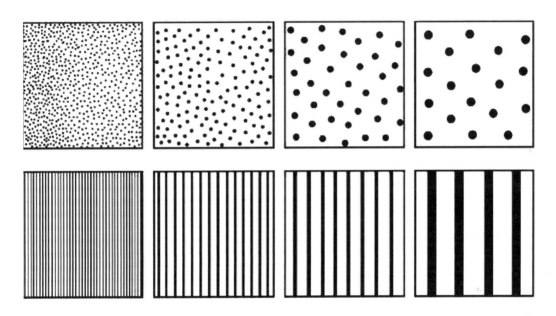

图2-14　随着要素尺寸及间隔的增加，纹理的等级由细到粗

人类对自然材料极度喜爱和亲和力是根深蒂固的，自然材料是复杂的、变化的、动态的，其自然形式一定是经过长久的、各种的自然环境的影响而形成的。人工替代品无论模仿得多么惟妙惟肖和令人惊叹，依然不能带来更多愉悦感。人工材料缺乏让人产生强烈的感情、引起回忆的力量，因此常常给人伪造的感觉。自然材料中的逻辑性是模仿品难以复制的，尽管人类如此聪明、机灵和有技术。[1]

在景观环境中，材质永远是景观设计师所要追求和利用的设计要素之一，能够表达人们精神和心理上的要求。同一种材质由于肌理的不同处理，其表面的质感也会发生变化（见图2-15）。

---

① 斯蒂芬·R·凯勒特著，朱强、刘英、俞来雷等译：《生命的栖居——设计并理解人与自然的联系》，中国建筑工业出版社2008年版，第138页。

北京通州 梨园 北京 798艺术区

**图 2-15 景观质感**

### 2.1.3.2 质感分类

依据材料的类别，质感分为自然型、人工型。自然型质感如空气、水分、草木、岩石和土壤等自然材料呈现的质感。人工型质感指经过人为改造而呈现的表面感觉，如金属、陶瓷、玻璃、塑胶和绸布等。不同质感给人以软硬、粗细、光涩、枯润、韧脆、透明和浑浊等多种感觉形式。

依据人们对材料的感知方式，分为触觉优先的质感和视觉优先的质感。触觉优先的质感，如金属的光滑感、石头的粗涩感，是人们通过触摸感知的。视觉优先的质感，如表面光滑、但有一定图案纹理的物体的质感，是人们通过视觉感知到的。

## 2.2 旅游景观物质要素

还原论（reductionism）认为，复杂系统可以通过它各个组成部分的行为及其相互作用来加以解释。人们习惯于以"静止的、孤立的"观点考察组成系统诸要素的行为和性质，然后将这些性质"组装"起来形成对整个系统的描述。在本节中，基于还原论的思想，将旅游景观系统的物质要素分解为地形地貌、天象景观、水景观、植物景观、动物景观、园路与广场、景观小品、景观建筑 6 个部分，分别阐述其功能与特点、表现形式。在第 5 章，将根据整体论的思想，阐述各景观要素设计方法。

### 2.2.1 地形景观

#### 2.2.1.1 地形概述

地形（Topography）是地物和地貌的总称。地物是指地面上位置固定的物体；地貌（landforms，physiognomy）是指地表面的起伏形态和性质。地貌和地形的概念经常是通用的，但地形是形态学上的概念，地貌是发生学上的概念。地貌用于描述地形的特征、成因、演化过程及结构等。[①] 根据海拔高度和地形起伏分类，地形有平原、丘陵、山地、高原和盆地等。根据成因分类，地貌有喀斯特地貌、流水地貌、风蚀地貌和雅丹地貌等（见表 2-5）。

表 2-5                         地形划分特点

| 类型 | 海拔高度 | 地面起伏 | 共同点 |
|------|---------|---------|--------|
| 平原 | 海拔 200 米以下 | 平坦宽广 | 地面平坦，起伏小 |
| 高原 | 海拔 1000 米以上 | 平坦，略有起伏，起伏不大 | |
| 山地 | 海拔 500 米以上 | 坡度陡，起伏大，落差大 | 地面崎岖不平，有不同的坡度 |
| 丘陵 | 相对高度 100 米以下 | 坡度和缓，等高线间隔大 | |
| 盆地 | 海拔不确定 | 四周高，中间低，中部平坦 | |

根据水平距离、垂直高度，地形分为五个等级：巨地形、大地形、中地形、小地形和微地形。巨地形指水平距离在数十至数百千米，垂直高度在数百米至数千米的广大范围的地形，如蒙新高原等。大地形指水平距离数百米至数十千米，垂直高度在数十米至数百米范围内的地形，如山系支脉。中地形指宽度数十米至数百米，垂直高度数米至数十米范围内的地形，如平原中的洼地、孤山等。小地形指宽度 2 ~ 50 米，高差 2 米至数米范围内的地形。

微地形指在景观建设中，人工模拟自然界中的土地形态与起伏错落而设计的地形，"再现自然"的多种景观。微地形通常宽度 1 ~ 2 米，高差 1 ~ 2 米左右。适宜的微地形处理有利于丰富造园要素，形成景观层次，达到加强景观艺术性和改善生态环境的目的。微地形改造对土壤属性及其质量、周边小气候及其微生境、降雨入渗和水蚀过程、植被恢复效果及其生态服务功能有重要影响。[②] 根据坡度起伏流畅程度，微地形分为曲线型（如草坡）、直线型（如嵌草大台阶）两种类型。

### 2.2.1.2 地形的功能、类型

（1）地形的功能。地形直接联系着众多的环境因素和环境外貌，直接影响景观的造型和构图的美学特征。

1）骨架和空间限定作用。地形是构成任何景观的基本骨架，是其他设计要素和使用

---

① 姚庆渭：《实用林业词典》，中国林业出版社 1990 年版，第 213 页。
② 卫伟、余韵、贾福岩：《微地形改造的生态环境效应研究进展》，载《生态学报》，2013 年第 33 卷第 20 期，第 6462 ~ 6469 页。

功能布局的基础。地形抬升建筑物、山石和植物的高度，形成不同的景观效果。利用不同的地形地貌，设计出不同功能的场所（见图 2-16，图 2-17）。

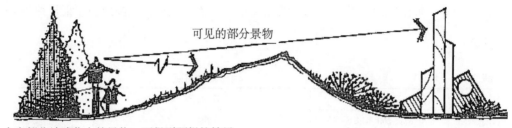

图 **2-16** 凸地形对景观的分隔、屏蔽作用

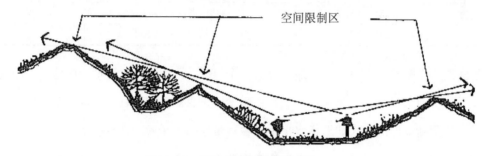

图 **2-17** 地形分隔空间的可变性

2）形成小气候。一般认为地形通过改变光、热、水、土和风等自然因素间接地作用于植物。这些因素的各种配合情况产生多种生态效果。随着海拔高度的增加，在一定范围内降水有增加的趋势，但超过某一限度（这一高度称为最大降水量高度），降水量又逐渐减少，或者以固体降水形式出现。

3）工程作用。地形因素在给排水工程、绿化工程、环境生态工程和建设工程中起着主要作用。如创造一定的地形起伏，合理安排地形的水系和汇水线，使地形具有较好的自然排水条件，有效地提高排水效率。利用和改造地形，创造有利于植物、建筑布设的条件。

4）引导视线。通过地形设计，特意将人的视线引向坡地、山脊、山巅或者前方美好的景致，从而忽略一些差的景或者劣景。意大利文艺复兴时期，园林顺应其国土半岛丘陵的地形特征，将整个景观建造在一系列界限分明、海拔高度不同的台地上。这些台地有宽阔的视野，更能充分收览山谷的美景（见图 2-18，图 2-19）。

5）造景作用。地形能够影响人们对户外空间的视觉感受。受人喜爱的场所都有丰富的地形变化与良好的地形景观。[1] 地形除了具有大尺度景观特征外，还直接影响与之共存

① 吴扬：《圆明园地形空间的视觉分析》，北京林业大学硕士论文 2011 年，第 53 页。

的景观的造型和构图的美学特征，表现出景观形式对地形特征的理解与呼应。利用和改造地形，创造有利于植物生长和建筑布设的条件。

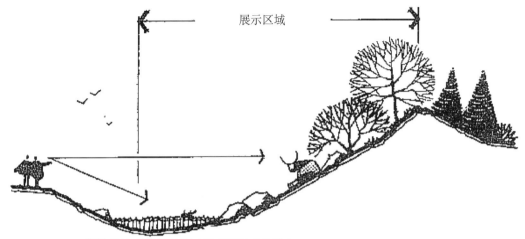

假作的坡面是很好的展示观赏因素的地方

**图 2-18　地形将视线引向坡地**[①]

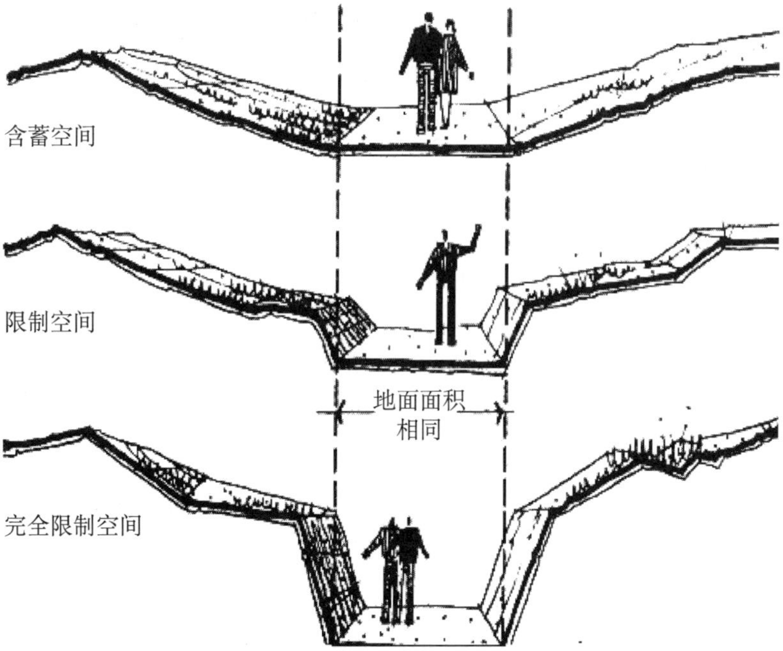

含蓄空间

限制空间

地面面积相同

完全限制空间

**图 2-19　在凹地形中，空间制约的程度取决于周围坡度的陡峭程度和坡的高度，以及空间的宽度**

（2）地形类型。按形态，地形通常包括平坦地形、凸地形、山脊、凹地形及谷地。

1）平坦地形。平坦地形（即平地）是视觉上与水平面相平行的土地基面，如平坦的

---

① 刘抚英、王育林、张善峰：《景观设计新教程》，同济大学出版社 2010 年版，第 127 页。

草地与交通广场等。平地具有静态、稳定和中性的特征,给人一种舒适和踏实的感觉。平地属于外向空间,视野开阔,可多向组织空间,随意安排道路;较低洼处容易组织排水,有助于构成统一协调感。平地无焦点,景观易单一。因此,任何一种垂直型元素,在平坦的地形上都会成为视觉焦点。

我们都喜欢开阔的地方,这些地方使人们感到更加平静,大脑会释放出化学物质,使我们肌肉放松,呼吸减缓。原因可能与人类故乡非洲的地形有关。开阔的地方最能让人感觉平静,在这些地方我们的祖先更容易看到潜在的捕食者。人们最不愿意在丛林中生活,是因为那里危险,捕食者可能在 10 英尺外隐藏着,它们可能躲在树后或树上,我们无法看到它们,所以人们更倾向于选择开阔的环境,这样至少可以看见有什么动物正在靠近。

2)凸地形。凸地形是高于周围环境的地形,表现形式包括丘陵、山峦、土丘及小山峰等。与平地相比,凸地形比周围环境地形高,视域开阔,具有 360° 全方向景观,具有动态感和连续感。如北海公园琼华岛、颐和园万寿山等。

凸地形组织排水方便,但道路组织困难。凸地形在一定程度上影响着周围的小气候。由于坡度和坡向不同,光照和风向具有显著的变化。南向及东南向的坡面,在大陆温带气候带内,冬季可以受到阳光的直射,是理想的场所;北坡则气候寒冷,不适合大面积的开发利用。凸地形适合布置瞭望塔和观景平台,监控区域安全、俯视区域的美景。中国传统的私家园林常采用写意的手法,模拟自然界的真山,如苏州留园西部假山、拙政园中部的假山(见图 2-20)。

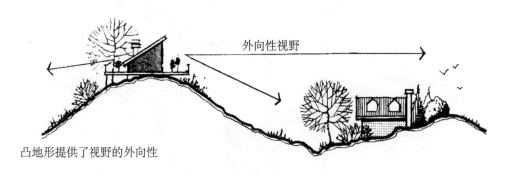

凸地形提供了视野的外向性

图 2-20 凸地形,视线开阔、发散

凸地形中制高点的构景作用:一、迎合游人心理,组织外向空间,丰富游赏内容。二、使视线由近及远,视域由实至虚。三、形成空间重心,创造视觉焦点,打破单调平淡。四、作为区域主景,控制景区范围,呼应空间关系,意境趋于深化。

3)山脊。山脊是一种外向型的地形,具有一定的高度与方向性,人在山脊上行走,沿途可以欣赏到很多美丽景色。[1]山脊日照时间长，中等背风坡高热，湿度小、干旱，土壤易流失，风态改向加速，植物多样性单一，动物生境差。山脊易于排水，脊线的作用就像一个"分水岭"。

山脊具有导向性和动势感，从视觉效果而言，具有沿山脊引导视线的作用。各种方式的运动都以平行于脊线或直接位于脊线最为便利。脊线及脊线终点是很好的视点，具有外向的视野。山脊是大小道路、停车场与建筑布置的理想场所。

4）凹地形。凹地形是一种呈碗状洼地的空间虚体，其视线较封闭，空间呈积聚性。既可观景，又可布景，具有内向性和静态、隐蔽性。凹地形的空间具有"低落幽曲"之美，通常给人一种孤立感、封闭感和私密感。凹地形的封闭程度取决于凹地的绝对标高、脊线范围、坡面角、基地上的树木和建筑高度等因素（见图 2-21）。

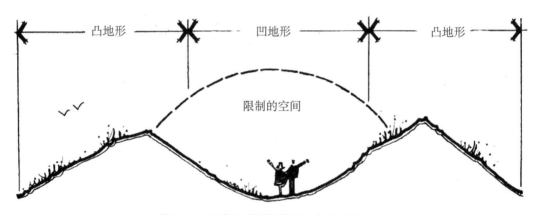

图 2-21　两个凸地形创造了一个凹地形

5）谷地（valley）。谷地指地面低洼并向一定方向倾斜的低洼地，常有坡面径流、河流、湖泊发育。陡峻的谷地可能产生泥石流，在地形图上表现为一组向高处突出的等高线。谷地风态为谷地风，日照阴影早、差异大，温度中等，湿度大，土壤汇水易淤积，动物生境好，植物具多样性。

谷地结合了凹地形和凸地形的某些特征。谷地具有虚空间的特征，能作为开发用地；谷地与脊地也有相似之处，呈线状，具有方向性。谷地与凹地形一样具有"低落幽曲"之美。谷地属于敏感的生态和水文地域，在谷地开发修建道路等大型人工设施，必须进行环境影响评价，并将建筑安排在较高的坡地，并使各部分呈线状布局，保留低处为农业、娱乐、景观或资源保护地。

---

[1] 吴扬：《圆明园地形空间的视觉分析》，北京林业大学硕士论文，2011 年，第 55 页。

### 2.2.2 水景观

水是自然界的一部分，水如同空气一样，对一切有生命的东西都是必需的。世界上的淡水有 99% 以上不是冻结在南北极的冰和冰河中，就是在地下深处的砂石中流动。在大自然里，水是人类赖以生存的资源，也是生命的源泉。亲水是人类的天性，与水为伴，枕水而眠，是理想的生存环境。炎炎夏日，各种水景观和亲水的活动，让人流连忘返、陶醉其中。它是我们许多特别喜爱的娱乐形式的源泉，也是我们福利的关键。[①]

#### 2.2.2.1 水景观概述

#### 2.2.2.2 水景观功能与类型

水景观是由水体本身或以水为主与其他造景因素相融合而形成的具有旅游观赏价值的自然景观，也是最具有灵气的自然旅游景观。[②] 景观用水的来源一是自然降雨，二是河、湖或者从污水处理厂引入的中水。同样是降雨，不同季节降雨的概率并不相同。固态的水有冰、雪、雹和淞等。液态的水有静态和动态之分，静态的水体给人以明快、恬静、休闲的感觉；动态的水体有流水、喷水等多种形式。气态的水形态有云、雾、水珠。常见的景观水体形状包括方形、若方形、带形等（见图 2-22）。

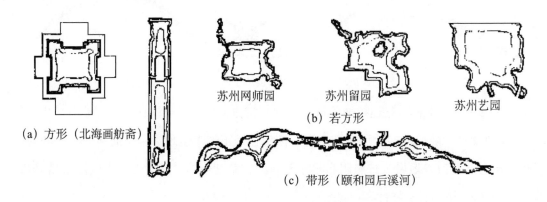

(a) 方形（北海画舫斋）

苏州网师园　　苏州留园　　苏州艺园

(b) 若方形

(c) 带形（颐和园后溪河）

**图 2-22 小型水体景观形状**

（1）水景观功能。钱伯斯（William Chambers）认为，"水在花园的主要游览季节里具有清新的作用，水能引起最丰富的变化，它能同其他的东西很好地配合，能够用来唤起各种各样的情绪"。他用浓重的浪漫主义的色彩写道，中国人"把清澈的湖面比做一幅多彩的图画，在它上面最完美地映照出周围的景色""它像世界的一个洞口，通过它，你能看

① J. O. 西蒙兹著，程里尧译：《大地景观：环境规划指南》，中国建筑工业出版社 1990 年版，第 23 页。
② 邵琪伟：《中国旅游大辞典》，上海辞书出版社 2012 年版，第 570 页。

见另一个世界，另一轮太阳，另一片天"。

水景观功能体现在：

1）改善环境，调节气候。景观水体能减少空气中的尘埃，减少携菌尘埃的散布，增加空气湿度，降低空气温度，增加空气压力，并促进风的形成和流动，水面与空气中的分子撞击能产生大量的负氧离子，有清洁作用，有利于人们的身心健康。①

2）防灾抗旱，汇集、排泄雨洪。不论是自然形成的，还是人工形成的湖（池），都是最好的蓄水池。它们具有蓄存雨洪的作用，有的还具有对外灌溉农田的作用，有的又是城市水系的组成部分。

3）景观美化作用。景观水体为水生植物和动物创造生长和栖息环境，可增加绿化面积和景色，又可结合生产进行水面养鱼和滑冰。老子《道德经》："天下莫柔弱于水，而攻坚强者若之能胜。以其无以易之。""造园必有水，无水难成园。"有青山方有绿水，水惟借色于山。② 水是造景不可缺少的元素。陈从周先生曾说过："凡是成功的园林，都能注意水的应用，正如一个美女一样，那一双秋波是最迷人的地方。"俄国哲学家车尔尼雪夫斯基说："水由于它的灿烂透明，它的淡青色的光辉而令人迷恋；水把周围的一切如画反映出来，把这一切委曲地摇曳着，我们看到的水是第一流的写生家！"

4）游憩观赏作用。体现在：第一，水景观作为基底，通过水岸或水中景物的倒影，扩大和丰富空间。即使是很小的水面，也能起到添景的作用。第二，构成视觉焦点。无论是动态水景（泉水、瀑布等）还是静态水景（湖、池、塘等），其形态都能引起人们的关注。第三，游憩娱乐。景观一般具有灵动性、变幻性等美学特征。大型水面除供游人划船游览外，还可作为游泳、划船、溜冰、船模等等水上运动场所。

5）空间限定与柔性防护隔离。水面创造了迂回曲折的线路，隔岸相视，可望不可即。由于水面只是平面上的限定，故能保证视觉上的连续性和渗透性。用水面限定空间、划分空间比使用墙体、绿篱等手段生硬地分隔空间、阻挡穿行更加自然。另外，也常利用水面的行为限制和视觉渗透作用来控制视距，获得相对完美的构图，达到突出或渲染景物的艺术效果。③ 承德避暑山庄"山庄以山名，而趣实在水"，整个水面被划分为相连的9个湖，湖中小岛呼应，湖外长堤相连，风过则微波拍岸，大气深远。

---

① 安旭、陶联侦：《城市园林水体景观功能及其评价体系》，载《浙江师范大学学报》，2010年第33卷第3期，第337～339页。
② 张潮著，林语堂译：《幽梦影》，百花文艺出版社2002年版，第9页。
③ 张潮著，林语堂译：《幽梦影》，百花文艺出版社2002年版，第9页。

（2）水景观类型。

1）按水体的成因，分为自然式、人工式和混合式水体三种类型。自然式水体指保持天然或模仿天然形状的河、湖、溪、涧、泉和瀑布等。人工式水体指人工开凿成的几何形状的水体，如水池、运河、水渠、方潭、水井、喷泉、叠水和瀑布等，它们常与园桥、山石、雕塑小品、花坛、棚架、铺地和景灯等环境设施组合成人工水景。混合式水体指前两种形式交替穿插协调形成的水景。水景是旅游区景观组成的重要内容，应以水体为主要功能表现对象。

2）按水体形状，分为自然式、几何规则式和混合式水体三种类型。自然式水体，多呈自然曲线，水岸也多为自然驳岸。旅游区中的水景多由自然水体构成，或将自然水体略加人工改造而成，如河、湖（海）、溪、涧、泉、瀑布、井和自然式水池等。几何规则式水体，呈几何形状的规整水体，水岸为垂直砌驳岸，如河（运河）、方池、圆池、涌泉、壁泉、规则式瀑布和规则式跌水等。几何规则式常用于西方规则式园林，在中国传统园林中规则式水体常作为主要景点的构图中心。混合式水体由自然式、几何规划形水体组合而成。

在规则式园林中，分散的水景主要表现为喷泉、水池、跌水和壁泉等。自然水体按其形状的存在方式，大致有静水、落水、流水、跌水和喷水五种基本类型，动态的水呈现生命之感，静态的水表达统一和静止。喷水是完全靠设备制造出的水景，对水的射流控制是关键环节，灵活多变，可大可小，可高可低，采用不同的手法可以塑造出多种形态，配合灯光、音乐更可增加活力。它们的水景效果特点见表2-6。

表2-6　　　　　　　　　　　　　　水景效果特点

| 水体形态 | | 视觉 | 声响 | 飞溅 | 风中稳定性 |
|---|---|---|---|---|---|
| 静水 | 表面无干扰反射体（镜面水） | 好 | 无 | 无 | 极好 |
| | 表面有干扰反射体（波纹） | 好 | 无 | 无 | 极好 |
| | 表面有干扰反射体（鱼纹波） | 中等 | 无 | 无 | 极好 |
| 落水 | 水流速度快的水幕水堰 | 好 | 高 | 较大 | 好 |
| | 水流速度低的水幕水堰 | 中等 | 低 | 中等 | 尚可 |
| | 间断水流的水幕水堰 | 好 | 中等 | 较大 | 好 |
| | 动力喷洒的水幕水堰 | 好 | 中等 | 较大 | 好 |
| 流水 | 低流速，平滑的水墙 | 中等 | 小 | 无 | 极好 |
| | 中流速，有纹路的水墙 | 极好 | 中等 | 中等 | 好 |
| | 低流速的小溪、浅地 | 中等 | 无 | 无 | 极好 |
| | 高流速的小溪、浅地 | 好 | 中等 | 无 | 极好 |

| 水体形态 | | 视 觉 | 声 响 | 飞 溅 | 风中稳定性 |
|---|---|---|---|---|---|
| 跌 水 | 垂直方向瀑布跌水 | 好 | 中等 | 较大 | 极好 |
| | 不规则台阶状瀑布跌水 | 极好 | 中等 | 中等 | 好 |
| | 规划台阶状瀑布跌水 | 极好 | 中等 | 中等 | 好 |
| | 阶梯水池 | 好 | 中等 | 中等 | 极好 |
| 喷 水 | 水 雾 | 好 | 中等 | 较大 | 尚可 |
| | 水 柱 | 好 | 小 | 小 | 差 |
| | 水 膜 | 好 | 小 | 小 | 差 |

3）按水体的表现形式分

①集中式。以水面为中心，建筑和山体围绕在水面周围，形成一种向心、内聚的格局。这一布局，可使小空间具有开朗的效果，具有"纳千顷之汪洋，收四时之烂漫。"（明·计成《园冶》）的气概。水面集中于园的一侧，形成山环水抱或山水各半的格局。如玉渊潭公园东湖、西湖水景观。

②分散式。将水面分割成若干块（带），每块（带）彼此相连，形成各自独立的小空间，空间之间采取实隔或虚隔，也可形成曲折、开合、明暗变化的带状溪流或小河相通，具有水陆迂回、岛屿间列、小桥凌波的水乡景色。如北京的陶然亭、紫竹院公园水景观等。

与单纯的集中式、分散式表现形式相比，在同一景区中，既有集中式，又有分散式的水面，可以形成强烈的对照，具有自然野趣。因此，这种类型的景区在所有景区所占比例较大，如北京颐和园、玉渊潭公园及龙潭公园等水景观。

跌水景观见图2-23。

北京 奥林匹克森林公园

北京 南长河公园

图 2-23 跌水

### 2.2.2.3　水景观具体形式

在开敞的水面，水景观构成形式主要有岛、堤、园桥与汀步和驳岸。

（1）岛。

1）岛的类型。岛是位于水中的块状陆地。水中设岛，是划分水面空间的主要手段，不仅增添了水面空间的层次，丰富了水面空间的色彩，同时在岛上种植原生植物，成为一处相对独立的环境氛围，为水边生物、鸟类提供了嬉戏的环境。[①] 大型水面可设 1～3 个大小、形态各异的岛，但不宜过多。

岛有以土为主的土山岛和以石为主的石山。土山因土壤的稳定坡度受限不宜过高。

① 山岛。在岛上设山，抬高登岛的视点。山岛分为土山岛、石山岛。小岛以石为主，大岛以土石为主。在岛上可设建筑，形成垂直构图中心或主景。

② 平岛。岛上不堆山，以高出水面的平地为准，地形可有缓坡的起伏变化、面积较大的平岛可安排群众性活动，不设桥的平岛不宜安排大规模的群众性活动。在平岛上设建筑，形成垂直构图中心或主景。

③ 半岛。半岛一般三面临水，一面接陆地。半岛边缘可适当抬高成石矶，增加竖向的层次感。还可在临水的平地上建廊、榭、亭，探入水中。岛上道路与陆地道路相连。平岛如三面临水，一面接陆地，北京颐和园的知春亭所在的小岛及南湖岛均为半岛。

④ 礁。礁是水中散置的点石。石体要求玲珑奇巧或浑圆厚重，只作为水中的孤石欣赏，不许游人登临。在小水面中可替代岛的艺术效果。

2）岛的功能

① 划分水面空间，形成几种情趣的水域，水面仍具有连续的整体性。

② 增加水中空间的层次，打破水面平淡的单调感，具有障景的作用。

③ 岛的四周有开敞的视觉环境，是欣赏风景的中心点，又是被四周观望的视觉焦点。

④ 通过桥和水路进岛，增加了游览情趣。

（2）堤。堤是将大型水面分隔成不同景色的带状陆地。堤上设路，可用桥或涵洞沟通两侧水面。长堤可多设桥，桥的大小、形式应有变化。堤的设置不宜居中，须靠水面的一侧，把水面分割成而大小不等、形状各异的两个主、次水面。堤多为直堤，少用曲堤，可结合拦水坝设过水堤，形成跌水景观。堤上栽树，加强了分隔效果；堤身不宜过高，方便

---

① 北京市水利规划设计研究院：《北京奥林匹克公园水系及雨洪利用系统研究、设计与示范》，中国水利水电出版社 2008 年版，第 37 页。

游人接近水面；堤上还可设置亭、廊、花架及座椅等休息设施。

岛、堤的体量、高度和位置必须适宜。以北京陶然亭公园中央岛为例，该岛不仅位置过于居中、而且体量偏大。中央岛面积为 5.13 公顷，全园水体面积为 14 公顷；岛面积与水体面积之比为 1：2.7。岛南北长约 320 米，东西向最宽处为 220 米，从对岸看岛的视距最长约 200 米、最短处只有 70 米，在最佳水平视角（即 60°水平视角）范围内根本无法把岛看全。加之联系中央岛的土堤过宽过高（或者说常水位偏低），所以在对岸很难看到堤后的水面。"岛是四周环水的水中陆地"，而中央岛的实际景观却不能给人以这种感受。因此，当游人沿湖观景时，往往把它看成湖对岸的一片陆地。[1]

（3）园桥。园桥是架在水面或陆地上以便行人、车辆等通行的建筑物。园桥的功能：联系景点的水陆交通、组织游览线路、变换观赏视线、点缀水景、增加水面层次，兼有交通和艺术观赏的双重功能。园桥在造园艺术中的价值，往往超过交通功能。[2]

园桥的类型：平桥，如梁板桥、曲桥（折线桥、曲尺桥）；拱桥，如单拱桥、多拱桥；亭桥和廊桥等。在岛与陆地的最近处建桥，小水面则在两岸最窄处建桥。

桥梁通常由五大部件和五小部件组成。五大部件是指桥梁承受汽车或其他车辆运输荷载的桥跨上部结构与下部结构，是桥梁结构安全的保证。包括：桥跨结构（或称桥孔结构.上部结构）、支座系统、桥墩、桥台、墩台基础。五小部件是指直接与桥梁服务功能有关的部件，过去称为桥面构造。包括桥面铺装、防排水系统、栏杆、伸缩缝、灯光照明。

（4）驳岸。驳岸（水岸）是在景观水体边缘与陆地交界处，为稳定岸壁，保护河岸或水淹所设置的构筑物。水景之成败，除一定的水形外，离不开相应驳岸的规划和塑造，协调的岸形可使水景更好地呈现水在景观中的作用和特色，把水面设计得更为舒展。

驳岸设计包括岸线的平面形态及水岸的断面形式两方面内容。水岸的断面形式关系人与水体的亲近关系，必须处理好防洪、安全与亲水的关系。驳岸类型：

1）按驳岸的平面形态，分为自然式、规则式两种。自然式驳岸有自然的曲折和高低变化。"水不在深，妙在曲折。"水面的曲折蜿蜒可以使整个水面产生延伸不尽的效果，自然而然地拉伸了景观空间。瘦西湖景色宜人，因其"瘦"而得名，有"园林之盛，甲于天下"之誉，所谓"两堤花柳全依水，一路楼台直到山"。其名园胜迹，散布在窈窕曲折的一湖碧水两岸，荡舟湖上，沿岸美景纷至沓来，让人应接不暇，心迷神驰。[3] 规则式驳岸

---

① 黄庆喜、梁伊任：《试谈北京一些公园的地形处理》，载《北京林学院学报》，1984 年第 4 卷第 4 期，第 24～35 页。
② 邵琪伟：《中国旅游大辞典》，上海辞书出版社 2012 年版，第 673 页。
③ 计成著，胡天寿译注：《园冶》，重庆出版社 2009 年版，第 43 页。

是以石料、砖，或混凝土预制块砌筑成整形岸壁。

自然式驳岸线要富于变化，但曲折要有目的，不宜过碎。较小的水面，一般不宜有较长直线的水岸，岸面不宜离水面太高；假山石水岸于凹凸处设石矶挑出水面，或设有洞穴，似水流出。在石穴缝间植水生、湿生植物，使其低垂水面，障景并丰富水岸景观。为使山石驳岸稳定，山石驳岸应有坚实的基础。尤其是在北方的严寒地带，冻胀是非常值得注意的因素。

2）按驳岸的断面坡度，包括缓坡式、直立式、分级式和混合式四种。

缓坡式水岸分为自然式与人工式两种。自然式缓坡采用土壤的自然坡，为防治水土的冲刷，可种植植物，让植物根系保护岸坡。人工式缓坡沿斜面堆砌石块来做护坡，局部种植攀附力较强的植物（如五叶地锦）。

直立式水岸。直立式是石块直立堆积或用钢筋混凝土砌筑形成的护岸。主要用于用地受限，没有足够空间、水面或陆地落差很大，或是水位变化很大的滨水地带。这种驳岸形式简单、亲水性差。分单层、双层两种形式。

分级式水岸。分级式呈逐渐下降的阶梯形式，使人可以很容易接触到水，同时还可以坐在台阶上眺望水面，是一种亲水性很好的护岸。按一年中水位的变化分别高、低水位的标高来设计平台，根据滨水岸线宽度来决定具体形式。如果有足够空间，则采用缓坡分级式，具有较好的亲水性，同时提供不同高度的观景点；若空间有限，则采用直落分级式，在低水位处有较好的亲水性，高水位处提供观景点，但两级平台间联系较弱。

混合式水岸。混合式水岸形式丰富，可营造不同层次的亲水空间，并使景观有所变化。多用于滨水广场。另外，为满足多种多样的亲水性，通常采用亲水平台的景观形式（见图 2-24）。

（5）其他。汀步，又称步石、飞石，是在浅水中按一定间距布设自然石、块石、规则方块石或柱石，微露水面，让人跨步而过，供戏水娱乐、亲近自然。有的景区用钢筋混凝土做成莲叶状、树桩状或者乌龟状、脚印状汀步，供亲水戏水。汀步也可设置于草地中，形成嵌草汀步。

亲水平台是在小环境中缩短人和水面距离的方法之一，在较为安全的情况下，可以让人融入水景中。现代景观设计中的亲水平台是由古典园林中的榭发展而来，但是摆脱了榭在单位规模上体积较为笨重的概念。[1]

---

[1]  935 景观工作室：《园林细部设计与构造图集：地形与水景》，化学工业出版社 2011 年版，第 160 页。

缓坡式水岸 自然式      直立式水岸 单层 庆丰公园水岸 人工式

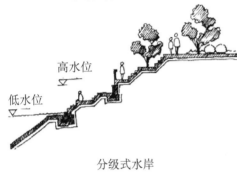

分级式水岸

混合式水岸

**图2-24 水岸断面形式**

## 2.2.3 植物景观

### 2.2.3.1 植物概述

植物分类是研究植物区系、植物群落结构的基础。植物分类的意义：认识植物，了解它们的名称和习性；利用植物亲缘关系，对植物进行引种、驯化和培育；有利于物种多样性保护和植物文化研究。

根据胚胎有无，将植物分为无胚胎植物、胚胎植物。无胚胎植物（低等植物）泛指该类植物在其生活史中，没有产生胚胎构造，如绿藻。胚胎植物（高等植物）泛指该类植物在其生活史中，产生胚胎保护胚的构造，如：苔藓、蕨类、种子植物等。根据果实的有无，种子植物分为裸子植物和被子植物。由字面上理解，裸子植物种子裸露在外，不具有保护的构造，但这里所谓"裸露"或"不具有保护构造"是指胚珠没有子房的保护。被子植物是胚珠为心皮包裹、形成子房的植物。[①] 被子植物的种子本身具有较完整的保护构造，在胚胎时期即受到子房更完整的保护。被子植物具有真正意义上的花，又被称

---

① 浅间一男著，谷祖纲、珊林译：《被子植物的起源》，海洋出版社1988年版，第5页。

为有花植物。[①]

种子植物在世界上有 20 多万种，裸子植物仅占极小的比例，总共只有 700 多种，绝大多数是被子植物。种子植物根据子叶数量，划分为双子叶植物与单子叶植物，它们的根本区别是在种子的胚中发育两片子叶还是发育一片子叶。以上区别点不是绝对的，实际上有交错现象。

### 2.2.3.2　植物功能与类型

（1）植物功能。植物不仅仅是花草树木，展现出旺盛的生命力和丰富的季相变化，也是生态、艺术和文化的联合体，是景观艺术的核心。[②]

1）生态功能。

①改变小气候环境。建筑的西北方向植高大浓密的乔木，东南方向植低矮的灌木和草本植物。建筑西南侧的落叶乔木在夏季提供树荫，而冬季却可以得到温暖的阳光照射。树冠能够遮阴，使树下的空气凉爽。灌木和藤蔓植物可以扩散，反射太阳光，使人们的使用空间变得凉爽。而地被可以帮助吸收热量，从而阻止过多的热量反射到环境中去（见图 2-25）。

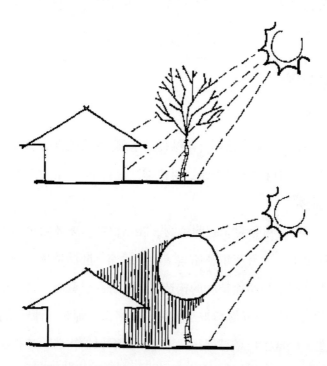

图 2-25　在寒冷的冬季和炎热的夏季中能感受到植物最基本的隔离价值[③]

---

① 李星学、周志炎、郭双兴：《植物界的发展和演化》，科学出版社 1981 年版，第 7～8 页。
② 满歆琦：《观赏植物在中国古典园林中的应用》，载《长春大学学报》，2011 年第 21 卷第 8 期，第 60～63 页。
③ 理查德·L·奥斯汀著，罗爱军译：《植物景观设计元素》，中国建筑出版社 2005 年版，第 86 页。

选择合适的植物类型可以控制风向。落叶乔木和灌木适用于过滤冬季的寒风，但不太适用于阻挡风或使风向偏离。常绿树在冬天很有用，但在春夏季却会阻挡空气的流动。[①]落叶乔木在不同季节里有不同的通风状况：在落叶的季节中，上层树冠既透光又通风；在长叶的季节，由于上层树冠枝叶茂密，透光差，通气状况也差。（见图2-26）。

②环境监测。植物对污染物的抗性有很大差异，有些植物十分敏感，在很低的浓度下就会受害，有些植物在较高浓度下也不受害或受害很轻。因此，人们利用某些植物对特定污染物的敏感性来监测环境污染的状况。

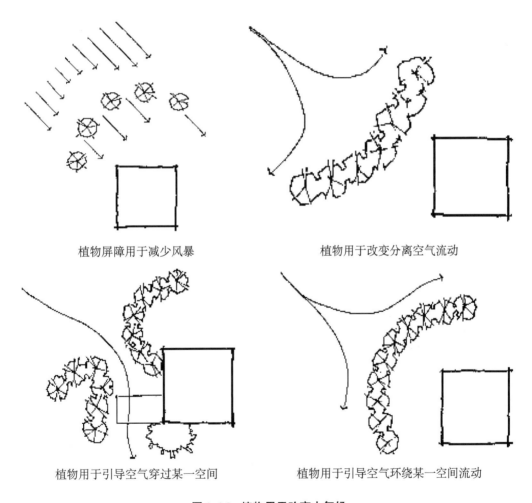

植物屏障用于减少风暴　　　　　　　植物用于改变分离空气流动

植物用于引导空气穿过某一空间　　　植物用于引导空气环绕某一空间流动

图2-26　植物用于改变小气候

③生物多样性保护。人与野生生物能和谐相处，也有可能发生冲突。设计师可以在室外设计动物的住处，将野生生物引入公园。许多植物能结果，吸引鸟类和其他小动物。灌

---

① 理查德·L·奥斯汀著，罗爱军译：《植物景观设计元素》，中国建筑出版社2005年版，第87～88页。

木篱墙既可以作为室外墙面，又可以为动物提供筑巢场所。①

④碳汇功能植物吸收二氧化碳，将吸收到的碳在植物枝干上长久地被固定下来。

2）创造空间、组织空间。户外植物往往充当屋顶、栏杆、围墙、地面，其功能主要表现在空间界定、围合等方面。分枝点低的植物形成半开敞空间，高大灌木形成封闭的空间（见表2-7，图2-27）。

表 2-7 植物的空间构筑功能

| 植物类型 | | 空间元素 | 空间类型 | 说明 |
|---|---|---|---|---|
| 乔木 | 树冠茂密 | 屋顶 | 利用茂密的树冠构成顶面覆盖，树冠越茂密，顶面的封闭感越强 | 分枝点较高的乔木在立面上能够暗示空间的边界，但不能完全阻挡视线<br>常绿植物阻挡了视线，形成围合空间 |
| | 分枝点高 | 栏杆 | 利用树干形成立面上的围合，但此空间是通透的或半通透的空间，树木栽植越密，则围合感也越强 | |
| | 分枝点低 | 墙体 | 利用植物冠丛形成立面上的围合，空间的封闭程度与植物种类、栽植密度有关 | |
| 灌木 | 高度没有超过人的视线 | 矮墙 | 利用低矮灌木形成空间边界、但由于视线仍然通透，相邻两个空间仍然相互连通，无法形成封闭的效果 | 低矮的灌木仅能够界定空间，而不能够封闭空间 |
| | 高度超过人的视线 | 墙体 | 利用高大灌木或者修剪的高篱形成封闭的空间 | 高大灌木阻挡了视线，形成空间的围合 |
| 草坪地被 | | 地面 | 利用质地的变化暗示空间范围 | 尽管没有立面上具体的界定，但草坪与地被之间的交界线暗示了空间的界线，预示了空间转换 |

资料来源：金煜：《园林植物景观设计》，辽宁科学技术出版社2008年版，第120页。

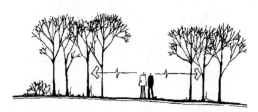

分枝点低的植物形成半开敞空间

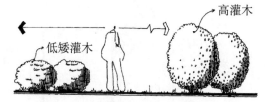

高大灌木形成封闭空间

**图 2-27 植物空间围合特点**

3）美学观赏功能。古人赏花讲究观花色、闻花香、赏花姿、品花韵和看花历。"不清花韵，难入高雅之境"。花韵可以"养心""怡神"。虽看不见，摸不着，但能感觉到。同一种花卉在不同的时间段欣赏，所得感受完全不同。历代诗总集出现最多的植物是柳、松、竹，历代词总集出现最多的植物是柳、梅、竹三甲，而历代散曲总集出现最多的植

① 杰克·E.英格尔斯著，曹娟、吴家钦、卢轩译：《景观学》，中国林业出版社2008年版，第161页。

物是柳、荷、桃三甲，重要章回小说出现最多的植物是茶、柳、松。《诗经·小雅·采薇》中就有"昔我往矣，杨柳依依。今我来思，雨雪霏霏。"意思是说，杨柳溪边的春天，送别家人；雨雪霏霏的冬季等你们的归来，表达了对家人的相思之情。

（2）植物类型。生长型是以植物营养器官（枝干、叶）的生长形态特征为依据所划出的类型。现有的生长型系统多以茎的形态为第一区分标志，再遵从叶和分枝等形态细分：如乔木、灌木、半灌木、附生植物、藤本植物、草本植物、水生植物、叶状体植物。

1）乔木。大乔木（h>20.0米）、中乔木（8.0～20米）的树冠和树干都能作为室外空间的"天花板和墙壁"，在顶平面和垂直面上限定空间。室外的空间感将随树冠的实际高度产生不同程度的变化，当树冠离地面3.0～4.5米时，空间显得宜人；若树冠离地面10米以上时，则空间显得开阔。

小乔木（h<8.0米）能从垂直面和顶平面两个方向限定空间。小乔木的树干能在垂直面上暗示出空间的边界；当树冠低于视平线时，将会在垂直面上完全封闭空间；当视线能穿透树干和枝叶时，这些小乔木像前景的漏窗，使可视空间有较大的深远感。小乔木也可以作为焦点和构图中心，在狭窄的空间末端种植小乔木，可以起到引导和吸引游人进入空间的作用。

2）灌木。由大灌木（h>2.0米）所围合的空间顶部开敞，具有极强的向上趋向性。大灌木可被用作视线屏障，在低矮灌木的衬托下，成为构图焦点，或成为雕塑等特殊景物的背景。由两列大灌木构成的长廊型空间，能将人的视线和行动直接引向终端。中灌木（1.0～2.0米），具有人的高度，是有效的空间构成者。它们是私密性的屏蔽，又是行动的藩篱。小灌木（0.3～1.0米），以暗示的方式来限定空间。构图上，小灌木能起到从视觉上连接不相关因素的作用；充当附属元素，能与较高的物体形成对比，使大尺度的景物具有亲密感。

3）草坪植物、地被植物。草坪和地被植物的作用是构成自然连续的空间，暗示空间的边界，对人们的视线及运动方向不会产生任何屏蔽与阻碍作用。常在外部空间中被用作划分不同形态的地表面。草坪与地被在地面上形成优美图案，起到装饰和引导视线的作用。[①]

①草坪植物。草坪原意为Turf，lawn，amenity，是将多年生、宿根性或单一混播的草种，均匀密植、成片生长的绿地。或者说，草坪是用于覆盖裸露地面，并作为观赏及体育活动用的规则式草皮和为露天活动而提供的面积较大，略带起伏的自然草皮。[②]

① 汤晓敏、王云：《景观艺术学——景观要素与艺术原理》，上海交通大学出版社2009年版，第45～53页。
② 王波、王丽莉：《植物景观设计》，科学出版社2008年版，第110页。

草坪植物种类繁多，以多年生和丛生性强的草本植物为主。不同的草坪植物具有不同的特性，优良的草坪植物应具有繁殖容易、生长快，能迅速形成草皮并布满地面、耐践踏、耐修剪、绿色期长、适应性强等特点。但具备所有这些条件的草种不多，这就需要因地制宜地加以选择和栽植。

②地被植物。地被植物是指株丛紧密、低矮，用以覆盖地面防止杂草丛生的植物。地被植物主要是一些多年生、低矮的草本植物以及一些适应性较强的低矮、匍匐型的灌木和藤本植物。特点是：种类繁多，枝、叶、花、果富于变化，色彩丰富，季相特征明显；耐荫性强、可在密林下生长开花；有高低、层次上的变化，易于修剪成各种图案；繁殖简单，养护管理粗放，成本低，见效快。缺点是不易形成平坦的平面，大多不耐践踏。

地被植物类型：

常绿类地被植物。四季常青，终年覆盖地表，无明显的枯黄期。如土麦冬、石菖蒲、葱兰、常春藤、铺地柏、叉子圆柏等。

观叶类地被植物。叶形优美，花小而不太明显，以观叶为主，如麦冬、八角金盘、垂盆草、荚果蕨、箬竹和菲白竹等。

观花类地被植物。花色艳丽或花期较长，以观花为主要目的，如诸葛菜、紫花地丁、水仙、石蒜等。

防护类地被植物。用于覆盖地面、固着土壤，防护和水土保持，较少考虑其观赏性，绝大部分地被植物都有这方面的功能。

### 2.2.3.3 植物构成要素

（1）几何要素。植物的三维外部轮廓由植物的主干、主枝、侧枝及叶子所体现。植物造型分为单株植物、群植植物造型。

1）垂直向上型。包括圆柱型（如钻天杨、杜松）、笔型（如铅笔柏、新疆杨）、尖塔型（如雪松、南洋杉）、圆锥型（如圆柏、毛白杨）、圆球形（如香樟、悬铃木等）。此类植物以其挺拔向上的生长之势引导观赏者的视线，使人产生一种超越空间的垂直感和高度感。适宜于表达严肃、静谧、庄严气氛的空间，如陵园、墓地等，也可与一些低矮的植物配置，形成强烈的对比，产生跌宕起伏的感觉。

2）水平展开型。包括偃卧形（如偃柏、匍地柏）、匍匐形（如葡萄、爬山虎）。水平展开型植物既有安静、平和、舒展的积极表情，又能营造空旷、冷寂的气氛。这种类型的植物宜与垂直向上的植物搭配，产生纵横发展的效果；或与地形的变化、场地尺度相结合，表现其遮掩的作用；或作地被，形成较好的平面效果。

3）无方向型。无方向型植物包括圆形、卵圆形、伞形和钟形等。这些造型具有柔和平静的格调，可用于调和外形强烈的植物，形成设计的统一性。如连翘、迎春等。

4）特殊型。包括垂枝形、曲枝形、棕榈形等，如垂枝樱、垂枝榆、龙枣槐、龙枣桑、龙枣柳等。

（2）色彩要素。植物色彩上的对比强弱，形成了不同效果的气氛。植物色彩对比搭配的常用形式有以下 3 种。

单色表现：单色植物单纯、简洁，容易产生单调感，可通过明度与纯度的变化来丰富视觉感受。如单色草坪与深绿色常绿针叶类植物等搭配，取得和谐的装饰效果。在高尔夫球场，场地内的铺装均为绿色草坪，但为了清晰地区别不同的功能区域，深绿色草坪中夹杂着浅绿或嫩绿色的斑块。

近色配合：一般用于花卉搭配，以花镜、花坛等表现。由于色相、明度和饱和度相近，具有柔和高雅的气质。

对比色或互补色处理：植物色彩混合配置时，冷色植物中的暖色花会十分醒目，暖色花丛中的冷色亦然。[①] 冷暖色对比适用于环境容易开阔、视距较远的场合，能起到渲染气息、引起注目的作用，但运用不好会产生艳俗的感觉。

（3）质感要素。植物的质感可以用重和轻、厚和薄、粗糙和细腻来描述。植物质感的表现会依赖周围环境和与之相邻的物体。如细嫩榆树枝条与橡树的枝条相比显出带状的质感，蕨类植物比浆果类植物有更纤细的视觉上的质感。植物质感也受植物观赏距离的影响。从远处看，洋槐会表现出相对光滑的质感；近距离观赏时，其枝干则显得十分粗糙。质感还随一年的季节而变化。春夏季节，其质感主要取决于树叶的大小、形状、数量和排列；冬天，落叶树的质感取决于枝干的尺寸、数量和位置（厚和薄、茂密和稀疏、集中和分散）。

质感同样对于观赏者有某种心理和生理上的影响。如质感从粗糙到细腻的变化使空间显得更大，因为光滑的树叶比粗糙的树叶反射的光线多，使光滑的树叶显得更亮，所以显得距离更深远；而质感从光滑细腻到粗糙的变化则使空间显得小，显得距离更近（见图 2-28）。

---

① 王波、王丽莉：《植物景观设计》，科学出版社 2008 年版，第 61～62 页。

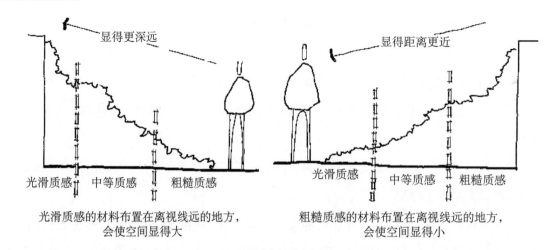

图 2-28 质感序列安排与距离的关系

根据植物特性和在景观中的潜在用途，植物质感分为粗质型、中质型及细质型。

粗质型。粗质型植物通常有大叶片，浓密而粗壮的枝干和疏松的形态，如法国梧桐、梓树、楸树、核桃、板栗、蒙古栎、榆树等。粗质型植物给人以强壮、坚固、刚健之感，在景观设计中可作为视觉焦点而加以装饰和点缀，但过多使用显得粗鲁而无情调。适宜用在大尺度的空间环境中，因为它使景物趋向赏景者，使空间显得狭窄和拥挤，易造成压迫感。

中质型。中质型植物是指有中等大小叶片、枝干，以及具有适中枝叶密度的植物，透光性较差而轮廓较明显，多数植物属于此类型，如国槐、海棠和紫叶李等。由于中质型植物占大多数，因而在种植中所占的比例较大，通常是植物群落中的基本结构。

细质型。细质型植物有许多小叶片和微小脆弱的小枝，具有整齐而密集的特征，如榉树、鸡爪槭、北美乔松、千屈菜等。细质型植物因叶小而浓密、枝条纤细而不易显露，而轮廓清晰、外观文雅而细腻，且做背景植物以展示整齐、清晰、规则的特殊氛围。

粗质与细质型植物搭配具有强烈的对比感，会产生"跳跃"的感觉。中质型植物与细质型植物的连续搭配，能给人以自然统一的感觉。[1]

（4）气味。包括树皮、枝条、叶子、花、果实或种子散发出来的味道。迈克尔·波伦（Michael Pollan）在他的《植物的欲望——植物眼中的世界》一书中写道：花香，是为了吸引蜜蜂，是植物的一种欲望，为了自己的生存而复制繁衍。果香不是为了自己的生存，它满足了人的欲望。不同植物散发出的浓郁或清淡芳香，或者说香景观，成为景观的一个

---

[1] 汤晓敏、王云：《景观艺术学》，上海交通大学出版社 2009 年版，第 123～125 页。

重要组成部分。在圆明园四十景中，就有映水兰香，避暑山庄康熙三十六景中有"曲水荷香"，苏州拙政园中有著名的"远香堂"，留园中有"闻木樨香轩"，沧浪亭中有"闻妙香室""清香馆"。

### 2.2.4　动物景观

我们对自然价值的认识如同艺术，始于美的东西。这种意识不断扩展，从美的观念延伸到一些只能意会而无法言传的价值。[①] 中国古典美学在物质属性基础上赋予了动物人格化的精神属性。现实中的动物同样承载着人们美好的寄托，成为景观文化的一大特色。如鹤象征着情操高洁，于是有林和靖"梅妻鹤子"的故事。鸳鸯是爱情专一的象征；羊，古同"祥"字，寓意吉祥，有三阳开泰的说法。鱼，谐音"余"，鳞色灿，寓意年年有余；蝙蝠，寓意多福多寿；龟与鹤，代表长寿，有龟鹤延年的传说。

动物景观存在的最大特征是可以作为真正的自然被感觉到。不管植物多么美丽，如果没有动物存在的话，就会出现很多问题，环境质量也是低水平的。如含有蚯蚓的土壤会使植物的生长发育变得健康，鸟可以驱除害虫，或者鸟类和昆虫对于植物的繁殖有很大的帮助等，对生态系统负面影响大。

① 季节指示作用。动物在进入性成熟或者繁殖期时，体毛颜色会发生变化。如大猩猩每个家族由一个体形硕大的银背大猩猩担任首领，它站起来和人类一样高，但体重几乎是人类的3倍。鸟类在繁殖期时会长出繁殖羽，十分美观漂亮。大白鹭在春天的交配时节，脸会变成粉绿色，背上长出修长的繁殖羽，略施粉黛，好似披上了一席华丽的斗篷，目的是吸引异性的注意。

② 环境指示作用。动物是所在环境质量指标之一。蝴蝶一直被看成"生态指示生物"，只有环境良好，拥有独特的食物资源，才能留住蝴蝶。城市改造、野生植物被清除，影响了蝴蝶的生存环境，导致蝴蝶数量减少。比如丝带凤蝶，专爱以马兜铃为食，当马兜铃被清除后，丝带凤蝶也随之锐减。漂亮的翠蓝眼蛱蝶以前在南京城区也有分布，但是随着城市改造，以及草坪替代了自然杂草，这种蝴蝶也已经很少了。

③ 赋予地域性的效果。与植物区系类似，动物区系分布也有地域性特点。20世纪80年代，红嘴鸥第一次从寒冷的西伯利亚飞抵四季如春的昆明过冬，打那以后，这群小精灵每年冬天都会如约而至，30多年来从未爽约。观赏红嘴鸥成为昆明市民和外地游客冬季

---

① 奥尔多利·奥波德著，邱明江译：《原荒纪事》，科学出版社1996年版，第85页。

的一项乐事。昆明越冬红嘴鸥的来源地除以前众所周知的西伯利亚贝加尔湖外，还有蒙古国的乌布苏湖和新疆博斯腾湖等地。

④ 视听美学效果。鸟或者是昆虫等人们身边的动物，给人带来的美感包括形态美、色彩美、声音美和动态美。即使是同一种动物，在觅食、受惊、求偶和育雏过程中，也可能发出不同的鸣叫声，给人带来不同的体验。炎炎夏日雨后的夜晚，青蛙们不知疲倦地鼓噪，虽然与翠鸟的鸣叫无法相提并论，但它也给久居城市的人们带来了大自然中生命存在的一点痕迹。在中国古典园林中，专门设有一些观赏动物、聆听其叫声的景点，如颐和园的听郦馆，圆明园的鱼跃鸢飞，杭州西湖的花港观鱼、柳浪闻莺等。

⑤ 接触体验的效果。儿童时代同蜻蜓、蝴蝶、青蛙等身边的小动物的接触，会成为人们心中的初始风景。[①]

根据鸟类是否迁徙以及迁徙方式的不同，分为留鸟、候鸟和迷鸟。候鸟是随着季节的变化，有规律地在繁殖地区与越冬地区迁徙的鸟类。根据候鸟出现的时间，分为夏候鸟、冬候鸟、旅鸟。留鸟是那些没有迁徙行为的鸟类，它们常年居住在出生地，大部分留鸟甚至终生不离开自己的巢区，有些留鸟会进行不定向和短距离的迁移，这种迁移有的情况下是有规律的，比如乌鸦会在冬季向城市中心区域聚集，在夏季则会分散到郊区或者山区。有些留鸟的短距离迁移则是完全没有规律的，仅仅是随着食物状况的改变而游荡。迷鸟是那些由于天气恶劣或者其他自然原因，偏离自身迁徙路线，出现在本不应该出现的区域的鸟类。

动物观赏的内容包括形态、声音、行为等方面，北京地区常见鸟类及其分布：

平原：麻雀、灰喜鹊、喜鹊、乌鸦类、燕、雨燕和短趾百灵等。

低山：麻雀、山雀、鸦雀、喜鹊、灰喜鹊、蓝鹊、雉鸡、红角鸮等。

中山：山雀、柳莺、鸠鸽、雉鸡、鸫、松鸦、山鸦和鸦雀等。

湿地：翠鸟、鹡鸰、黑水鸡、鸳鸯、绿头鸭、雁和鸊鷉等。

### 2.2.5　园路与广场

园路泛指旅游景区的道路。从定义分析，园路的概念包括了游步道，生态步道与游径概念基本相似，但生态步道不仅分布于公园绿地，而且用于连接城市主要功能区。自然小道与人行小道只是游步道的另一种称谓而已。

---

① 进士五十八、铃木诚、一场博幸编，李树华、杨秀娟、董建军译：《乡土景观——向乡村学习的城市环境营造》，中国林业出版社 2008 年版，第 105、107 页。

#### 2.2.5.1 园路功能、类型

（1）功能。

1）分隔空间。园路是游客的导游。园路把景区分隔成各种不同功能的区域，同时各种结构形式的园路系统，把各功能区联系成一个整体，引导游人从不同线路，不同方位去观赏景观。

2）为水电工程打好基础。景区内所有的水电气及通信设施，以及为游客提供观景、健身、露营、避雨的设施均沿园路而设计，园路的布线为水电工程设计、维护奠定了基础。

3）景观美化。呈直线型的小路给予公园一种可控制的、有一定秩序的感觉；呈曲线的、弯曲的小路易使人感到神秘，能增加游人的探索兴趣；狭窄的小路会促使游人加快游览脚步，但它拉近了植物景观与游人之间的距离；相反，较宽敞的小路则会使游人放慢脚步，以便可以更好地欣赏全园的景致。[①]

4）引导游览。园路强调路线的可通达性，方便游客到达某一景点，观赏周围的地域风情，同时也巧妙地引导游客避开一些不宜前往的区域。西蒙兹（1980）认为，"在任何情况下，一个精心设计的道路在穿越景观时应选择这样一种方式，即在便捷适用的同时能保护和展示最好的特征和景色。一条出色的道路给旅行者带来舒适、乐趣和愉快。最美的道路通常是那些由于受到约束而具有明显特性，并且车道、构筑物的设计极其简洁的地方"。[②]

（2）类型。

1）按园路宽度，分为主路、支路、小路三种。主路贯穿园内的主要景点，形成全园骨架，连接主要入口及主景。支路联系各主路为目的，到达重要景点及一切主路以外的各路线。小径是支路不能到达之处。主路、支路、小路的宽度决定于景区的面积规模，游人及各种车辆的最小运动宽度见表2-8、表2-9。

**表 2-8** 　　　　　　　　　　　　　景区园路宽度规定

| 道路级别 | 陆地规模 | | | |
|---|---|---|---|---|
| | <2.0公顷 | 2.0～10.0公顷 | 10.0～50.0公顷 | >50.0公顷 |
| 主路/m | 2.0～3.5 | 2.5～4.5 | 3.5～5.0 | 5.0～7.0 |
| 支路/m | 1.2～2.0 | 2.0～3.5 | 2.0～3.5 | 3.5～5.0 |
| 小路/m | 0.9～1.2 | 0.9～2.0 | 1.2～2.0 | 1.2～3.0 |

注：《公园设计规范》（CJJ48-92）。

---

① 南希·A.莱斯辛斯基著，卓丽环译：《植物景观设计》，中国林业出版社2004年版，第85页。
② 约翰·O.西蒙兹著，俞孔坚等译：《景观设计学》，中国建筑工业出版社2000年版，第261页。

表 2-9  游人及各种车辆的最小运动宽度

| 交通种类 | 最小宽度（米） | 交通种类 | 最小宽度（米） |
|---|---|---|---|
| 单人 | >0.75 | 小轿车 | 2.00 |
| 自行车 | 0.60 | 消防车 | 2.06 |
| 三轮车 | 1.24 | 卡车 | 2.05 |
| 手扶拖扶机 | 0.85～1.50 | 大轿车 | 2.70 |

注：黄磊昌：《环境设施与设计》，北京：中国建筑工业出版社 2007 年版，第 62 页。

2）按人们的运动方式，分为休闲步道、健身步道、慢跑步道和教育步道。根据步道所处的场所及功能，分为公园健身步道、登山步道、滨水步道、景区步道等。登山步道分为山野型、纪念古型步道。按难度，划分为 1～5 星。

3）按路面材料和做法，分为整体路面、块材路面、碎料路面和特殊路面 4 类。在园路工程中，路面类型并无绝对分类，往往块材、碎料互有补充，从而形成丰富多变的园路类型。

① 整体路面。整体路面是指整体浇筑、铺设的路面，常采用水泥混凝土、沥青混凝土等材料，具有平整、耐压、耐磨和整体性好的特点。包括沥青路面、混凝土路面。

② 块材路面。块材路面是指利用规则或不规则的各种天然、人工块材铺筑的路面。材料包括强度较高、耐磨性好的花岗岩、青石板等石材、地面砖和预制混凝土块等。利用形状、色彩、质感各异的块材，通过不同大小、方向的组合，构成丰富的图案，不仅具有很好的装饰性，而且增加了路面防滑、减少反光等物理性能。

③ 碎料路面。碎料路面是指利用碎（砾）石、卵石、砖瓦砾、陶瓷片和天然石材小料石等碎料拼砌铺设的路面。主要用于庭院路、游憩步道。由于材料细小，类型丰富，可拼合成各种精巧的图案，形成观赏价值较高的路面，传统的花街铺地即是一例。

园路的形式是多种多样的。在人流集聚的地方或在庭院内，路可以转化为场地；在林间或草坪中，路可以转化为步石或休息岛；遇到建筑，路可以转化为"廊"；遇山地，路可以转化为盘山道、磴道、石阶；遇水，路可以转化为桥、堤、汀步等。[1]

### 2.2.5.2 园路构成要素

中国古典园林中的园路之美体现在布局形式之美（线形）、空间变化之美、铺地样式之美。园路美得以体现的物质基础，是园路的主要形式美因素，包括色彩图案、材质质感两个基本要素。[2]

[1] 赵显刚、宋淑艳：《浅谈园林景观中园路的设计》，载《天津农学院学报》，2003 年第 10 卷第 2 期，第 57～59 页。
[2] 杨立霞、李绍才、孙海龙等：《中国古典园林园路美的结构要素与排序》，载《西南大学学报（自然科学版）》，2008 年第 30 卷第 8 期，第 155～159 页。

（1）布局线形之美。园路布局形式影响不同功能区的开发规模，旅游设施的布局、游客活动区的诱导。常见的园路线形如下。

1）直线形。旅游区形状呈条状、矩形，用地规模较小，只能布置一条直行主路。功能区分布在主路两侧。在直行主路两侧各布置一个出入口，也可以只在一端布置出入口。直线形衍生出L形和丁字形。直线形也适用于地形起伏大、交通不便的山岳形景区，如森林公园、自然保护区。

2）环形。环形游线适用于规模较大的旅游区。一般要求至少布置一主一次两个出入口。环形常用于地形比较平坦、游客较多的城市公园，以便将游客疏散到不同区域。

3）S形。S形游线适用于规模较大，主路曲折的旅游区，有利于提高布局的趣味性。

4）卫星形。卫星形从中心向边缘发散，比较适合于服务接待设施分布于沟谷低洼地的景区（见图2-29）。

5）网状。网状游线适用于地形平坦的规则形景区。

6）复合形。以上两种以上线形的组合。

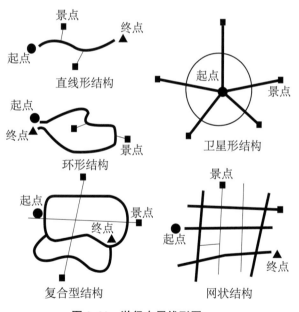

图2-29 游径布局线形图

一般来说，水平面上无缘无故的"蛇型"道路会让人感到武断、令人厌烦。它们违背了人类本能的行动规则，必然会导致场地因人们抄近道而被破坏。[1]当通过一个环境的"心理历程"时，需要在记忆中扫描的信息越多，就会认为穿越的距离越长。一条路程沿

① 汉斯·罗易德、斯蒂芬·伯拉德著，罗娟、雷波译：《开放空间设计》，中国电力出版社2007年版，第109页。

途的十字路程或景物越多，也就被判断为越长。[1]"曲径通幽"是对中国园路的准确描述。

（2）空间变化之美。陆游的《游山西村》"山重水复疑无路，柳暗花明又一村"表明了园路的另一种境界，虽然是在"曲"的基础上获得，但更体现了审美主体的参与性和审美主客体的依存关系，使人穿越时空的界限，通过想象与理解达到一种"人物合一"境界。[2]西方园林的园路设计强调的"底景"，即在游线和视线的尽头能够找到一个最精华的景物，诸如雕塑喷泉、刺绣花坛，或者宫殿教堂建筑；而中国园林中的视线常常是穿过一层层虚虚实实、深深浅浅的景观，说不准谁是主角、谁是配角的"庭院深深深几许"（《蝶恋花》，欧阳修），最终消隐在虚无和游人的想象中。

（3）铺地样式之美。铺装（pavement），指运用自然或人工的铺地材料，对天然的地面，按照一定的方式进行人工铺设所形成的地表形式。中国古典园林铺地的特征主要是装饰性强、"寓情于景"，有意识地根据不同主题的环境，铺设以神话传说、文房四宝、吉祥用语、花鸟虫鱼等为题材的图案。[3]

常见的铺装材料有石板、条砖、片瓦、碎石、鹅卵石、塑胶和木板等。材料不同，所装饰出的效果也不同。用石板铺路有雅致古朴之感，用条砖铺路有平整规则之感，用片瓦铺路有朴素清晰之感，用碎石或鹅卵石铺路则有细腻豪华之感。[4]

混凝土、防腐木材也是常见的道路铺装材料。早期混凝土配方中使用的胶结剂来自天然材料，如黏土、石灰和石膏。混凝土不仅是一种结构材料，而且是一种内涵及表现力相当丰富的装饰材料。[5]在土木建筑工程中，应用最广的是以水泥为胶凝材料，以砂、石为骨料，加水拌制成混合物，经一定时间硬化而成的水泥混凝土。

防腐木材一般是由桉木、柚木、冷杉木和松木等原木经过防腐处理而成，多用于公园的栈道，木质铺装最大的优点是与景观相协调，体现出自然、野趣，给人以柔和、亲切的感觉。一般湿地公园、郊野公园中铺设木栈道，目的是拓展水上活动空间，增加近距离亲水和观赏植物、鱼类的机会，减少对林地和植物的践踏，便于开展森林浴和体验性活动。

[1] 保罗·贝尔、托马斯·格林、杰弗瑞·费希尔、安德鲁·鲍姆等著，朱建军、吴平阶译：《环境心理学》，中国人民大学出版社2009年第5版，第80页。
[2] 杨立霞、李绍才、孙海龙等：《中国古典园林园路美的结构要素与排序》，载《西南大学学报（自然科学版）》，2008年第30卷第8期，第155～159页。
[3] 许丽：《中国古典园林园路的意境美体现》，载《中国园林》，2009年第7期，第33～35页。
[4] 计成著，胡天寿译注：《园冶》，重庆出版社2009年版，第39页。
[5] 张松：《历史名城保护学导论——文化遗产和历史环境保护的一种整体性方法》，同济大学出版社2008年2版，第192页。

常见的铺地纹样有人字纹、席纹、方胜和盘长，以及各种动物、花草等。[①]

### 2.2.5.3　园路构成形式

（1）城市广场。城市广场指具有一定的功能或主题，由建筑物等围合或限定的城市公共活动空间。构成城市广场的三要素是：围绕一定主题设置的标志物、建筑空间的围合及公共活动场地。[②]广场是最具公共性、最富艺术魅力、最能反映城市文化特征的开放空间，故有景区"起居室"和"客厅"的美誉。

城市广场功能：

① 组织交通。广场作为道路的一部分，是人、车通行和驻留的场所，起到交汇、缓冲和组织交通作用，也是发生火灾、地震等灾害时的避难场所。

② 改善和美化环境。街道的轴线，在广场中相互连接、调整，加深了城市空间的相互穿插和贯通，增加了城市空间的深度和层次。广场内配置绿化、景观小品等，有利于在广场内开展多种活动，增强城市生活的情趣，满足人们日益增长的艺术审美要求。

③ 提供社会活动场所。广场为城市居民和外来者提供散步、休息、交往和休闲娱乐的机会，因此，除具有一定的规模外，必须配备一定数量的休憩设施、娱乐设施，以有利于开展群体游憩、休闲和娱乐活动。许多缺乏乔木覆盖和休憩设施的广场，在此游览、健身的人却寥寥无几。

④ 突出城市个性和特色。广场不同的铺装材料及其构成的图案具有不同的性格，或严谨，或活泼，或雅致，或粗犷，整体色调的延续还能在零散的、不同高差的场地之间建立有机的、和谐的联系，使环境更趋统一。[③]广场或以浓郁的历史背景为依托，使人们在休憩中了解场所的精神。

（2）停车场。停车场是进行地面集中停车的地方。其功能是满足游客各种车辆停放的需求，必要时可作为车辆紧急维修及暂时放置的场所。

停车场分类：按停放车辆性质，分为机动车、非机动车停车场。按服务对象，分为公用、专用停车场。按用地性质，分为路内、路外停车场。路内停车场指在红线内划定的供车辆停放的空间，包括车行道边缘、公路路肩、较宽的隔离带、高架路及立交桥下的空间。路外停车场指在红线外专辟的停车场地，如停车库楼及各大型公共建筑物附设的停车场。

---

① 王其钧：《中国园林词典》，机械工业出版社 2013 年版，第 188 页。
② 邵琪伟：《中国旅游大辞典》，上海辞书出版社 2012 年版，第 31 页。
③ 方强华：《广场景观形式设计对人活动行为的影响分析》，载《院校风采》，2014 年第 4 期，第 129 ～ 130 页。

停车位设计有平行式、垂直式、倾斜式几种类型（见图2-30）。

停车场出入口应与主要人行出入口、道路交叉点保持一定距离，以避免车流和人流混杂，产生安全隐患。出口和入口可以分开设置，也可以设置在一起，但需要分道。出入口应保持开阔的视野，避免视线遮挡造成车碰撞。收费停车场出入口设置电子落杆、计价器、管理室。

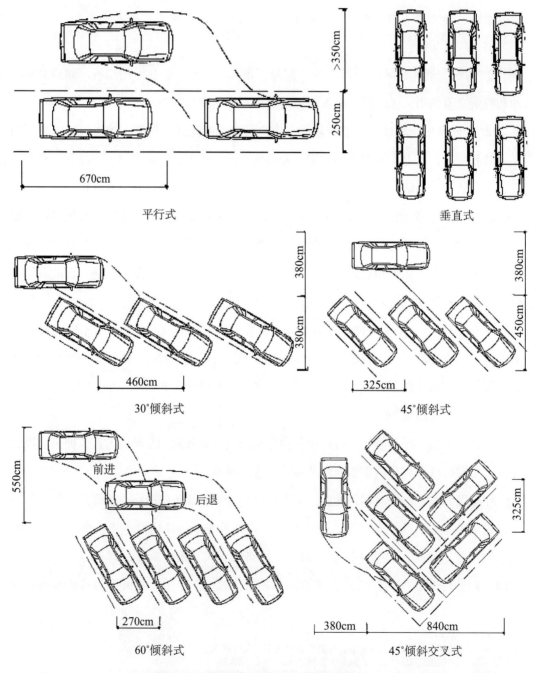

图2-30 停车场机动车停放方式示意图

为避免堵车和安全问题，车道分为主车道和次车道。主车道一边尽量不设置停车位。次车道一般单向行驶，交叉口避免十字交叉，尽量设置为L形交叉和T形交叉。为安全起见，交叉口需要设置标识，道路安全转角镜、挂式广角镜。

（3）台阶。台阶指用砖、石、混凝土等筑成的一级一级供人上下的建筑物，多在大门前或坡道上。[1] 台阶是道路的一部分，是为了解决地形高差而设置的，除了具有使用功能外，由于其富有节奏的外形轮廓，具有一定的美化装饰作用。

公园入口处的台阶应设计得像张开的双臂，不高而且诱人时，人们才更有机会去使用公园。纽约佩里公园的台阶不高，人们很容易被它们引诱过去。这些台阶给人们的行动增加了一段美妙的序曲。人们可以驻足观望，走上几步，无须有意识地做些什么决定，然后，发现自己已经在公园里了。[2]

台阶由踢面和踏面组成。台阶高度与人们究竟要费多大劲才能做出上台阶的选择相关。踢面高度应该符合人自然抬腿的高度。通常室外台阶的踏面比室外内台阶的踏面要宽，而踢面更矮一些。假如室外台阶的最小宽度是30厘米。对应的踢面则是（66-30）/2=18厘米。踢面高1英尺（30.5厘米）或更高，会导致公园使用率明显下降。

当踏面宽度增加时，踢面高度就相应减少。广西荔浦县滨江公园在设计连接城市主干道与河滩驳岸的台阶时，扩大了踏面宽度，缩小踏面的高度，使台阶缓慢、螺旋形地抬升，给人一种安全、舒适的感觉（见图2-31，图2-32）。

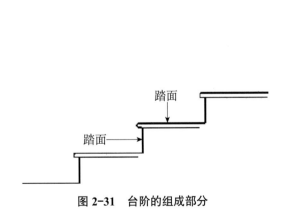

图2-31　台阶的组成部分

资料来源：杰克·E.英格尔斯著，曹娟、吴家钦、卢轩译：《景观学》，中国林业出版社2008年版，第150页。

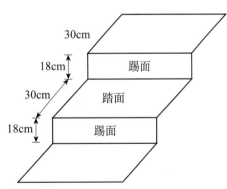

图2-32　室外台阶尺寸

资料来源：杰克·E.英格尔斯著，曹娟、吴家钦、卢轩译：《景观学》，中国林业出版社2008年版，第150页。

① 中国社会科学院语言研究所词典编辑室：《现代汉语词典》，商务印书馆2001年版，第1218页。
② 威廉·H.怀特著，叶齐茂、倪晓晖译：《小城市空间的社会生活》，上海译文出版社2016年版，第65页。

（4）坡道。坡道是交通和绿化系统中重要的设计元素之一，直接影响到道路使用和感观效果。园路、人行道坡道宽一般为1.2米，但考虑到轮椅的通行，可扩大为1.5米以上，有轮椅交错的地方其宽度应达到1.8米。坡道的视觉适用场所见表2-10。

表 2-10 坡道的视觉感受、适用场所

| 坡度（%） | 视觉感受 | 适用场所 | 选择材料 |
|---|---|---|---|
| 1 | 平坡，行走方便，排水困难 | 渗水路面，局部活动场所 | 地砖，料石 |
| 2～3 | 微坡，较平坦，排水方便 | 室外场所地，车道，草坡路，绿化种植区，园路 | 混凝土，沥青，水刷石 |
| 4～10 | 缓坡，导向性强 | 草坪广场，自行车道 | 种植砖，砌砖 |
| 10～25 | 陡坡，坡形明显 | 坡面草皮 | 种植砖，砌砖 |

## 2.2.6 景观建筑

在西方，建筑一直享有面对自然的独立地位，但在中国的文化传统里，建筑只是一种人造的自然物，在山水自然中只是一种不可忽略的次要地位。中国建筑在每一处自然地形中总是喜爱选择一种谦卑的姿态，追随自然的演变。这就是为什么中国建筑一向自觉地选择自然材料，建造方式力图尽可能少地破坏自然，材料的使用总是遵循一种反复循环更替的方式。[1]

景观建筑是指为游人提供休憩活动，造型优美，与周围景色相和谐的建筑物。景观建筑的功能体现在：构筑并限定室外空间，组织游览路线，影响视线，改善小气候以及影响毗邻景观。景观建筑不是孤立的存在，而往往与邻近的山、水、植物共同组成一处景观。

温斯顿·丘吉尔（Winston Leonard Spencer Churchill，1874—1965）说过："我们虽然在塑造建筑，但建筑也影响了我们。"景观建筑最大的特点是具有"看"与"被看"的功能，即游人可以在建筑中"观景"，建筑本身又是"景观"可以用来欣赏。[2]

### 2.2.6.1 出入口

景区出入口是联系景区内外的交通枢纽和关节点，是景区外部空间的转折和强调，是景区内景观和空间序列的起始。景区出入口，通常称为"大门"，但"大门"总让人想到门头、门框、门扇、门坎、抱鼓石等构件，而开放性的景区出入口，往往并没有这些元素，因此，本书的"出入口"既包括通常意义上的"大门"，也包括设计十分简略，仅暗示准入、标识功能的景区空间区域。根据出入口游客数量，分为主要、次要出入口。

---

[1] 王澍：《造房子》，湖南美术出版社2016年版，第83页。
[2] 汤晓敏、王云：《景观艺术学》，上海交通大学出版社2009年版，第73页。

（1）功能。

1）准入功能。出入口是示意游客已经进入景区的标志，具有欢迎游人和阻挡游人的作用，既鼓励公众使用公园，又能防止对公园的滥用。从出入口同时能读出"停止"和"前进"的信号灯。[①] 对于未免费开放的公园，出入口起到安全检查、票务检查的作用，也发挥了游客容量控制的作用。当景区接待量接近或超过承载力时，通过入口门禁限制游客进入景区。

2）标识功能。出入口是游客抵达景区后第一印象区，也是最后印象区。精细而优雅地体现出该景区所具有的潜力和魅力，真正成功的入口应精心设计为公园特征的缩影，具有识别作用。否则每个公园出入口大同小异，游客熟视无睹，势必出现审美疲劳。

3）文化表征功能。成功的景区出入口通过空间形态、材质、色彩、细部装饰等造型因素来营造一种浓郁的文化氛围和显现一缕鲜明的时代脉息。日本富士山入口只是小型标志。在北美、西欧的一些郊野公园和自然公园都是采取朴素自然的入口标志。出入口"开门见山"地展示自然景观，而不以宏伟的大门建筑形式来彰显其"著名"。[②]

4）空间组织功能。出入口是一种介于景区内外部之间的过渡空间。一方面，通过界面——大门来区分景区的内部和外部空间；另一方面，从人们进入景区入口所控制范围开始，就通过视觉、触觉等来感知并接受内外部空间的转换。出入口的作用还体现在空间过渡，使周围的环境有层次地纳入建筑空间、步移景异、相映成趣。[③]

（2）大门类型。大门是一组建筑的出入口，处于建筑的明显位置，形式也比较讲究。

按材质分类，包括砖石、竹木、混凝土等。

按功能类型分类，包括功能型、景观型。功能型大门以集散、交通、引导功能为主。景观型大门以装饰、象征、景观功能为主，除了反映其特殊的功能外，还发挥点景、框景等作用等。

按建筑风格分类，包括地方风格、民族风格、现代风格、自然风格。地方风格大门体现了当地的文化传统，和地理环境协调较好，缺点是对地方建筑简单模仿，缺少创新。民族风格大门具有深厚的民族文化底蕴，形式传统。现代风格大门形式简洁，用色精炼、简洁，缺点是对地方建筑简单模仿，缺少创新。自然风格大门材料运用上以竹木、自然石为

① 艾伯特·H.古德著，吴承照、姚雪艳译：《国家公园游憩设计》，中国建筑工业出版社 2003 年版，第 9 页。
② 姚亦峰：《风景区道路的美学意义》，载《规划师》，2005 年第 21 卷第 5 期，第 73～75 页。
③ 李丽凤：《中国森林公园风景资源质量等级评定》，福建农林大学硕士论文，2008 年，第 15 页。

101

主，形式上自然古朴，返璞归真，整个环境充满了生机，使人们有着回归大自然之感，缺点是景区的文化特征较难体现。

按立面型式分类，包括牌坊式、山门式、墩柱式、阙式、纯自然式、复合式。牌坊式是柱和额坊连接形成的大门入口建筑。造型可选择性较多。轻巧、疏朗或是浑厚。上有屋盖的是门楼式牌坊，无屋盖的则是冲天柱牌坊。山门式是古代宗教建筑群的序幕性空间，对游人起着表征和向导的作用。砖石墙身的山门强度高、耐久性好；竹木墙身的山门，较轻巧，但墙身耐久性较差。柱墩式，门座独立，其上方没有横向拉杆，构造简单。阙式大门，大门坚固、浑厚、严肃，入口氛围较庄严、肃穆。纯自然式，以自然山石、树木为大门的主要构成要素，形式古朴、自然，受自然条件的限制比较大，大门的尺度难以把握。复合型立面大门，以自然石或树，结合山亭、廊、台，形成入口（见图2-33）。

牌坊式 福州三坊七巷

山门式

柱墩式 元大都遗址公园

阙式 北京园博园

图2-33 景区入口

### 2.2.6.2 休憩设施

休憩设施是指具有一定庇护性，为游客提供休憩、观景、交流场所的建筑，如亭、廊、茶楼等。休憩建筑本身也是景观，一般设计在制高点、视线开阔的位置，是景区重要的景观节点。休憩建筑造型要具有独创性，体现不同类型景区的主题、地域文化。[①] 楼、台、亭、阁都是为了供人更上一层楼，得到和丰富对于空间美的感受。颐和园有个匾额，叫"山色湖光共一楼"，意思是说这个楼把一个大空间的景致都吸收进来了。苏轼《聚远楼诗》："赖有高楼能聚远，一时收拾与闲人。"就是这个意思。[②]

（1）亭（pavilion）。亭指园林中供游人休息和观赏的有顶无墙的小型建筑物。亭起源于中国，据《园冶》，《释名》云：亭者，停也。"亭"与"停"是同义，是停止的意思，所以说亭是指供人停下来集合歇息的地方。亭，源于先秦，最初为军事用途，如"亭燧相望""戎亭息警"的烽火亭，后来作为行人驻足休息、避风雨之地和邮驿，驿在通衢大道旁，称驿亭、邮亭和客亭。秦汉时期成为地方维护治安的基层行政机构，"十里一亭，十亭一乡""不用凭栏苦回首，故乡七十五长亭。"（唐·杜牧《题齐安城楼》），是以亭计算两地之间的距离。魏晋以降，出现供人游览和观赏的亭。亭逐渐从遮风避雨的实用功能，转为远眺观景、冶园点景的审美功能。"长亭外，古道边，芳草碧连天"，这句脍炙人口的诗词，把遮风避雨的亭与依依异别的情连接在一起。

亭是一种"望"的美学，亭中远望，是为了丰富对于空间美的感受。亭的审美点在于空间感，亭以其虚空的结构造型，给人以"空故纳万境"之感，它能把外界大空间的景象吸收到这个小空间中来。欣赏者登临亭中，视域指向远方，突破了亭的有限空间。北宋·苏轼《涵虚亭》："惟有此亭无一物，坐观万景得天全"。张宣题倪云林（1301—1374 年）《溪亭山色图》诗云："石滑岩前雨，泉香树沙风。江山无限景，都聚一亭中。"[③]

亭满足了人们在游览活动中的休憩、停歇、纳凉、避雨、极目眺望的需要。亭是联系建筑的重要组成部分，而且是划分空间，组织空间的重要手段，又是组成动观与静观的重要手法。如北京颐和园的长廊，既是景观建筑之间的联系路线，又与各种建筑组成空间层次多变的艺术空间。[④]

亭一般由屋顶、柱身、台基和附设物四部分组成。屋顶形式多样，富于变化，常有攒尖顶、歇山顶、平顶、盝顶和组合顶等。亭的平面和立面的处理都较自由，顶部的造型和

① 崔莉：《旅游景观设计》，旅游教育出版社 2008 年版，第 56 页。
② 宗白华：《美学散步》，上海人民出版社 2005 年版，第 112 页。
③ 宗白华：《美学散步》，上海人民出版社 2005 年版，第 146 页。
④ 马源、邹志荣：《谈古典园林动、静观及对现代园林设计的启示》，载《安徽农业科学》，2006 年第 3 期，第 3319 ～ 3321 页。

曲线可由人们的审美观点和视觉需要来确定。亭的类型划分见表 2-11。

**表 2-11** 亭的类型划分

| 划分依据 | 类型 |
|---|---|
| 亭盖形状 | 方形亭、圆形亭、梅花形亭、十字形亭、不规则形亭 |
| 亭角数量 | 三角、四角、五角、六角、八角、多角形亭 |
| 亭柱数量 | 单柱（伞亭）、双柱（半亭）、三柱（角亭）、四柱（方亭）、五柱（圆亭、梅花五瓣亭）、六柱（重檐亭，六角亭）、八柱（八角亭）、十二柱（十二个月份亭、十二个时辰亭）；十六柱（重檐亭）、二十四柱 |
| 建亭材料 | 草亭、竹亭、木亭、石亭、钢筋混凝土亭、铝合金亭等 |
| 与水的关系 | 廊亭和桥亭、楼台水亭、路边亭 |
| 亭的基址 | 临水亭（水边亭、近岸水中亭、岛上亭、溪涧亭、桥上亭）、山地亭（山顶亭、山腰亭）、平地亭 |
| 功能 | 休憩亭、纳凉亭、避雨亭、观景亭、纪念亭 |

"花间隐榭，水际安亭"。亭的选址必须符合景观的整体布局。山上建亭，凌空秀立，成为鸟瞰风景的最佳落脚点。水面建亭，合影成趣，增加层次。林木深处筑亭，半隐半露，既含蓄又平添情趣。中国人爱在山水中设置空亭一所。戴熙（1801—1860）说："群山郁苍，群木荟蔚，空亭翼然，吐纳云气"，一座空亭竟成为山川灵气动荡吐纳的交点和山川精神聚积的处所。[①]

（2）廊。《园冶》："廊者，庑出一步也，宜曲宜长则胜。古之曲廊，俱曲尺曲。今予构曲廊，之字曲字，随形而弯，依势而曲。"廊指园林中屋檐下的过道或其延伸而成的独立有顶的过道，廊把园内各单体建筑连在一起；廊也是一种"虚"的建筑形式，一边或两边通透，利用列柱、横楣构成一个取景框架，形成一个过渡的空间，造型别致曲折、高低错落。可分为单层廊，双层廊和多层廊等基本形式。

廊的基本功能：

1）提供遮荫、避雨、休息与赏景的场所，联系不同景点和建筑，并自成游览空间。

2）分隔或围合不同形状的情趣空间，丰富景观层次。闲庭信步花还在，一园春色两园分。[②]

3）提供交通联系的通道，作为室内各处联系的"过渡空间"，增加建筑的空间层次。作为山麓、水岸的边际联系纽带，增强和勾勒山脊线走向和轮廓。

廊的类型见表 2-12，图 2-34。廊与亭、棚架和曲桥结合，形成了多种组合形式。

---

① 宗白华：《中国艺术意境之诞生》，《宗白华全集》（第二卷），安徽教育出版社 1994 年版，第 336 页。

② 计成著，赵农注释：《园冶》，山东画报出版社 2003 年版，第 100 页。

| 表 2-12 | 廊的类型 |
|---|---|
| 划分依据 | 类 型 |
| 平面形式 | 直廊、折廊、曲廊、复廊 |
| 廊顶形式 | 平廊、卷棚两坡顶、硬脊两坡顶、平顶 |
| 结构形式 | 单面空廊、双面空廊、半壁廊 |
| 景物环境配合 | 水走廊、楼廊、桥廊、爬山廊、沿墙走廊 |

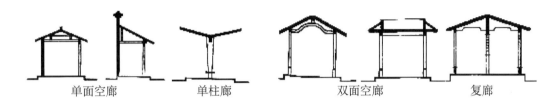

单面空廊　　　单柱廊　　　双面空廊　　　复廊

图 2-34　廊的类型

　　廊的宽度和高度应根据人的尺度比例关系加以控制。廊的宽度宜在 3.0 米左右，柱距以 3.0m 上下为宜，以适应游人流量增长后的需要，廊的一般高度宜在 2.2 ～ 2.5 米。景区内建筑与建筑之间的连廊尺度控制必须与主体建筑相适应。

　　心理学认为，长时间在直路行走会产生乏味、无聊的感受，而曲线性行走却会相对降低这种视觉疲劳的感受，行进中的趣味性也随之增加。欲使行走其中的人流连于山水之间忘却烦恼，达到放松的效果，曲廊这种形式也就自然而然地成为景观建筑交通联系的主要选择之一了。[①]

　　（3）楼、阁。《尔雅》云："四方而高曰台，陕而修曲曰楼。"建于高台之上狭曲而修长的房屋称之为"楼"。《说文》云：重屋曰"楼"。意思是说，在房屋之上再造房屋称之为"楼"。现存著名的楼有避暑山庄烟雨楼，颐和园"山色湖光共一楼"，上海豫园取意"珠帘暮卷西山雨"的卷雨楼。阁，中国古典园林中，阁为常用而重要的建筑类型。大型园林中，阁置于主体位置，兼有观景和景观的双重作用。

　　楼与阁都是高大宏伟的多层建筑物，在中国常将楼、阁并称，泛指二层以上的建筑。楼与阁在早期是区别的，楼是指重屋，阁是指下部架空、底层高悬的建筑。楼区别于平房建筑，至少有两层，以形成高大的体量；屋顶多使用硬山式或歇山式，显得稳定、简洁；阁一般有两层以上，也有一层的，造型上多用攒尖形的屋顶，显得华丽多姿而富有变化。楼主要是供人居住，阁则大多用来储藏物品。后世"楼""阁"二字互通，无严格区分。

① 杨蜀光：《传统园林设计中暗藏的心理学应用》，载《建筑》，2006 年第 24 卷第 1 期，第 114 ～ 116 页。

在现代旅游区中，楼多用于餐厅、茶厅和接待室等。北京陶然亭公园的云绘楼与清音阁相通，平面呈"L"形。云绘楼共三层，坐西朝东，与陶然亭对景；清音阁坐南朝北，与公园北岸抱冰堂遥遥相望，双层彩绘游廊自云绘楼北和清音阁东伸出，紧紧与它们相倚的两座复式凉亭相连。楼、阁、亭、廊有机地结合在一起，成为和谐统一的整体，它们既各自独立，彼此面向不同，又甍栋相连，浑然一体，形成这组古建的特殊风格。①

楼阁在园中若作为主景，位置应鲜明突出，如颐和园的佛香阁；如作为配景，则位于隐蔽处居多，如苏州拙政园见山楼、沧浪亭看山楼、留园的明瑟楼。

（4）台。《尔雅·释宫》："四方而高曰台，陕而修曲曰楼"。《吕氏春秋》："积土四方而高曰台。"《说文》："台，观，四方而高者也。"台具有支撑之意，即用土修筑成坚固的高台，能够以自身的坚固支撑起台上面的建筑物。台的功能最初为观天象、通神明，后演化为登高远眺，观赏风景。中国古典园林中的台后来演变成厅堂前的露天平台，即月台、露台。

台的特点是台基牢固、台面平坦、四周虚敞、结构稳重。江南园林中，不仅有多层的高台，而且有依水的低台，如杭州西湖的"平湖秋月"最为著名，一面伸入水中，三面临水的平台成为园中主景。景区之中的台，或用石头垒砌很高而顶部平坦，或用木材构架而顶部平铺木板但没有房屋，或者在楼阁前面加宽伸出一定宽度，三面敞开，都称之为台。故宫中太和、中和、保和三大殿立于三层丹陛的土台上，而乾清宫、交泰宫、昆宁宫位于一层丹陛的土台上，前者的地位重要性不言而喻。

（5）厅、堂。厅，是满足会客、宴请、观赏花木或欣赏小型表演的建筑。厅不仅要求较大的空间，以便容纳众多的宾客，还要求门窗装饰考究，建筑总体造型典雅、端庄，厅前广植花木，叠石为山。一般的厅都是前后开窗设门，但也有四面开门窗的四面厅。周恩来总理生前居住的南海西花厅院中就种植了名贵花木海棠。

堂：一义为宫室前部分，另一义指四方而高的建筑。堂多位于建筑群中的中轴线上，体型严整，装修瑰丽。室内常用隔扇、落地罩、博古架进行空间分割。堂的建筑形式亦可以竹、木为建造材料。古人造园，厅堂位置的确定均要再三推敲斟酌，认为"奠一园之势者，莫如堂"。故堂一般均位于离园大门不远的主要游览线上，是园内佳景的理想观赏点。如苏州拙政园的远香堂处于山环水抱、景物清幽的环境中，是中部的主体建筑。

厅与堂在形制上十分接近，仅凭其内部四界构造用料不同而有所区别，扁方科者为厅，圆科者为堂。厅堂表现出庄严的气度和性格，不仅需要较大的空间容纳众多的宾客，

---

① 陶然亭公园志编纂委员会：《陶然亭公园志》，中国林业出版社 1999 年版，第 83 页。

以较完备的陈设满足不同功能需要，更要营造一定的情境以便充分体现主人身份、修养和志趣情怀。①

（6）馆。古时，将暂时寄居的地方称作馆，相当于现代风景旅游区中供旅游住宿的宾馆，或接待游客的饭店。馆的含义在今天已经大大扩展了，其规模无统一模式，视其功能灵活设置。供陈列、纪念、展览的建筑（陈列馆、纪念馆、展览馆、体育馆、文化馆等）也称作馆。

（7）榭、舫与轩。榭，由古代的台演化而来。《释名》云："榭者，藉也。藉景而成者。或水边，或花畔，制亦随态。"藉景即利用其他景致来增添自身观感的丰富性。榭或设置于水边，或置于花畔，或置于山上，位置灵活多变，都是为观赏景物而设置，榭因景而设，故其主要功能以观赏景致为主，兼有供游人休息、品茗的功能。榭因凭借位置的不同有水榭、花榭和山榭之分。水榭的典型形式是：在水边架起平台，一部分伸入水中，一部分在岸上。平台凌水围绕低平的栏杆，或设鹅颈靠椅供坐憩凭依；平台靠岸部分建有长方形的单体建筑。建筑面水一侧是主要观景方向，常用落地窗，开敞通透，既可在室内观景，又可在平台上游憩眺望。屋顶一般为造型优美的卷棚歇山式。建筑立面多为水平线条，与水平面景色相协调。②现代旅游区中的水榭，功能简单，体形简洁，仅供观赏之用，亦作码头和茶室之用（见图2-35）。

正立面　　　　　　　剖面　　　　　　　平面

**图2-35　苏州拙政园芙蓉榭**

舫指仿照船的造型建在水面上的建筑物。舫的立意来源于"湖中画舫"。最为典型的是画舫，画舫是古时专供画家水上游玩的船，装饰华丽，绘有彩画。舫不能划动，有"不系舟"之称，只供人小饮或宴会、纳凉消暑、观赏水景之用。舫与船的构造相似，分头、中、尾三部分。船头有眺台，作赏景之用；中间下沉，两侧有长窗，供休息和宴客之用；

① 汤晓敏、王云：《景观艺术学——景观要素与艺术原理》，上海交通大学出版社2009年版，第76～77页。
② 邵琪伟：《中国旅游大辞典》，上海辞书出版社2012年版，第672页。

尾部有楼梯，分作两层，下实上虚。舫有平舫和楼舫两种类型。平舫由单层轩、厅、亭组合，楼舫由楼层轩、厅和亭组合。舫的设计一般要点是舫头迎向水流方向设置；为方便建造，同时不失舟船情趣，可将舫筑于岸边，不需要直接建于水中。在中国古典园林众多的石舫中，拙政园香洲是造型最美观的一个。船头是台、前舱是亭、中舱为轩、船尾是阁、阁上起楼，线条柔和起伏，比例大小得当，使人想起古时苏州、杭州、扬州一带山温水软画舫如云的景象。

轩，是指中国传统园林建筑中厅堂的前檐部分，原为古代马车前棚部分。也有将有窗槛的长廊或小室称为轩。在现代景园中其功能是供游人休息的静心场所。

北京陶然亭公园慈悲庵中的陶然亭"结构虽微堪乘兴，槐楣小署名陶然"（江藻）分明指的是亭，但实际上却并非亭，而是一座与一般房舍并无大差别的敞轩。既然如此，为什么人们一直要以"亭"来称呼它？关于这个问题，曾有过多种说法，也曾引起了不少争论。其实，关于这个问题，江皋的《陶然亭记》早有明确的记载。陶然亭在康熙三十三年，甲戌（1694年）间，初建为亭，到了甲申年（康熙四十年，公元1704年）被拆迁改建为轩，但名称则一仍如旧，保留了陶然亭原来的名字。由此可见，在陶然亭的全部历史中，确有十年时间是亭的历史，其后，建筑实体改变为轩，亭主体仍沿用旧名，称之为陶然亭，人们也普遍地接受了这一称呼，遂出现了这座异乎寻常的以亭为名的轩。[1]

（8）观景台。登高望远，是人潜意识中的一种欲望和需要。围墙外面的世界，或者山外的世界总是充满了神秘感，对人们的探秘充满了诱惑力。为此，九九重阳，爬山登高，成为人们为长者祝寿，寄托自己美好祝愿的一种形式。

观景台是人类经选择从事观察景物活动的场所。既可以是未经任何人工雕琢的纯自然的驻足之处，也可以是在某一地点主要为观景而设置的纯粹人工的建筑物、构筑物。[2] 通常观景台位于水边、路边、山脊、山巅处，亭、台、楼、阁和榭等设施也具有观景台的作用，都是为了"望"，为了得到和丰富对于空间美的感受。[3] 为了增强观景台的视域和刺激性，一些山岳型景区的观景台悬挑出悬崖十几米，连接通道和观景台上均铺设钢化玻璃。透过玻璃向下看是万丈悬崖，令人不寒而栗，胆战心惊。[4]

按观景类型分为自然型、人文型和复合型。自然型是以观赏自然风景为主的观景台，

① 陶然亭公园志编纂委员会：《陶然亭公园志》，中国林业出版社1999年版，第64～65页。
② 孟宪民：《论观景台之作用——保护与制度建设》，载《东南论坛》，2010年第8期，第9～14页。
③ 宗白华：《美学散步》，上海人民出版社2005年版，第112页。
④ 钢化玻璃，是一种预应力玻璃，为提高玻璃的强度，通常使用化学或物理的方法，在玻璃表面形成压应力，玻璃承受外力时首先抵消表层应力，从而提高了承载能力，增强玻璃自身抗风压性，寒暑性、冲击性等。

人文型是以观赏人文历史资源为主的观景台（见图2-36）。

北京　台湖公园　　　　　　　　　　　　　　　北京　台湖公园

图 2-36　观景台

### 2.2.6.3　游憩设施

游憩设施是满足游憩者餐饮、住宿、交通、游览、购物、娱乐、健身和其他（如运动健身、休息）等需求的设施。从广义上理解，游憩设施是为人们游憩提供支持的设施。按游憩设施功能，分为餐饮：野餐桌、烧烤场地；住宿：小木屋、蒙古包、露营地；购物：游客中心、服务中心或小卖部；娱乐：森林浴场、森林舞台、音乐喷泉、垂钓园、游船、互动游戏；运动健身：各种球类运动场地、旱冰场、健行或慢行步道、健身场地、拓展训练设施；其他：科普宣传推广设施、标识等。按游憩设施的空间位置，分为：林下、林间；水边或水中；露天广场三种类型。

（1）游客中心。

1）定义。据《旅游区（点）质量等级的划分与评定》（GB/T 17775—2003），游客中心是指在旅游区（点）设立的为游客提供信息、咨询、游程安排、讲解、教育、休息等旅游设施和服务功能的专门场所。游客中心通过各类专用的技术性媒介，帮助游客初步了解景区独特的风光、景观价值、游憩机会，了解景区规划以及如何直接享受并理解自然环境的美妙。游客中心是旅游设施的集中区域，通常包括接待/休息区、信息柜台、小型讲演和音像展示厅、急救中心、卫生间、绿化带和小车/巴士停车场。

2）功能。《旅游景区游客中心设置与服务规范》（LB/T011—2011）中，将游客中心功能分为必备功能和指导功能。必备功能包括旅游咨询、展示与解说、基本游客服务和旅游管理；指导功能包括旅游交通、旅游住宿、旅游餐饮和其他游客服务。目前，许多景区游客中心偏重于旅游集散、接待等功能而忽视了解说功能。游客中心是解说系统的一个特殊组成部分，是各种解说媒介、解说方式的综合利用场所。从解说形式看，游客中心既包括定点工作人员的解说也包括非人员解说，既包括静态解说也包括动态解说。随着解说媒介的不断更新，游客中心的功能将逐步得到拓展。

3）类型。根据旅游景区中年服务游客量接待量，将游客中心分为三种类型，即大型，5A 级景区，全年游客量 60 万（含）人次以上；中型，4A 级和 3A 级景区，全年服务游客量 30 万～60 万（含）人次的游客中心；小型游客中心，2A 和 A 级旅游景区，全年服务游客量小于 30 万（含）人次的游客中心。

4）建筑规模：大型游客中心建筑面积应大于 150m²，中型游客中心建筑面积不应少于 100m²，小型游客中心建筑面积不应少于 60m²。

（2）营地。人们喜欢露营，以逃避日常生活的可预测的惯例和寻常乏味。城里人逃离他们的家去亲近自然，往往只带一个帐篷和一只睡袋。现代的露营者不再只有简单的帐篷，还有房车。这些露营技术极大地促进了可预测性，也改变了现代露营场所。现代的露营地可能分成两部分，一部分给帐篷露营者，另一部分给房车露营者。[1]

"露营"（camping），也称为"野营"，本义是指军队行军或战斗后，不依赖现有的房屋等设施，到野外搭营帐住宿的行为，也可指童子军活动中在山野生活的行为，现引申为个人或团体在与野外睡觉。露营的地点称为露营地，即为了开展户外休闲娱乐、自我拓展、环境教育等目的，在国家公园、荒野为露营者提供的专门区域。按功能分区，营地分为野餐区、露天剧场、体育区、安静休息区等。

根据营地所处地点、开放时间长短、运动或服务设施数量不同，分为临时营地、日间营地、周末营地、居住营地、假日营地、森林营地、旅游营地 7 种类型。根据营地区位及周边环境，分为湖畔型、海滨型、溪边型、山林型；根据营地服务对象，分为个体、家庭或小型团体；根据营地设施，分为帐篷、吊床营地，或小木屋、高架帐篷床营地；根据营地等级或星级，分为初、中、高三级（台湾）或者四个星级（法国）或五个星级（美国、英国）；根据是否收费，分为公益性营地、商业性营地；根据使用目的，分为集中营地、森林营地；根据营地功能，分为单一功能型、综合功能型营地，前者营地规模较小，只具备露营一项功能；后者具备露营、观光、休闲、娱乐等多项功能，营地规模较大，相当于露营区。营地以大自然为教育场所，有助于培养学生的生活能力、生存能力及道德素养。

---

① ［美］乔治·瑞泽尔著，姚伟等译：《汉堡统治世界？！——社会的麦当劳化》，中国人民大学出版社 2014 年版，第 152～153 页。

#### 2.2.6.4　卫生设施

（1）概述。卫生设施包括旅游厕所与垃圾桶。旅游厕所（tourist toilet）指在旅游活动场所建设的、主要为旅游者服务的公用厕所。有些旅游景区厕所被冠名为化妆间、聆泉阁、轻松一处、解忧室、解放区、天下粮仓、舒心阁、荷香馆、派（排）出所、第5空间<sup>①</sup>等婉约的名称，其中，男厕被称为观瀑楼、女厕被称为听雨轩。

（2）功能与类型。厕所最基本的实用功能是解决旅游者的生理需求。但厕所作为景观、休憩设施来设计时，就具有了景观、休憩的功能，让旅游者获得视觉观感上前所未有的体验。基于"减量、再循环、再利用"的低碳、环保理念，以及与场所、当地文化相结合时，就可以产生不同的设计思想和不同的设计作品。

依据设置性质可分为临时性、永久性厕所，临时性厕所是指临时设置的卫生设施，如流动公厕，解决由临时性活动产生的需求，适合于河川、沙滩附近地区或地质、土壤不良区域。永久性厕所又可分为独立性、附属性厕所两种。独立性厕所单独设置，不与其他设施相连接。优点是避免对主要活动产生干扰，适合设置于一般旅游区中。附属性厕所是指附属于其他建筑物供公众使用的厕所，优点是管理与维护均较便利，适合在不太拥挤的区域设置。

根据排污方式及构造的结构、通风和冲洗设施等相关要求，旅游厕所分为五种类型：堆肥，窖式（蹲坑），配有化粪池或污水坑的抽水马桶，化学厕所，连接自来水和排水道、电源的抽水马桶。堆肥厕所、窖式厕所很适合缺乏供水、供电的场地，堆肥厕所足以满足较低的使用需求，窖式厕所能应付较高的使用需求。配有化粪池或污水坑的抽水马桶需要有稳定的供水系统冲刷厕所。化学厕所是无水作业，但要用特殊的杀菌物质冲入便盆来消灭排泄物的气味，定期泵抽并在适合的地点进行清理。<sup>②</sup>

《旅游厕所质量等级的划分与评定》（GB/T 18973—2003）从厕所的设计与建设、特殊人群的适应性、厕位、洁手设备、粪便处理、如厕环境、标识、管理等方面，将厕所等级划分为从一星至五星共计5个等级，五星为最高级。

### 2.2.7　景观小品

"小品"（sketch）名称原指佛经的两种译本。东晋十六国时期，高僧鸠摩罗什

---

① 所谓"第5空间"，是指继家庭空间、工作空间、社交空间和虚拟空间之后，人们经常光顾的一个新公共空间。这个空间的定位是一站式社区综合服务中心，未来将集自动缴费、ATM、自动售货机等多项便民功能于一体。
② ［美］西蒙·贝尔著，陈玉洁译：《户外游憩设计（原著第二版）》，中国建筑工业出版社2011年版，第66～75页。

（344—413）翻译《般若经》，该经分为两种译本，较详细的一种称为"大品般若"，较简略的一种称为"小品般若"。所以，"小品"是相对"大品"而言，是小而简的意思。小品也是一种文体，指简短的杂文或其他短小的表现形式。凡属随笔、杂感、散文一类的小文章统称为小品。古代就有"六朝小品""唐人小品"之类，现代小品文因内容不同又可分为时事小品、历史小品、科学小品和讽刺小品等。建筑上借用文体"小品"之名，凡属于小建筑一类的称为小品建筑。如花台、花架、座椅，路灯和标识牌等。它们皆不附属在建筑上而独立存在，但在整个建筑环境中却起到不可忽视的作用。[①]

（1）景观小品的功能。

1）实用功能。许多小品可以直接满足人们的使用需要。如亭、廊、榭、椅凳等，供人们休息、纳凉和赏景；路灯可提供夜间照明，方便夜间休闲活动；小桥或汀步让人通过小河或漫步于溪流之上；电话亭方便人们进行通讯交流等。各种安全护栏、围墙和挡土墙等，具有防护功能，以保证人们游览、休息或活动时的人身安全。

2）造景功能。景观小品是景观中的点睛之笔，一般体量较小、色彩单纯，对空间起点缀作用。

3）信息传达功能。一些景观小品具有文化宣传教育、道路指引作用，如宣传廊、宣传牌、道路标识牌。

（2）小品的类型。根据景观小品的功能分为五类。

1）休憩类小品。包括亭、廊、园凳、园椅、遮阳伞和遮阳罩等，它们直接影响到室外空间的舒适和愉快感。休憩类小品的主要目的是提供一个干净又稳固的地方，供人们休息、等候、谈天、观赏、看书或用餐。

2）装饰类小品。包括花钵、花盆、雕塑、栏杆等。

3）展示类小品。包括导游图、指示牌、宣传廊、阅报栏、告示牌和古树说明牌等，用于科普宣传、政策教育，具有接近群众、利用率高、灵活多样、占地少、造价低和美化环境的优点。一般常设在各种广场边，道路对景处。

4）服务类小品。包括售货亭、饮水台、洗水钵、果皮箱、电话亭和音频设施等。与人们的游憩活动相关，为游人提供方便。音频设施通常运用于公园或风景区当中，起到讲解、通知、播放音乐和营造特殊景观氛围等作用。[②]

① 楼庆西:《中国小品建筑十讲》，生活·读书·新知三联书店 2004 年版，自序。
② 汤晓敏，王云:《景观艺术学》，上海交通大学出版社 2009 年版，第 85～86 页。

5）游憩健身类小品。包括儿童类设置（秋千、滑梯、沙坑、跷跷板等）、成人类设置（按摩步道、健身器械等）。

### 2.2.7.1 雕塑

（1）概述。雕塑（sculpture）是造型艺术的一种，以雕刻、塑造手段制作的具有三维空间、用以点缀景区的美术作品。景观雕塑的特征体现在：

1）整体性。雕塑与环境之间是一种相互选择与促进的关系。作为一种有形的情感语言，雕塑可以对景观环境的气氛进行渲染，使环境品位大大得到提升。另外雕塑能激发人的情感，促使人去联想和思考，起到画龙点睛、锦上添花的作用。雕塑作品需要特定吻合的环境来衬托。

2）大众性与耐久性。雕塑处在一个开放的空间环境之中，与人们接触，供人们观赏。无论是具象的、抽象的、表现的或是装饰性、纪念性雕塑，都应被大众所接纳。

3）时代感和地域性。每座城市都有自己的历史，不同的时期都会有几件非常著名的、代表着时代特征的作品。人们往往会通过这些作品感受到生活以及社会的变迁。例如苏州的干将路上，东西两端矗立着两个巨大的中国结。雕塑家不仅将"苏州元素"巧妙地运用在作品中，同时也体现了当地的地域文化艺术特征。①

（2）功能、类型。

1）功能。雕塑对景观环境起着画龙点睛的作用，是点景、成景的因素，也是表达某种思想感情的手段，它可用于增强园景美感，连接景观要素，引导和指示方向，汇聚视线与标志性。

2）类型

①根据雕塑功能，分为功能性、纪念性、主题性和装饰性雕塑（见图2-37）。

功能性雕塑，是将装饰美感与实用功能相结合的一种雕塑，如十二生肖座椅、动物造型座椅等。

纪念性雕塑，以历史上或现实生活中的人或事件为主题，一般在环境景观中处于中心或主导位置。这类雕塑多在室外，也有在室内的。

主题性雕塑，指在特定环境中，为增加环境的文化内涵，表达某些主题而设置的雕塑。主题性雕塑具有纪念、教育、美化、说明等意义。

---

① 杨子奇：《谈景观设计的构成要素——雕塑》，载《艺术教育》，2009年第11期，第125页。

装饰性雕塑，不强求有鲜明的思想内涵，但强调环境中的视觉美感。主要目的是美化生活空间，比较轻松、欢快，带给人美的享受。它可以小到一个生活用具，大到街头雕塑，表现的内容极大，表现形式多姿多彩。

功能性雕塑　皇城根遗址公园

纪念性雕塑　宁都反围剿纪念馆

主题性雕塑　北京朝阳

装饰性雕塑　西双版纳

图 2-37　雕塑的功能性类型

②按雕塑的空间形式，分为圆雕、浮雕和透雕。圆雕是完全立体的，独立地、实在地存在于一定的空间环境中，不附着在任何背景上，具有强烈的体积感和空间感，可以从不同角度进行观赏，是最常见的雕塑形式。浮雕是介于圆雕与绘画之间的一种表现形式，是在平面上雕出或深或浅的凸起的图像。浮雕常用于大型建筑物的重要部位，更适合于表现有情节的群众性场面。浮雕一般只能从正面或侧面来看。浮雕由于压缩程度、形体凹凸的高低厚薄程度不同，又有高浮雕与浅浮雕之分。一般压缩后形体凹凸在圆雕二分之一以上的称高浮雕，中国寺庙中常见的一种半立体的雕塑，属于高浮雕的一种。北京天安门广场人民英雄纪念碑须弥座上的装饰雕刻，则属于浅浮雕。透雕是在浮雕画面上保留有形象的部分，挖去衬底部分，形成有虚有实、虚实相间的浮雕。透雕具有空间流通、光影变化丰富、形象清晰的特点（见图 2-38）。

③按雕塑的艺术形式，分为具象与抽象两种。具象雕塑是一种以写实再现客观对象为主的雕塑，在城市中应用广泛；抽象雕塑是对客观形体加以主观概括、简化或强化，或运用点、线、面和体等抽象符号加以组合。具有强烈的视觉冲击力和现代意味。

④按雕塑的材料，分为永久性材料和非永久性材料。永久性材料，如天然石、人造石、金属、陶瓷、木材和高分子材料；非永久性材料，如泥土或陶土、沙子、冰、食材、石膏等。天然石雕塑指由花岗岩、砂石等天然材料制成的雕塑，具有耐久性。金属材料雕塑是以焙炼浇铸和金属板锻造而成，包括青铜、铸铁、不锈钢、铝合金等材料；人造石材雕塑，是指以混凝土为主的人工材料，造型简便，可模仿石材效果。高分子材料雕塑是指树脂塑形材料，成型方便，坚固、质轻和工艺简单，但造价太高。陶瓷材料雕塑是指高温焙烧制品，光泽好，抗污性强，但易碎，体量小。

圆　雕　北京太阳宫公园　金属

浅浮雕　宁夏中卫　石材

高浮雕　成都宽窄巷子　砖

透　雕　北京玉婧公园　金属

图 2-38　圆雕、浮雕、透雕

### 2.2.7.2　标识

（1）概述。标识与标志在中国古代是完全等同的，标识即标志。《现代汉语词典》《辞海》中，将标志与标识视为同一个词，标识（sign）就是"记号""符号""信号"，即把想要传达的事情用记号来表示的形式和做法。通常情况下人们认为标记、标识、标徽基本等同于标志，"不同的叫法，只为更突显标志在不同领域、行业中各自想强调的重点"。①

旅游景区标识（sign）是旅游景区环境的重要组成成分之一，也是旅游景区文化的重要载体。标识也被称为"导游小品"，设立旅游景区标识的目的一是帮助旅游者熟悉和了解旅游景区环境，顺利地完成旅游观光过程，消除心理上的紧张感；二是展示旅游景区特色，美化景观环境，增添旅游景区人文内涵，三是及时、快捷和简洁明了地传达现场管理信息，促进景区综合效益的发挥。旅游景区标识通过具有"标记""识别"作用的一些自然景观或人文景观，如文本、图片或石刻、楹联、假山或亭台楼榭等景观小品，协助旅游者在旅游景区更好地完成休闲体验过程，增加对景区自然、历史和文化内涵的了解。②

（2）功能、类型。标识虽然只是景区环境的附属品，但与环境设计相比，它的实用功能还是很明显的。标识在景区起到了策划和组织旅游者行为的作用，一般认为，旅游标识具有导引功能、管理功能、宣传教育功能、解说功能。

标识类型。按解说对象和内容分，有旅游吸引物解说标识、旅游设施解说标识、环境解说标识、管理标识；按功能分，有解说标识、指示引导标识、警示提醒标识、宣传教育标识。指示引导标识具有引导、控制或提醒作用，解说标识具有加深游客对景区内某一景点或景物文化内涵理解并使他们更好地游览景区的作用。

与人员解说、游客中心、视听器材等解说媒体相比，旅游景区标识的优点是：旅游者可选择符合自己兴趣的标识内容；以自己习惯的速度浏览标识；自主安排游览路线，不受天气条件、展馆开放时间的影响，不用担心错过解说时间或漏掉某些重要内容；经久耐用，不懂的地方可反复阅读；造价便宜，耐用性长，容易维护。

旅游景区标识的缺点是：文字有限、信息量有限；单向沟通，旅游者看不懂的地方无法得到及时解答；需花费精神力气阅读，容易出现审美疲劳而被忽略，尤其是文字、符号、颜色、形状等要素设计缺乏独特性、艺术性、文化性、时代性、注目性时；规范设计不当的标识破坏自然、人文景观；露天放置，易遭受自然因素或人为因素破坏。

### 2.2.7.3 休闲座椅

座椅是旅游区内供游人休息的不可缺少的设施。座椅看似寻常，但要设计出好的座椅并

① 崔生国：《标志设计基础》，上海人民美术出版社2006年版，第10～11页。
② 吴希冰、张立明、邹伟：《自然保护区旅游标识牌体系的构建——以神农架国家级自然保护区为例》，载《桂林旅游高等专科学校学报》，2007年第18卷第5期，第655～658页。

非易事。一个设计师要获得同行的认可，必须有独特的座椅设计作品。

（1）座椅（具）功能。作为城市的"家具"之一，设计精巧、线条流畅的座椅具有实用性功能、环境美化功能、环境教育功能、休闲娱乐功能等。造园家申斯通（William Shenstone，1714—1763）在什罗郡的丽骚诗庄园（The Leasowes）环游全园的游径上，一路间或布置了座椅，便于游人观赏各异的景色，每处景色都按照画意起了名字，题刻在椅子上或在椅子附近，迎合了高雅的贵族趣味。[1]北京麋鹿苑，许多座椅的椅背上都印有与环境教育有关的诗词或警句，诸如"见其生不忍见其死，闻其声不忍食其肉""睡去，感到生命之美丽；醒来，感到生命之责任"，让人无形中受到感染和启迪。

（2）座椅的属性。

1）座椅长度、形状。绝大多数人喜欢木制长椅，然后是台阶、花池以及石质座位和地面。一种3英尺×6英尺（0.9米×1.8米）的木制无背长椅——有两个椅宽，提供了一种多功能的座位形式，它可以满足不同的人群或视线要求。两人可以舒适地坐在上面，之间还有足够的位置放三明治和冷饮。如果有第三或第四人加入，长椅则可以兼具桌椅的作用。四个以上的陌生人也可同时舒适地使用这一长椅而不会侵犯太多别人的私密性。[2]按形状，分为圆形、直线形、曲线形和环形等。

2）制作材料。座椅（具）制作材料多为木（竹）材、石材、混凝土、陶瓷、金属、塑料等。木材制作的座椅种类繁多而且精巧细致。金属材料也可以作为座椅的选材，特别是在既需要轻巧结构又需要一定强度的时候。石材、混凝土材料很容易被切割或砌筑成座椅，但使用频率很低。委托方为了预防恶意破坏行为，经常劝设计师采用这类材料。粗糙未经打磨的木头或粗制混凝土应避免，因为它们看起来都让人觉得会磨坏衣服。

3）座椅数量。对大多数人而言，日常步行400～500米的距离是可以接受的。对儿童、老人和残疾人来说，合适的步行距离通常要短得多。[3]根据经验，每隔250米左右就应安排一组座椅。旧金山城区1985年规划要求每1英尺的广场边界应有1英尺的座位。如果广场位于潜在使用强度很高的区域，而且设计得很吸引人，那么所有的座位都能派上用场。怀特对于纽约五个使用率高的座位空间的研究，推荐了一个预测高峰时期主要座位空间的平均使用人数的经验规律：座位边长英尺数除以3。

① 马尔科姆·安德鲁斯著，张箭飞、韦照周译：《寻找如画美：英国的风景美学与旅游，1760—1800》，译林出版社2014年版，第71～72页。
② 克莱尔·库珀·马库斯、卡罗琳·弗朗西斯著，俞孔坚、孙鹏、王志芳译：《人性场所——城市开放空间导则（第二版）》，中国建筑工业出版社2001年版，第37页。
③ 扬·盖尔著，何人可译：《交往与空间》，中国建筑工业出版社2002年版，第128页。

4）座椅朝向。座位朝向的多样性意味着人们坐着时能看到不同的景致，因为人们对于观看行人、水体、花木、远景和身边活动等需要各不相同；日照和阴影的多样性也是原因之一。同那些常规直线排列的座位相比，提供一组朝向不同的小型座位吸引了更多不同年龄、性别、地位以及活动的人。可移动的椅子是很受欢迎的座位类型，它为人们在广场内部选择位置和朝向提供了数不清的可能性。

座椅不只是一个休憩的道具，座椅的形状、摆放方式还影响到人们能否顺利地开展社会互动和交流。为了满足独自到广场来想靠近别人就座，但又不希望与他人发生视觉接触的公共空间使用者，建议采纳两种布置方式：一是用台阶、边沿或直线布置的长椅在人们之间造成自然间隔，二是围绕花池（树木或花卉）的环形长椅能够使不熟识的使用者坐得很近，同时又能保持各自的私密，因为他们可以向不同的方向观望（见图2-39）。[1]

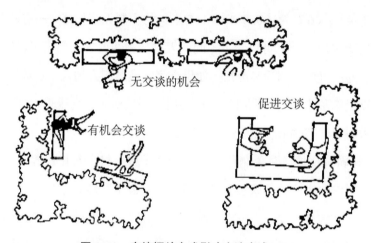

图 2-39　座椅摆放方式影响交流方式

### 2.2.7.4　棚架

棚架（pergola），又称花架、花廊、凉棚、蔓棚、绿廊、藤萝架等，指顶部由格栅条构成，上方可以攀缘藤蔓类植物的庇护性设施。棚架高 2.3 ～ 2.7 米，宽度 3 ～ 4 米，长度 5 ～ 10 米，立柱跨度 2.7 ～ 3.3 米。

（1）棚架的功能。

其一，空间分隔与连通作用。常与亭、榭、廊等结合，将两栋建筑或者将景观空间与建筑连接在一起。棚架通常由被修剪成连续的、狭窄的树墙或树篱所形成。从建筑意义上讲，可以作为一种边界来定义一个空间，也可以作为两个空间之间的过渡部分。[2]

① 　克莱尔·库珀·马库斯、卡罗琳·弗朗西斯著，俞孔坚、孙鹏、王志芳译：《人性场所——城市开放空间导则（第二版）》，中国建筑工业出版社 2001 年版，第 37 页。
② 　南希·A.莱斯辛斯基著，卓丽环译：《植物景观设计》，中国林业出版社 2004 年版，第 92 页。

其二，供人休息、赏景之用。[①]由于棚架顶部由植物覆盖而产生庇护作用，减少太阳对人的热辐射，同时也具有一种私密感。藤萝架花季煞是好看，不少游人在架下长椅上野餐、对弈、赏鸟、乘凉，十分惬意，是游人特别是老年人休闲的理想场地。

其三，景观美化作用。常设置在风景优美的地方，组成外形美观的建筑群。

（2）棚架的类型。

按材料分类，分为竹木材、石材、金属材料。

按上部结构受力分类，分为简支式、悬臂式、拱门钢架式和组合式四种。

简支式。简支式棚架由两根支柱，一根横梁组成。多用于曲折错落的地形，显得更稳定。由于简支式棚架结构比较简单，设在角隅之处时，为增加空间层次感，可与其他景观元素共同组景。

悬臂式。悬臂式棚架又分为双挑和单挑。为了突出构图中心，可环绕花坛。水池、湖面布置成圆弧形的棚架。用单、双均可，忌孤立布置。悬臂式棚架不仅可以做成悬梁条式，为了产生光影变化或使攀缘植物生长获得阳光雨水，也可以做成板式或在板上部分开孔洞，形成缕空板式悬臂式棚架。

拱门钢架式。跨度用半圆拱顶或门式钢架式。在花廊、甬道中多采用此方式，材料多用钢筋、轻钢或混凝土制成。临水的花架，不但平面可设计成流畅曲线，立面也可与水波相对应设计成连续的拱形或波折式，部分有顶，部分花顶为棚，效果甚佳。

组合式。单体棚架与亭廊、建筑入口等结合，成为具有使用功能的棚架，为取得对比和统一的构图，常以亭、榭等建筑为实，以花架平面、立面为虚，突出虚实变化中的协调。

设计花架要了解所配置植物的原产地和生长习性，以创造适宜植物生长的条件，并符合造型的要求。适用于棚架的植物多为藤本植物，如瓟瓜、丝瓜、蛇瓜、老鼠瓜、香炉瓜、厚萼凌霄、紫藤、五叶地锦等。

### 2.2.7.5　种植容器

（1）树池/树箅。树池是树木移植时根球（根钵）所需的空间。树池的作用是：给树木预留一定的生长空间，以免因树木加粗生长影响路面铺装；在树木初栽植时，便于树木开埝浇水、施肥等管理；收集雨水，增加土壤透气性。

树箅的作用：增加道路行走功能；美化环境，整体平整度比较好；通气保水，防止水土流失；抑制灰尘。缺点是增加了绿化成本。不同的场所，应尽可能根据其属性和特点设

① 邵琪伟：《中国旅游大辞典》，上海辞书出版社2012年版，第175页。

计标识场所特色的树算。

（2）种植容器。种植容器，也称为花盆。花盆具有可移动性和可组合性，能巧妙地点缀环境，烘托气氛。花盆的尺寸应适合所栽种植物的生长特性，有利于根茎的发育，一般按以下标准选择：花草类盆深 20 厘米以下，灌木类盆深 40 厘米以上，乔木类盆深 45 厘米以上。[①]

在举行大型节事活动时，为了彰显活动主题，种植容器可以借用主场馆的外观造型元素。从"减量、再循环、再利用"（reduce，recycle，reuse）角度考虑，过去的石臼、饮马槽、石磨盘、乌篷船，甚至残破的瓦罐等生活器具，都可以用作种植容器。

### 2.2.7.6 栏杆、围栏与园墙

（1）栏杆／扶手（railing）。栏杆在宋代旧称勾栏，又称钩阑，原是纵横之义，纵木为阑，横木为干，有单勾栏、重勾栏之分，宋画中常有勾栏的描绘。倚栏又称"美人靠"，曲木向外，多有妇人斜倚观鱼之用。栏杆样式该繁则繁，该简则简，不必拘泥，墨守成规，所以计成说："予斯式中，尚觉未尽，仅可粉饰。"[②]栏杆通常在"台、楼、廊、梯或其他居高临下处的建筑物边沿上"，栏杆的用途是"阻止人物前进，或下坠"，其本质是"障碍物"。

栏杆的功能：分隔空间、组织疏导人流、景观美化。道路中间绿化分割带中间的栏杆，暗示此处不可跨越。栏杆还可以点缀装饰景观环境，以其优美的造型衬托环境，丰富景致。[③]栏杆类型见表 2-13。

表 2-13　　　　　　　　　　　　　　　　　栏杆类型

| 划分依据 | 类　型 |
|---|---|
| 栏杆高度 | 矮栏杆（0.3～0.4 米）、高栏杆（0.9 米）、防护栏杆（1.0～1.2 米） |
| 造型风格 | 中式栏杆、日式栏杆、西式栏杆 |
| 使用材料 | 原竹木栏杆、仿塑竹木栏杆、天然石栏杆、人造石栏杆、金属栏杆 |

矮栏杆不妨碍视线，多用于绿地边缘，也用于场地空间领域的划分。高栏杆有较强的分隔与拦阻作用。中式栏杆，如我国传统园林中的石望柱栏杆、镶花格子栏杆等，特点是自然、厚重。日式栏杆，如传统日本庭院中的竹编栏杆、木制栏杆等，特点是轻巧、朴素、自然。西式，如西方传统园林中的方木条、铸铁栏杆，特点是规则、整齐、华丽。在

---

① 崔莉：《旅游景观设计》，旅游教育出版社 2008 年版，第 54 页。
② 计成著，赵农注释：《园冶图说》，山东画报出版社 2003 年版，第 131 ～ 132 页。
③ 高建亮、赵林艳、叶铭和：《栏杆在园林绿地中的应用》，载《安徽农业科学》，2010 年第 38 卷第 8 期，第 4324 ～ 4326 页。

临水的榭、垂钓平台、休闲平台、栏杆之间常用麻绳、铁索相连，起到警示警戒作用。

（2）围栏 / 栅栏（fence）。围栏与栅栏具有限入、防护和分界等多种功能，防止侵入者和野生动物入内、阻止家养的动物走失或外出破坏环境。围栏与栅栏也可在一个院子或花园内起到保护隐私的作用。围绕一个院子的篱笆栅栏使我们心理上产生平和幽隐的感觉。栅栏一般采用竹木制、铸铁和锻铁、塑料、钢制、铝合金制等。最常见的方法是平地上设置篱笆，在危险地段栅栏竖杆的间距不应大于 110 毫米（见图 2-40）。

木栅栏要求经常油漆，同地面接触处还要做防潮处理。铸铁和锻铁栅栏壮观而耐久，但却十分昂贵，甚至现实中也难以取得。最简朴的拉伸铁丝栅栏、木柱或金属料柱便宜、适用而又不妨碍视线，但却容易被攀爬者损坏。

北京　园博园

北京朝阳　东旭村

图 2-40　栅栏

（3）园墙。园墙是围着建筑物的墙，是一种垂直方向的空间隔断结构，用于围合、分割或保护某一区域。在古代典籍中，墙有墉、垣、壁等多种称谓。《释名》曰："墙，障也，所以自障蔽也。垣，援也，人所依阻以为援卫也。墉，容也，所以蔽隐形容也。"《园冶》："凡园之围墙，多于版筑，或于石砌，或编篱棘。夫编篱斯胜花屏，似多野致，深得山林趣味。如内，花端、水次、夹径、环山之垣，或宜石宜砖，宜漏宜磨，各有所制。从雅遵时，令人欣赏，园林之佳境也"。即凡园林的围墙，多用泥土版筑，或用石头垒砌，或用荆棘编织成篱笆。荆棘编织的篱笆优于花木编织的屏风，有更多的山野风情，深得山林的自然趣味。如在花间、水边、夹路、环山处筑砌墙垣、或适宜用石头垒筑或适宜用砖块修砌，或适宜开设漏窗，或适宜镶砌磨砖，各有不同的建造方式。但要求适时而雅致，令人欣赏，这才是园林的最佳境界。[1]园墙的砌筑图案可以变化，还可以留孔。块石可以干

① 计成著，胡天寿译注：《园冶》，重庆出版社 2009 年版，第 148，152 页。

砌成墙，甚至泥土也能筑成好的园墙，不论是有种植的矮土墙，还是干打垒加耐候覆盖层。[①]

园墙的最初作用是隐蔽和保护自我，现在它的功能演变为分隔空间、遮挡场地的负面特征（风、噪声、劣景）、衬托景物和装饰美化、组织游览。围墙是公共与取有空间的媒介与过渡，不仅在视觉上有美化作用，对人的社交、生活方式也起到媒介和过渡作用。[②] "粉墙黛瓦"的粉墙前植一丛竹子或者立一块太湖石或者假山，粉墙此时就起到了画布的作用。竹影、片石或假山在阳光、月光的照射下，在粉墙上留下了影影绰绰的幻影，整体景观如同简约的中国水墨山水画（见图2-41）。

江苏 苏州博物馆　　　　　　　　　　北京园博园 忆江南

图 2-41　墙的装饰作用

按材料和构造，园墙分为版筑墙、磨砖墙、乱石墙和白粉墙等。版筑墙又称夯土墙，是用泥土夯筑而成的墙。在众多材料建筑的墙体中，版筑墙起源最早，流传最广，历时最久。乱石墙，是利用自然风化的碎石砌筑成墙体，填充和粘合物亦多就地取材（如黄泥草筋），砌筑需要特殊技艺。白粉墙常用于分隔院落空间，墙头配以青瓦。用白粉墙衬托山石、花木，犹如在白纸上绘制山水花卉，意境尤佳。园墙与假山之间可即可离，各有其妙。平坦地形多建成平墙，坡地或山地就势建成梯形。为了避免单调，有的砖墙砌成高低起伏的圆弧形墙（云墙）。划分内外范围的园墙，内侧常用土山、花台、山石、树丛、游廊等把园墙隐藏起来，使有限的空间产生无限景观效果。[③] 根据平面空间投影线形，园墙分为直线型、曲线型。直线型围墙表达了简洁、连续的特点，带有刚硬与理性之美，不足之处是由于缺乏变化容易给人单调、冷漠、乏味之感。曲线型给人柔和感，在人口处还有

① 凯文·林奇·海克著，黄富厢、朱琪、吴小亚译：《总体设计》，北京：中国建筑工业出版社，1999年版，第195页。
② 刘昌：《园林景观绿篱的研究》，中国农业大学出版社硕士论文，2007年，第46页。
③ 邵琪伟：《中国旅游大辞典》，上海辞书出版社2012年版，第673页。

提示作用，空间由于墙的波动曲折，丰富了空间层次。[1]

现代围墙一般由墙头、墙体和勒脚三部分组成。墙体的表面装饰是最直接、明确的表达景观设计主题的方法之一，不同的装饰形式和图案表达不同的内涵和意义。通过一定的装饰形式，在墙上用人形、动物、几何图形、纹章、植物、文字等元素来表达，最终达到美化景观空间，传递信息的作用。常见的立面装饰手法有彩绘、浮雕、拼贴。[2]围墙的高度越高，封闭性越强，给人的防御感和空间围合感就越强。

我国景观围墙发展的主导方向不是让围墙消失，而是让围墙以另外一种形式或姿态出现，做出自己的风格，尽显民族特色和地方特色。[3]

（4）挡土墙（retaining walls）。挡土墙是指维持土壤和石头稳定的结构，防止填土或土体变形失稳。挡土墙的作用一是挡土，二是扩大活动范围，创造一个相对宁静的健身、聊天和阅读的场所。

在挡土墙横断面中，与被支承土体直接接触的部位称为墙背；与墙背相对的、临空的部位称为墙面；与地基直接接触的部位称为基底；与基底相对的、墙的顶面称为墙顶；基底的前端称为墙趾；基底的后端称为墙踵。一般分为重力式、悬臂式挡土墙两种类型（见图2-42）。

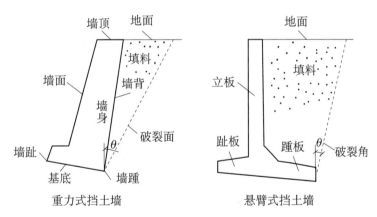

图2-42 挡土墙类型

根据挡土墙设置位置不同，分为路肩墙、路基墙、路堑墙和山坡墙。根据挡土墙稳定的机理不同，分为重力式、衡重式、薄壁式、锚碇板式、加筋土挡土墙。从挡土墙的材质分，有木材、卵石、条石、预制混凝土、嵌草砖和植物等。毛石和条石砌筑的挡土墙要注

① 易韵婷：《长沙市围墙景观艺术设计研究》，湖南农业大学硕士论文，2015年，第15页。
② 易韵婷：《长沙市围墙景观艺术设计研究》，湖南农业大学硕士论文，2015年，第31页。
③ 杨艳、肖斌、高阳林、王蕾：《园林"围墙"浅说》，载《西北林学院学报》，2009年第24卷第2期，第213～219页。

意砌缝的交错排列方式和宽度；预制混凝土挡土墙应尽可能设计出图案效果；嵌草砖的坡面上需铺上一定厚度的种植土，并加入改善土壤保湿性的材料，有利于草根系的生长。多种材质组合构筑的挡土墙比单一材质的挡土墙视觉效果更加良好。

（5）饮水器。饮水器是旅游区为满足游客的生理卫生要求设置的供水设施，也是旅游景区人性化服务的良好体现。饮水器分为悬挂式、独立式、雕塑式三种，按材质分为木材、石材、铝合金或不锈钢等。

饮水器的设置不仅要确保成年人使用时无须蹲下或大幅度弯腰，同时还要满足儿童和轮椅者使用者，因此最好配备两个不同高度的饮水口。饮水的开关控制要简单，无须让人做出抓紧或旋扭的动作。[①]饮水器的高度宜在80厘米左右，供儿童使用的饮水器高度宜在65厘米左右，并安装高度10～20厘米踏石。

### 2.2.7.7　景观照明

景观照明不仅是为行人提供光明，照亮前行的和回家的路，设计精彩、具有地域特色的景观照明还是最好的导向标志，无论白天还是黑夜，都能够为行人提供空间定位和识别的作用。平庸、毫无特色的照明设计除了照明外，发挥不了导向和空间定位的作用。这也是一些平原地区占地面积很大的森林公园夜间游客比较少、容易出现迷路的主要原因。北京通州区通州北苑国防广场景观墙，以大运河为源泉，从现实景观中抽象提炼"树影""塔影""桥影""楼影"四幅画卷，采用彩钢或红锈板以剪影的形式，展现通州的运河文化。由自然景观过渡到人居环境，由古代的青塔、小桥流水过渡到现代都市的繁华、鳞次栉比的高楼，很好地揭示了通州既古老又现代时尚的文化、历史特色（见图 2-43）。

（1）灯具类型划分。

1）根据结构组成，景观灯具一般由接线控制箱、灯座、灯杆和灯头组成，地下电缆往往穿过灯座基础接至灯座接线控制盒后，沿灯柱上升至灯头。景观灯具造型的美观，是通过这几个部分比例匀称、色彩调和、富于独创来体现的。灯头集中表现园灯的面貌和光色，有单灯头、多灯头，规划式、自然式等多种多样的外形。常见的光源有汞灯、金属卤光灯、高压钠灯、荧光灯、白炽灯、LED 灯等。园灯选择时要讲究照明实效，防水防尘。面积较小的公园，景观灯的控制可全园统一，面积较大的公园可分片控制。

---

① 克莱尔·库珀·马库斯、卡罗琳·弗朗西斯著，俞孔坚、孙鹏、王志芳译：《人性场所——城市开放空间导则（第二版）》，中国建筑工业出版社 2001 年版，第 70 页。

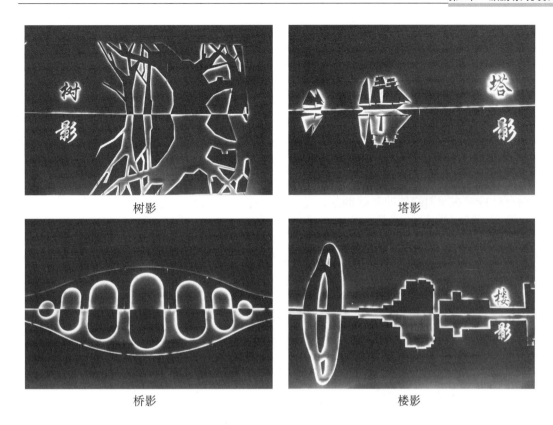

树影                                    塔影

桥影                                    楼影

图2-43 北京通州 景观照明

2）根据照明特点，灯具分为基本照明灯具和重点照明灯具两大类。

基本照明灯具主要用于满足使用者的安全需求，具有空间连续性与引导性。依据使用功能分为路灯、庭院灯、扶手灯、草坪灯和地灯等。庭院灯主要用在庭园、公园、街头绿地或大型建筑物中，以创造幽静舒适的空间氛围。草坪灯主要用在草坪，灯具较矮（小于1m），以烘托草坪的宽广。

（2）景观照明类型。景观照明类型包括场地照明、道路照明、建筑照明、植物照明、水体照明及雕塑及小品照明等。

1）场地照明。场地照明要求考虑人的夜间活动需求，灯具一般选择聚光灯。

2）道路照明：既能保障安全，又有装饰效果，被用在需要提示行人方向变化或地面升降的地方，如台阶或斜坡，并能营造出幽静、祥和的氛围。

3）建筑照明。建筑照明要考虑建筑景观的整体性、层次性，突出重点，慎用彩光。纪念性建筑、国家代表性建筑及风格特点明显的大型建筑常使用白色的金属卤化物灯，以突出建筑的整体形象。泛光灯能显示建筑物体形，突出全貌，层次清楚，立体感强，适用于表面反射度较高的建筑。这种形式照明的灯具安装位置及投射角很重要，否则会产生光干扰。轮廓照明能突出建筑物外形轮廓，但不能反射立面效果。这种照明适用于桥梁、较大型建筑物，可作为泛光照明的辅助照明。

4）植物照明。植物照明包括轮廓照明、阴影照明、向下照明、向上照明。轮廓照明，光源置于植物后，勾画出植物的轮廓。观察者在以灯为背景的地方，可以看到黑色的植物剪影。阴影照明，将光源放在植物前，将阴影投到墙上或植物后面的其他平面上。向下照明，将灯光和叶子的阴影投射到地面上，灯被放在树上很高的地方，光线直接向下。向上照明，灯被放在照射物体的基础部分，光线直接向上。[①]

5）水体照明。水体照明大致分为静水（湖面、水池等）照明和动水（溪涧、瀑布、喷泉等）照明两大类型。静水照明设计一般要结合水上的桥、亭、榭、水生植物、游船等，利用水的镜面作用，使观赏景物在水中形成全景，形成光影明灭、虚实共生、情趣斐然的夜景。动水照明则应结合水景的动势，运用灯泡的表现力来强调水体的喷、落、溅、流等动态造型，灯具位置常放置于水下，通过照亮水体的波纹、水花等来体现水的动势。对于大型水体，比如瀑布、大型喷泉，可用泛光灯照亮整个水体，表现水体与周边环境的明暗对比，同时结合水下灯展现水的动态美。

6）雕塑与艺术品照明。立于地面、孤立于空地或草坪上的雕塑与艺术品的照明，以保持环境不受影响和减少眩光为原则，灯具与地面齐平或在植物、围墙后面；带基座，孤立的草地或空地中央的雕塑与艺术品，由于基座的边沿不能在底部产生阴影，所以灯具应放在远处；带基座、行人可接近的雕塑与艺术品的照明，灯具宜固定在照明杆上或装在附近建筑的立面上，而不是围着基座安装。[②]

## 复习思考题

### 一、名词解释

质感、城市广场、休憩设施、亭、台、楼、阁、台、廊、榭、景观小品、雕塑、标识、园墙

### 二、问答题

1. 景观设计几何要素、物质要素各包括哪些？

2. 孟塞尔色立体的三个基本要素是什么？孟塞尔色立体有什么用途？

① 杰克·E. 英格尔斯著，曹娟、吴家钦、卢轩译：《景观学》，中国林业出版社 2008 年版，第 165 页。
② 汤晓敏、王云：《景观艺术学》，上海交通大学出版社 2009 年版，第 93～94 页。

3. 为什么快餐店、比萨店的标准用色往往是暖色调的红色和黄色?

4. 旅游景观标识具有哪些优缺点?

5. 比较紫竹院公园与陶然亭公园水景观设计的相似性、区别。

6. 为什么西方的教堂选在山顶上，而中国的寺庙却选址在山谷里?

7. 为什么少林寺的匾额看上去具有立体感?

# 第3章　旅游景观设计理论基础

## 3.1　生态学理论

### 3.1.1　生态学

生态学（Ecology）一词是由德国生物学家海克尔（Erst Haeckel）于1866年在《有机体普通形态学》一书中首次提出来的，旨在沿着垂直于达尔文的进化论方向进行探讨。[①]从一开始起，生态学就把生物、环境及生物以及生物之间的相互关系作为最主要的研究内容并一直延续至今。生态学包括个体生态学、种群生态学和群落生态学。

"生态"有三重标准，首先，环境建构符合生态原则，具有自我演替发展的能力；其次，功能的组成符合生态系统要求，没有破坏自然生态过程的相关活动；最后，设计方法符合生态原则的。[②]很多人认为生态就是绿色，就是尽可能增加城市绿地，提高绿地率，于是，"生态"和"绿色"就画上了等号。实际上，生态系统是由生产者、消费者、分解者和非生物环境组成的完整系统。仅仅从生产者（植物种群、群落）的角度去看待"生态"问题是远远不够的。现在城市里很少看见蝴蝶，因为城市没有给蝴蝶留下适宜的繁殖空间，蝴蝶通常在草丛枝杈中产卵繁殖，工人在修剪草坪的同时也把蝴蝶产卵的地方剪掉了。在法国随处可见没有修剪的草坪，这并不是人们忘了修剪，而是景观设计师有意留下来的，目的是给蝴蝶等昆虫留下产卵的场所。[③]像大山一样思考，[④]意思尊重自然，敬畏自然，学会山川的语言，在处理人与自然的关系时，遵循自然界的物物相关、能流物流、极限承载、协同进化原理。梭罗（H. D. Thoreu，1817—1862）的名言"拯救世界在于自

---

① 奥尔多·利奥波德著，邱明江译：《原荒纪事》，科学出版社1996年版，第156页。
② 王敏：《公园中结合自然环境条件的道路景观规划设计》，西安建筑科技大学硕士论文，2007年。
③ 王云才、韩丽莹、王春平：《群落生态设计》，中国建筑工业出版社2009年版，第42页。
④ 奥尔多·利奥波德著，邱明江译：《原荒纪事》，科学出版社1996年版，第115页。

然"，也是相似的意思。

生态学的理论对于旅游景观规划，以及旅游景区环境、游客行为管理都具有重要指导意义。没有生态学的理论作为基础，游径、营地、观鸟设施的选址就失去了理论基础，旅游景区的环境管理，游客行为管理更是成了空中楼阁。根据经验或者凭空想象的若干原则、规定，以及由此从法律法规、政策、经济、规划等方面提出的管理措施，都属于空谈，经不起缜密的推敲。

旅游景观设计不仅仅是美学层面的设计，而是要解决"人与自然和谐相处"的问题。设计师只了解传统风景园林设计，对生物多样性和野生动物保护一无所知，设计出的作品顶多只是传统风景园林的复制品或放大尺度的山水盆景。在一些地域范围内，如废弃地，针对生态系统退化问题，采用人工促进天然更新措施，通过适度的干预，将用较少的成本，促使生态群落朝着顶极群落的方向演替。

土尔旷市（Tourooig）的"空地艺术中心"的屋顶花园作品极为简洁，设计师们能做的唯一一件事是把纺织厂厂房周围经大约150年所沉积下来的尘土收集起来，重新铺设在加高的厂房房顶（已改造成艺术中心）上，形成了一个屋顶花园。设计师没有种植任何植物，风、雨、鸟等传播媒介带来了300多种植物在此安家落户。屋顶铺设尘土后的第三年，房顶已是郁郁葱葱。这里不仅给人们带来超越三维空间的历史回忆，也成为孩子们认识本土植物的植物园和教学基地。[①]

景观设计师 Michael van Valkenburgh 在 General Mills 公司总部的设计项目中，模拟自然播撒草籽，创造了适宜于当地景观基质和气候条件的人工植物群落，每年草枯叶黄之际，引火燃烧，次年再萌新绿。整个过程，包括火的运用，都借助了自然的生态过程和自然系统的自组织能力。[②]

### 3.1.2　景观生态学

"景观生态学"（Landscape ecology）形成于20世纪40年代至80年代初，是地理学与生态学相互结合的产物。它以景观为对象，研究景观单元的空间格局、生态过程与尺度之间的相互作用。[③] 如今，景观生态学的研究焦点是在较大的空间和时间尺度上生态系统的空间格局和生态过程。

---

① 安建国、方晓灵：《法国景观设计思想与教育——"景观设计表达"课程实践》，高等教育出版社2013年版，第116页。
② 王南希、李雄：《寻找生态设计的脉络》，载《山西建筑》，2011年第37卷第26期，第3～5页。
③ 邬建国：《景观生态学——格局、过程、尺度与等级》，高等教育出版社2000年版，第2页。

景观生态学的产生使景观设计概念发生了革命性的改变。如果说农耕时代的景观设计是人类对自然景观的对抗程序，工业时代的景观设计是人类对其自身创造的工业化景观的消极对抗程序，那么以信息社会为背景的景观生态设计则是人类对整体景观（包括自然的和文化的）的各元素进行主动安排和协调的过程，这意味着人们不再将单一景观元素作为设计对象，而是同时把构成景观整体的所有元素都作为设计变量，最终使景观系统结构和功能达到整体优化。

廊道（corridor）具有栖息地（habitat）、通道（conduit）、过滤（filter）、源（source）、汇（sink）五大功能。按照廊道的主要结构与功能，分为线状生态廊道、带状生态廊道和河流廊道 3 种类型。生态廊道设计的关键问题包括：廊道数目、本底（background）、宽度（width）、连接度（connectivity）、构成要素、关键点（区）（critical points）等。由于生态廊道结构与功能的复杂性，使得廊道的宽度具有很大的不确定性。具体地讲，生态廊道的宽度由保护目标、植被情况、廊道功能、周围土地利用、廊道长度等多个因素决定。合适的廊道宽度应根据对廊道主要生态过程的研究来确定。①

任何人为设计的廊道都必须与自然景观格局相适应。欧美许多国家在城市建设时重视保留重要的森林、湿地资源，建设足够宽度的自然生物廊道，甚至通过人为架桥，保护自然林带，把被道路分割的林地连接起来，为动植物迁移提供走廊，方便松鼠、野兔等小动物的迁徙。在北京奥林匹克森林公园内，横跨北五环路，位于中轴线上的生态廊道是南园和北园之间的重要联系通道。生态廊道外形酷似一座过街天桥，桥上不仅种植乔木、灌木等各种植被，而且还有可供电瓶车穿梭的主路和供游人漫步游览的林间木栈道。两个区域的各种动物可以互相往来。为生物提供了基因交流的机会（见图 3-1）。

在景观恢复过程中，不能仅仅把景观视为风景，或者是"数千米范围出现的生态系统格局"，还必须将其理解为由土壤、水和大气，及生活在其中的生物有机体，与维系它们存在的复杂的自然和文化过程共同构成的三维片段。②

法国北部废弃的煤矿区南北长 100 千米，东西宽约 200 千米，20 世纪 60 年代这里是一片荒芜，裸露的露天矿坑几乎是寸草不生。从 70 年代起开始着手对废弃的煤矿进行生

① 朱强、俞孔坚、李迪华：《景观规划中的生态廊道宽度》，载《生态学报》，2005 年第 25 卷第 9 期，第 2406 ～ 2411 页。
② Zev Naveh 著，李秀珍、冷文芳、解伏菊等译：《景观与恢复生态学——跨学科的挑战》，高等教育出版社 2010 年版，第 114 页。

图 3-1　生物廊道——奥林匹克森林公园

态景观改造。大自然参与的景观管理贯穿于景观创造之初和景观维护的整个过程。为了适应当地气候，70 年代初进行了地形改造和土质改良，为了使废弃煤矿区更快地进行生态恢复。80 年代设计了生态廊道，使之与邻近的森林相连。地形和土质的改变，加之生态廊道的设置使该区的生态环境迅速得以改善，低洼处自然收集雨水形成水塘，水塘边铺设的腐殖土通过风、雨水吸引鸟等前来安家，植物茎叶通过多年的春长秋落在矿区地表形成了丰富的腐殖土。景观设计师只是提供了自然景观自我恢复发展的条件（地形、土质和植物群落等），最终却是大自然通过时间进行自我恢复和自我管理。[1]

## 3.2　人体工程理论

### 3.2.1　人体工程概述

人体工程学（Human Engineering），也称为人类工程学或工效学（Ergonomics），诞生于 19 世纪末 20 世纪初，是根据人体解剖学、生理学等方面的特性，了解并掌握人的活动能力及极限，使景观环境与人体功能相适应的学科。人机工程学的主要内容包括"人—机—环境"，其中"人"是主体和核心，占有主导地位；"机"是机器的统称，包括机器设备、工具设施、仪器仪表等；"环境"是指人在进行这些研究时所处的空间，三者互为整体，缺一不可。人机工程只有根据人的特征、喜好去设计完善系统，并付诸行动，才能保证整个系统"安全、高级、舒适"的运转。[2]

人体工程学对于人的影响：物理方面，以人体构造、人体尺度以及人体的动作域等有

① 安建国、方晓灵：《法国景观设计思想与教育——"景观设计表达"课程实践》，高等教育出版社 2013 年版，第 83 页。
② 张抗抗：《浅析景观设计中的人机工程学》，载《赤峰学院学报（自然科学版）》，2015 年第 31 卷第 10 期，第 65～66 页。

关数据确定的人体活动时的舒适度；心理方面，通过视觉、嗅觉等人的感官以及人的主观意识对人的心理活动产生影响。

常用人体尺寸包括结构尺寸和功能尺寸。结构尺寸指静态尺寸，在室内设计中最常用的有 20 个尺寸，如身高、直立时眼睛高度、肘部高度、挺直坐高、正常坐高、坐姿眼睛高度、肩高、肩宽、两肘宽度、臀部宽度、肘部平放高度、大腿厚度、膝盖高度、膝腘高度、臀部—膝腿部长度、臀部—膝盖长度、臀部—足尖长度、垂直手握高度、侧向手握距离、向前手握距离。功能尺寸指动态尺寸，包括人在工作姿势下或在某种操作活动状态下测量的尺寸。

（1）人体测量中的主要统计函数。

1）平均值（average）。平均值简称均值。均值是描述测量数据位置特征的值，可用来衡量一定条件下的测量水平和概括地表现测量数据的集中情况。对于有 $n$ 个样本的测量值：$x_1$，$x_2$，$\cdots$，$x_n$，其均值为：

$$\bar{x} = \frac{x_1 + x_2 + \cdots + x_n}{n} = \frac{1}{n}\sum_{i=1}^{n}x_i$$

2）方差（variance）。方差也称均方差，是描述测量数据在均值上波动程度的值。方差表明样本的测量值是变量，既趋向均值又在一定范围内波动。对于 $n$ 个样本测量值 $x_1$，$x_2$，$\cdots$，$x_n$，其方差 $s^2$ 的定义为：$s^2 = \frac{1}{n-1}\sum_{i=1}^{n}(x_i - \bar{x})^2$。标准差（$s$）是方差的平方根。

3）百分位数。人体测量的数据常以百分位数表示人体尺寸等级，最常用的是第 5、第 50、第 95 三种百分位数。以身高为例，第 5 百分位数表示"小"身材。是指有 5% 的人群身材尺寸小于此值，有 95% 的人群身材尺寸大于此值；第 50 百分位数表示"中"身材，是指大于和小于此值的人群身材尺寸各为 50%；第 95 百分位数表示"大"身材，是指有 95% 的人群身材尺寸小于此值，有 5% 的人群身材尺寸大于此值。

当已知某项人体测量尺寸的均值为 $\bar{x}$，标准差为 $s$，需要求任意百分位的人体测量尺寸 $P_v$（百分位数）时，可用下式计算：$P_v = \bar{x} \pm (s \times K)$

当求 1%～50% 之间的数据时，式中取"-"号；当求 50%～99% 之间的数据时，式中取"+"号。式中 $K$ 为变换系数，设计中常用的百分位与变换系数 $K$ 的关系见表 3-1。

表 3-1　　　　　　　　　　　　　　常用的百分位与变换系数 *K*

| 百分位数 | K | 百分位数 | K | 百分位数 | K |
|---|---|---|---|---|---|
| 0.5 | 2.572 | 25 | 0.674 | 90.0 | 1.282 |
| 1.0 | 2.362 | 30 | 0.524 | 95.0 | 1.645 |
| 2.5 | 1.960 | 50 | 0.000 | 97.6 | 1.960 |
| 5 | 1.645 | 70 | 0.524 | 99.0 | 2.326 |
| 10 | 1.282 | 75 | 0.674 | 99.5 | 2.576 |
| 15 | 1.036 | 80 | 0.842 | | |
| 20 | 0.842 | 85 | 1.036 | | |

（2）注意事项。

1）由人体身高决定的物体，如门、船舱口、通道、床等，其尺寸应以第95百分位数为依据。

2）由人体某些部位尺寸决定的物体，如取决于腿长的坐平面高度，其尺寸应以第5百分位数为依据。如设计为坐着或站着的高度，如果第5百分位的人够得着，则95%的人肯定够得着。

3）可调尺寸，可调节到使第5百分位数和第95百分位数之间的所有人使用方便。如设计通行间距，对于95%的人能够通过的走道，只有5%的人通行有困难，即大个子能够通行，对于小个子的人一定能够通行。

4）以第5百分位数和第95百分位数为界限值的物体，当身体尺寸在界限以外的人使用会危害其健康或增加事故危险时，其尺寸界限应扩大到第1百分位数和第99百分位数。如紧急出口以及运转着的机器部件的有效半径，应以第99百分位数为依据，而使用者与紧急制动杆的距离应以第1百分位数为依据。

5）常用高度，一般选用第50百分位的尺寸。如门铃、把手、电灯开关以及付账柜台的高度，厨房设备高度等。这样既照顾矮个子人的使用要求，也考虑高个子的需求。[1]

### 3.2.2　人体工程与景观设计

人体的尺度与空间环境的关系十分密切，当人处于静止状态时，结构尺寸（如视距、视高）决定了栏杆、绿篱、园墙、标识等物体离观察者的距离和高度；当人处于运动状态时，其功能尺寸对于出入口、园路、座椅或圆凳、台阶和坡道、汀步、饮水器、路灯设计产生影响。户外设施及小品满足人体基本尺度和从事各种活动所需空间，符合人体各部分

---

① 王展、马云：《人体工学与环境设计》，西安交通大学出版社2007年版，第1～13页。

活动规律，才能达到美观、安全和舒适的目的，取得最佳使用效能。

### 3.2.2.1 视觉与景观的设置

（1）观赏点与景物的距离。粗略估计，大型景物的合适观赏视距约为景物高度的 3.7 倍，小型景物的合适观赏视距约为景物高度的 3 倍。水平视域为 45° 时，合适的观赏视距是物体宽度的 1.2 倍。所以，人的视觉规律要求在观赏美丽城市景观或曲廊、标识牌前，应留有足够的观赏空间和距离（见 3.4.3.1）。

（2）视高与景物的高度。成年人站立时平均视高是 1.53 米。当栏杆、绿篱、墙的高度低于 30cm，只是暗示空间的存在；高度在 40 ～ 45 厘米时，起到引导人流的作用；当它们高于视线高度时，将产生空间的封闭感（见 2.2.7.6）。在这个高度，视野应当保持畅通无阻，否则，视野就会受到关键性的阻碍。如果人们没有看到一个空间，就不会去使用它。堪萨斯城中心的一个公园高于视线水平，大部分路过那里的人都没有发现它是一个公园。西雅图的一个小公园虽然充满阳光，因为高于人的视线，让人与之失之交臂。[①]

景观标识设计，首先要分析标识的设计要素及其心理、视觉、文化特性，然后根据标识的功能、环境特点，合理规划标识的空间布局、制作材料和安装维护。标识的高度、体量、形状、视角均应关注视距、视角。

### 3.2.2.2 人的行为习性与景观设计尺度

（1）园路宽度：主路、支路、小路的宽度决定于景区的面积规模，而游人及各种车辆的最小运动宽度与交通种类相关，如单人须大于 0.75 米，自行车 0.60 米，三轮车 1.24 米。见 2.2.5.1。

（2）出入口宽度：出入口主要供人流出入，一般供 1 ～ 3 股人流通行即可，亦可供自行车、小推车出入。出入口宽度必须大于最大人体宽度。单股人流宽度 0.60 ～ 0.65 米；双股人流宽度 1.2 ～ 1.3 米，三股人流宽度 1.8 ～ 1.9 米；自行车推行宽度 1.2 米左右；小推车推行宽度 1.2 米左右。单个出入口最小宽度为 1.5 米，大出入口宽度大约 7.0 ～ 8.0 米。见 5.6.1.3。

（3）座椅、园凳：人体臀部 - 膝腘部长度、膝围高度、臀部宽度影响到园椅或园凳的高度、宽度、靠背的倾斜度。普通座面高 38 ～ 40 厘米；座面宽 40 ～ 45 厘米；标准长度：单人椅 60 厘米左右，双人椅 120 厘米左右，三人椅 180 厘米左右；靠背座椅的靠背倾角为 100º ～ 110º 为宜。综合考虑气候变化，给座椅增加遮荫、避雨的凉棚。园凳双人长

---

① 威廉·H. 怀特著，叶齐茂、倪晓晖译：《小城市空间的社会生活》，上海译文出版社 2016 年版，第 66 ～ 67 页。

1.3 ～ 1.5 米，四人长 2.0 ～ 2.5 米。宽度均为 0.3 ～ 0.6 米。圆桌凳直径一般为 0.4 米和 0.7 米左右。见 5.7.3。

（4）台阶：设计时应结合具体的地形地貌、尺度要适宜。支路和小路，纵坡超过 18%，宜按台阶、梯道设计，台阶踏步数不得少于 2 级。坡度大于 58% 的梯道应作防滑处理，宜设置护栏设施。[①]一般台阶的踏面宽 30 ～ 38 厘米，踢面高度为 10 ～ 17 厘米。平台的宽度一般为 158 厘米。

（5）汀步：汀步的基础要坚实、平稳，面石要坚硬，耐磨。汀步的间距应考虑游人的安全，石墩间距不宜太远，石块不宜过小。一般石块间距 8 ～ 15 厘米，石块大小 40 厘米 ×40 厘米，汀步石面应高出水面 6 ～ 10 厘米。[②]

（6）照明：照明设计要把光环境中的照明、显色性、色温等标准作为指标来研究。园灯的设置应与环境相协调，考虑灯柱的高度，园灯的照度等因素。在公园入口、开阔的广场应选择发光效果高的直射光源。灯杆的高度，应根据广场的大小而定。

灯的间距为 35 ～ 40 米。在园路两旁的灯光要求照度均匀，不宜悬挂过高，一般为 4 ～ 6 米。灯杆间距为 30 ～ 60 米。在道路交叉口或空间的转角处，应设指示园灯。在某些环境如踏步、草坪、小溪边可设置地灯。

#### 3.2.2.3　道路交通设施设计

（1）停车场设计。根据每个停车位（机动车、自行车）的一天的周转次数、机动车公共停车场用地面积，确定每个停车场容量。自行车停车场、长条形停车场宜分成 15 ～ 20 米长的段，每段应设一个出入口，其宽度不得小于 3 米。

（2）无障碍及共用性环境设计。无障碍设计是一种针对有特殊缺陷人士安全的环境设计，而共用性设计则是人机工程学中"以人为本"思想的最高体现。无障碍设计的问世对残障人士来说是一种特殊的关爱，既为健全人士带来了方便，又弥补了之前的设计对弱势群体考虑的不足。

## 3.3　空间设计理论

### 3.3.1　空间概述

老子说："埏埴以为器，当其无，有器之用。凿户牖以为室，当其无，有室之用。故

---

① 《公园设计规范》（CJJ48-92）
② 王杰：《人体工程学在风景园林中的应用》，载《科技创新》，2012 年第 4 期，第 275、204 页。

有之以为利，无之以之用"（《老子》第十一章）。① 意思是说，和泥制作陶器，有了器具中空的地方，才有器皿的作用。开凿门窗建造房屋，有了门窗四壁内的空虚部分，才有房屋的作用。所以，"有"给人便利，"无"发挥了它的作用。人们制造器皿，建造房屋，都是为了使用它们中间的"无"，但这个"无"是不能单独存在的，必须通过四周的"有"，才能得到。② 童寯先生曾对千篇一律的园林空间架构作过形象的总结："园之布局，虽变幻无尽，而其最简单需要，实全含于'園'字之内。今将'園'字图解之：'口'者围墙也，'土'者形式屋宇平面，可代表亭榭。'口'字居中者为池。'𠂤'在前似石似树。"③

### 3.3.1.1 空间构成要素、特性

（1）空间（space）。空间是"物质存在的一种客观形式，由长度、宽度和高度表现出来，是物质存在的广延性和伸张性的表现。"④空间也被定义为：人们为了自身的目的而围合和选择的某个区域。内部、外部空间的界定，一般以是否覆盖顶面为界。凡是有屋顶的称为内部空间，由空间的界面围合而成。凡是没有屋顶的称为外部空间。外部空间由树木、绿篱、建筑、山丘加以限定，其形式由空间地面的形状和标示出想象的空中界限的小品加以完成。室内和室外永远是一个整体。空间是人类营建活动的出发点与归结点。

景观空间是一种相对于建筑的外部空间，按空间构成要素的存在形式，分为物质要素和非物质要素。物质要素是组成空间的物质环境元素，包括必备构成要素与辅助构成要素两类。必备构成要素包括山石、水体、植物、建筑和道路等，这些要素经过人们有意识地组合，创造出丰富多彩的景观空间，给予人们美的享受和情操的陶冶。辅助构成要素指形成附属空间并丰富基本空间尺度和层次的较小尺度的三维实体，如园墙、院门、台阶和灌木等。"如果空间荒寂而空旷，没有座凳、柱廊和树木之类的东西；如果没有立面，缺乏有趣的细部，如凹处、门洞、出入口和台阶，就很难找地方停下来。可以说，适于户外逗留的最佳场所应具有无规则的立面，并且在户外空间有各种的支持物。"⑤ 威廉·H.怀特也认为，一些最宜人的空间可能是剩余的空间，如凹进去的空间、零星的空间和空间的尽头，它们的存在纯属偶然。⑥ 非物质要素是指无形的、靠知觉把握的非物质要素的组织方式与内在的构成规律，以及对空间的体验、审美及精神文化意义等，包括传统民俗风物、

① 陈易、陈申源：《环境空间设计》，中国建筑工业出版社 2008 年版，第 76 页。
② 刘天华：《西境文心：中国古典园林之美》，生活·读书·新知三联书店 1994 年版，第 77 页。
③ 童寯：《江南园林志》，中国建筑工业出版社 1962 年第 2 版，第 7 页。
④ 中国社会科学语言研究所词典编辑室：《现代汉语词典》，商务印书馆 2001 年版，第 720 页。
⑤ 扬·盖尔著，何人可译：《交往与空间》，中国建筑工业出版社 2002 年版，第 57 页。
⑥ 威廉·H.怀特著，叶齐茂、倪晓晖译：《小城市空间的社会生活》，上海译文出版社 2016 年版，第 117 页。

生活习惯等。

空间的功能包括物质功能和精神功能，二者是不可分割的。物质功能体现在空间的物理性能，如空间的面积、大小和形状等。同时还要考虑到采光、照明、通风、隔声和隔热等物理环境。精神功能建立在物质功能基础之上，在满足物质功能的同时，从人的爱好、愿望、审美情趣、民族习俗等入手，创造出适宜的环境，使人们获得精神上的满足和美的享受。

（2）空间的基本特性。

1）普遍性。空间无所不在，无时不在。道路、村庄、河流、城市无不表现为某一种空间类型。空间之间相依相连，不存在没有空间的场所，也不存在没有场所的空间。

2）可细分性。一个大的空间可以根据不同的目的、功能，将其细分为许多更小的、不同用途的空间。

3）连接性。基于空间的可细分性，为了在不大的范围内尽可能扩大游览空间，通过分隔与联系、转折、对比、序列等方式，组成不同的空间序列，彼此间灵巧空透，隔而不断。[①]

4）文化性。同一地域，由中西方不同文化背景的景观设计师来进行规划时，设计作品对于空间认知和组织会有较大的差异。纽约大都会博物馆二楼的艾斯特庭院，又名"明轩"，是中国在海外建造的首个明式园林，被誉为"纽约的苏州园林"。建园工程于1980年1月开始，1981年6月正式落成。占地460平方米，建筑面积230平方米。其外国设计师最初设计这个花园的时候，想把一个中国亭子摆在中间，园林大师陈从周先生认为这非常可笑，"你把最重要的位置挡住了，应把走廊、明轩摆在一边，把中央留空，因为在中国最富贵的东西就是空间。把空间保存下去，就可以让你的思想把它充满了。"中国古代建筑和园林设计出发点从来不在于建筑本身，而在于所点缀的空间和通过这个空间可以观赏到的四周景色及其整体美（见图3-2）。

**图3-2　"明轩"空间示意图**

---

① 理查德·L.奥斯汀著，罗爱军译：《植物景观设计元素》，中国建筑出版社2005年版，第74页。

#### 3.3.1.2 空间限定

空间限定（space dividing），指利用点、线、面和体等景观艺术要素将未限定的空间进行不同程度的围合、分割。限定后的空间包含两部分：构造和分割空间的材料占据的那部分空间；围合或者分割后形成的空间。

（1）垂直方向空间限定。垂直方向空间限定，即在一个场地周围用垂直方向的构件围合起来以限定一个空间。主要方式有"围合""占领""占领扩张"。

1）围合（enclosure）。围合满足了人们对安全的需要，提供宜人的、可靠的公共活动空间，同时也为形成游憩空间的层次性创造了条件。完全围合的空间是内向的，而局部围合的空间允许空间流入和流出。围合的限定元素很多，常见的有隔断、园墙、布帘、家具和绿化等。由于这些限定元素在质感、透明度、高低、疏密等方面的不同，所形成空间的限定度也各有差异。[①]

围合空间（enclosed space）具有地段感和私密性、向心性和领域感，为户外活动提供相对独立的场所，增进游人之间的交往。围合空间内的宽度与高度的比例，使空间呈现出不同的封闭感（见图3-15）。

一个景区就是一个大的围合空间系统，按照功能不同，景区内部细分为不同的围合子系统。如北京城就包括内城、外城，内城包括皇城，皇城中包括紫禁城。中国的景观都是内向的，在故宫、颐和园、香山、天坛和地坛等地，高耸的围墙将城市的喧嚣都挡在了外面，而围墙里面是一重又一重的围合。

2）占领（capture）。占领是指在该限定元素的周围形成一种环形空间，限定元素经常成为吸引人们视线的焦点。占领是空间限定最简单的形式，仅是视觉心理上的占领，没有明确的边界，不可能划分具体的空间界限，也不可能提供空间明确的形态和尺度（见图3-3）。

广东中山市歧江公园

北京长阳公园

图3-3 占领

---

[①] 陈易、陈申源：《环境空间设计》，中国建筑工业出版社2008年版，第77页。

在内部空间，家具、雕塑品或陈设品等都可以成为限定元素；在外部空间，建筑物、标志物、艺术品、植物、水体等常成为限定元素。这些限定元素可以是单向的，也可以是多向的，既可以是同一类物体，也可以是不同种类的。[1]

3）占领扩张（expansion of capture）。形态对空间是具有扩张力的，空间中的每一个基本形态（人或物）都直接呈现占有空间的意图，形态对空间的这种占有倾向，可称为空间扩张性（见图3-4）。

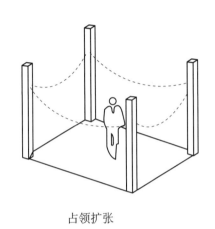
占领扩张

北京798

图 3-4 占领扩张

墙垣、围栏、护栏和植物等垂直要素，是空间的分隔、屏障、挡板和背景。围合程度越高，空间的封闭感越强。封闭感除了与行为限制程度有关外，还与视觉感受有关。园墙与视线的相对高度决定其对人们的意义。[2]因此，必须考虑空间环境中的视线水平高度与围合垂直构件的高度关系（见表3-2）。

表 3-2 不同高度的园墙对空间封闭感的影响

| 墙体高度（厘米） | 对空间的封闭感 |
| --- | --- |
| 30 | 没有封闭感，人可以坐在墙体上 |
| 60 | 没有封闭感，有一定的空间限定感 |
| 90 | 没有封闭感，有一定的空间限定感 |
| 120 | 有一定的封闭感，身体的大部分被遮蔽，有一种安全感 |
| 150 | 有一定的封闭感，除头之处，身体的大部分被遮蔽，有较大的安全感 |
| 180 | 有封闭感，身体几乎完全被遮蔽，有安全感 |
| > 180 | 封闭感更强 |

---

① 陈易、陈申源：《环境空间设计》，中国建筑工业出版社 2008 年版，第 76 页。
② 凯文·林奇·海克著，黄富厢、朱琪、吴小亚译：《总体设计》，中国建筑工业出版社 1999 年版，第 196 页。

（2）水平方向空间限定。基本方法有覆盖、肌理、凸起、凹进和架起 5 种。

1）覆盖（coverage）。在自然空间里，覆盖可以挡住阳光和雨雪，使内外部空间有质的区别。顶面覆盖的形式、高度、图案、透明度、反射率、吸音能力、质地、颜色都明显影响着空间的特性。顶面可轻盈如半通透的织物或叶子组成的格网，也可坚固如栋梁、厚板或钢筋混凝土。它可以是多孔的、穿透的或百叶窗式的（见图 3-5）。

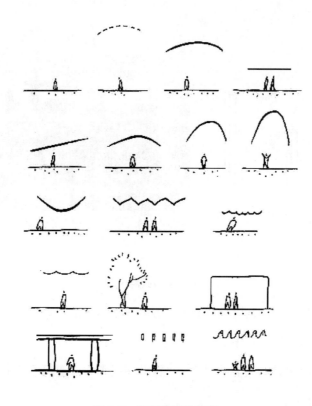

图 3-5 顶面空间的界定

为户外桌子加上遮阳伞，可挡住从高层建筑上落下的物体，在炎热的区域，遮阳伞可提供阴凉。顶部伞盖能够为桌子的使用者提供空间的围合和私密感，带给过往行人以很重要的视觉提示，即这里欢迎你来坐坐和吃午餐。在西雅图的一项研究中，为咖啡馆外的桌子添加遮阳伞极大地提高了广场该部分的使用率。曾经有一大晴天，因为疏忽而未撑起太阳伞，结果桌子的使用率大大下降。[①]

在室内空间高度超过 3m 时，感觉比较空旷，因此，需要在局部用不同形式或材料重新设置覆盖物，软化整个环境的情调，进行再限定。例如在博物馆的一些层高比较大的临

① 克莱尔·库珀·马库斯、卡罗琳·弗朗西斯著，俞孔坚、孙鹏、王志芳译：《人性场所——城市开放空间导则（第二版）》，中国建筑工业出版社 2001 年版，第 38 页。

时展厅里，为了使展示空间高度与人距离更近些，更加宜人亲切，常用方法是自天花板悬垂下来一些灯饰、幔帐或织物。在国家博物馆内的服务区，会支起一些太阳伞，伞下再安排一些座椅，供人们喝茶或休息（见图3-6）。

2012年首都博物馆"虎跃千年"展示

通州台湖公园

**图 3-6 灯饰、幔帐或织物使空间更加宜人**

2）肌理（muscle）。肌理指物体表面的组织纹理结构。不同材料肌理的运用可以增强导向性和功能的明确性，还可以组成图案作为装饰。迎接贵宾的红地毯，限定出一条行进空间；野餐时在场地上铺的一块布，区别桌布与场地的肌理，开辟出一块独处的场所。底面的肌理变化不仅是为了丰富空间，更重要的是利用肌理来限定空间，划定范围。如盲道的铺装是利用肌理变化限定空间，目的是为了限定空间、范围。

秦皇岛滨海植物园和鸟类博物馆规划场地位于秦皇岛市北戴河区，具有："泡"与"条"两种肌理。"泡"是有规律的潮起潮落，在海边留下许多深浅不一的水泡。与泡相对应，建立一个个泡状小岛，成为陆生生物的栖息地，也丰富了湖面的景观，给划船者创造了独特的景观体验。"条"是在不受潮水影响的滨海陆地，顺着风向，形成由一系列条带构成的肌理，沿条带布置种植畦或休息平台，可以形成多种空间体验。

肌理与场地用途见图3-7。

3）凸起（embossment）。老子曰：贵以贱为本，高以下为基（《老子》三十九章）。意思是：尊贵是以卑贱为根本的，高是以低下为根基的。"且夫天子四海为家，非壮丽无以重威。"（《汉书·高帝记》）意思是宫室修得庄严雄伟，可以体现庄严、雄伟，使四方臣服。统治者为了强化王权的至高无上，宫殿越修越高，越修越大。

凸起所形成的空间高出周围的地面，在室内空间具有强调、突出和展示等功能，可以

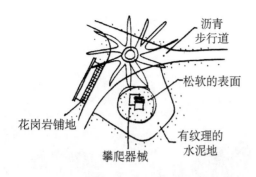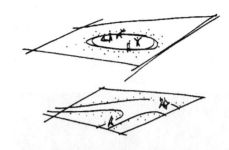

在一个给定的区域里，表面的材料、图案、色彩决定了与其相适合的用途

在底面材料和质地选择中应考虑：用途、噪音、反光性、吸热性、吸附性、耐用性、易维护性、排水、对天气的耐久性

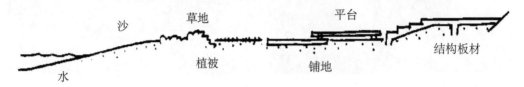

底面从流动性到刚性

图 3-7　肌理与场地用途

用来体现神圣、庄重以及吸引人们的注意力等。① 凸起空间具有明确的边界，其限定的空间范围明确，这种空间形式有时具有限制人们活动的意味。然而，当凸起次数增多，并重复形成台阶形态，由于凸起与周围各部分空间的范围混淆不清，凸起对空间的限定作用反而会减弱（见图 3-8）。

故宫三大殿　　　　　　　　　　　　天坛祈年殿

图 3-8　凸起

①　陈易、陈申源：《环境空间设计》，中国建筑工业出版社 2008 年版，第 80 页。

4）凹进（recess）。下沉式空间含蓄安定，它们与舞台、舞池或下沉式广场相似，鼓励参与。凹进的限定效果与低围合相似，但更具安全感，受周围的干扰也较小。当凹进达到围合状态时，凹进演变为围合。在室内设计中，下沉式空间既能为周围空间提供一处居高临下的视觉条件，显得谦虚和亲切，给人以闹中取静的宁静感。同时亦有一定的限制人们活动的功能。[1]

除非有十足的理由，室外开放空间不应该是下沉的。下沉式广场是死角，很难在其中找到几个人；如果下沉式广场里有商店，橱窗的展示遮掩了那里事实上的空闲状态。洛克菲勒广场中间是一个下沉式的购物中心，冬季，那里可以溜冰；夏季，有一个室外咖啡店，经常有音乐会。80%的人集中在这个广场的上层，比较低的部分大部分人不去。芝加哥第一国民银行也是一个下沉广场，天气好时，午餐时分、广场上的人数可以达到千人。这个广场成功的原因是它有大量的坐凳空间、一个声名赫赫的室外咖啡店、喷水池、夏加尔的壁画、午餐时的音乐和娱乐表演。[2]

现代景观中的凹进见图3-9。

2016年世界月季洲际大会主题公园　　　　　　　　2016年唐山世园会

**图3-9　凹进**

5）架起（suspension）。架起是将限定的空间超出于周围空间，架起的空间下方，包含着一个副空间。架起形成的空间与凸起形成的空间有一定的相似性，但架起形成的空间解放了原来的空间，从而在其下方创造出另一从属的限定空间。在室内环境设计中，设置夹层及通廊是运用架起手法的典型做法，有助于丰富空间的效果。[3]骑楼是西方古代建筑

① 陈易、陈申源：《环境空间设计》，中国建筑工业出版社2008年版，第81页。
② 威廉·H.怀特著，叶齐茂、倪晓晖译：《小城市空间的社会生活》，上海译文出版社2016年版，第67～68页。
③ 陈易、陈申源：《环境空间设计》，中国建筑工业出版社2008年版，第82页。

与中国南方传统文化相结合演变而成的建筑形式，建筑物底层沿街面后退且留出公共的人行空间。骑楼可避风雨防日晒，特别适应岭南亚热带气候，其商业实用性更为突出。骑楼在两广（如广州、珠海、北海）、福建（如福州、厦门）、海南（如海口）等地曾经是城镇的主要建筑形式（见图3-10）。

海口市中山路骑楼　　　　　　　　　　　北京东石公园

**图 3-10　架起**

由于用于空间的限定元素在质地、形式、大小和色彩等方面的差异，它们形成的空间限定度也会有所不同。

（3）围合程度对空间感的影响。

1）空间与内部物体的关系。当物体放置在空间内部时，物体和围合可视为一个整体，但通常更为重要的是两者之间距离的扩展、收缩、演化关系。例如，通过把一个物体置于一个形状多样的空间中而远离中心的位置，从而发展一种物体与围合面间的动态空间关系。一个自身具有复杂形体或错综线条的物体通常最好陈列在形状简单的空间中，以使空间关系强调这个物体而不是扰乱或削弱其形态。当多个物体置于同一空间时，物体间相互制约的空间以及物体与围合之间的空间，在设计上具有重要意义（见图3-11）。[①]

2）形状对空间围合感的影响。围合空间特征的形成关键在于平面。在平面上，使空间具有围合感的关键在于空间的边角的封闭程度。无论采取哪种限定形式，只要将空间的边角封闭起来就易于形成围合空间。围合空间根据其平面上围合程度可分为强围合、部分围合、弱围合三者。四面墙体围合成的空间，没有开口时，属于强围合，私密性强。如果沿中轴线双开口，则空间的封闭感较强，这是因为转折墙体本身就形成了具有一定封闭感的转角空

① 约翰·O.西蒙兹著，俞孔坚、王志芳、孙鹏译：《景观设计学——场地规划与设计手册》，中国建筑工业出版社2000年第3版，第205页。

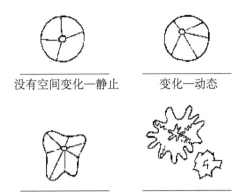

没有空间变化—静止　　　变化—动态

增加空间的变化和趣味　因不恰当的外框而导致
　　　　　　　　　　　物体形状的明晰性丧失

简单的外框提高了　　空间内的几个物体与
复合形状的趣味　　　空间围合的联系不只
　　　　　　　　　　是作为单体，而是作
　　　　　　　　　　　　为一个组群

**图 3-11　物体与周围空间的关系**

间，有利于加强空间的封闭效果。如果四个角都有缺口，则封闭感较弱（见图3-12）。[①]

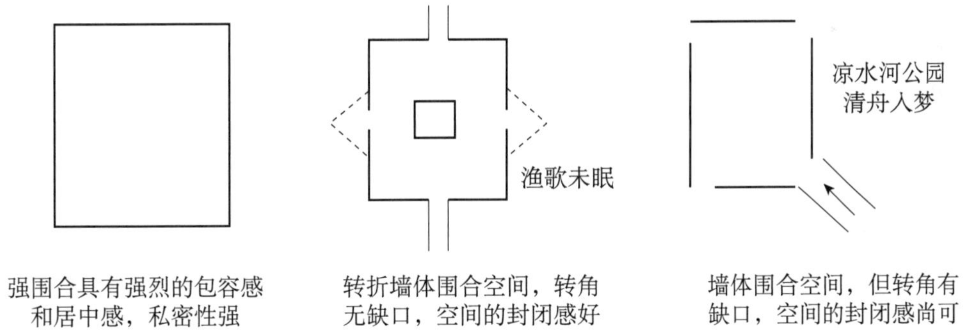

渔歌未眠

凉水河公园
清舟入梦

强围合具有强烈的包容感　　转折墙体围合空间，转角　　墙体围合空间，但转角有
和居中感，私密性强　　　　无缺口，空间的封闭感好　　缺口，空间的封闭感尚可

**图 3-12　强围合、部分围合、弱围合空间**

　　空间围合的灵活变化，使空间围合形成的封闭感、安全性、秘密性相应变化。空间围合不仅要注意观赏性，还要注意实用性，以免景区内设置的围合空间为不文明行为提供便利（见图 3-13）。

　　3）空间开口对空间感的影响。不开口的围合空间，限定度最强、封闭感最高，具有强烈的包容感和居中感。人处于全包围环境中，感觉安全，私密性强。但当全包围空间尺

---
① 陈易、陈申源：《环境空间设计》，中国建筑工业出版社 2008 年版，第 87 页。

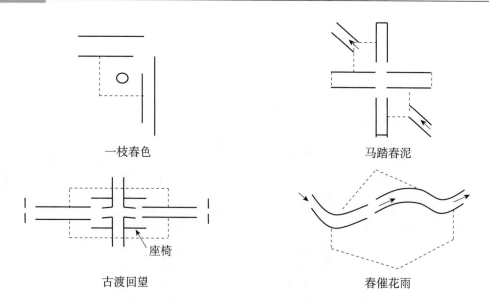

一枝春色

马踏春泥

座椅

古渡回望

春催花雨

**图 3-13　北京凉水河公园红盒子**

注: 图中黑线代表墙垣, 高 2.5 米, 厚 45 厘米; 虚线代表金属围栏, 高 1.2 米。

度大到使人感觉渺小时, 全包围的空间具有纪念空间的性质。

单开口围合的空间特征, 指三面界定, 一面未被界定形成的空间形态。空间形态有很明确的围合感, 空间的封闭感随垂直构件的高度而变化。当包围状态有较大的开口时, 开口处形成一个虚面, 在虚面处产生内外空间的交流和共融的趋势, 这种形态, 由于生理性的作用, 造成力的冲突, 内聚焦点对外部空间具有强烈的吸引力。空间特征主要表现在开口处, 由于单开口处与相邻空间在视觉和行为上保持着连续性, 或者通过延伸基底面来扩大心理空间范围, 使"U"形空间与相邻空间有相互穿插的感觉。

双开口围合的空间, 容易形成方向感, 产生轴线, 空间形态的指引性强。若强调轴线的方向性, 则对称双开口围合空间形态的对称性增强, 减弱轴线时, 出现空间转折, 其空间形态变得活跃起来 (见图 3-14)。

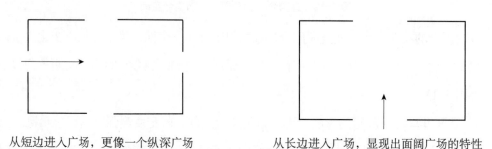

从短边进入广场, 更像一个纵深广场

从长边进入广场, 显现出面阔广场的特性

**图 3-14　双开口围合的空间 (张建涛, 2008)**

多开口围合状态的空间特征。内外空间具有良好的流通性，内外渗透强烈，形态对外部空间有强烈的聚合力。人处于外部时有强烈的参与欲望，但其内部的居中感、安定感则较弱或消失。开口越大越多，形态对外部的聚合力越强，对内部的限定度越弱；而当内部空间逐渐缩小并发展到极端时，内部空间只具有象征意义，它对空间的限定范围则转到实体形态的外部，这便是"占领"（见图3-15）。

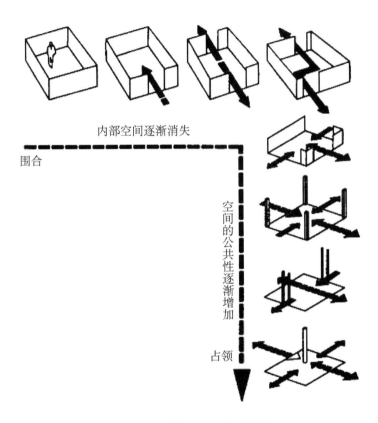

**图 3-15　围合程度对空间特性影响**

"L"形空间边界既明确又模糊，这使得它在组合时可以表达多种空间的特征。"L"形空间易于形成半开放的庭院空间，具有副空间的性质。如果对副空间的独特性加以着重处理，可以使副空间形态清晰，在大空间中创造出具有独立特征的小空间，丰富层次和形态。一般而言，"L"形组合限定的空间具有静态的特点，当在转角处进行开口处理时，则产生了内外空间的交流和共融的趋势，封闭感被打破，空间形态变得富有动态（见图3-16）。

　　L形空间的不同组合，可以使场地内的座椅、墙垣显得富有生气，但这种空间并不适合开展集体性的活动（见图3-17）。

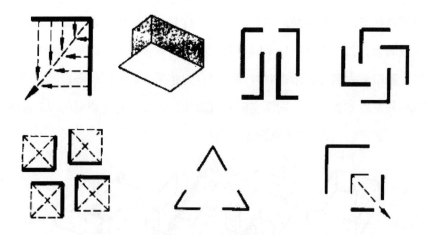

图 3-16　L 形空间组合示意图

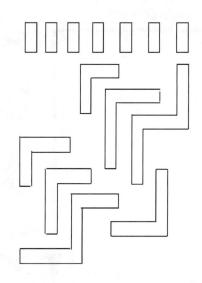

图 3-17　北京通州八里桥音乐主题公园景观墙平面图

4）纵向缺口对空间封闭感的影响。假定两个物体的高度相等，均为 $H$，两个物体之间的距离为 $L$（见图 3-18a）。两个物体之间形成的空间感，相当于从任意一个物体中观察另一个物体形成的空间感（详见 3.4.3.1 图 3-51 视距与景物高度的关系）。

$L/H$ 约为 1，人有一种既内聚安定又不至于压抑的空间感。

$L/H$ 约为 2，仍有一种内聚向心的空间，又不至于产生排斥离散感受。

$L/H$ 约为 3，产生两实体相斥，空间缺少封闭感。

$L/H$ 比值继续扩大，空旷、迷失或荒漠的感觉相应增加，从而失去空间围合的封闭感。

假定两个物体的高度不等，甲高度 $H_1$，乙高度为 $H_2$，两个物体之间的距离仍为 $L$（见图 3-18b）。从甲物体的 $A$ 点观察乙物体，则形成的空间为 $ABD_1C_1$，由 $L/H_2$ 的比例大小，判断该空间区域给人的感觉。类似地，从乙物体的 $B$ 点观察甲物体，则形成的空间为 $ABD_2C_2$，由 $L/H_1$ 的比例大小，判断该空间区域给人的感觉。如果甲物体、乙物体是山岳型景区的两座山，并且两座山的高度也不相等，由 $L$、$H_1$ 或 $L$、$H_2$ 的比例大小可以判断该峡谷给人的封闭感。

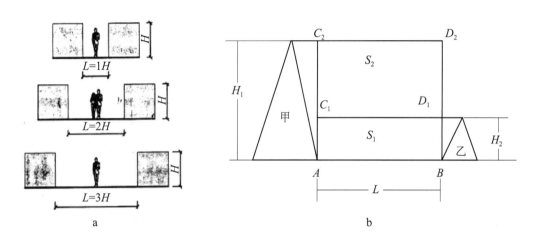

**图 3-18　缺口对空间封闭感的影响**

（4）根据容纳物的不同，对空间进行限定。

1）运用地形限定空间。地形构成景区的基本骨架，水体、植物、建筑等景观元素在地形上进行布置，形成空间限定、引导视线和造景作用。利用不同的地形地貌，设计出不同功能的场所（地形功能见 2.2.1.2）。使用地形改造的方法来分隔空间时，可以根据原有的地形条件结合景区的功能要求，以高就低、随形附势地挖河池、堆山阜，处理地形。这样的分隔方法，灵活方便且收到事半功倍的效果。[①]

2）运用建筑物。中国古典园林是空间分隔、组织的典范，从上空往下看，呈现一种混乱的拼接关系，各类空间在视线上给人的感觉是互不连续的。这种平面方向的发展格局，决定了它只能通过不断的分隔以保持整体格局的包容和稳定。在造园过程中，为了追求意境或多种体验，在有限的空间中追求无限，需要把大的空间不断分割成狭小的空间，以满足美学欣赏的要求。从传统风水学说考虑，古人认为，园林及其住宅应成为接纳这种"生气"的场所。因此，中国古典园林的不断分隔，一方面屏障了不吉祥的"邪气"，另一方面又用适当的方式引入和保留"吉祥"之气。一座园林创作，关键在于导引的处理。导引决定诸景象的空间关系，组织景观的更替变化，规定展示的程序、呈现的方位以及观赏距离。[②]

① 管宁生：《论造园中的地形改造》，载《西部林业科学》，2005 年第 34 卷第 4 期，第 36～40 页。
② 杨鸿勋：《中国古典园林艺术结构原理》，载《文物》，1982 年第 11 期，第 52 页。

园墙起到划分内外范围、分隔内部空间和遮挡劣景的作用，精巧的园墙还可以起到装饰园景的作用。园墙除开有门洞外，多设有空透的花窗，使园墙隔而不堵，本身亦起到构景的作用，而空廊、花墙，使得园内各景区之间既相隔又相通（见图 3-19）。

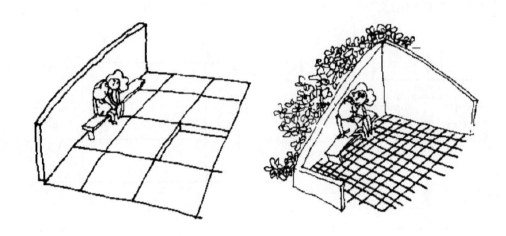

**图 3-19　墙壁创造出相当安静而愉快的空间**

3）运用植物。植物不仅可以遮挡光线、提供阴影、防止强光和眩光、阻挡西晒、吸收一定的噪声，在空间限定中，还可以发挥围合空间、覆盖空间的作用（见表 3-3）。

表 3-3　　　　　　　　　　　　　　植物围合空间的基本尺度

| 序号 | 植物类型 | 植物高度（厘米） | 植物与人体尺度关系 | 对空间的作用 |
|---|---|---|---|---|
| 1 | 草坪 | < 15 | 踝 高 | 作基面 |
| 2 | 地被植物 | < 30 | 踝膝之间 | 丰富基面 |
| 3 | 低篱 | 40 ~ 45 | 膝 高 | 引导人流 |
| 4 | 中篱 | 90 | 腰 高 | 分隔空间 |
| 5 | 中高篱 | 150 | 视线高 | 有围合感 |
| 6 | 高篱 | 180 | 人 高 | 全封闭 |
| 7 | 乔木 | 500 ~ 2000 | 人可以在树冠下活动 | 上围下不围 |

资料来源：《城市道路·广场植物造景》。

绿篱可以作为雕塑或草本植物的背景，创造边缘效果或强调设计的轮廓线。绿篱的特征取决于它所采用的植物材料，是落叶的还是常绿的，是开花的还是结果的，是经过修剪的，还是自然生长的，以及植物材料的高度和整体的形态。膝盖高度的绿篱给人以方向感，既可使游人视野开阔，又能形成花带、绿地或小径的花架；齐腰高的绿篱能分离造园要素，但不会阻挡参观者的视线；而与人等高的或更高的树篱能够创造完全封闭的私密空间。孤植树可独立成景，而具有一定种植间隔的几株植物，通常是同一品种的植物易使人联想到边界，多株植物密集地种在一起创造了密实的绿篱或绿墙。[①]

4）水体。正如歌曲《在水一方》所描述的"绿草苍苍，白雾茫茫，有位佳人，在水一方。绿草萋萋，白雾迷离，有位佳人，靠水而居。"在空间设计中，水体的流动和声响可以用于组织空间、贯通空间和引导人流，在不希望人进入的地方，可以用水面来分隔。就像一位上年纪的贵妇人，在她愿意给人看的方向摆上椅子以诱导人。用这种方法，可以相当自由地引导或是阻止外部空间的人的活动（见图3-20）。[②]

北京宣武艺园　　　　　　　　　　　　　北京宣武艺园

**图3-20　水体与空间限定**

5）运用地形、水体、植物、建筑。很少有空间划分单纯用地形或建筑，经常是几种要素同时应用。植物与地形共同限定空间，既可以强化地形，也可以削弱地形，设计者按设计意图，视实际需要创造多种多样的空间形式。[③]植物也是很好的背景材料，线条刚硬的围墙通过植物的搭配可以柔化线条与生硬感，丰富的色彩也形成强烈的对比。在中国古典园林中，园墙的处理不仅是墙体顶端的起落和平伏，而且在立面上通过漏窗的形式，采用框景、漏景的手法增强视觉上的层次感，并借用植物来达到弱化刚性生硬的视觉效果的目的。通过空间的渗透使围墙内外景色相互交流，人的视线会越过障碍穿透到另一个空间或更远的地方，增加景观层次（见图3-21）。[④]

有些景区土山山麓部分乔灌木密植，以致看不到山脚，而山的上部树木生长不良，从外观上看林冠线平缓，显不出山的效果。只有在登山时感觉是山，而到山上眺望时，又因视线透不出去，感觉不到山和平地（或水面）之间的联系。为改变这种状况，一方面加

① 南希·A.莱斯辛斯基著，卓丽环译：《植物景观设计》，中国林业出版社2004年版，第79～88页。
② 芦原义信著，尹培桐译：《外部空间设计》，建筑工业出版社1985年版，第79页。
③ 陈易、陈申源：《环境空间设计》，中国建筑工业出版社2008年版，第96～99页。
④ 易韵婷：《长沙市围墙景观艺术设计研究》，湖南农业大学硕士论文，2015年，第33页。

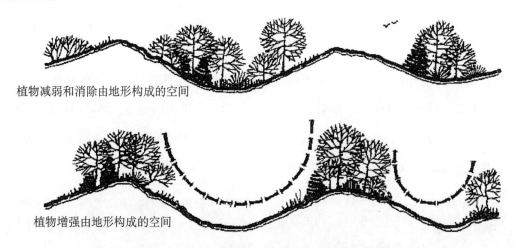

植物减弱和消除由地形构成的空间

植物增强由地形构成的空间

**图 3-21　植物增强或减弱由地形构成的空间**

强山头上树木的养护，使之生长良好。另一方面间疏山脚平地间的树木，使山露脚。有些土山，坡地全都密植高大落叶乔木，缺少下木地被，没有天然山林的野趣，显得呆板乏味。植物的布置，一般在山麓、坳、谷等低处宜多辟起伏柔和的草地；山腰部分可成片栽植较大树木或做成疏林草地；山头上则种植高大树木。[1]

### 3.3.2　多个空间的组织

当规划师第一次觉悟到人们所涉及的不是区域而是空间时，许多土地规划的艺术和科学才会展现在他们面前。这就涉及如何设计空间围合和空间联系以适应用途的问题。[2] 所有令人愉快的空间都是，也只能是因为它们在尺度、形状、特征上明显地与它们所要服务的目的和环境相适应。[3]空间的形式应服务于功能。

当空间布局上带有明确的方向性时，就会对视线产生导向作用，如线状的视线走廊设计手法用来突出公园内的某一景观主体等。通过设计进行视觉导向时，应尽量在视线的尽端配置具有某种吸引力的内容。因为有了目标，途中的空间才产生吸引力，而途中的空间有了吸引力，目标也就更加突出，它们就这样产生了良好的互动作用。[4]景观设计中视觉空间的处理通过不同形状的空间组合和转换来营造出特殊的空间氛围。景观设计师要善于抓住不同的空间变化给人的视觉和心理感受来设计出具有空间变换的景观设计作品。

① 黄庆喜、梁伊任：《试谈北京一些公园的地形处理》，载《北京林学院学报》，1984年第4卷第4期，第24～35页。
② 约翰·O.西蒙兹著，俞孔坚、王志芳、孙鹏译：《景观设计学——场地规划与设计手册》，中国建筑工业出版社2000年第3版，第177页。
③ 约翰·O.西蒙兹著，俞孔坚、王志芳、孙鹏译：《景观设计学——场地规划与设计手册》，中国建筑工业出版社2000年3版，第179页。
④ 苏薇：《开放式城市公园边界空间设计研究初探》，重庆大学2007年版，第76～77页。

### 3.3.2.1　平面空间组织

空间序列是指按空间的先后顺序，将不同尺度和样式连续排列的空间组织在一起。在主观上，这种连续排列的空间形式是由时间的先后序列来体现的。在组织空间安排序列时应注意空间的起承转合，使空间的组织具有一个完整的构思，产生步移景异的效果。打破单调感，创造一定的艺术感染力。良好的空间序列设计，宛如一部完整的乐章、动人的诗篇，有主题，有起伏，有高潮，有结束；通过建筑空间的连续性和整体性给人以强烈的印象、深刻的记忆和美的享受。良好的序列章法还要靠每个局部空间的装饰、色彩、陈设、照明等一系列艺术手段的创造来实现。

景观空间序列有以下 3 种形式：

（1）自由型的空间序列。这种路线分为开始段、引导段、高潮段和尾声段。如苏州留园是一座较大的私家园林，主要入口正处于两旁其他建筑的夹缝之中，宽仅 8 米，而从大门至园区长达 40 米。建园者在这狭长的地段里安排了由曲廊相连而组成的三个空间。进门有一个小天井，经过曲廊进入有花木布置的第二个空间，再经过小廊到达第三个空间，这里古木一株，枝叶苍劲。连接小廊的是一座小厅屋，厅墙上开空窗，窗外才是留园的主体。在这朝左，应用厅、廊、墙组成不同的空间，以这些空间的转合、明暗与大小的变化，再加上古木景点的布置，使这一夹缝中的狭长入口变得妙趣横生。[1]至绿荫处豁然开朗，西楼时再度收束；至五峰仙馆前院又稍开朗；穿越石林小院视野又一次被压缩；至冠云峰前院则顿觉开朗，至此，可经园的西、北回到中央部分，从而形成一个循环。（见图 3-22）。

（2）轴线型的空间序列。轴线型空间序列呈串联的形式，具有比较明确的轴线。可以沿着道路成排设置空间，或者成组地设置：能强有力地帮助人们获得方向感，所以非常适合不断有新的使用者的空间或空间序列（如园艺展览、旅游点等）。[2]

（3）中心型的空间序列。空间序列具有以下优点：以某个空间院落为中心，其他各空间院落环绕在它的四周布置，游人从入口经过适当的引导首先来到中心院落，然后再由这里分别到达其他空间。如北海公园的静心斋，集中了北方园林建筑楼、台、亭、榭之大全，用南方私家园林的手法，将水景、小室、叠山融为一体，中部空间叠山理水，作为园景中心，只有桥、廊、亭少量建筑，大部分建筑都紧靠周边。沿着院内的回廊和山路迂回往复，给人以曲径通幽、山外有山、楼外有楼的无穷无尽之感。作为原创的北方庭园，其

---

① 楼庆西：《中国古建筑二十讲》，生活·读书·新知三联书店 2004 年版，第 183～187 页。
② 汉斯·罗易德、斯蒂芬·伯拉德著，罗娟、雷波译：《开放空间设计》，中国电力出版社 2007 年版，第 130～131 页。

造园艺术堪称北方之最（见图 3-23）。

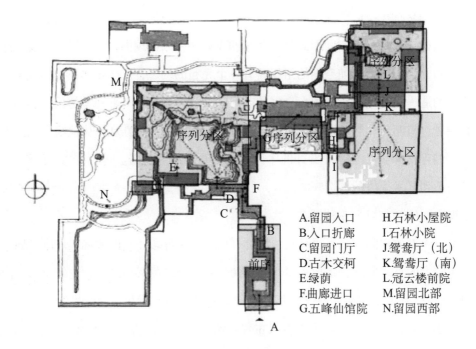

A.留园入口　　　H.石林小屋院
B.入口折廊　　　I.石林小院
C.留园门厅　　　J.鸳鸯厅（北）
D.古木交柯　　　K.鸳鸯厅（南）
E.绿荫　　　　　L.冠云楼前院
F.曲廊进口　　　M.留园北部
G.五峰仙馆院　　N.留园西部

图 3-22　留园空间的迂回序列

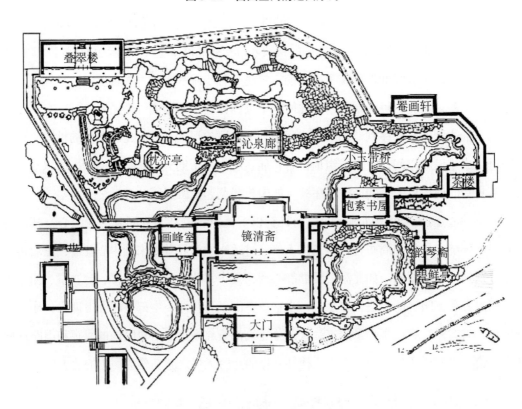

图 3-23　北海公园静心斋

### 3.3.2.2 垂直空间组织

空间内的垂直要素，对空间的性质和特征具有决定性的作用。当物体放在空间内部时，如景观中的观光塔、孤植树、喷泉和滑梯等物体，空间中的物体与围合物可视为一体，物体尺度必须与空间的尺度相适应，在形状与色彩上与空间的形状与颜色形成鲜明对照，从背景上凸显出来。

在同一空间内，不同景观的高度不同；不同空间中的建筑高度不可能都是一致的，它们如同音乐中跳动的音符一样，形成动态的变化，并且互为呼应。运用少量人体尺度的物体能在人与大空间之间建立尺度联系，而一个高的物体能把小空间引向外部更大的世界。[1] 在处理相当大的区域时，如一个巨大的广场可以对进入它或在其间闲逛的人产生巨大的压力。如果在这个空间放置一条小长椅，相比这下，这个空间似乎更加骇然不可亲近。坐在这条长椅上的人只会感受到他与整个广场的关系。然而，如果在靠近长椅的地方设置一棵皂荚树、一个石制喷水池，或一个装饰屏障，他将首先感受到的是坐在树下、水池边，或靠近屏障处，只是偶尔才会感到这个更大空间的尺度。[2]

## 3.3.3 人性空间设计

一个空间应该满足不同人群的多元化需求，譬如一个开放的人性化空间，既能让大人带着孩子们在这里安全地嬉戏、玩耍，让上班族中午在这里的草地或者座椅上安静地吃午餐、聆听或观看演出，让退休的中老年人在这里遛弯、会友、下棋、唱歌或者跳舞，让那些身体有残疾的人也有机会到这里与人交谈。如果一个设计师只关注一个物理空间的大小，而忽略了对人的关怀，那么他设计的作品只是"缺乏实用的垃圾"，无法吸引人们进入、驻足和长时间停留。一个空间受欢迎程度和利用率很大程度上取决于它的位置和设计的细部。如大型公共场所最合适的位置是那些能吸引各种使用者的地点。

一个人性场所应该尽可能做到以下几点：

（1）选址。广场应位于潜在使用者易于接近并能看到的地点，向人们提供缓解城市压力的调剂方式，有利于使用者的身体健康和情绪安宁。此外，应考虑到日照、遮阴、风力等因素使广场在使用高峰时段仍保持生理上的舒适。

（2）开放。配置各类设施，明确地传达该场所可以被使用的信息，满足最有可能使用

---

① 凯文·林奇·海克著，黄富厢、朱琪、吴小亚译：《总体设计》，中国建筑工业出版社1999年版，第165页。

② 约翰·O.西蒙兹著，俞孔坚、王志芳、孙鹏译：《景观设计学——场地规划与设计手册》，中国建筑工业出版社2000年第3版，第206页。

该场所的群体需求。醒目而且接近道路的雕塑、喷泉或野餐桌可以吸引行人停下来，甚至可能坐在附近或引发交谈。为此，应在艺术作品附近添加可供歇坐的或倚靠的台阶、凸台或栏杆。野餐桌在中心区公园中的半闭合场所内供人们共进午餐，或者只是为一群人提供一个可围坐的立足之处。[①]

（3）让使用者有安全感。在面对赏心悦目的自然风景的绿地时放置长椅。那些背靠实物（如墙、植物或树木）的长椅比那些在开放空间中的长椅给人更强烈的安全感。长椅周围环境的质感、气味和微气候也能强化人们身处自然的感觉。

（4）促进人际接触，将人视为演员而不是观众。鼓励不同群体的使用，保证一个群体的活动不会干扰其他群体的活动。劳伦斯·哈尔普林（Lawrence Halprin）设计俄勒冈州波特兰广场（Lovejoy Plaza）时，将人们的参与视为主要的设计标准，儿童和年轻人在水中快乐地嬉戏，他们在体块上爬上爬下，这种参与性几乎是其他任何一种公共艺术所不具有的。

是一个大公园好，还是把相等的空间分成小公园好？大公园和小公园没有可比性。以纽约市为例，中央公园是大尺度上的一个宏伟空间，小公园的集合不可能达到中央公园对纽约的贡献。因为奥姆斯特德的天才，中央公园实际上也是由无数的小空间组成的，人们正是按照小空间的方式来感受中央公园这个大空间的。[②]

例：吉安尼尼广场：公司——"舞台"

位置及环境：吉安尼尼广场是旧金山市金融区美国银行综合大楼的一部分。美国银行大厦从广场中拔地而起，广场环绕着建筑。主广场区域位于卡尼大街和加利福尼亚州大街的街角处，较小的次级广场走廊沿卡尼和派恩大街道延伸。另外一个次级广场位于银行大厦的东侧，从街道上看不到。商店、咖啡馆以及金融机构一起构成了街面上的底层建筑。

概况：广场综合体由四个大小和特征不同的亚空间构成。A区是广场中面积最大但使用程度最低的部分，是一个巨大的缺乏变化的空旷空间，从卡尼大街的人行道上可以进入，以及从广场下部、沿加州大街分布的大型踏步向上也可抵达。该空间有一些圆形的花台，其中部分被低矮的坐墙围绕；还有一个花架、旗帜以及一个并不太吸引人的巨大花岗岩抽象雕塑，有时儿童会偶尔试图攀爬它。广场的座位材料全为坚硬的花岗岩，即使在阳光下它也热得很慢。曾经在区域A内存在的四边形喷泉区由于被风吹得水花四溅，已被换成花台和坐墙。

① 克莱尔·库珀·马库斯、卡罗琳·弗朗西斯著，俞孔坚、孙鹏、王志芳译：《人性场所——城市开放空间导则（第二版）》，中国建筑工业出版社 2001 年版，第 84 页。
② 威廉·H. 怀特著，叶齐茂、倪晓晖译：《小城市空间的社会生活》，上海译文出版社 2016 年版，第 116～117 页。

A区本来想作为进入美国银行大厦的主入口，不幸的是它位于建筑的北侧面而不是南面，从而形成了一个背阴、冰冷、无人问津的高耸建筑的入口。

B区是广场中最小且最隐蔽的空间。树篱将空间围合并减少了它同主广场和街道之间的视觉接触。绿篱内部包围着一些木质长椅和可坐的花台，在使用高峰期形成既可晒太阳又可防风的微气候。个人或群体可选择不同朝向及组合的方位。美国银行的一所支行大楼可通过此空间进入，但是植物遮挡了入口而且没有标识。

C区是连接广场南北的休息区域和步行通道。这一线性空间能接受大量午间阳光，但却完全隐藏在美国银行新楼和旧楼之间，从街道上无法看到。三个很大的矩形花池被固定的长椅环绕，树冠提供了斑驳的阴影以及一些适度的垂直围合感，显得很适合这一空间。去往美国银行老楼的一个入口就设在这里。

D区是阳光最充足的空间，沿着银行大楼的南侧和西侧布置。沿着卡尼大街和一部分派恩大街分布有与街道齐平的通道。沿派恩大街的花台被用作午餐的桌面，因为它太高以至于大部分使用者无法坐在上面。沿卡尼大街的一处坐墙阳光不多而且风较大，但它合适的座位高度和朝向吸引了许多使用者。沿派恩大街矮墙坐着的人可以不为人注意地观察下面的街道活动。银行高层塔楼的墙柱为坐在地上的人提供了受人欢迎的靠背。有趣的是这一使用强度很高的空间内竟没有正式座椅。美国银行大厦的使用最多的入口可通过这一狭长空间走廊到达。

主要用途和使用者：尽管空间B、C和D都是午餐时最受欢迎的空间，吉安尼尼广场总体而言并不是一个很成功的城市空间。A区是一处空旷的空间，除了有若干行人进出银行大楼外，它基本上毫无生气。如果这一廊道的空间位于建筑的南侧而不是北侧，整个广场作为一个健康的城市空间的活力将会大大增加。

空间B、C和D的使用者和用途在其他城区广场也常可见到，吃东西、阅读、晒太阳、小憩、交谈和观望人群等午间活动。男性人数超过女性，约为3∶2。就安全性而言，空间B的视觉屏蔽并没有妨碍女性使用，通常情况下，2/3的使用者独自而来，1/3的人成对或成群而来，白领办公职员是最主要的使用者。建筑工人倾向于集中在沿街的空间D。空间B和C的不可视性似乎并没有妨碍它们的使用。所有这些空间，尽管有些屏蔽，但都有足够的座位和阳光，这说明一些广场使用者更喜欢同街道活动隔离，而且视觉上的屏蔽并不一定会使女性使用者产生担心。

成功之处：隐蔽的亚空间为那些需要私密的使用者提供了私密空间；空间B中座位

的多样性和朝向都很好。

不足之处：主广场（空间 A）位于银行大楼北侧阴影区，而不是南部阳光地带；缺乏有组织的活动吸引人们进入空间 A；喷泉位于多风的位置，导致它的拆迁；雕塑缺乏吸引力；C 和 D 缺乏足够的座位；缺乏向人们指明银行入口和广场其他不明显空间的标识；座位材料错误地选择了冰冷的石材而不是温暖的材料；C 内的植被未能遮盖住光秃秃的墙体；空间 D 内的花台过高无法坐在上面（见图 3-24）。①

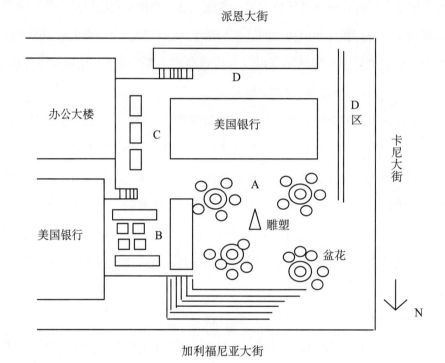

**图 3-24　吉安尼尼广场平面图**

### 3.3.4　感觉的调整

感受指客观事物的个别特征在人脑中引起的反应。受到生理条件和现实条件的限制，人对空间的感受往往与实际感有一定的出入。

体验是一个身体力行的认知过程，设计师所能做的就是认识体验、再现体验和创造体验。古人的造园完整地体现了这三个步骤，实现了对山水体验的再造。当今的设计师用图纸来预想、描述、交流将要营造的景观，这其中到底有多少内容是来自于对生活的真实体

① 克莱尔·库珀·马库斯、卡罗琳·弗朗西斯著，俞孔坚、孙鹏、王志芳译：《人性场所——城市开放空间导则（第二版）》，中国建筑工业出版社 2001 年版，第 57～59 页。

验？图纸的绘制反映了设计者的态度和思维方式。随着计算机辅助设计的兴起和渲染图所带来的商业"奇观"，图纸作为工具的有效性和准确性凸现出来，而离再现人的体验却越来越远。[①]

当人们研究或评议空间设计方案时，一般首先看到的是总平面图、平面图、透视图及模型等"图形"，由此想象未来的环境，做出好或不好的判断。这种感受称为"图纸感受"或"图形感受"。当空间环境建成之后，人们在其中活动，通过各种感觉器官产生关于这一空间的感受，这种感觉称为"实际感受"。如房屋装修时，人们从设计师画的图纸得到的仅仅是图纸感受，并不能确定装修的实际效果，一旦房屋装修完，真正住进去之后，才会发现装修效果与自己的设想是否存在差距，日常起居中是否感觉到舒适（见表3-4）。

表 3-4　　　　　　　　　感受者与图形、感受者与实际环境的关系

| 感受者与图形的关系 | 感受者与实际环境的关系 |
| --- | --- |
| 感受者在对象之外 | 感受者在对象之内 |
| 感受者处于静态 | 感受者处于动态 |
| 感受者通过视觉感受 | 感受者通过各种感觉器官感受 |

"图形感受"与"实际感受"往往不是一回事，人们容易受图形感受的"误导"，造成不太理想的效果，在尺度很大的室外空间规划中尤其难以想象这种"实际感受"。北京陶然亭公园内的一揽亭坐落在公园西南山之巅，与东北山上的瑞像亭遥相对峙，成为公园东、西两端最引人注目的两处景观和分隔公园内部空间与外部空间的标志性建筑。站在亭上，全园亭、台、楼、榭，山山水水，佳木繁花，尽揽眼底，是登高赏景佳地，取名"一揽亭"。[②]当游客真的站在一揽亭时，受树木冠幅的遮挡，实际上是看不见瑞像亭的，也难得看见全园的亭台楼榭及繁花盛景。

# 3.4　景观美学原理

与艺术作品类似，景观设计作品给别人的第一印象肯定是视觉语言，作品的形象能否在第一眼就能给别人留下深刻的印象，这一点非常重要。

美的本质是什么？古希腊哲学家普遍认为和谐即美。苏联哲学家奥甫相尼柯夫（M. Ф. Овсянников）也认为和谐是美的显著特性。这种和谐是真与善的统一。审美的对象必须是"熟悉的陌生"。熟悉是因为人在对象中看到了自己，陌生是因为对象毕竟是异己的。在一

① 闫昱：《迂回与进入：苏州明清私家园林中路径对体验密度的影响》，天津大学建筑学院硕士论文，2009年，第80页。
② 陶然亭公园志编纂委员会：《陶然亭公园志》，中国林业出版社1999年版，第89页。

些现代艺术设计的作品中，设计者往往可能很陶醉，因为他在这些作品中看到了"自己"。

美包括形式美、意境美与意蕴美三个不同层次的类型。形式美是作用于人的感官的直接反映；意境美是情感与想象的产物；意蕴美则是人的心灵、情感、经验、体验的共同作用的结果。只有美的生态，才能唤起使用者的认同。[①]景观游览作为一种艺术鉴赏活动，"游亦有术矣"，概括为十二个字，即远望近观，动静结合，情景交融。古人常将观赏好的景致称为"品园"，"品"往往是静态的，所以静观是游园所不可少的。[②]本节从形式美、色彩美、视觉美三方面，阐述景观美学原理。

## 3.4.1 形式美原理

形式是指事物的形状、结构。形式是内容的外在表现。[③]一般来说，形式并不是最重要的，最重要的是内容（精神），即形式出于内在的需要。形式美（formal beauty）是许多美的形式的概括反映。高尔基说，形式美是"一种能够影响情感和理智的形式，这种形式就是一种力量"。景观设计的形式美与所有事物的形式美一样，遵守美的形式法则。

### 3.4.1.1 造景手法

成功的设计师在拥有好创意的同时，还得是一个解决问题的高手。造景方法的核心可以概括为：两点一线。"两点"即把握主景、配景的关系，配景衬托主景，使观察者在同一空间范围内的诸多位置和角度都可以欣赏主景。而在主景当中，周围的一切配景，又成为欣赏的主要对象，主景与配景相得益彰。"一线"主要指综合近景、中景、全景与远景的空间布局，巧妙地运用借景的手法，同时在景观的组织上充分利用对景与分景，并在细节处理中采用框景、夹景、漏景、添景，达到生态美与生态效应的完美融合（见表3-5）。

表 3-5                                              造景手法

| 造景手法 | 类 型 划 分 |
| --- | --- |
| 借景 | |
| 距离、时间、角度 | 近借、远借、邻借、仰借、俯借、应时而借 |
| 内容 | 借山、水、动物、植物、建筑等；借人物；借天文气象；借各种声音 |
| 对 景 | 正对、互对、侧对 |
| 分景 | 障景（入口障景、端头障景、曲障）；隔景（实隔、虚隔、虚实隔） |
| 框景 | 入口框景、端头框景、流动框景、镜游框景 |
| 点 景 | 匾额、对联、石碑、石刻等 |
| 抑 景 | 山抑、树抑 |

① 俞孔坚、庞伟：《足下文化与野草之美》，中国建筑工业出版社 2003 年版，第 41 页。
② 刘天华：《画境文心：中国古典园林之美》，生活·读书·新知三联书店 1994 年版，第 278 页。
③ 康定斯基著，查立译：《论艺术的精神》，中国社会科学出版社 1987 年版，第 76 页。

（1）借景（view borrowing）。借景指选择好合适的观赏位置，突破自身基地范围的局限，有意识地把园内视线所及的园外的景物"借"到园内来。《园冶》云："因林巧于因借，精在体宜""夫借景，林园之最要者也"，同时提出，"借者虽别内外，得景则无拘远近。晴峦耸秀，绀宇凌空，极目所至，俗则屏之，嘉则收之，不分町疃，尽为烟景"。苏州留园的冠云楼可以远借虎丘山景，拙政园在靠墙处堆一假山，上建"两宜亭"，把隔墙的景色尽收眼底，突破了围墙的局限，这也是"借景"。

借景的作用，一是扩大景区的空间感；二是增加了风景观赏的多样性；三是使观赏者突破眼前的有限之景，通向无限。借景把周围环境所具有的各种风景美信息借入园内，同时把人工创造或改造的景观融于外在的自然空间中。杭州西湖孤山顶上"西湖天下景"亭，正因其高，看得远，才能冠以天下美名。从此处四望，西湖环绕，稍远青山四合，亭间所挂一联更妙："水水山山，处处明明秀秀；晴晴雨雨，时时好好奇奇"（黄文中题），非常恰当地道出了孤山风景的多样和变化。[①]

按景的距离、时间、角度等，借景分为远借、邻借、仰借、俯借和应时而借五种方法。不管是哪一种形式的借景，都保证了风景和游人之间的距离间隔。

1）远借。远借，是把远处的景物组织进来，所借物可以是山、水、树木、建筑等。成功的例子很多，如从北海五龙亭远眺望景山公园万春亭、富览亭。从颐和园远借西山及玉泉山之塔；避暑山庄借憎帽山、留锤峰；无锡寄畅园借惠山；济南大明湖借千佛山等。为使远借获得更多景色，需充分利用园内有利地形，开辟透视线，也可堆假山叠高台，山顶设亭或高敞建筑（如重阁、照山楼等）（见图3-25）。

北海公园远眺景山公园　　　　　　　　　　北京古塔公园

**图3-25　远景**

2）邻借（近借）。邻借，是把园子邻近的景色组织进来。周围景物，不论是亭、阁、

① 黎德化：《生态设计学》，北京大学出版社2012年版，第142～143页。

山、水、花木、塔、庙，只要是能够利用成景的都可以借用。苏州沧浪亭园内缺水，而临园有河，沿河做假山、驳岸和复廊，不设封闭围墙，从园内透过漏窗领略园外河中景色，园外隔河与漏窗也可望园内，园内园外融为一体。

3）仰借。仰借，指仰视借取园外高处景物，如古塔、高层建筑、山峰与大树等。从北海公园观景山，南京玄武湖观鸡鸣寺，颐和园长廊观玉泉山塔，均属于仰借。仰借视觉较疲劳，观赏点应设亭台座椅。

4）俯借。俯借，指居高临下俯视借园外低处景物。如从北京香山最高处香炉峰（又称鬼见愁，海拔557米）观北京城，中央电视台转播塔、北京植物园。赣州八景台、紫竹院公园俯借见图3-26。

赣州八景台　　　　　　　　　　　紫竹院公园水榭

**图3-26　俯借**

5）应时而借。应时而借，指不同时间或不同季节的借景，如借植物的四季变化；借日月，借朝（晚）霞、风、云、雨等。不同季节景物有不同的美感。杭州西湖十景中，前四景"苏堤春晓""曲院风荷""平湖秋月""断桥残雪"，恰好包含了四季美景。

为了达到借景的目的，具体措施是：

1）开辟赏景透视线。整理或去除赏景的障碍物，譬如修剪遮挡视线的树木枝叶等。在园中建轩、榭、亭、台，作为视景点，仰视或平视景物。

2）提升视景点的高度。在园中堆山，筑台，建造楼、阁、亭等，让游者极目远眺。

3）借虚景。如朱熹的"半亩方塘"，[①]圆明园四十景中的"上下天光"，都俯借了"天光云影"；上海豫园中花墙下的月洞，邻借了隔院的水榭。

（2）对景与分景。

① 宋·朱熹《观书有感》：半亩方塘一鉴开，天光云影共徘徊。问渠那得清如许？为有源头活水来。"半亩方塘"是朱熹小时候读书的地方。

1）对景。对景指布置在景观轴线及风景视线端点，能相互观赏或互相衬托，从而增加彼此艺术价值的风景点。对景多用于局部空间的焦点部位。多在入口对面、涌道端头、广场焦点、道路转折点、湖池对面、草坪一隅等地设置景物，一则丰富空间景观，二则引人入胜。一般多用雕塑、山石、水景和花坛（台）等景物作为对景。

对景有正对、互对和侧对之分。正对指在道路、广场的中轴线端部布置的景点，或以轴线为对称轴而布置的景点，一般在规则式景区中应用较多。互对是在绿地轴线或风景视线两端设景，两景互对，互为对景，侧对观看景物的侧面，效果是"犹抱琵琶半遮面"。如颐和园的涵虚堂看佛香阁即为正对，而知春亭看佛香阁则为侧对。正对和侧对都是单对。互对指在视线两端都安排景物，同时都是视点所在（见图 3-27）。

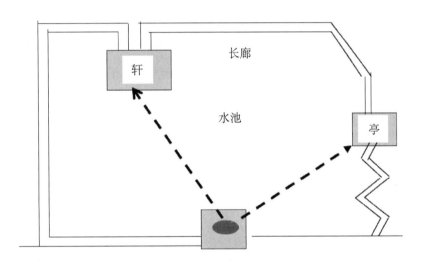

图 3-27　侧对（赣州城市中央公园）

2）分景。分景是利用山体、溪涧、景观建筑或景观植物，把绿地分隔为若干个空间的造园手法。不同空间互不干扰，各具特色。通过分景，使景色含蓄有致，获得园中有园，景中有景，湖中有岛，岛中有湖的境界。[①]如颐和园的长廊，把一片风景隔成两个，一边是近于自然的广大湖山，一边是近于人工的楼台亭阁，游人两边眺望，丰富了美的印象。

3）分景按其划分各空间的作用和艺术效果，分为障景和隔景。

① 障景。障景指抑制视线，提高主景魅力，屏障劣景的手法。"欲扬先抑""俗则屏之"。障景作为前进方向的对景，景前留有空地以供游人停留。[②]障景实际上是为了使游人在进入大的园区之前，先经过一个小的前导空间。《红楼梦》第十七回"大观园试才题

① 姚庆渭：《实用林业词典》，中国林业出版社 1990 年版，第 99 页。
② 姚庆渭：《实用林业词典》，中国林业出版社 1990 年版，第 803 页。

对额，贾宝玉机敏动诸宾"，贾政、宝玉一行首次游大观园品题景名，一进门只见一翠嶂挡立面前。贾政评论道："非此一山，进来园中所有之景悉入目中，更有何趣。"扬州个园小径两旁以竹林为障，曲径通幽，从小路前望，只见前方小亭一角，这就是障景"半隐半露"的树丛障手法。游览者在行进过程中随路线、视线的改变会看到不同的景点，假山在这里起到了遮挡视线，隔断空间的作用，充当了把这些相距较近的景点从视线上互相隔断或半隔断的角色。①

按障景材料，分为影壁障、假山障、土山障、树丛障、绿篱障、组雕障、置石障、建筑障等。障景本身可自成一景。影壁也称照壁，壁身为长方形，四周用砖雕装饰，中间的方块为书法或者绘画。影壁分为基座和壁身两个部分，除去给庭院增加气氛，祈祷吉祥之外，影壁也起到使外界难以窥视院内活动的隔离作用（影壁障）。

障景按布置的位置，分为入口障景、端头障景和曲障三种。入口障景，位于景园入口处，为了达到欲扬先抑、增加层次、组织人流、障丑显美等作用而设置，如牌楼、屏风、盆景山石、观赏植物等。端头障景，位于景观序列的结尾处，希望游人有所回味，留有余韵，起到流连忘返、意犹未尽、回味无穷的作用。如拙政园的"梧竹幽居"竹径，景观因一竹屏的设置而戛然而止，这种端头障景的形式留给游客无限遐想的空间，让游客有一种意犹未尽、回味无穷的感觉。曲障，运用山石、转折的庭院起到障景的作用，使需要多次改变方向的路线似乎比笔直的路线更长，其中的原因就是，我们在每次转弯时都会看到新的一系列景象，并因此形成了新的空间区域。② 这实际上也是景区游步道设计时，曲径通幽，延长了游客停留时间的原因。

② 隔景。隔景指利用某种材料，将空间进行分隔，使空间"小中见大"，增加园景构图变化。隔景与障景的区别是：障景本身就是景；隔景旨在分隔空间景观，并不强调自身的景观效果。隔景的方法和题材很多，如山岗、树丛、植篱、粉墙、漏墙及复廊等。隔景分为实隔、虚隔、虚实隔。实隔，指两个相邻空间互不透漏，如用高墙隔开。虚隔，指两个相邻空间相互透漏，如用水体、山谷、堤、桥、道路等分隔。虚实隔，指相邻两个空间虽隔又连，隔而不断，景观能够互相渗透。如开漏窗的墙、长廊、铁栅栏、花墙、疏林、花架等分隔的空间（见图 3-28）。

北京故宫的乾隆花园，占用了宁寿宫西侧的一条狭长地带，南北长 160 余米，东西仅

① 杨蜀光：《传统园林设计中暗藏的心理学应用》，载《建筑》，2006 年第 24 卷第 1 期，第 114～116 页。
② 科林·埃拉德著，李静滢译：《迷失——为什么我们能找到去月球的路，却迷失在大卖场》，中信出版社 2010 年版，第 90 页。

北京宣武艺园　　　　　　　　　　　　　北京宣武艺园

**图 3-28　隔景**

宽 37 米，要是不进行分隔，这一狭长空间便犹如一条夹弄。造园家在布局时因地制宜地将它隔成四块，每块有自己的主题景致，彼此又互相流通。游人循径而去，感到空间时放时收，有曲有直，完全不觉其狭小。[①] 江南文人私园占地面积普遍很小，要是取消了所有遮挡视线的廊、墙、植物及假山，实际上只是很小的一块空地，只有分隔才会使游人不知其尽端之所在而倍觉其大，这便是"越拆越小，越隔越大"的道理。即使是现代的城市公园，为了小中见大，常常也采用分隔空间的手法。如陶然亭公园湖面被分隔为东湖、西湖、南海、桃花湖；玉渊潭公园八一湖被分隔成了东湖、西湖。

（3）框景、夹景、漏景、添景和抑景。

1）框景。框景，是利用门框、窗框、树框、山洞空隙或树干抱合而成的罅隙，透视另一空间的景色。由于有了景框为前景使游人视线高度集中在"画面"的主景上，给人以强烈的艺术感染。在设置框景时，应注意使观赏点的位置距离景框直径 2 倍以上，同时视线与框的中轴线重合时效果最佳。景物与框布置在相对应位置上，景物恰好落入 26° 视域内。

窗子在建筑艺术中发挥着很重要的作用。有了窗子，内外发生交流。窗外的竹子或青山，经过窗框望去，就是一幅画。杜甫（712—770）《绝句》"窗含西岭千秋雪，门泊东吴万里船。"，诗人从一个小房间通到千秋之雪、万里之船，也就是从一门一窗体会到无限的空间。颐和园乐寿堂差不多四边都是窗子，周围粉墙上有许多小窗，面向湖景，每个窗子都等于一幅小画，而且同一个窗子，从不同的角度看出去，景色都不相同。这样，画的境界就无限地增多了。[②]

常见的框景形式有按景设框、按框设景、框自成景、无框成景。

---

① 刘天华：《画境文心：中国古典园林之美》，生活·读书·新知三联书店 1994 年版，第 77 ~ 79 页。
② 宗白华：《美学散步》，上海人民出版社 2005 年版，第 111 页。

按景设框：在"景"与"框"中，"景"占主导地位，景是主要要素，框是景展示的平台。美好的景致，需要有一个观看的场所，景观和视线是最主要的，景观的形成更多讲求的是框对景的协调与契合。现在常见的山景房、湖景房、海景房等建设都采取了按景设框的框景模式。

按框设景：在"景"与"框"中，"框"占主导地位，景是对框的点缀，或是先有框后有景。这里的"框"经常是现实使用中已经存在的构筑物或其他"框"要素，如隧道口、桥洞等。关键是根据已经存在的"框"的位置、形态、尺度大小等要素来安排布设景观，并优化"框"的空间，美化"框"的环境，使"景"入"框"，使"框"中有"景"，使得"景"与"框"相得益彰。

框自成景："框"本身就构成了完整的景，景观是对"框"本身的利用和解读。一种方式是单独的"框"或连续的"框"的组图，对人们形成视觉上的刺激或引导。另一种方式是把"框"泛化成一种可供使用的场所，"框"本身成为了一个可供利用的空间，容纳相应的活动（见图 3-29）。

北京园博园——济南园　　　　　　　　无框成景——北京紫竹院公园

**图 3-29　框景**

无框成景：这里所谓的"框"可能是不易捕捉的或者被抽象化的。可能是通过透视关系使原本不在同一平面的物体呈现"框"的形式。如现实中一些建筑自身形成的超大尺度的"框"，人在"框"前显得十分渺小，视线难以捕捉边界，但框到的"景"却是真实而完整的。

2）夹景。夹景指利用树丛、林带、山石或建筑物等，将视线两侧不需要的景色遮蔽起来，突出前端的景物。夹景使主要景色从左右配景的夹道中进入游人的视域，起到障丑显美和集中视线的作用。当远景视域过宽，为求视线集中而突出主景时，常用夹景的方法。[①] 夹景一般用在道路及河流的组景上。

夹景与框景的区别：在人的视野中，两侧夹峙而中间观景为夹景，四方围框而中间

① 姚庆渭：《实用林业词典》，中国林业出版社 1990 年版，第 198 页。

观景则为框景，这是人们为组织视景线和局部定点定位观景的具体手法。类似照相取景一样，夹景可以增加远景的深度感，多利用植物树干、断崖、墙垣、建筑等形成。框景多利用建筑的门窗、柱间、假山洞口等，选择特定角度，形成最佳景观。

3）漏景。漏景，又称漏花窗、花窗，是从框景发展而来的。漏景通过围墙或走廊上的漏窗、花栅栏、漏墙、漏屏风、漏格扇、疏林等，实现空间渗透。著名建筑师贝聿铭说："在西方，窗户就是窗户，它放进光线和新鲜的空气。但对中国人来说，它是一个画框，花园永远在它外头。"[①]漏窗为景观装饰小品，是我国独特的建筑形式，外观为不封闭的空窗，窗洞中装饰着各种镂空花纹。

苏州园林讲究精致小巧，厅堂等建筑多以曲廊相连，部分曲廊单面或双面均有廊墙。廊墙上开设漏窗，既增加了墙面的明快和灵巧效果，又通风采光，一举两得。漏窗本身有景，窗内窗外之景又互为借用，山水亭台、花草树木，透过漏窗，或隐约可见，或明朗入目，倘移步看景，则画面更是变化多端，目不暇接。狮子林有"琴""棋""书""画"的漏窗。留园长廊有三十多种漏窗。沧浪亭是苏州园林漏窗的经典所在，108个各不相同，漏窗本身有景，窗内窗外之景又互为借用，隔墙的亭台、花草和树木，透过漏窗，或明朗入目，或隐约可见（见图3-30）。

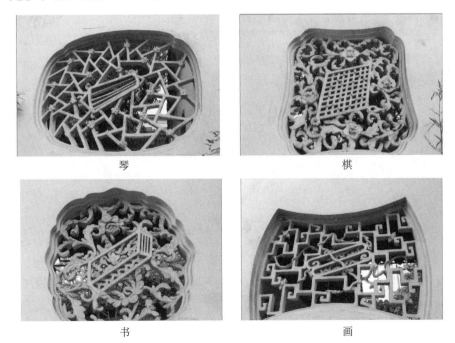

图3-30 漏景——苏州狮子林琴棋书画

① 坎内尔著，倪卫红译：《贝聿铭传：现代主义大师》，中国文学出版社1996年版，第309页。

4）添景。为求主景或对景有丰富的层次，在缺乏前景和背景的情况下，在主景前面种植花草、树木或配置建筑小品，使主景具有丰富的层次感。用树木作添景时，树木体型宜高大，姿态宜优美（见图3-31）。

福州闽江公园　　　　　　　　　　　　　　北京燕郊

**图 3-31　添景**

5）抑景。中国传统艺术历来讲究含蓄，绝不会让人一走进门口就看到最好的景色，最好的景色往往藏在后面，这叫做"先藏后露""欲扬先抑""山重水复疑无路，柳暗花明又一村"，采取抑景的营造手法，才能使景观显得更有艺术魅力。景区入口处常迎门挡以假山，这种处理叫做山抑（见图3-32）。

北京紫竹院公园　　　　　　　　　　　　　北京紫竹院公园

**图 3-32　欲扬先抑**

例如，当游人从颐和园仁寿殿宫殿区走向昆明湖游览区时，因受两旁山体的夹峙，游人视野被迫收缩，让人感觉压抑，待一走出谷口，眼见云天之下波光粼粼、宽阔明朗的昆明湖又令人豁然开朗。游览程序中，前后两种不同类型的空间感受，产生了开—合、收—

放的空间对比效应。因此，游人出谷见湖，倍感昆明湖的开阔。这种"欲放先收"的艺术手法，就是通过土山夹路的"抑景"手法而实现的。[①]

（4）点景。点景，即园景命名，作用是点出景的主体，给人以联想，具有宣传和装饰等作用。点景必须善于抓住每一景观特点，根据它的性质、用途，结合空间环境的景象和历史进行高度概括，做出形象化、诗意浓、意境深的题咏。

点景产生于特定的社会环境，既要有独创性，又要注意其通达性。《庄子·秋水》记载了庄子和惠子游于濠梁之上的一段对话，后世不少作品都引用了这个典故，如苏州寄畅园"知鱼槛"、颐和园谐趣园"知鱼桥"、香山静宜园"知乐濠""知鱼亭"、留园的"濠濮亭"、北海公园"濠濮涧"，圆明园"濠濮间想"，所追求的都是乐而忘忧、自得放达的境界。

点景形式有匾额、楹联、刻石等。匾额指悬置于门振之上的题字牌。楹联是指门两侧柱上的竖牌。刻石指山石上的题诗刻字。匾额、楹联及刻石的内容，多数是直接引用前人已有的现成诗句，或者略作变通。无论是亭台楼阁、大门小桥、假山泉水、名木古树还是自然景象都可给以题名、题咏。各种题咏的内容和形式是造景不可分割的组成部分，是诗词、书法、雕刻、建筑艺术的高度综合。由现存的题咏来看，可分为三大类：

第一类，文学趣味较浓，既能言简意赅，较贴切概括出意境主题，又能婉转地表达出园主人的个性和气质。无锡寄畅园，其名取自王羲之"三春启群品，寄畅在所因"诗，暗寓此园之作是为了寄情娱意的。苏州吴江区同里古镇的退思园就得名于《左传》"进思尽忠，退思补过"。

第二类，比较直接点明风景欣赏的主题。据明·王稚登《寄畅园记》载，寄畅园中各个景区的命名，均注意到人的情性挥洒的一面。"凌虚阁"，乃阁之凌虚哉，抑谓人之凌虚哉？"含贞斋"，因斋前有一孤松，伟岸挺拔，借物喻人，自抒襟抱之意甚为明显。斋下有一室"箕踞室"，用王维"科头箕踞长松下，白眼看他世上人"诗意，自另是一番情韵。[②]

第三类，借景抒发主人胸中的郁愤，但又不能直说，所以景名多隐晦，理念蕴含较深，只有历史文化修养较高的游人才能领悟出风景的真正含义。[③]苏州名园沧浪亭，其名得自"沧浪之水清兮，可以濯我缨；沧浪之水浊兮，可以濯我足"。园主人苏子美正是借此抒发自己"振衣千仞岗、濯足万里流"的从容自适的情怀。故宫摛藻堂，建于明代，是皇帝藏书、读书的地方，尤以收藏《四库全书荟要》闻名。"摛藻"，出自班固《答宾戏》，

① 管宁生：《论造园中的地形改造》，载《西部林业科学》，2005年第34卷第4期，第36～40页。
② 朱良志：《中国艺术的生命精神》，安徽教育出版社1995年版，第275～276页。
③ 刘天华：《画境文心：中国古典园林之美》，生活·读书·新知三联书店1994年版，第194～196页。

意即铺张词藻的意思。

以上三类题名各有所长，第一类景名切题又含蓄，包含了丰富的审美内涵，但往往得之不易，用多了便会雷同；第二类明白易懂，但要避免直截了当的实题；第三类含义深刻，但往往比较晦涩难懂。因而，古园的景名常常集三者之长，达意、表情；既明晰，又含蓄。如"一庭秋月啸松风之亭"（拙政园）、"佳晴喜雨快雪之亭"（留园）、"暗香疏影楼"（狮子林）均为佳作。紫竹院公园题咏见图 3-33。

北京紫竹院公园　　　　　　　　　　　　北京紫竹院公园

**图 3-33　点景**

（5）朦胧景与烟景。和中国画一脉相承，在造景时巧用天时地利气候因素，创造烟雨朦胧景观，是一种独特的造景手法。宋徽宗赵佶（1082—1135）主持艮岳造园，甚至命人用炉甘石（烟硝）置于山间水边，使之吸潮生雾，创造"悠悠烟水，淡淡云山"的迷离景象。北京植物园樱桃沟水杉林喷雾景观项目，采用现代造雾技术满足了水杉的生长需要。每当造雾系统开启，山谷中雾气缭绕，不仅空气清洁，更有如梦如仙的感觉（见图 3-34）。

**图 3-34　北京植物园樱桃沟水杉林喷雾景观**

（6）四时造景。运用大自然景色的四季变迁，创造春夏秋冬景观，是我国造园艺术的一大特色。西安世博园中，北京林业大学的王向荣教授设计的作品"四盒园"以春夏秋冬为题，分别由四个不规则方块景观组成。踏进四盒园主要入口便进入"春盒"，景观主要是春意盎然的竹丛；"夏盒"采用绿荫来展示，用木材作为空间分隔材料，周边还种了不少葡萄；"秋盒"由石头砌筑而成，同时墙上还有爬山虎，其地面比中心庭院高出了1米，墙上有许多正方形的窗洞，形成一个个画框。"冬盒"是由青砖砌筑而成的盒子，里边白色沙石地面，如同冬雪。在"冬盒"，透过砖墙上的空洞，也可以看到"春盒"外的竹丛，给人以希冀。设计者希望在狭小的地块上，用乡土的材料和简单的设计语言，创造一个空间变化莫测的花园（见图3-35）。

图 3-35 西安世博园——四盒园鸟瞰图

### 3.4.1.2 构图基本法则

（1）主景与配景。主景（main feature），指在景观中起控制作用的景，全园视线控制的焦点。主景包含两个方面的含义：一是指整个景观中的主景，二是由于被景观要素分割的局部空间的主景。"牡丹虽好，还须绿叶扶持"。配景（objective view），起衬托主题的作用，可使主景突出，主配相得益彰。配景包括前景和背景。前景起着丰富主题的作用；背景在主景背后，起着烘托主题的作用。

在同一空间范围内，许多位置、角度都可以欣赏主景，而处在主景之中，此空间范围内的一切配景，又成为欣赏的主要对象，所以主景与配景是相得益彰的。主景是全园视线的控制焦点，在景观环境的表现中有戏剧性的效果，使注意力集中在设计中的特定部分（见图3-36）。

北京北坞郊野公园　　　　　　　　　　　　　　　北京长春健身园

图 3-36　主景与配景

为了让主景发挥有效作用，视域范围内不能布置太多的主景，否则会使观赏者感到迷惑。不管怎么样，主景应当被框在好看的画面里，也可以通过质感对比来突出。如果占支配地位的植物形式有好的质感，另一种具有中等的或粗糙质感的植物会很突出并形成主景。①

突出主景的方法有：

1）主体升高或降低。为了使构图主题鲜明，常把主景加以突出。主景升高，相对地使视点降低，看主景要仰视，升高的主景一般可以以蓝天或远山作背景，使主体的造型、轮廓鲜明突出。如故宫三大殿、北海公园的白塔、颐和园的佛香阁建筑等。降低场地的标高同样使景物成为视觉焦点，如利用下沉的广场展示景观，同样吸引人的视线，俯瞰和仰观一样可以产生主景的中心（见图 3-37）。

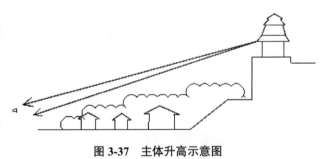

图 3-37　主体升高示意图

2）面阳朝向。建筑物朝向，以坐北朝南为好，其他景物也是向南为好，这样各景物显得光亮，富有生气，生动活泼。颐和园全园的中心建筑是毁后改建的佛香阁，沿中轴线为排云殿等建筑群，此阁高 36.5 米，阁顶高出湖面 80 米，成为全园的视线焦点，它控制着前山区，能俯览湖中三岛、东岸和西部的景区，以及山脚与山腰各景点的建筑，建筑之间彼此响应。起着观景、被观赏的双重作用。②

① 理查德·L.奥斯汀著，罗爱军译：《植物景观设计元素》，中国建筑工业出版社 2005 年版，第 54 ～ 55 页。
② 张祖刚：《世界园林史图说》，中国建筑工业出版社 2013 年版，第 177 页。

3）轴线和风景视线的焦点。主景常布置在中轴线的中点或端点。此外常把主景放在视线的焦点处，或放在透视线的焦点上来突出主景。西方古典主义的园林中（如凡尔赛宫），经常使用雕塑、日晷、方尖碑、喷泉、花盆和廊架等作为景观的焦点，放置于空间的几何中心、道路的交汇处，以及线性空间的终点、入口空间的两侧。中轴线成为艺术中心。中国传统园林中也以亭、榭、画舫等作对景，目的是给景观空间创造兴趣、活动和视线的焦点，以点睛之笔避免景观空间的单调。现代景观中更多的焦点让位于特色空间以及在此空间中人的活动及表演、展示等。如景观中下沉的广场、凸起的平台、活动空间、游戏场所等。[①]

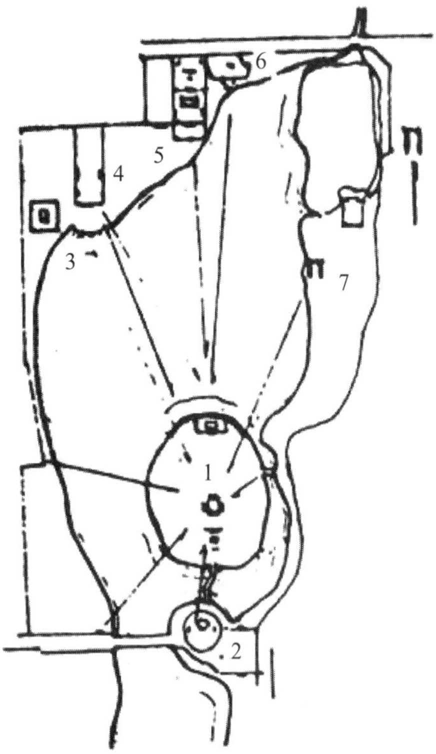

4）动势向心。凡是四面环抱的空间，如水面、广场和草坪等，在其周围设置的次要景物，往往有

图 3-38 北海公园——琼华岛

向心的动态，趋向于一个视线的焦点，把主景置于动势向心的位置，进一步强化景观的主题地位。如北海公园琼华岛上的白塔寺景观空间（见图 3-38）。

5）空间构图的中心。主景布置在构图的重心处，包括规则式景区的几何中心和自然式景区的空间构图中心，如人民英雄纪念碑就位于天安门广场的几何中心，而颐和园的佛香阁就安排在空间构图重心的万寿山的山腰上（见图 3-39）。

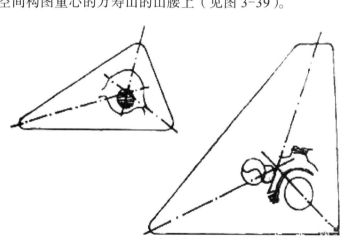

图 3-39 三角形图案几何中心位置示意

① 李开然：《景观设计基础》，上海人民美术出版社 2006 年版，第 107 页。

6）运用对比突出主景。通过配景形态、间距上的变化和对比等来突出主景（见图 3-40，图 3-41）。

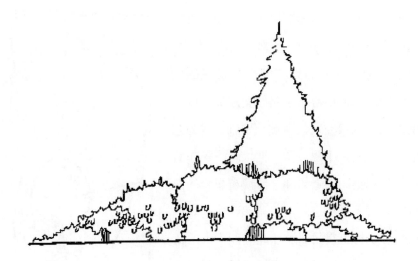

图 3-40　形态上的突然变化能形成主景

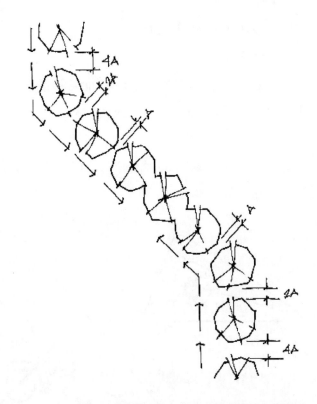

图 3-41　植物间距的有序渐变可以把人的视觉导向主景部分

7）运用抑扬手法。"先藏后露，欲扬先抑"，通过藏景、障景与抑景的手法，提高主景的艺术魅力。藏与露是相辅相成的。藏少露多，可以增加空间层次感；反之，藏多露少给人以极其幽深莫测的感受。

8）运用层次手法。一般前景、背景是为了突出中景而设置的。这样的景富有层次感染力，给人以丰富而不单调的感觉。通过前景（front view）与背景（background）突出中景（medium shot）做主景；通过近景（nearby view）与远景（distant view）突出中景做主景。合理的安排前景、中景与背景，可以加深景的画面，富有层次感，使人获得深远的感受。在图 3-42 中，视线均由种植的边缘引向中心。

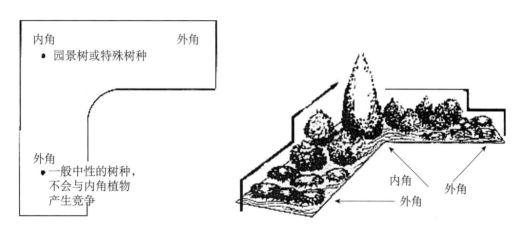

图 3-42　在角落种植里，通过逐渐升高的植物，将视线从内角吸收到外角[①]

（2）对称与均衡。对称与均衡同属于形式美的范畴，两者的不同，只是它们在量上的区别。

1）对称。"对称"（symmetry）一词来自于希腊语，具有计量的意思，即可用一个单位量除尽，也有从局部认识全体的含义。对称性普遍存在于宇宙之中。对称和平衡不但是宇宙万物的基本形态，甚至是宇宙万物存在的主要法则。对称给人以一种庄严、肃穆、稳定、整齐的感觉，最常见于纪念性的景观和建筑中。法国沙特尔（Chartres）大教堂不对称得让人发笑，原因是罗马式的塔尖（右边）建于 12 世纪，哥特式的塔尖（左边）建于 16 世纪，修建时间太长，以致建筑风格都发生了变化。一般认为，这两个不对称的塔尖标志着中世纪建筑的开始和结束。[②]

对称包括两侧对称与辐射对称，两侧对称是以轴线为中心，左右两侧等距离、等体量地布放景物。辐射对称是指选择一点作为对称中心，以一定的角度摆放景物。两侧对称的结构会给人一种良好的心境，如北京故宫天坛、天安门广场等。

---

① 杰克·E. 英格尔斯著，曹娟、吴家钦、卢轩译：《景观学》，中国林业出版社 2008 年版，第 111 页。
② A. 热著，熊昆译：《可怕的对称——现代物理学中美的探索》，湖南科学技术出版社 1999 年版，第 31 页。

对称分为绝对对称和相对对称。绝对对称指中心点两侧和四周绝对相同或相等，无论怎样杂乱的景观，只要采用这种形式来处理，都会出现安稳、秩序井然的感觉。相对对称是指宏观上的对称，是一种在局部上有多样变化，在有序中求活、不变中求变的富有对称性质的形式。绝对对称是美的，但有时也给人以刻板之感，因而在现代展示设计中更多地运用相对对称，在对称中处理稍有不对称的变化，以增加造型上的变化，使空间显得活泼一些。①

为了避免呆板、单调的效果，在整个对称格局形成之后，可对局部细节的诸因素进行调整和转换。常用手法有：形式转换，使中心轴两边的形象转换成体量或姿态相同的其他形式；方向转换，使轴线两边的形象或颠倒一下正反方向，或颠倒一下左右方向，产生一种动感；体量调整，使轴线两边的形象在画面上所占面积的大小或虚实有所差异；动态改变，使轴线两边的姿势动作产生微妙变化。②

2）均衡。均衡（equilibrium），实际上是一种对比对称，是指支点两边在形式上相异而量感上等同的布局形式。通过体量、色彩、质感、疏密等关系的均衡变化，来为人们营造出一个轻松、自由、活泼、有序的景观环境氛围（见图 3-43）。③

赣州黄金广场　　　　　　　　　　　　　　　赣州黄金广场

**图 3-43　非对称均衡**

3）对称和均衡区别、联系。对称是均衡的一类，而均衡并非对称的翻版。对称如倒影般往往呈现等量的形状和面积等对应，而"均衡"更在于观感意念上的"相称"和对应。均衡是对不对称事物施以的平衡，更需注意对"度"的把握和受众的参与体

① 黄建成：《展示空间设计》，北京大学出版社 2007 年版，第 55～56 页。
② 赵云川：《展示设计》，中国轻工业出版社 2001 年版，第 126 页。
③ 张大为、尚金凯：《景观设计》，化学工业出版社 2009 年版，第 76～80 页。

验和感悟，所谓"增之一分则太长，减之一分则太短；著粉则太白，施朱则太赤"，用以概括均衡的度就比较合适。如果说"对称"是画面中能以物理尺度精细衡量的形式，"均衡"则不是表象的对称，它更多地体现在视觉心理的分析和理解，是富于变化的平衡与和谐。

（3）尺度和比例。尺度（size，scale），指物体自身的尺寸大小，是物体本质属性的体现。尺度是绝对的，可以用具体的量具来衡量。尺度不当会使物体失真，难以与周围的物体融合在一起。譬如田园之美在于宜人的尺度，这种尺度因为田地的营造和护育，以及庄稼的收获劳作的强度必须适应于人自身的生理条件。所以，当机器代替人力，田块的尺度大大地超乎人力尺度时，田园之美便大打折扣。[1] 在一个现实的景观环境中，某一物体的空间尺度特征以及相对的比例关系，也会随着对照物的改变而失去其原有的尺度感。[2]

比例（proportion），指物体长、宽、高三个方向度量之间的关系及物体的局部与整体之间的关系。比例的另一种形式存在于展示设计的各种关系之中，如人与展品的关系、人与环境的关系、展品与环境的关系以及诸因素之间的关系，这些关系协调与否直接影响整个设计的成败。比例不是绝对真理的，而是相对的，各形体之间相互协调的比例关系，是由物体与其参照物之间的视觉协调状况而决定的。影响比例选择的因素有参照物、质感、光照、色彩与明暗对比等。在比例的控制与运用方面，只有结合现场状况进行坚持不懈地摸索和总结，才能形成景观与景物之间的亲切感和亲近感。

（4）对比与协调。对比（comparison）是应用变化原理，使一些可比成分的对立特征更加明显，更加强烈。这种要素之间的比较，可以是物体的大小、形态、曲直、方向、色调、疏密、虚实、开合和质感等。我国传统艺术表现手法"粗中有细、巧中见拙、方中见圆、曲中见直、静中寓动、刚柔相济"等就是对比的表现。[3] 唐代诗人贾岛（779—843）的"鸟宿池边树，僧敲月下门"和南朝诗人王籍的《入若耶溪》"蝉噪林逾静，鸟鸣山更幽"，形象地道出了安静的相对性。正常的安静必然是在一种自然状态下的安静。

---

① 俞孔坚：《回到土地》，生活·读书·新知三联书店 2009 年版，第 226 页。
② 张大为、尚金凯：《景观设计》，化学工业出版社 2009 年版，第 76 ~ 80 页。
③ 黄建成：《空间展示设计》，北京大学出版社 2007 年版，第 56 页。

协调（coordination）是将差异尽量缩小，将对比的各部分有机地组织在一起的表现手法。协调有两重含义：一是在整体环境中，不同的环境以及若干个层次的冲突时，通过一定的协调组合形式，达到矛盾的整体统一；二是将互相邻近的不同事物进行系统组合，进而达到一个完美的境界和多样化的和谐统一。协调能够产生调和、融合、亲切、自然的环境气氛。①

对比与协调的关系是相对的，而不是绝对的，两者缺一不可。如果只有对比很容易让人产生零乱、松散的视觉及心理感受；若只有协调又很容易使人产生单调和乏味之感。在景观设计中，那些脱离协调的对比和无视对比的协调，都会将人们的观察和感受引入误区。如果能够根据景观现场的实际要求，定性、定量地运用对比手法，则可以取得很好的环境协调效果，形成彼此对照、相互衬托，更加明确地突出其个性和环境特征。

（5）多样与统一。"多样"（diversity）体现了各个事物的个性的千差万别；"统一"（unification，integration），指部分连结成整体，分歧归于一致，体现各个事物的共性或整体联系。统一赋予造型条理、秩序、和谐、变化则产生新鲜感、使视觉感受持久的美感。创造和谐之美就是要在统一中求变化，在变化中求统一。只多样不统一就会杂乱无章，只统一不多样，就会单调、死板、无生气。简而言之，就是构图要繁而不乱，统而不死。

为了获得整体的效果，常用各种手法达到统一的目的，如在总体设计中运用统一的色调、统一的形式、统一的材质等，在统一的气氛中运用局部对比来活跃空间，营造出生动的展示环境。对比和统一是一组相互对立又相互依存的矛盾体，缺一不可，对比之中求得统一，统一中寻求对比，从而达到一种平衡的和谐，最后达到多样的统一。②

（6）节奏与韵律（反复与渐变）。节奏（rhythm）是指音乐中交替出现的有一定规律和强弱、长短的声音特征。韵律是指旋律的起伏和延续。节奏与韵律共同形成一种有秩序并且富有变化的动态连续美。如诗歌与音乐、音乐与绘画、绘画与景观艺术的共性关系等，都可通过节奏与韵律的美学原则来诠释。韵律（metre），是有规律的抑扬变化，是形式要素系统重复的一种属性，特点是使形式更具律动的美，这种抑扬变化的律动，在生活中如人的呼吸和心跳、以及其他生理活动。韵律是时间最好的表达方式。自然界的一切都具有某

---

① 张大为、尚金凯：《景观设计》，化学工业出版社 2009 年版，第 76 ～ 80 页。
② 黄建成：《空间展示设计》，北京大学出版社 2007 年版，第 56 ～ 57 页。

种节律。

节奏是连续出现的形象组成有起有落的韵律，是客观事物合乎周期性运动变化规律的一种形式，也可称为有规律的重复。特征是使各种形式要素间具有单纯和明确的关系，使之富有机械美和强力的美。如此起彼伏的群山，风吹芦苇的不停摇曳，日出日落、春夏秋冬的季节变化。

在景观设计中应用韵律和线形原则就好像是形成凝固的运动。强烈的线条并在一定程度上的重复，使景观中的人有意或无意地感觉到这个原则的应用。韵律和线形原则还可以唤起人们的情感。强烈的直线形的设计比曲线形的设计要严肃得多。直线看起来比较僵硬，而曲线很随意（见图 3-44）。

图 3-44　韵律和线形：重复的垂直线、水平线和重复的 45° 角形成了设计中的线形韵律 [1]

节奏和韵律的区别、联系：节奏是韵律的纯化，韵律是节奏的深化，是情调在节奏中的运用。如果说，节奏是富于理性的话，韵律则更富于感情，节奏和韵律的主要作用是使形式产生情趣，具有抒情的意味。韵律的形式按其形态划分，有静态的、激动、微妙、雄壮的、单纯的 / 复杂的韵律等；按结构分，有渐变的、起伏的、旋转的、自由的韵律等形式。[2] 打一个最简便的比方，在地面上重复地画 5 条线，这是节奏；这些线条之间的间距

① 杰克·E.英格尔斯著，曹娟、吴家钦、卢轩译：《景观学》，中国林业出版社 2008 年版，第 113 页。
② 赵云川：《展示设计》，中国轻工业出版社 2001 年版，第 127 页。

相等或者越来越大，这就是韵律。

节奏与韵律在景观设计中的表现形式如下：

1）重复（反复）。重复（repetition），可以强调和表现一种交替变化中的秩序美，如从建筑物的重复排列到绿化树木的交替排列，使人感受到整齐的重复韵律。重复是一种工具，重复带来统一感，但也要警惕过分重复，因为变化过少就意味着单调。同样，没有重复的设计会导致无意识的混乱和忙碌，缺乏连续性和方向感。林荫大道是几何重复的一个绝佳实例，通过线条重复的多样性获得平衡。[1]

重复分为绝对重复和相对重复，绝对重复是同一形式的重复，显得简约而规整。相对重复是重复之中存在一定的变化，而不像绝对重复那样刻板和毫无变化，相对重复产生的节奏美感蕴涵动感，使空间显得活泼，但设计师在运用相对重复法则时，空间的变化层次不宜过多。[2]

旅游景区中，重复的现象非常普遍，如亭廊、休息座椅、照明灯、标识牌、健身设施、雕塑、绿化植物和地面上的井盖等。长达几英里的石栅栏若重复着相同长度与高度的墙垛，简直是用枯燥的单调来玷污大自然。[3]印度著名建筑师查尔斯·柯里亚（Charles Correa）敏感地发现，"限制构成元素的数目，重复使用它们，是我所体会的中国园林造园的关键""当你最初沿着一条路线，按一个方向走过水池、桥、廊墙……然后你发现你正在从另外一个方向重新进入此地，从另外一个顺序，另外一种排列，和从另外一个高度来再次体验这些构成元素。同样一套道具被反复使用，一遍又一遍，然而每一次，都因为观赏角度、路线、顺序的略微变化而带来新的感受。"[4]

2）间隔。间隔（interval），指事物在空间或时间上的距离。某一景观单元按照间隔或交替的规律反复，如一簇簇的花坛、一排排的休息座椅、一栋栋的建筑物等。要素之间以及间隔是设计的必要部分，间隔可以是均等的或变动的。一个均变的间隔创造一种稳定、规则和正式场合的感觉。变动的间隔可以是随机派生出来的，也可以是根据某种规则生成的（见图3-45）。

3）渐变（渐次）。渐变（gradual change）是指连续出现近似要素的变化，表现出方向的递增和递减规律。它与重复有相同之处，即按一定秩序不断地重复相近的要素，不

① 凯琴琳·迪著，陈晓宇译：《设计景观：艺术、自然与功用》，电子工业出版社2013年版，第1页。
② 黄建成：《空间展示设计》，北京大学出版社2007年版，第56～58页。
③ 艾伯特·H.古德著，吴承照、姚雪艳、严诣青译：《国家公园游憩设计》，中国建筑工业出版社2003年版，第31页。
④ 查尔斯·柯里亚著，沙永杰译：《玩具火车·中国园林·建筑》，载《时代建筑》，1998年第1期，第55页。

同之处是各要素在数量、形态、色彩、位置及距离等方面有渐次增加或渐次减少的等级变化。

重复——福州闽江公园

重复——福州闽江公园

**图3-45 重复与渐变**

渐变的特征是通过要素的微小变化求得形式统一。渐变关键在于"渐"字（慢慢地，一点一点地），在反复的排列中有递增和递减的变化。渐变可以是相同形象之间的渐变，也可以是相似形象之间的渐变。在展示艺术表现形式中，渐变的运用非常普遍。在造型、色彩或照明上运用渐变的形式法则，可以营造出浪漫、温馨或新奇的空间气氛。[1] 在反复和渐变构图要素中，如果突然出现不规则要素或不规则的组合，可造成突变，给人新奇、惊愕，注意力变得集中，取得意想不到的效果。[2]

4）起伏与曲折。起伏与曲折（fluctuating），指物体进行起伏或曲折变化时所产生的动态感受，如景观环境中的标高变化、墙面的曲折变化、植物高度的起伏变化、树木排列的曲折变化等，[3] 均为有规律的重复和有组织的变化，可以是简单的、交替的、渐变的、起伏曲折的，又可以是交错的或拟态的。重复与韵律的运用使各种设计元素有规律地不断重复或有组织地重复变化。重复是产生韵律的条件，韵律是重复的艺术效果。重复与韵律运用得当，可以大大提高景观设计的艺术性。

## 3.4.2 色彩美原理

色彩是能够触动人情感神经的第一根琴弦，在物体形态还没有清晰呈现之时，色彩就是该物的第一属性。[4] 很明显，色彩和谐统一的关键最终在于对人类心灵有目的的启示

---

① 黄建成：《空间展示设计》，北京大学出版社2007年版，第56～58页。
② 赵云川：《展示设计》，中国轻工业出版社2001年版，第126页。
③ 张大为、尚金凯：《景观设计》，化学工业出版社2009年版，第76～80页。
④ 钟蕾、李杨：《文化创意与旅游产品设计》，中国建筑工业出版社2015年版，第104页。

激发，这是内在需要的指导原则之一。<sup>①</sup>与都市杂乱的色彩形成对比的是，自然界的色彩随季节流转而变换颜色，它们比较内敛而且整体协调，经常令人陶醉，自然界的和谐既保存了整体的统一感，又展现出丰富的多样性。诱人的风光与朴实无华的大地之间的巧妙平衡，让各种色彩给人留下了完美的印象。

大自然色彩的美丽令人印象印刻，尤其不能忘记作为背景色的大地色彩的存在。植物叶子的饱和度一般比花朵的彩度低，所以把花朵衬托得更鲜艳；土地、沙砾等低饱和度色群让那些随季节变化的树叶看起来印象更深刻。在气候恶劣寸草不生的地方可以看到广阔的大地，那就是大自然的基调色，基调色和生物的高彩度构成了丰富多彩的图案，令世界充满魅力。<sup>②</sup>

色彩在运动并存在于变化的事物中。在处理色彩时，对活动事物中一般使用比较鲜艳的色彩，在静止事物中使用稳重的色彩。

景观设计的色彩选择与运用：

① 根据观察者的心理需求和心理反映来使用色彩，不同的色彩所表达的内涵或寓意不同，不同的色彩会让人们产生不同的联想和感受，以至于影响人们的行为。

② 考虑不同观察群体对色彩的感受。如在鲜艳的色彩环境中，幼儿群体会感受到平静，青年会感觉到激进，老年人会感觉到不安或烦躁。

③ 因地制宜，具体分析。即使同一群体，处于不同时间或阶段以及不同的场合时，对色彩的需求和感受也会产生不同。<sup>③</sup>如秦皇岛汤河口公园的"红飘带"、天津桥园公园、北京通州东石公园，都采用了中国红元素，但都让人感觉温暖、祥和，而不显得过于醒目、刺激。

英国谢菲尔德公园（Sheffield Park Garden）四个湖周围植物配植各具特色，美感效果非常强烈。第一、二湖边巧妙运用植物的形体、线条、色彩、质地进行构图，并通过植物的季相及生命周期的变化，使之成为一幅活的动态构图。景观以北美红杉、松、云杉、柏的绿色为景，春季突出红色杜鹃、白色的北美棣棠、水边粉红色的落新妇、黄花鸢尾及观音莲；夏季欣赏水中红、白睡莲；秋季湖边各种叶变色的树种如卫矛、杜鹃、水杉等形成红、棕、黄等色竞相争艳。此外，还有四季都呈红色的红枫。沿湖游览，绚丽的色彩和丰富多变的线条使人兴奋，刺激性强，非常适合年轻人活泼的性格。相反，在第三、四湖

182
① 康定斯基著，查立译：《论艺术的精神》，中国社会科学出版社1987年版，第35页。
② 吉田慎司著，胡连荣、申畅、郭勇译：《环境色彩规划》，中国建筑工业出版社2011年版，第69页。
③ 张大为、尚金凯：《景观设计》，化学工业出版社2009年版，第76～80页。

周围种植不同绿色度的树种作为基调，稍点缀几株秋色叶树种，形成了宁静、幽雅的水面，同时不失万绿丛中一点红的景观，非常适合中、老年游人以及一些性格内向、喜静的年轻人游憩。[①]

### 3.4.3 视觉美原理

#### 3.4.3.1 视觉、视野、视距

（1）视觉。视觉是通过眼睛接受外界环境中一定波长范围内的电磁波刺激，经中枢有关部分进行编码加工和分析后获得的主观感觉。视觉形成过程：光线→外界景物→角膜→瞳孔→晶状体（折射光线）→玻璃体（固定眼球）→视网膜（形成物像）→视神经（传导视觉信息）→大脑视觉中枢（形成视觉）。

人类在认识世界的过程中，80%以上的信息是由视觉得到的。视觉形象是眼睛在光线的作用下对外界各种物象所做子网掩码"图像"反应。因此，光、外界物象、眼睛是形成视觉形象的三要素。[②]

（2）视野。视野是头部和眼睛不动时，所能观看的空间范围，通常用角度来表示。中心视野指视野范围1°～1.5°内的物体在视网膜凹中心的成像，它的清晰度最高。

以视点 E（眼）为锥顶、以视点 E 和物体中心 e′ 连线（称主视线）为轴线的椭圆锥。该椭圆锥称为视锥。视锥与画面相交的椭圆形区域称为视域。视锥上下两条轮廓线之间的夹角 $\delta$ 为垂直视角，而左右两条轮廓线之间的夹角 $\gamma$ 为水平视角（见图 3-46）。

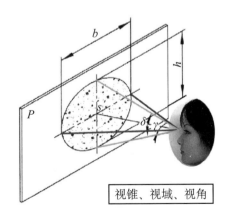

视锥、视域、视角

**图 3-46 视锥、视域、视角**

---

① 李睿煊、李斌成：《从审美心理角度谈园林美的创造》，载《中国园林》，1999 年第 15 卷第 3 期，第 45～47 页。
② 张昕、徐华、詹庆旋：《景观照明工程》，中国建筑工业出版社 2006 年版，第 32～33 页。

1）空间视野。空间视野包括水平空间视野、垂直空间视野（见图 3-47）。

①水平空间视野。

最大视野：边缘物体模糊不清，需相当的注意力才能辨认的区域。双眼视区大约在左右 60° 以内的范围。其中辨别字的视区在 10° ～ 20° 的范围内，辨别字母的视区在 5° ～ 30° 的范围内。在每个视区范围以外，字和字母接近消失。

自然视野，也称最佳视野，指辨别物体最清晰的视区，范围在 10° 以内，1°～ 3° 为最优。瞬间视野指很短时间内即可辨清物体的视区，范围在 20° 以内。

有效视野指集中精力才能辨认的视区，其范围在 30° 以内。

②垂直空间视野。

最大视野：视水平线以上 50° 和视水平线以下 70° 的范围。

自然视野，通常低于视水平线 10°，坐着时低于 15°。在很松弛的状态下，站立时自然视野低于视水平线 30°，坐着时低于视水平线 38°。

良好视野，是视水平线以上 10° 和视水平线以下 30° 的范围。

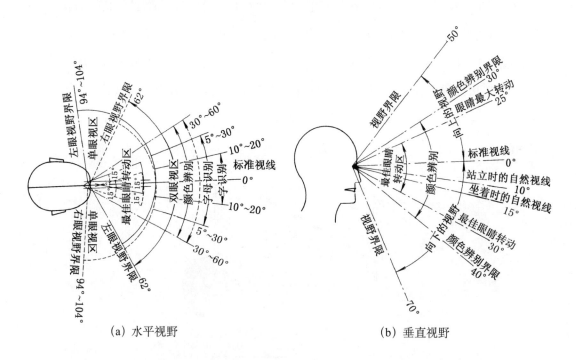

（a）水平视野　　　　　　　　　　（b）垂直视野

图 3-47　空间视野（陈易学，2008）

2）色觉视野。眼睛对色彩的知觉是不同的，视野区的边缘地带是色盲区，只能区分对比剧烈的明暗而不能区分色彩，视水平线附近的变色能力最强。色觉视野分为水平、垂直方向的色觉视野。人眼对白色的视野最大，对黄色、蓝色、红色的视野范围逐渐减小，而对绿色的视野最小（见图3-48）。

（3）视距。视距是指观赏点与景物距离。正常情况下，不转动头，能看清景物的垂直视场为26°～30°，水平方向为45°，超此范围则需转头，否则对景物的整体构图或整体印象就不够完整，而且容易疲劳。

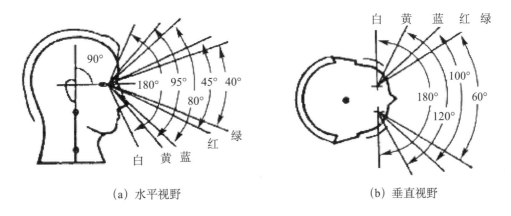

(a) 水平视野　　　　　　　　　　(b) 垂直视野

**图3-48　色觉视野（陈易学，2008）**

根据以上视距和视域清晰范围，垂直视域为30°时，合适的观赏视距为

$$D=3.7（H-h）$$

其中：$D$ 为合适视距。

　　　　$H$ 为景物高度。

　　　　$h$ 为人眼高度。

粗略估计，大型景物的合适观赏视距约为景物高度的3.7倍，小型景物的合适观赏视距约为景物高度的3倍。

一般，视点到空间容纳物的水平距离与景物高度之间的比值越大，空间意境越开朗；反之，比值越小，封闭感越强。同一个人站在1倍景物高度的视距处，即视角为60°，只能看清景物的局部和细部；在2倍景物的高度视距处，即视角为45°，基本能看清景物的整体；在3倍景物高度的视距处，即视角为30°时，可观看景物的全貌和周围环境的关系；在4倍以上景物高度的视距处，物体成为全景中的一项要素，除非它具有特别引人注目的素质（见图3-49）。

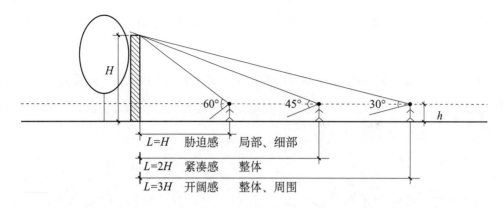

**图 3-49　视距与景物高度的关系**

水平视域为 45° 时，合适的观赏视距为：

$$D = 1.2W$$

其中：$D$ 为合适视距。

　　　　$W$ 为景物宽度。

所以，合适的观赏视距是景物宽度的 1.2 倍。人的视觉规律要求在观赏城市景观或曲廊、标牌时，应留有足够的观赏空间和距离（见图 3-50）。

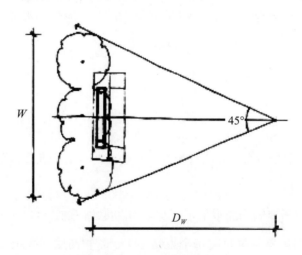

**图 3-50　视距与景物宽度的关系**

（4）平视、仰视、俯视。

观景因视点高低不同，可分为平视、仰视、俯视。

平视，风景感染力强，无紧张感，给人平静的、安宁的、深远的感受、坦荡开敞的胸怀。景观设计中常通过宽阔的水面、平缓的草地、开敞的视野和远望的条件，并在安静休息处设亭、廊等，给旅游者创造平静、安宁的感觉。

仰视，当仰角大于 45°、60°、80°、90° 时，由于视线的消失程度，使人产生高大感、宏伟感、崇高感和威严感。

俯视，以地形或人工造景创造制高点，俯视角小于 45°、30°、10° 时，可分别产生深远感、深渊感、凌空感；当小于 0° 时，产生欲坠的危机感（见图 3-51）。

平视——杭州花港观鱼

仰视——南京雨花台

俯视——南京中山陵

俯视——西溪湿地公园

图 3-51　平视、仰视、俯视

（5）错觉（Illusion）。当人们在观察外界物体形状时，所得到的印象与实际形状的差异就是错觉，这是视觉的正常形象。在景观设计中，常常考虑错觉的影响，有时要加以利用，有时要加以避免。错觉往往能增强旅游者的审美感受，达到特殊审美效果。[1]

1）对比错觉。对比错觉指同样的物体，由于周围存在的物体不同，会引起长度、大小等方面的差异，形成视觉上的对比。包括长度错觉和大小错觉。在判断物体长度时，物体两端的附加物不同，可能产生长度错觉。一组物体由于摆放的方向不同，也可能产生长度错觉，如纵的、横的一组线段。同样大小的物体，若其周围存在形状相同，大小不同的物体，往往会产生大小错觉。

2）方位错觉。方位错觉指一个物体被分隔成几部分，由于分隔物的干扰而使物体在

① 邓涛：《旅游区景观设计与原理》，中国建筑工业出版社 2007 年版，第 60～61 页。

视觉上发生的形变。

3）透视错觉。透视错觉指同样大小的物体呈现出近大远小的视觉效果。西洋绘画的"焦点透视"如同照相机一样将观察者固定在一个立足点上，把镜头范围内反映的物象如实地照下来。由于受到空间的限制，视域以外的东西不被摄入，这种透视法又称为"中心投影法"。与之相对，中国画的透视法有着自己完全不同的理论体系，在中国画的创作过程中，画家的观察点并不是固定在一个地方的，也不受视域的限制，完全根据需要把观察点分布在多个视点上，随着立足点改变所观察到的东西均可以组织进自己的画面上来。这种中国画的"移步换景"式透视方法叫做"散点透视"，又称为"动点透视"。[①]

错觉在景观设计中的应用：

1）视觉校正。

线条校正：从人的视角来看，不论是水平还是垂直的线形物，线形不会像在几何学中那样准确，尤其是视平线以上较长的水平线，在视觉上会比实际的要低一些。如在构筑物中，如果屋面的下沿是水平方向的线，让人产生一种下压感，解决这种视错觉的方法就是在屋顶的两端改用微微上翘的线条，这就是景观建筑中大部分的楼、亭、屋角经常有意识地夸张处理的原因。圣彼得广场（Piazza San Pietro）因圣彼得大教堂而出名，是罗马教廷举行大型宗教活动的地方。广场长 340 米，宽 240 米，面积 8.16 公顷，可容纳 50 万人。由于广场规模很大，设计师将广场设计为倒梯形，并且在广场前面铺有一条灰石线代表国界线，这样弥补了因透视而产生的视错觉，从而使得圣彼得大教堂显得更加平易近人。[②]

比例纠正。运用透视原理，对所设计的三维物体可能会发生视觉变形的部分进行相应的视觉矫正，使之符合视觉观察的基本规律。修建在假山上亭子的竖向尺度比平地的亭子要小一些，原因是高处的亭子给人的视觉高度比实际高度要矮。为了使亭子的体量看起来均衡，亭子的占地面积也比平地亭子要小一些。否则，为了维持亭子原来的占地面积，就只有扩大亭盖的宽度以求得亭子各部分的比例均衡。乐山大佛通高 71.0 米，仅头部就高 14.7 米，为了满足人们从下部观赏时比例正常，设计者扩大了头部的比例，使头与身体的比例为 1∶3，而正常人呈坐姿时比例为 1∶5。设计师巧妙地放大了其头部的实际尺寸，从而避免人在大佛下端膜拜的时候，因视错觉原理而觉得大佛的头部偏小。

---

① 柏洁：《中西方古典园林差异的透视学分析》，天津大学硕士论文，2009 年，第 20 页。
② 吕兴春、任红宇、秦凡：《浅析视错觉在景观设计中的应用》，载《现代园艺》，2012 年第 9 期，第 43～44 页。

2）形成迷幻空间。运用材质的反射或折射可以带来全新的视觉感受，给死气沉沉的空间注入新鲜的活力，尤其是物体进行多重反射时，会形成迷幻性空间。设计者如果希望达到特殊的视觉效果，可以考虑镜面数量、体量和角度，通过几方面关系的配合来达到设计目的，同时镜面在视觉上也能起到扩大空间、延伸空间的效果。玛莎·施瓦茨在 2011 年西安园艺世博会大师园中设计了一个 35 米 × 35 米的迷宫园，里面重复运用了代表古城西安的设计元素——拱门。通过拱门的横向排列构成了线性元素，这些线性元素采用不规则夹角的构成方式分布在场地中。在走廊的端部采用镜面材质，形成了走廊无限延伸的视觉效果。内部种植的常绿的地被植物和几颗柳树在镜面的反射下，产生柳树林的错觉。

3）形成虚空间。虚空间在视觉和心理感知上是相对独立的空间。从行为心理学角度来看，虚空间的设计满足了人们对安全感的需求，大而空旷的空间会使人无所适从，如果对空间进行合理划分，形成尺度适中的小空间，空间分而不隔，相互渗透，会增加空间的亲切度。玛莎·施瓦茨在华盛顿 HUD PLAZA 的设计中，运用了多个圆形的檐棚设计，地面也运用了直径为 30 英尺的圆形草丘以及圆形的铺装与之相呼应，使广场空间在竖向和平面上形成多个尺度宜人的虚空间。

4）增加设计生动性。"后现代建筑之父"查尔斯·詹克斯（Charles Jencks）为 2008 年北京奥运会设计的雕塑作品《无极》，该作品参考了中国传统的太极图案，同样运用了变形的网格来表现，在距离中心同心圆越近的位置网格越小，反之越大，这样就增大了空间的透视感和流动性。[①]

### 3.4.3.2　格式塔心理学

（1）概述。格式塔系德文"Gestalt"的音译，主要指完形，即具有不同部分分离特性的有机整体。格式塔心理学诞生于 1912 年，主要代表人物是魏特墨（Mac Wertheimer，1880—1934）、柯勒（Wolfgang Kohler，1887—1967）和考夫卡（Kurt Koffka，1886—1941）。格式塔学派认为，人的心理意识活动都是先验的"完形"，即"具有内在规律的完整的历程"，是先于人的经验而存在的，是人的经验的先决条件。人所知觉的外界事物和运动都是完形的作用。人和动物的智慧行为是一种新完形的突然出现，叫做"顿悟"。格式塔心理学的理论核心是整体决定部分的性质，部分依从于整体。他们通过实验的方式证明感知

---

① 李红、傅凡：《迷幻之境——视错觉在景观设计中的应用》，载《艺术科技》，2013 年第 2 期，第 199 ～ 200 页。

运动不等于实际运动，也不等于若干的单一刺激，而是与交互作用的刺激网络相关，整体不等于各部分简单相加之和。

（2）格式塔原则。

1）图形与背景的关系性原则（figure-ground）。在一个视野内，有些形象比较突出鲜明，构成了图形；有些形象对图形起了烘托作用，构成了背景。建立图形的条件：面积小的比面积大的容易形成图形；同周围环境的亮度差，差别大的部分容易形成图形；亮的部分容易形成图形（见图3-52）。

面积小的比面积大的容易形成图形　　　　与下边相连的部分比从上边下垂的部分更容易形成图形

图3-52　图形与背景的关系

2）接近性原则（proximity）。视觉元素在大脑中根据其相互之间的接近程度组合在一起。

3）封闭性原则（closure）。有些图形是一个没有闭合的残缺的图形，但主体有一种使其闭合的倾向，即主体能自行填补缺口而将其知觉为一个整体。

4）相似性原则（similarity）。刺激物的形状、大小、颜色、强度等物理属性方面比较相似时，这些刺激物就容易被组织起来构成一个整体。对称部分容易形成图形，具有等幅宽的部分、大小渐变的部分易形成图形。

5）连续性原则（good continuation）。在知觉过程中人们往往倾向于使知觉对象的直线继续成为直线，使曲线继续成为曲线。如果一个图形的某些部分可以被看作是连接在一起的，那么这些部分就相对容易被我们知觉为一个整体。在看图3-53（a）时，很容易在知觉上把它看作是一条直线和一条曲线，几乎不会有人把它看作像图3-53（b）那样的7个半圆形。

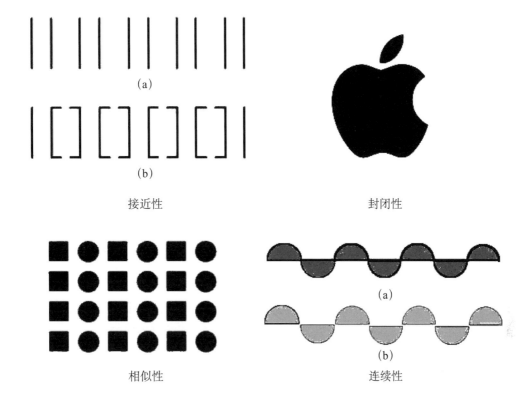

接近性                  封闭性

相似性                  连续性

图 3-53 格式塔原则

利用视觉惯性制造一个视觉焦点：一个学生组成的队列从左排到右，下方的长条形文本强化了这种水平排版方式。图片和文字这种相似性让内容简洁、清晰且容易阅读。假如你站在那个冗长的好像没有尽头的队列里——唯一能做的就是等啊等啊等……为了增加一些乐趣，把队列打断。此时因为视觉惯性的作用，读者看到的不会是两个队伍，仍然是一条。不过，这不再是一条漫长的无趣的队伍了，插入队列的文字成为一个"兴趣点"吸引了读者的注意力（见图 3-54）。

图 3-54 打断线条制造一个视觉焦点

6）好图形原则（good form）。主体在知觉很多图形时，会尽可能地把一个图形看作是一个好图形。好图形的标准是匀称、简单而稳定，即把不完全的图形看作是一个完全的图形，把无意义的图形看作是一个有意义的图形。

7）简单性原则。当视野范围内有模棱两可的对象出现时，知觉者会把它感知与所获得的信息相一致的最简单的规则图形（见图 3-55）。

8）知觉恒常性（perceptual constancy）。知觉恒常性是指人在一定范围内，不随客观条件的改变而保持其知觉映象的过程。知觉恒常性包括大小恒常性、形状恒常性、方向恒常性、明度恒常性、颜色恒常性。

大小恒常性是指在一定范围内，个体对物体大小的知觉不完全随距离变化而变化，也不随视网膜上图像大小变化，其知觉映象仍按实际大小知觉的特征。例如远处的一个人向你走近时，他在你视网膜中的图像会越来越大，但你感知到他的身材却没有什么变化。

形状恒常性是指对物体形状的知觉不因它在网膜上投影的变化而变化。一扇半开的门，虽然视觉所看到的是一个梯形，但知觉经验仍把它看成长方形，而不是梯形，门还是同一扇门，只不过是位置变了。

好图形原则

简单性原则

图 3-55　好图形原则与简单性原则

方向恒常性是指个体不随身体部位或图像方向改变而感知物体实际方位的知觉特征。

明度恒常性是指当照明条件改变时，人知觉到的物体的相对明度保持不变的知觉特征。如将黑、白两匹布，一半置于亮处，一半置于暗处，虽然每匹布的两半部分亮度存在差异，但个体仍把它知觉为是一匹黑布或一匹白布，而不会知觉为两段明暗不同的布料。

颜色恒常性是指个体对熟悉的物体，当其颜色由于照明等条件的改变而改变时，颜色知觉不因色光改变而趋于保持相对不变的知觉特征。如室内的家具，在不同色光照明下，对其颜色知觉仍保持相对不变（见图3-56）。

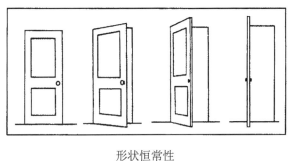

形状恒常性　　　　　　　　　　　　大小恒常性

图3-56　知觉恒常性

9）共方向性原则（common movement）。一个整体中的部分，如果作共同方向的移动，则这些作共同方向移动的部分容易组成新的整体。图3-57中，根据接近律，可以看作abc、def、ghi、jkl等组合。如果cde和ijk同时向上移动，那么这种共同的运动可以组成新的整体，观察者看到的不再是abc、def、ghi、jki的组合，而是ab、cde、fgh、ijk、l组合。平时在计算机桌面上拖动文件的时候，我们会发现里面有部分是运动的，而其他的是静止的，就会认为这些移动的文件是一组的。

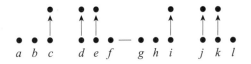

图3-57　共方向原则

### 3.4.3.3　视觉流程特征

（1）眼睛沿水平方向运动比沿垂直方向运动快而且轻松，一般先看到水平方向的物体，后看到垂直方向的物体。

（2）视线的变化习惯从左到右，从上到下和顺时针运动。图3-58中，通过线的引导聚集视觉焦点，让读者很流畅地浏览，图中的动物都处理成沿曲线行走的方向，方向性更加强烈。

（3）人眼对水平方向尺寸和比例的估计比垂直方向的要准确得多。

（4）当眼睛偏离视中心时，在偏离距离相等的情况下，人眼对左上限的观察最优，接下来是右上限、左下限，而右下限最差。

（5）人眼对直线轮廓比对曲线轮廓更易于接受。

（6）人眼在远处辨认前方的多种颜色时，辨认的顺序是红、绿、黄、白，白天对555nm 的黄绿光最敏感。

图 3-58　How Long Do Animals Live

### 3.4.3.4　视觉景观分析

（1）视觉动观、静观分析。景观观赏方式有静态观赏、动态观赏之分。静观就是静态观赏景观，整个画面就像一幅静态图画，造景要有意识地安排视线范围内的主景、配景、前景、中景和远景，尽可能使画面向纵横发展。动观就是沿游步道、廊道动态观赏，随着视觉的移动，在移步换景中感受天、地、人的和谐，通过一定路线的组织安排，把不同的空间组成连续的景观序列，成为一幅动态的连续构图，获得良好的动观效果。

视觉观赏对现代景观设计的启示是：大园以动观为主，小园以静观为主，游赏往往是动静结合，静中有动，动中含静。①

（2）空间视域分析。空间视域分析是指依据数字高程模型分析一个或多个观测点的通视度、可视范围和阻挡范围的过程。观测者的位置、高度、视距等参数都可以任意调整

① 马源、邹志荣：《谈古典园林动·静观及对现代园林设计的启示》，载《安徽农业科学》，2006 年第 3 卷第 414 期，第 3319～3321 页。

的，其通视度、可视范围和阻挡范围既可以通过图形直观表达，也可以通过表格定量表达。可视域分析有着广泛的应用前景，如森林中火灾监测点的设定，无线发射塔的设定、游览线路选线、旅游服务设施选址等。有时还可能对不可见区域进行分析。①

刘礼等（2006）在对中山陵风景区服务设施进行实地调查的基础上，以南京紫金山的数字高程模型（DEM）和紫金山的遥感卫星图片为主要信息源，借助于遥感图像处理软件 ERDAS8. 7 分析和处理数据的功能，对行健亭、光化亭、仰止亭等主要景点进行空间视域分析。研究结果表明，中山陵风景区主要的亭台楼阁只具有休憩、纳凉的功能，风景区应加强观光服务设施的建设。②

游线是旅游景区内景观视觉引导和精华景观展示的重要组成部分，韩芳等（2011）基于多次实地勘察与测量数据，利用 GPS 测量的空间坐标数据将现状游线和最佳观景游线矢量化，并以此为依据基于数字高程模型（DEM）制作可视域分布图；通过 Arc GIS 的缓冲区分析功能计算比较两条游线的可视度值。结果表明，神仙湾最佳观景游线的选址适宜性优于现状游线，近景带可视度值增加了 75%，可视区面积增加了 30%，且视域范围内景观组合的层次性和丰富度明显提高。③

## 3.5　环境心理学理论

环境心理学是研究环境与人的行为之间相互关系的学科，重点研究行为、经验、建筑和自然环境之间整体关系。特点是：强调把环境—行为关系作为一个整体去研究；环境—行为之间是真实地相互作用的关系；每项研究都是理论与应用并重，以问题为中心，意图解决一些生活中的实际问题。④

### 3.5.1　个人空间与人际距离

#### 3.5.1.1　个人空间

个人空间（personal space）是一个围绕在人们身体周围可移动的无形的区域，它随

① 王佳璆、张贵、肖化顺：《Arc GIS 可视域分析在瞭望台管理中的应用》，载《湖南林业科技》，2005 年第 32 卷第 2 期，第 24 ～ 26 页。

② 刘礼、李明阳：《空间视域分析在风景区旅游服务设施规划中的应用——以中山陵风景区为例》，载《林业调查规划》，2006 年第 6 期，第 134 ～ 137 页。

③ 韩芳、杨兆萍：《基于 GIS 空间视域分析的观景游线选址适宜性研究——以喀纳斯自然保护区神仙湾为例》，载《地理学核心问题与主线——中国地理学会 2011 年学术年会暨中国科学院新疆生态与地理研究所五十年庆典论文摘要集》，2011 年，第 141 页。

④ 保罗 • 贝尔、托马斯 • 格林、杰弗瑞 • 费希尔、安德鲁 • 鲍姆著，朱建军、吴建平等译：《环境心理学》，中国人民大学出版社 2009 年第 5 版，第 5 ～ 6 页。

着人们的移动而移动，随着人们所处情境的改变而扩大或缩小。[①] "个人空间"这个术语由凯兹（P. Katz，1937）提出，这个概念不是心理学独有的，也被用于生物学、建筑学和人类学（见图3-59）。

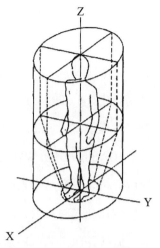

图 3-59　个人空间三维模型

为什么人们要维持个人空间？人类学家霍尔（Edward Twitchell Hall Jr.，1914—2009）将个人空间看作一种非言语交流形式，人际交往距离决定着信息交流的量和质（如触觉交流仅仅出现于近距离）。从人际交往距离可以看出交往者之间的关系类型、所从事的活动类型。阿盖尔和迪恩（1965）提出的亲密—平衡模型认为，在任何人际交往中，人们有维持最佳亲密程度的倾向，如相爱的人期望有比朋友更加亲密的关系。[②] 亲密程度随个人空间和其他因素的变化而变化，如目光接触、面部姿势和话题的亲密度。如果在人际交往中亲密变得过高，人们将通过某种形式的补偿行为来恢复平衡。如果亲密程度太低，也会通过其他形式的补偿行为（如身体移得更近或保持更多的目光接触）恢复平衡。

### 3.5.1.2　人际距离

亲密距离（密切距离），指人们亲密接触（如抚摸、性爱、格斗）、体育运动的距离。其近范围在0～15厘米（0～6英寸）之内，彼此间可能肌肤相触，耳鬓斯磨，以至相互能感受到对方的体温、气味和气息；其远范围是15～45厘米（6～18英寸）之间，身体上的接触可能表现为挽臂执手，或促膝谈心，仍体现出亲密友好的人际关系。亲密距离属于私下情境，只限于情感联系高度密切的人之间使用。

个体距离，通常是朋友和熟人间相距的距离，范围45～120厘米。这种距离下，对方面部细微的变化不易看清，对方的气味几乎感觉不到。任何朋友和熟人都可以自由地进入这个空间，不过，在通常情况下，较为融洽的熟人之间交往时保持的距离更靠近个体距离的近距离（2.5英尺）一端，而陌生人之间谈话则更靠近个体距离的远距离端（4英尺）。

社交距离，指人们进行相互交往或办公的距离。120～210厘米是一般的社交空间，接触的双方均不扰乱对方的个人空间，能看到对方身体的部分。双方对视时，视线常在对

---

[①] 保罗·贝尔、托马斯·格林、杰弗瑞·费希尔、安德鲁·鲍姆著，朱建军、吴建平等译：《环境心理学》，中国人民大学出版社2009年第5版，第239页。

[②] Argyle, M. & Dean, J. Eye-contact distance and affiliation. Sociometry, 1965, 28（3），pp. 289-304.

方的脸部之间来回转。210～360厘米是与一些身份、地位较高人接触的距离，表现出交往的正式性和庄重性。在社交距离范围内，已经没有直接的身体接触，说话时，也要适当提高声音，需要更充分的目光接触。如果谈话者得不到对方的目光支持，他（或她）会有强烈的被忽视、被拒绝的感受。

公众距离，指与陌生人的距离。在这个距离内，既可以很容易地接近而形成社交距离或个体距离，同时也能够在受到威胁时迅速地逃避。公众距离近到370～750厘米，这时说话声音比较大，讲话用词很正规，交往不属于私人间的，对人体的细节看不大清楚。距离若在750厘米以上，是演讲、表演等活动所特有的距离，全属公共场合，声音很大，且带夸张的腔调（见图3-60）。①

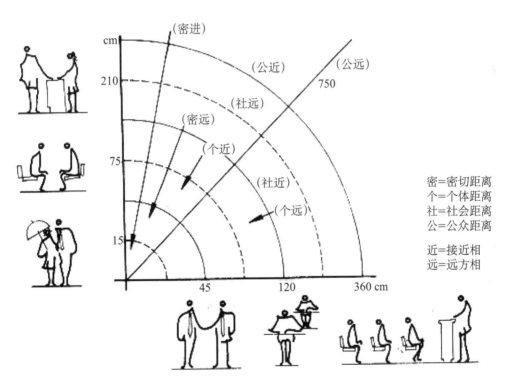

**图3-60 人际距离空间的分类**

人际交往的空间距离不是固定不变的，具有一定的伸缩性，这依赖于具体情境、交谈双方的关系、社会地位、文化背景、性格特征、心境等。女性与女性之间的距离会随着相互喜欢程度的增加而缩小，而男性与男性之间并没有随着相互喜欢程度的变化而发生位置变化。这是由性别社会化差异造成的。

① 邓涛：《旅游区景观设计原理》，中国建筑工业出版社2007年版，第74～77页。

### 3.5.1.3　群体活动与边缘效应

现实中，如果不是有组织的正规群体活动，人们聚集在一个公共空间中，人际交流一般是以三五成群的方式进行的，即社会心理学中描述的小群生态现象。在旅游空间设计中，无论是广场、绿地、入口与通路等，如果空间设计符合这种小群生态的特点，那么空间模式与人们的游憩活动模式较好地结合起来；反之，则结合不好。空间设计时，小群生态现象值得考虑。

（1）群体活动中人的数量。通常群体活动的人数在非正规场合下是很小的，大部分由2人组成，多于3人的小群是很少的。在旅游环境或一些社交场合中，多为三三两两地交谈，超过4人在一起的较少，而且这种交往不断流动变化，更新组合。如果小群扩大到8～10人在一起交流，就要有组织或涉及一个大家都关心的中心议题，这时还可能有更多的人加入。群体活动中人的数量对空间有一定的影响。

（2）边缘效应。边缘效应最早由生态学家比彻（Beecher）1942年提出，是指斑块边缘部分由于受外围影响而表现出与斑块中心部分不同的生态学特征的现象。[①]心理学家德克·德·琼治（Derk De Jonge）提出的边缘效应理论认为：森林、海滩、树丛、林中空地等边缘都是人们喜欢逗留的区域，而开敞的旷野或滩涂则无人光顾，除非边缘区已人满为患。边界区域之所以受到人们的喜爱，是因为处于空间的边缘，为观察空间提供了最佳条件。爱德华·T. 霍尔（Edward T. Hall）在《隐匿的尺度》（*The Hidden Dimension*）进一步阐明了边缘效应产生的缘由。一方面，处于森林边缘或背靠建筑物的立面有助于个体或团体与他人保持距离。而且人站在森林边缘或建筑四周，比站在外面的空间中暴露得更少一点，并且不会影响任何人。另一方面，由于后背是人最易受到攻击或难以防卫的部位，当人的背后受到保护时，他人只能从他前面走过去。

在旅游空间中有安全感的地段往往是实墙的角落，或背靠实体，或凹入的小空间。譬如游憩场所中最受人欢迎的逗留处是那些凹入有保护的场所，而不是邻路的开敞地。凹处、转角、入口，或者靠近柱子、树木、街灯之类站立且可依靠的地方，它们在小尺度上限定了逗留场所，既可提供防护，又有良好的视野。

根据边界效应理论，人们的活动总是从边缘开始并逐步地向中心延伸。因此，在当代的规划设计中，建筑与小品的布置尽可能靠近各景观区边缘，突出自然景观的主体地位，并使人的活动范围与规划所提供的场地相互重叠。在南京市琵琶湖景区规划中，设

---

① 邵琪伟：《中国旅游大辞典》，上海辞书出版社2012年版，第11页。

计者针对景区以市民休闲为主导功能的特点，将供市民停留的道路、建筑、场地与小品选择性地布置在琵琶洲街道建设用地和琵琶湖及现有林地边缘，促发市民活动，而将建设用地中央的大片区域规划建设为景观大草坪，拓展琵琶湖水域面积，突出了景区整体形象。[①]

### 3.5.2  私密性、领域性与公共性

人的私密性（privacy）、个人空间和领域性行为常常是在下意识的情况下发生的。个人空间和领域性是获得私密性的主要手段。私密性具有动态的特点，人在不同的时间和地点，因活动方式的不同需要不同程度的私密性。无论你去哪里，你的脸和身体可以从远处被发现和正确识别，那么你就毫无隐私可言。[②]

#### 3.5.2.1  私密性

（1）概述。威斯汀（Westin，1970）将私密性定义为一种控制意识或是对个人的接近度有选择的自由，是一个个体决定关于他自己的信息以及在什么条件下与其他人交流的权利。私密性并非离群索居，而是指对生活方式和交往方式的选择与控制。当私密性过多时就对别人开放，当私密性过少时就对别人封闭。

私密性是人（或群体）与人（其他群体）之间的边界化过程，人们由此调节彼此的交往程度和范围。通过个人空间大小的变化，人们能保证实际的私密性水平与期望值一致。[③]

私密性是一个动态过程，以此改变个体与他人接近的程度。私密性控制就像一扇可向两个方向开启的门，有时对别人开放，有时对别人关闭，视情境而定。当一个人实际所享有的私密性比预期的要小，对社会性交往控制不足时，就不能有效地调整自己同他人的交往，高密度就会出现负面影响。[④]

（2）私密性的功能、类型。私密性的功能是自治、情感释放、自我评价和限制信息沟通。自治，可以让个体自由支配个人的行为和周围环境，从而获得个人感；情感释放，使个体放松情绪，充分表现自己的真实情感；自我评价，使个人有进行自我反省、自我设计

---

① 叶如海、吴骥良、衷菲：《边界效应理论在休闲景区规划设计中的应用——以南京市钟山风景区琵琶湖景区规划设计为例》，载《规划设计》，2009年第25卷第1期，第47～49页。
② 特蕾莎·M.佩顿、西奥多·克莱普尔著，郑淑红译：《大数据时代的隐私》，上海科学出版社2017年版，第157页。
③ Irwin Altamn. The environment and social behavior: Privacy, Personal Space, Territory, and Crowding. Monterey, CA: Brooks/Cole, 1975, P.237.
④ 保罗·贝尔、托马斯·格林、杰弗瑞·费希尔等著，朱建军、吴建平译：《环境心理学》，中国人民大学出版社2009年第5版，第303页。

的空间；限制信息沟通，让个体与他人保持距离，隔离来自外界的干扰。

1970 年，威斯汀（Westin）将私密性划分为四种类型：独居（solitude），指个体把自己与其他人分隔开，或者避免被他人观察到的状态；亲密（intimacy），指两人以上小团体的私密性，是团体中各成员寻求亲密的关系；匿名（anonymity），指在公开场合不被人认出或被人监视的需要；保留（reserve）指保留自己信息的需要，即对某些事物加以隐瞒和不表露态度的倾向。保留经常通过利用个体周围的建筑等来实现。1986 年，沙恩德斯多姆（E. Sundstrom）将私密性分为言语私密性和视觉私密性，言语私密性指谈话不被外人听见，视觉私密性指不被外人看见。

（3）私密性环境设计方法。

1）形成独立空间。形成视听隔绝是获得外部空间私密性的主要手段。视觉方面，在较大尺度的景观空间，多采用绿带、假山、石壁、微地形等障景处理；对于较小尺度的景观空间，多采用绿篱、树丛、花带等自然要素及矮墙等人工小品。听觉方面，微地形、围墙、密林等实体可用于隔绝噪声；同时，水体流动或撞击所产生的水声也有助于创造相对秘密性的空间。

2）提供控制。保持视听单向联系，需要看人而不为别人所看。方法是：设置山石、树丛、绿篱、矮墙、漏窗；设置过渡空间，对外来干扰或闯入起到一定的缓冲作用；留有退路或余地，避开干扰人群或干扰性活动，以免引起摩擦和不快。[①]

在很多游步道上都设计有一些椅子（木质或石质），可是人们普遍都不会选择去坐在这样的区域，主要是因为私密性不强，同时也没有很强的倚靠空间，不能给人们一种安全感。根据人们对于个人领域空间和空间的界定性，改进方案是：多设计一些具有空间界定功能的区域；在空间上多一些变化，完全开敞的空间中可能通过设计一些下沉空间来达到这样的效果。

### 3.5.2.2 领域性

（1）领地（territories）。《现代汉语词典》中对"领地"的解释是：奴隶社会、封建社会中领主所占有的土地；领土，即一国主权管辖下的区域，包括领陆、领空、领海和领空。[②]当领地作为领土解释时，它和领域的意思是相同的，都是指一个国家行使主权的区域。在自然科学中，涉及野生动物行为时，如巡视、用粪便、尿液、气味标记其占有或控

① 马克辛、李科：《现代园林景观设计》，高等教育出版社 2008 年版，第 63 ～ 64 页。
② 中国社会科学语言研究所词典编辑室：《现代汉语词典》，商务印书馆 2001 年版，第 807 页。

制地方，划分势力范围时，一般用"领地"而不是用"领土"这个词汇。

领地性是动物的一个基本行为系统。英国鸟类学家艾略特·霍华德（Henry Eliot Howard）在 1920 年出版的《鸟类生命中的领地性》（*Territory in Bird Life*）一书中提出"领地性"（territoriality）的概念。动物会以独特的方式声明对一个区域的权限，并捍卫它，以防止其同类的进入。领地性有时也针对其他动物，但更多的时候则是针对同类动物的。动物的领地的重要功能是：提供交配场所、让个体分散得更加均匀、收集食物、保证食物供应、提供避难场所、作为养育后代的场地、减少种内攻击。[①]

人在不同环境中生活、劳动，以及各种活动过程中会希望不被别人干扰或妨碍。[②] 人的"领地性"指由个体、家庭或其他社群单位所占据的，并积极保卫不让其他成员侵入的空间。心理学家纽曼（O. Newman）认为，"领地性"是使人对实际环境中的某一部分产生具有领土感觉的区域。阿尔托曼（Altman）认为，领地性是个人或群体为满足某种需要，拥有或占用一个场所或一个区域，并对其加以人格化和防卫的行为模式（见表3-6）。

表 3-6 人的距离保持

| 人类的个人空间 | 动物的领地 |
| --- | --- |
| 1. 可以随身携带 | 1. 地点比较固定 |
| 2. 有肉眼看不见的界限 | 2. 界限处有标记（粪便、尿液等） |
| 3. 以身体为中心 | 3. 以家族为中心 |
| 4. 对侵入行为进行躲避或抗议 | 4. 与入侵行为斗争或逃避 |

领地是相对固定的区域，具有可见的界限，规范着什么人能相互交往，更多地反映群体的行为，而个人空间更多地反映个体的行为。[③] 人类占有领地的根本动机是保证在领地内拥有优先权。个人空间是一个随身体移动的看不见的气泡，而领地无论大小，都是一个静止的、可见的物质空间。[④] 因此，每一种领地不仅要求与其他人保持一定的空间距离，而且都必须明确地标示出来。

人的领地性来自于人的动物本能，但与动物有不同，随着人类的不断进化，人类的社会性也日益突出，逐渐掩盖了人类的生物性，人类的领地性行为也就发生了一些变化。人的"领地性"已不再具有生存竞争的意义，而更多的是心理上的影响（见表3-7）。

① 高业曦：《〈隐藏的维度〉辨析——试论近体学对建筑学的影响》，同济大学 2009 年版，第 10 页。
② 王展、马云：《人体工学与环境设计》，西安交通大学出版社 2007 年版，第 30～32 页。
③ 保罗·贝尔、托马斯·格林、杰弗瑞·费希尔等著，朱建军、吴建平等译：《环境心理学》，中国人民大学出版社 2009 年第 5 版，239 页。
④ 林玉莲、胡正凡：《环境心理学》，中国建筑工业出版社 2000 年版，第 117～123 页。

表 3-7 某些日常场合中，人类领地的组织功能

| 人们在…… | 领地的组织功能 |
| --- | --- |
| 公共场所（如，图书馆、沙滩） | 规范空间；规范人际距离 |
| 邻里和社区 | 区分群体内的人和群体外的人，群体内的人属于这个地方，可被信任；群体外的人不属于这个地方，不被信任；在某些城市地区，领地控制可增强安全性 |
| 小的面对面的群体内（如家庭） | 体现群体的社会生态学特点，促进群体功能；可提供主场优势 |
| 主要领地（如卧室） | 提供地方让人独处；允许亲密；表现个人身份 |

（2）领地类型划分。阿尔托曼（Altman）将领地分为主要领地、次要领地、公共领地三类。

1）主要领地，是使用者使用时间最多、控制感最强的场所，包括家、办公室等。主要领地为个人或群体独占和专用，并得到明确公认和法律的保护，外人未经允许闯入这一领域被认为是侵犯行为，会对使用者构成严重威胁，必要时用武力保护也被认为是无可非议的。如美国高级别墅不设围墙，仅在草地上设有"禁止入内"的标志。

2）次要领地，对使用者的生活不如主要领地那么重要，不归使用者专门占用，使用者对其控制也没有那么强，属于半公共性质，如夜总会、酒吧、私宅前的街道、自助餐厅或休息室的就座区、住宅楼的公用楼梯间、房前屋后的空地等。次要领域与半私密空间较为相似。

3）公共领地，可供任何人暂时和短期使用的场所，包括电话亭、网球场、海滨、公园、图书馆及步行商业街座位等。这些领地对使用者不很重要，也不像主要领地和次要领地那样令使用者产生占有感和控制感。如果公共领地频繁地被同一个人或同一个群体使用，最终它很可能变为次要领地。如学生常常在教室选择同一个座位，晨练的人群常常在公园中选择固定的场所，如果这一位置或场所被他人或其他群体占用，则会引起不愉快的反应（见表 3-8）。[①]

表 3-8 与主要的、次要的、公共的领地有关的领地行为

| | 多大程度上拥有这个区域（自己和别人都认为） | 个性化程度 / 被侵犯时防卫的可能性 |
| --- | --- | --- |
| 主要领地（如家、办公室） | 高，相对持久地拥有 | 极度个性化；有完全的控制权；被闯入是严重的事件 |
| 次要领地（如教室） | 中，没有所有权，只有使用者之一 | 一定程度的个性化；一些管理权 |
| 公共领地（如沙滩） | 低，没有所有权，只是众多使用者中的一个 | 有时能暂时个性化；不能实施控制；几乎没有防卫可能性 |

（3）控制领地的机制。领地个性化是指对某个地方做出标志和表明该地方的所属关系。个性化既是为自我认同，也是让同类明白其占有领域的范围。旅游环境中划定边界有一定的任意性，利用大自然中的标志物标明边界。如沿地界筑围墙、篱笆。强调个性化领

---

① 林玉莲、胡正凡：《环境心理学》，中国建筑工业出版社 2000 年版，第 117 ～ 123 页。

地的常用方法是使用个人标记，如书本、报纸或其他个人用品放在自己喜欢呆的地方，以此让别人知道这里已经有人占有。

多数情况下，旅游者采用视觉符号的方法，建立自己的边界或标记来描述领地。由于以文化为中介交换信息是人类的一个特征，旅游者具体表现出来的领地性往往受不同文化的调节。因此，这些标记游憩领域的分界线通常可以为别的旅游者理解与尊重。

设计公园时，要允许公园的固定使用群体将某些地块据为自己的专用领地。例如，一处特定的休憩区、一组桌子或一段海滩。无论多么不正式，占据某一地域使他们（如退休的男女、底层社会的穷人和醉汉）感觉到群体的凝聚力，并能预告知道在哪里能遇到自己的朋友。此外，应允许不同使用者人群使用同一个空间。如本地的居民将公园主要作为交谈和运动的场所，而旅游者在路过此地或庆典活动时才造访它们。①

### 3.5.2.3 公共性

"人往人处走"，只要有人存在，无论是在城市中心还是在景区的广场，人及其活动总是吸引着另一些人。人们为另一些人所吸引，就会聚集在他们周围，寻找最靠近的位置。新的活动便在进行中的事件附近萌发了。

"一加一至少等于三"，室外空间生活是一种潜在的自我强化的过程，当有人开始做某件事情时，别人会表现出一种明显的参与倾向，要么亲自加入，要么体验一下正在开始的工作。这样，每个人、每项活动都能影响、激发别的人和事。一旦这一过程开始，整体活动几乎总是比最初进行的单项活动的总和更加广泛、丰富。在游戏场，如果有小孩开始游戏，别的小孩受到启发，出来参加游玩，于是，一群孩子的队伍会迅速扩大，一个过程就开始了。

领地性、公共性、私密性的关系：如果说"公共性"和"私密性"分别是人的社会性和主体性在空间上的反映的话，领地性便是人的生物特性在空间上的反映，领地性具有排他性、控制性和一定的空间范围要求。人类对空间的"公共性"和"私密性"的满足是以领地性的满足为基础的。只有外部空间先有了领地性，它才能有"公共性"和"私密性"。站在公交车站一侧的人行道上，当街涂脂抹粉、描眉化妆的时尚女性，没有领地性可言，自然也没有了私密性可言，她的一举一动都被路人看在眼中，只是大家表现为"有礼貌的不关注"罢了。

私密性与公共性是人类社会的普遍需求。② 人类既需要私密性也需要相互间接触交往，过分的接触与完全没有接触，对个性的破坏力几乎同样大。因此，对每个人来说，既要能退避到有私密的小天地，又要有与人接触交流的机会，环境既可支持也可阻止这些需

① 克莱尔·库珀·马库斯、卡罗琳·弗朗西斯著，俞孔坚、孙鹏、王志芳译：《人性场所——城市开放空间导则（第二版）》，中国建筑工业出版社2001年版，第85页。
② 王欣、张海滢：《居住建筑的私密性与公共性研究》，载《福建建筑》，2003年第4期，第9～11页。

要的实现。旅游空间布局的一个基本点在于创造条件求得游人间的平衡。满足私密性与公共性的需要，任何设计都应含有私密性与公共性以及半私密性与半公共性的空间的调整。<sup>①</sup>

### 3.5.2.4 密度与拥挤感

《现代汉语词典》中，"拥挤"是指（人或车船等）挤在一起；地方相对地小而人或车船等相对地多。

"拥挤指的是想拥有更多空间的不舒服和应激的心理状态"。拥挤感是指由于受到束缚而产生的一种心理状态。西方学者认为拥挤会引起疾病，也会影响个人或整个社会生活，一个拥挤场所往往使人联想到不健康外观以及暴戾行为。

拥挤感和高社会密度并不是相同的概念。研究发现，主观的拥挤感和客观的人口密度测量是有差别的。社会密度指的是一个给定的空间里所拥有的人数，可以用每平方米的人数来衡量，拥挤是一种感觉空间不够的人的主观感觉。高社会密度可能并不一定会造成不舒服的感觉，但拥挤总是不愉快的。

在旅游环境中，采取恰当的措施尽量减少拥挤感。常用方法是：在有限的用地中，明显划分出从公共到私密的各级私密性的等级；用分隔的方法减少感觉超载；给予足够的个人空间以及在公共场合减少对行为的控制；在特定的用地规模中，保持适当的游人容量，保持适当的个人空间和领地控制。<sup>②</sup>

私密性、个人空间、领地性与拥挤感之间的关系见图 3-61。

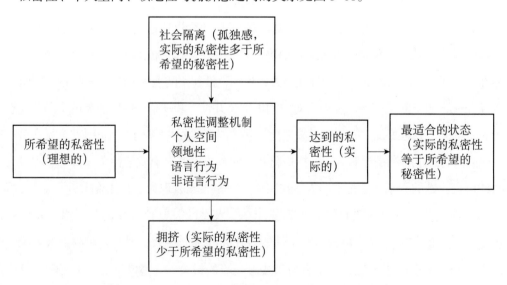

**图 3-61 私密性、个人空间、领地性与拥挤感之间的关系**

---

① 邓涛：《旅游区景观设计原理》，中国建筑工业出版社 2007 年版，第 74～77 页。
② 刘滨谊：《现代景观规划设计》，东南大学出版社 2005 年版，第 19 页。

### 3.5.3 人的行为习惯

人的行为习惯是在一定的自然条件、社会经济和地域文化背景下形成的，受到环境和人们价值观的影响。人们的行为习惯形成，不是轻易能够改变的，如逆时针转向、抄近路、倚靠性、从众行为等。因此，在景观设计过程中，应因势利导地利用人们的行为习惯，否则会加大景观作品在运行过程中维护和管理的难度。

#### 3.5.3.1 靠右（左）侧通行

不同国家对通行的方向有不同规定，中国规定行人靠右侧通行，而日本和一些欧洲国家，却是靠左侧通行。在一些商场、观光旅游场所，人们通常习惯于左侧通行。在路面的密度达到 0.3 人 / 平方米时，沿左侧通行的人流更多。这种行为对景区出入口设置、商品陈列、展品布置等有重要的参考价值。与行人靠右侧通行相对应，景区（点）入口设置在右侧，出口设置在左侧，但也有的景区没有注意人们的靠右侧通行的习惯，反而将入口设置在左侧，出口设置在右侧。

#### 3.5.3.2 逆时针转向

从安全的角度考虑，一些安全通道的设置必须考虑到右（左）侧通行的习惯。在公园、游乐园、展览会等场所，从追踪观众的行为并描绘其轨迹图来看，左转弯（逆时针转向）的情况比右转弯的情况要多得多。田径场的跑道、速度滑冰的赛道，都是左回转。室内设计师在对室内楼梯位置和疏散口设计时，应注意这种现象（见图 3-62）。

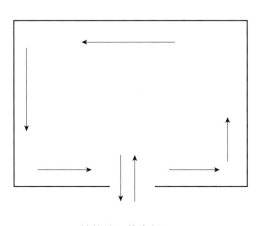

博物馆、体育场

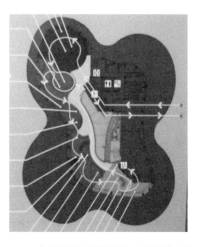

2016年世界月季洲际大会主题公园
月季博物馆

**图 3-62　逆时针转向示意图**

### 3.5.3.3　抄近路

当人们试图到达一个明确的目的地时，会习惯性地趋向选择最短的路径；如果在行进过程中有某些可以跨越的障碍，则会人为地穿越这些障碍，以便更快捷地到达终点。因此，我们经常看到一些草坪、花坛或绿篱，因为正好处于人们目的地的最佳路径，被众多的行人长期践踏而形成了寸草不生的人行便道。

人们一般都会在设施间走捷径，尽管这样会受到能见度、标志、游览的舒适度以及吸引物的影响。[①] 有些游客不能接受这样的安排，就需要管理者借助障碍或者标志，甚至是更为粗鲁的管理手段。如设置一系列金属围栏，栽有灌木树种的土质围墙。而诸如"请待在路面上"的标志是除此以外很少期望的选择。[②]

乔治·金斯利·齐普夫（George Kingsley Zipf），美国哈佛大学教授，1948年4月完成了一部50万余字的著作：《人类行为与最省力法则》（副题——人类生态学引论）（1949年出版）。所谓"最省力法则"（the principle of least effort），指每一个人的运动，不管属哪种类型，都是在一定的道路上进行的，而且都将受到一个简单的基本法则制约：千方百计地选择一条最省力的途径。在各种运动中，人们也都有意无意地按照这条基本法则行事。当然，这个"最省力"带有主观含义，在客观上个人有个人认为的"最省力"，它们并不是完全相同的。要避免看得见的环形路程，以免游人走捷径踩出很多小路来。[③]

博物馆陈列、展览设计者在筹划陈列、展览工程时应考虑到观众的参观便利问题，无意识地遵循齐普夫的"最省力法则"设计参观路线（不让观众走重复路线）。"减少观众疲劳"实际是"最省力法则"的博物馆角度的运用。许多博物馆都有一个以上的陈列，展品的陈列顺序值得研究。美国一个博物馆将馆藏最好的、以往观众印象最深的展品集中到观众参观路线最前面的展厅里，理由是：任何观众参观博物馆不可能记住所有看到的东西，尤其是展览（陈列）路线排在后面的展品，因此，为了达到博物馆的教育目的，应该打破系统，将部分展品集中展示。[④]

### 3.5.3.4　识途性

识途性指当人们不清楚所要到达的目的地行走路线时，总是一路摸索着去；而返回时，又常习惯性地沿着原路返回，这种情况是人们常有的行为习惯。识途性是人的动物本

① 西蒙·贝尔著，陈玉吉译：《户外游憩设计（原著第二版）》，中国建筑工业出版社2011年版，第78页。
② William E. Hammitt, David N. Cole 著，吴承照、张娜译：《游憩生态学》，科学出版社2011年版，第252页。
③ 中国人与生物圈国家委员会秘书处，杨桂华译：《生态旅游的绿色实践》，科学出版社2000年版，第125～131页。
④ 史吉祥：《最省力法则对博物馆学的启示》，载《中国博物馆》，1999年第2期，第32～34页，第5页。

能，在发生突发事件时（如火灾），由于绝大多数人都想沿原路逃生，结果造成出入口处人员拥挤、踩踏，以致被烟火窒息死亡。

"我的寓所后面有一条小河通莱茵河。我在晚间常到那里散步一次，走成了习惯，总是沿东岸走，过桥沿西岸回来。走东岸时我觉得西岸的景物比东岸的美，走西岸时适得其反，东岸的景物又比西岸的美。对岸的草木房屋固然比这边的美，但是它们又不如河里的倒影。同是一棵树，看它的正身极平凡，看它的倒影却带有几分另一世界的色彩。"[①]

### 3.5.3.5　倚靠性

在没有任何倚靠的空间里（如广场、车厢），人要靠脊柱保持身体挺直，靠双脚支撑自己全身的重量，这是非常累的事情。因此，人一般喜爱逗留在有倚靠的地方，诸如门廊、柱子、树木或墙壁，倚靠这些物体，人的脊柱处于一种相对放松的状态，由双足支撑的身体重量也减轻许多。因此，在公交汽车、地铁内，一般在车厢两侧增加了一些高度正好在人们腰部的靠垫。倚靠性表明，人偏爱有所依靠地从一个较小的空间去观察更大的空间。这样的小空间具有一定的依靠性，又可观察到外部空间中更富有公共性的活动，自身的位置又比较舒适隐蔽。[②]

### 3.5.3.6　从众性

从众性是动物的本能。当遇到异常情况时，一些动物会向某一方向奔跑，其他动物会紧随其后。人类也有这种从众的习性，"人云亦云""随大流"，大家都这么认为，我也就这么认为；大家都这么做，我也就跟着这么做。社会心理学家所罗门·阿希（Solomon Asch）的经典研究早就证明，从众是个人减轻社会压力，达成安全，并保证身心健康的重要手段。[③]

"从众"具有两重性：消极面，抑制个性发展，束缚思维，扼杀创造力，使人变得无主见和墨守成规；积极面，有助于学习他人的智慧经验，扩大视野，克服固执己见、盲目自信，修正自己的思维方式、减少不必要的烦恼和误会等。

在原本没有路的地方，人们常常走过的地方路面遭到破坏，就会形成道路的雏形。基于人的"从众性"，设计师利用现有的、被人踩出来的路径，也就是人们经常走的路径进行道路的选址。[④]法国湖贝（Hubais）博物馆出入口广场的路灯柱子上的色点参差不齐，

---

① 朱光潜：《谈美》，安徽教育出版社1997年版，第14页。
② 马克辛、李科：《现代园林景观设计》，高等教育出版社2008年版，第258～260页。
③ 周晓虹：《现代社会心理学名著精华》，南京大学出版社1992年版，第152～163页。
④ 汉斯·罗易德、斯蒂芬·伯拉德著，罗娟、雷波译：《开放空间设计》，中国电力出版社2007年版，第99页。

颇有动感，原来这些小色点都是博物馆每天发的并贴在观众胸前的进门标签，博物馆每天都换进门标签的色彩。从博物馆里出来的很多观众就把这些小标签随手粘在路灯柱上，没有人知道是谁发起的，何时开始的。人们有时在灯柱前认真思考着小标签应贴的位置，每一个人在继续创作时都在接受和诠释现有的形象和总体感受，但结果是令人惊奇的。[①]

### 3.5.3.7 聚众效应

社会互动是最基本、最普遍的日常生活现象，我们对周围的人做出行动和予以反应的过程。在聚众的过程中，个人与个人、个人与群体、群体与群体之间通过信息的传播，如声音、语言、文字、图画、手势、姿态与表情，发生的相互依赖性的社会交往活动。社会学家库利（Charles Horton Cooley，1864—1929）说："人性是逐渐形成的，并不是与生俱来的；没有共同参与，他不能获得人性，而人性会在独处中衰退。"

在一个有名无实的西班牙假日里，通过在悬崖上安装摄影机俯瞰一个小海滩发现，第一批拿着遮阳伞的人到来时，大部分人来到沙滩前部和中央。当其他人来时，他们并没有去那些空着的地方，相反他们去填充那些别人离开后留下的位置。到了下午，海滩前部和中间布满了人。海滩上的遮阳伞均匀地排成了三条平行线，海滩的两边和后边依然还是空空的。[②]

## 复习思考题

### 一、名词解释

百分位　人体工程　空间　架起　覆盖　肌理　图纸感受与实际感受　直觉　错觉　借景　对景　框景　分景　障景　分景　夹景　漏景　添景　抑景　点景　主景　配景　对称　均衡　比例　尺度　对比　调和　节奏　韵律　间隔　渐变　个人空间　人际距离　私密性　领地性　视野　格式塔心理学　标识

### 二、问答题

1. 什么是百分位？设计幼儿园小朋友座椅，应该根据其腿长的哪一个百分位（5%、50%、95%）来设计？如果是设计门的高度，根据平均身高的哪一个百分位设计？

① 安建国、方晓灵：《法国景观设计思想与教育——"景观设计表达"课程实践》，高等教育出版社2012年版，第122～123页。
② 威廉·H.怀特著、叶齐茂、倪晓晖译：《小城市空间的社会生活》，上海译文出版社2016年版，第78～79页。

2. 故宫前三殿、后三宫都立于丹陛上，这是什么空间限定手法？为什么它们的丹陛数量不同？

3. L形空间有什么特点，一般用在什么场合？

4. 什么是依靠性？在旅游景区如何设计依靠性休憩设施？

5. 图纸感受与实际感受的区别是什么？

6. 什么是最省力法则，如何在景区游线设计中加以利用？

7. 人的视觉流程具有哪些特征？在设计广告时，图片最好放在什么位置？

8. 为什么在国家博物馆室内大厅的游客服务中心，还撑着一些太阳伞？

# 第4章 旅游景观设计程序和方法

1968 年，赫勃特·西蒙（Herbert Simon）在《工艺科学》（*The Science of Artificial*）中写道："所谓设计，就是找到一个能够改善现状的途径"。设计者要体验使用者的需求，用最恰当、最简单的方式创造属于人们生活的公共空间。进士五十八等（2008）认为，设计（design）是指单纯地从出于视觉上的图案考虑和意象的内涵出发，将重点置于事物机能性上的设计。[①]

设计要实现价值的最大化，包括生活价值、土地价值、文化艺术价值。

首先，生活价值最大化。现代"设计"的真正意义在于，设计师利用工业革命以来日新月异的现代技术、现代材料，设计出符合人的使用目的并代表时代特色的"产品"。[②] 任何一个设计，都是为了人，把人的需要排在第一位。C. M. 迪西（Deasy）在《设计服务于人》（*Design for Human Affairs*）中谈到"规划和设计的目的不是创造一个有形的工艺品，而是创造一个满足人类行为的环境。"设计不只是对一种事物的改良，包装，美化，而应该是对生活的发问与发现。

其次，土地价值最大化。因为我们的土地越来越少，就希望其设计能让景区周边的土地价值升值，对区域经济发展发挥带动作用。

再次，文化艺术价值最大化。好的设计应该是智慧和美学的结合体，让人更懂得思考，是生活最好的伴侣。我们并不缺乏技术，真正缺乏的是"美学教育"和"根植于文化的系统思想"。好的设计一定要是美观和实用的完美结合。

凯琴琳·格鲁教授说，设计要 "by heart, no brain"（用心塑造而非技术）策略。设计的本质并不是对历史的传承，而是解决具体地块上的问题，用最简单、最经济、最合适和

---

① 进士五十八、铃木诚、一场博幸编，李树华、杨秀娟、董建军译：《乡土景观——向乡村学习的城市环境营造》，：中国林业出版社 2008 年版，第 18 页。
② 张松：《历史城市保护学导论——文化遗产和历史环境保护的一种整体性方法》，同济大学出版社 2008 年第 2 版，第 186 ～ 187 页。

最有效的办法来解决问题，处理好功能、空间、比例、尺度、色彩、材料、节点、细部等非常具体而朴实的环节。

想要把观众留住，关键在于引起观众的共鸣。J. B. 杰克逊在《遗迹之必要性》（*The Necessity for Ruins*）（1980）中写道：景观要能让人体会到一种似曾相识的感觉。某个景观应能在人与人之间建立某种联结。但首先这个景观应包含能孕育这些经历和关系的空间结构；这些空间包括聚会、庆祝的空间，孤独的空间，永恒记忆的空间。正是这些特点赋予了景观以独特性和鲜明的风格，从而使我们在回忆起某个景观的时候充满感情。①

## 4.1  旅游景观评价

### 4.1.1  景观评价概述

早在 1885 年，德国林学家海因里希·冯·萨里施（Heinrich von Salisch）在他的《森林美学》专著中就提出，大多数具有正常感官的人对森林的感性审辨力具有共同性。后来很多学者都曾经就不同群体对森林景观的审美差异问题进行过研究，得出的结论几乎都与萨里施的观点一致。这种对森林的感性审辨力的一致性，实际上已成为现在广泛采用的大众评判法的基本理论依据之一。②

景观审美研究建立在兼容个体和集体审美态度的基础上，假设审美影响仅仅直接被个体所感受，那么对于一个特定的审美刺激，并非所有的个体都会以相同的方式，有相同程度的反应，这是因为个体对同一审美形象会做出不同的价值判断。然而审美影响又不仅仅停留在个人水准上，因为审美属性除了影响个体独处的感受外，还会影响他每天与其他个体或社团的行为方式，对个体的直接审美影响通过各种社会行为总和变成了集体的审美影响，景观审美分析既注重个体的分别判断也强调集体的最终归纳，它以视觉资源分析为主，对景观美进行主观与客观的探求，主要侧重于景观被如何鉴赏，以提供进一步的保护或开发之参考。其核心是景观记录和景观评价。③

景观评价主要包括：

① 景观质量评价。即现存景观质量状况的评价，包括景观的稳定性与敏感性、景观

---

① Jackson，J. B. The Necessity for Ruins[M]. Amherst，MA：The University of Masachusetts Press，1980，PP. 16-17.
② 陈鑫峰、王雁：《森林美剖析——主论森林植物的形式美》，载《林业科学》，2001 年第 37 卷第 2 期，第 122 ～ 130 页。
③ 周向频：《景观规划中的审美研究》，载《城市规划汇刊》，1995 年第 2 期，第 54 ～ 61 页。

持久性、景观抗性等景观自然属性的评价。

②景观适宜度评价。所谓适宜度评价，是根据不同景观因子（如地形、坡度、坡向、植被等）相对于旅游活动开展的重要性（影响程度），确定它们对影响旅游活动的权重及其在空间上的组合；在此基础上，对旅游区不同地段是否适合开展旅游活动进行评估，确定是否适宜，如果适宜，其适宜的程度如何，做出等级的评定。[①]

③景观价值评价。对景观生态服务功能进行价值评估。

## 4.1.2 旅游景观质量评价

在景观质量评价时，研究者们通常习惯称景观为"风景"，其实"风景"是英文landscape 的另一个称谓而已。景观评价或审美的前提是存在审美共识，即专家之间、专家和公众之间对景观美的看法彼此一致，至少基本相同。经过近 40 年的发展，旅游景观质量评价研究领域目前较流行的四大学派是专家学派、心理物理学派、认知学派（心理学派）和经验学派。

### 4.1.2.1 专家学派

专家学派认为凡符合形式美原则的景观具有较高的景观质量。参与景观评价的少数专家，在艺术、生态学及资源科学方面都有很高的素养。专家学派的代表人物是 R. B. Jr Litton。该学派用线条、形体、色彩和质地四个基本元素来分析景观，强调诸如多样性、奇特性、统一性等形式美原则在决定景观质量分级时的主导作用。另外，专家学派还常常把生态学原则作为景观质量评价的标准。[②]

美国及加拿大等国的土地管理部门、林务部门及交通部门多采用专家评价方法进行景观评价。美国林务局景观管理系统对自然景观质量评价的方法是：

（1）划分景观类型。根据地形、植被、水体等质量因子，按自然地理区域划分景观类型大类，再根据区域景观的多样程度划分亚型。亚型为景观质量评价的基本单元，各景观类型的质量评价结果向上归并。

（2）评价亚型景观质量。根据地形、水体及植被的多样性，将景观质量划分为 3 个等级，A 级：特异景观，评价总分 19 分以上；B 级：一般景观，评价总分 12～18 分；C 级：低劣景观，评价总分为 0～11 分。

① 钟林生、肖笃宁、赵士洞：《乌苏里江国家森林公园生态旅游适宜度评价》，载《自然资源学报》，2002 年第 17 卷第 1 期，第 71～77 页。
② 俞孔坚：《景观：文化、生态与感知》，科学出版社 1998 年版，第 40～50 页。

美国林务局视觉管理系统（VMS）把多样性作为景观评价的依据是：假设任何景观都有一定程度的美景度，而多样性最好的景观具有最高的潜在美景度（见图4-1）。对于这一假设，卡普兰曾给予严厉的批驳。[①]

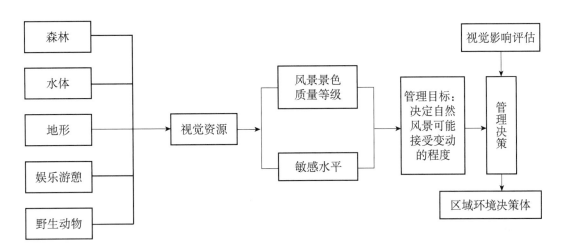

**图4-1　美国林务局VMS系统结构**

在专家学派的评价方法中，美国土地管理局的景观资源管理系统（VRM）是其中最具代表性的一个系统。VRM将景观要素分为地形、植被、水体、色彩、奇特性、人文影响与相邻景观7类。VRM自1974年提出以来，尽管在景观资源等级区分度（即敏感水平）上受到了一定的批评，但是该系统以其在实践中的广泛应用，证明VRM在景观资源评价中具有重要的借鉴意义。国内已有学者参考该系统建立了某一具体类型景观的美学价值评价体系。VRM的景观质量分级评价体系见表4-1。

**表4-1**　　　　　　　　　　　　　　　**VRM的景观质量分级评价体系**

| 因子 | 内容说明 | 景观景色质量 | |
|---|---|---|---|
| | | 等级 | 赋值 |
| 地形 | 高度复杂多变，奇特怪异或罕见的地形 | 高 | 5 |
| | 有相当的变化，有吸引人的细部特征的地形 | 中 | 3 |
| | 平坦，缺少变化和细部的地形 | 低 | 1 |
| 植被 | 植被类型丰富，有吸引人的形态、质感 | 高 | 5 |
| | 植被只有1～2种变化类型 | 中 | 3 |
| | 植被类型相同，缺少变化 | 低 | 1 |

① R. Kaplan. The analysis of perception via preference:A strategy for studding how the environment is experienced. Landscape planning，1985（12），pp. 161-176.

| 因子 | 内容说明 | 景观景色质量 | |
|---|---|---|---|
| | | 等级 | 赋值 |
| 水体 | 清澈透明的宁静水面或飞溅的瀑布等，在景观中起主导作用 | 高 | 5 |
| | 无论是宁静的还是流动的水面，在景观中只属次要地位 | 中 | 3 |
| | 缺少水面或即使有水面也难以见到 | 低 | 0 |
| 色彩 | 有丰富的色彩构成，土坡、岩石、植被、水面和雪景有明快的对比，色彩多样和生动 | 高 | 5 |
| | 色彩有一定变化和强度，土壤、岩石和植被也有一定对比，但是在景观构图中占次要地位 | 中 | 3 |
| | 色彩变化和对比微弱，常常单调乏味 | 低 | 1 |
| 奇特性 | 为当地极稀少的景观，其中也包括珍贵动植物 | 高 | 6 |
| | 尽管与其他景观有相同的地方，但仍保持突出的自身特点 | 中 | 3 |
| | 尽管当地极常见，但景观仍能引起人们注目 | 低 | 1 |
| 人文影响 | 对该景观质量起积极作用 | 高 | 2 |
| | 因不协调人工因素而产生一定的破坏 | 中 | 0 |
| | 大规模地破坏了原景观 | 低 | -4 |
| 相邻景观 | 对提高景观质量有显著作用 | 高 | 5 |
| | 对提高景观质量有一些作用 | 中 | 3 |
| | 对提高景观质量几乎不起作用 | 低 | 0 |

转引自：Stamps, A. E.. Mystery, complexity, legibility and coherence：A meta-analysis, Journal of Environmental Psychology. 2004,24,pp. 1-6.

《中国森林公园风景资源质量等级评定》（GB/T18005—1999）所采用的评价方法也属于专家学派的方法。该标准从森林公园景观资源质量、区域环境质量和旅游开发利用条件三方面对森林公园景观资源质量等级进行评价。通过对景观资源的评价因子评分值加权计算获得景观资源基本质量分值，结合景观资源组合状况评分值和特色附加分评分值获得森林景观资源质量评价分值。森林公园景观资源分为地文资源、水文资源、生物资源、人文资源和天象资源五类，每类资源各包括典型度、自然度、吸引度、多样度、科学度5项评价因子。按评价因子间的相互地位和重要性确定评分值，评分值之和为该资源类的权数。按景观资源质量评定分值划分为三级：一级为40～50分；二级为30～39分；三级20～29分。

#### 4.1.2.2 心理物理学派

国外目前公众审美态度测试的内容基本与专家方式所拟定的内容相一致。将专家方式所设定的一系列景观品质标准化为相对客观的景观构成，然后对应地增加公众主观评价与反应栏目。[①]

① 周向频：《景观规划中的审美研究》，载《城市规划汇刊》，1995 年第 2 期，第 54～61 页。

心理物理学派把"景观—审美"的关系看作是"刺激—反应"的关系，认为景观审美是景观和人之间共同作用的过程，主张以公众普遍的、平均的审美趣味作为衡量景观质量的标准，通过测量公众对景观的审美态度得到一个反映景观质量的量表，然后将该量表与各景观要素之间建立定量化的关系模型——景观质量估测模型。心理物理学方法在小范围森林景观（如一个林分）的评价研究中应用较广。

心理物理学派的景观评价模型分两个部分：第一部分是测量公众的平均审美态度，即景观美景度；第二部分是对构成景观的各成分的测量，而这种测量是客观的。审美态度的测量方法中公认为较好的有两种。其一，评分法。景色美评定程序法（Scenic Beauty Estimation Procedure，SBE），让被试者按照自己的标准，给一个景观（常以幻灯为媒介）进行评分（0～9分），各景观之间不经过充分的比较；其二，比较评判法（Law of Comparative Judgment，LCJ），通过让被试者比较一组景观（照片或幻灯）来得到一个美景度量表。它们的优点在于把景观审美态度的主观测试与景观构景客体元素的客观测定相结合，用数学模型来评价和预测景观的审美品质，为建立一个大范围的审美评价量化标准奠定基础。

景观质量评估步骤：第一，测量公众的平均审美态度，以照片或幻灯片为工具，获得公众对于所展示景观的美感评价；第二，确定景观的基本构成成分（自然景观要素）；第三，建立景观质量的基本成分之间的相关模型；第四，运用所建立的模型进行同类型景观质量评估。

例1　施罗德和丹尼尔（1981）曾以阔叶草、树木胸径、朽木与倒木的多少、下层灌木与地被的多少等7个因素评估西黄松林的景观质量。其一般为：

$$S=0.20k+0.60x+0.26g+0.04h-0.10c-0.001p-0.02t-3.87$$

式中，$S$ 为西黄松林景观质量评估量；$k$ 为阔叶草（磅／英亩）；$x$ 为胸径大于16英寸的西黄松（株数／英亩）；$g$ 为灌木（磅／英寸）；$h$ 为禾草（磅／英亩）；$c$ 为采伐残遗物（立方／英亩）；$p$ 为胸径小于5英寸的西黄松（株数／英亩），$t$ 为胸径5～16英寸的西黄松（株数／英亩）。

例2　布雅夫等（Buhyoff et al.，1982）将心理物理学方法运用于远景景观评价，以公众的平均审美评判作为应变量，而以峻山在照片上所占的面积、远景森林所占的面积等作为自变量，建立多元回归方程。[①]

---

① Buhyoff, G. J., Gauthier, L. J. and Wellman, J. D. Predicting scenic quality for urban forests using vegetation measurement. Forest Science, 1984（30）, pp. 71-82.

$$SBE=127.12+10.32A+1.79R+0.93L-0.57A^2-6.77I-61.07M$$

式中，$A$ 为照片上峻山面积；$R$ 为照片上远景森林面积；$L$ 为照片上平地面积；$I$ 为照片上中景林木受虫害的面积；$M$ 为照片上森林覆盖率。

该模型的预测能力，复相关系数 $R^2=0.57$。

布雅夫等发现，城市绿地中，树木大而少往往比树小而多具有更高的景观质量。

### 4.1.2.3　认知学派

认知学派（心理学派）把景观作为人的认识空间和生活空间来评价，强调景观对人认识及情感反应上的意义，试图用人的进化过程及功能需要去解释人对景观的审美过程。

1975 年英国地理学者阿普尔顿（Jay Appleton）在分析大量风景画的基础上，提出"了望—庇护"（Prospect-refuge）理论，强调人的自我保护本能在景观评价过程中的重要作用，人类需要景观提供庇护的场所，并且这个庇护的场所能够拥有较好的视线以便他能够观察。在审美过程中，人在自然环境中是以"猎人""猎物"双重身份出现的。作为"猎人"他需要看到他的"猎物"；作为"猎物"又不希望别人看到自己，所以他需要能给他提供"庇护"的场所。也就是说，人们总是用人的生存需要来解释、评价景观的。见 3.5.1.3。

美国环境心理学者卡普兰（S. Kaplan）夫妇提出"景观审美模型"（landscape reference model），该模型不仅反映了人的自我保护本能在其景观评价中的重要作用，还反映人为了生存的需要和为了生活得更安全、舒适，必须了解其生活的空间和该空间以外的存在，不断地去获取各种信息，并根据这些信息去判断和预测面临的和即将面临的危险，正是凭借这些信息，去寻求更适合于生存的环境。所以，在景观审美过程中，他要求景观既具有可以被辩识和理解"易解特性"（Making sense），又具有可以不断地被探索和包含着无穷信息的"神秘特性"（Involvement）。如果这两个特性都具备，则景观质量较高。布朗等对卡普兰理论模型作了进一步加工，形成了四维量的景观审美理论模型（见表 4-2）。

表 4-2　　　　　　　　　　　　　　　景观审美解释模型

| 类　别 | 易解特性 | 神秘特性 |
| --- | --- | --- |
| 自然景物 | 坡度、相对地势 | 空间多样性、地势对比 |
| 自然景观中的人工建筑 | 自然性、和谐性 | 高度对比、内部丰富性 |

美国地理学者 Ulrich 的"情感 / 唤起"（effective/arousal）反应理论，将美学思想和情感学说融为一体，试图通过生理测试技术（如脑电图、心电图）来测定人对于特定景观区

的反应和评价，从而克服语言表达对景观评价结果可能带来的误差。

### 4.1.2.4 经验学派

经验学派把人对景观的审美评判看作是人的个性及其文化、历史背景、志向与情趣的表现。所以，经验学派的研究方法一般是考证文学艺术家们关于景观审美的文学、艺术作品，考察名人的日记等来分析人与景观的相互作用及某种审美评判所产生的背景，对客观景观本身并不注重。经验学派的主要代表性人物是 Lowenthal。

经验学派具有高灵敏性的特点。在"人—景观—相关环境"的模式中，景观质量被看作是一种无时无刻不在变化的东西。经验学派实际上回避了对客观景观本身的考察，而强调人的主观作用及景观审美的环境，所以，该方法缺乏实用价值。[①]

景观评价各学派特点分析比较见表 4-3。

表 4-3                                景观评价各学派及其理论和技术

| 学 派 | 主要理论方法 | 技术应用 |
| --- | --- | --- |
| 专家学派 | 基于形式美的原则，认为凡是符合形式美原则的景观一般都具有较高的质量，即属于优美的景观。评价方法是将景观分解成线条、形体、质地和色彩等基本构成元素，以非数量化和数量化方法评价景观 | 通过地形图、照片、航片、计算机三维模拟等手段，通过指标、因子的提取和分析，然后层层分解和加权，获得较为客观的景观质量数值 |
| 心理物理学派 | 把景观与景观审美的关系理解为刺激—反应的关系，将心理物理学的信号检测方法应用到景观评价中，通过测量公众对景观的审美态度，得到一个反映景观质量的量表，并将该量表与各景观成分之间建立起数学关系 | 用黑白、彩色照片、幻灯片模拟实际景观，由公众加以评价 |
| 认知学派 | 将景观作为人的生存空间、认识空间来评价，强调景观对人的认识及情感反映上的意义；从人的进化过程及功能需要去解释人对景观的审美过程 | 以照片、地形图、航片等为测试手段 |
| 经验学派 | 以人对景观的主观评判为主旨，从人的性格、历史、文化背景、志向与情趣等方面研究人对景观的态度 | 多采用记录文字、描述、调查等手段 |

资料来源：李斌成、李睿煊：《风景视觉资源及专家评价系统》，载《西北农林科技大学学报（社会科学版）》，2001年第1卷第1期，第84～89页。

专家学派和心理物理学派的共同特点是，通过测量各构成景观的自然成分（如植被、山体、水体等）来评价景观质量。专家学派最突出的优点就在于它的实用性，但可靠性难以给以确切的结论。心理物理学方法则是各种景观评价方法中最严格，可靠性最好的一种方法。许多研究都证明了不同景观评价者及团体之间存在着高度的一致性。该景观评价方法具有很高的灵敏性。至于该方法的有效性如何，长期以来的研究基本证明了照片和幻灯作为评价媒介同现场评价无显著差异。

---

[①] 俞孔坚：《景观：文化、生态与感知》，科学出版社1998年版，第40～50页。

认知学派把景观作为人的生存空间，认识空间加以评价，强调景观对人的认识及情感反应上的意义，试图用人的进化过程及功能需要去解释人对景观的审美过程。

经验学派通过心理测量、调查、访问等方式，记述现代人对具体景观的感受和评价，但它与心理物理学常用方法不同的是：在心理物理学派方法中被试者只需就景观打分或将其与其他景观比较即可，目的是为了得到一个具有普遍意义的景观美景度量表；而在经验学派的心理调查方法中，被试者不是简单地给景观评出好劣，而是详细地描述他的个人经历、体会及关于某景观的感觉等，目的是为了分析某种景观价值所产生的背景、环境。

景观评价各学派特点分析与比较见表4-4。

表4-4　景观评价各学派特点分析和比较

| 各学派比较点 | 专家学派 | 心理物理学派 | 认知学派 | 经验学派 |
|---|---|---|---|---|
| 对景观价值的认识 | （客观）景观价值在于其形式美或生态学意义 | 景观价值是主客观双方共同作用下而产生的 | 景观价值在于其对人的生存、进化的意义 | （主观）景观价值在于它对人（个体，群体）的历史、背景的反映 |
| 评价中人的地位 | （客观）景观价值在于其形式美或生态学意义 | 把人的普遍审美观作为景观价值衡量标准 | 从人的生存、需要出发，解释景观 | （主观）强调人（个体或群体）对景观的作用 |
| 对客观景观的把握 | 分别从"基本元素"（线、形、色、质）分析景观 | 从"景观成分"（植被、山体等）分析景观 | 用"维量"（复杂性、神秘性等）把握景观 | （整体）把景观作为人或团体的一部分，整体把握 |

资料来源：汤晓敏：《景观视觉环境评价的理论、方法与应用研究》，上海：复旦大学博士论文，2007年，第17页。

## 4.2　场所精神

1979年，挪威著名城市建筑学家诺伯舒兹（Christian Norberg-Schulz）提出了"场所精神"（Genius loci）的概念。古罗马人认为，所有独立的本体，包括人与场所，都有其"守护神灵"陪伴其一生，同时也决定其特性和本质。"场所"英文直译是place，狭义上的解释是"基地"，即英文的site。广义的解释是"土地"或"脉络"，即英文中的land或context。在某种意义上，"场所"是一个人记忆的一种物质化和空间化。①

尽管在景观设计方面，目前西方国家走在了东方国家的前面，但现代景观设计并不是西方的专利。在设计思想中并没有东西方的界限，只有创造性地寻求最佳的解决问题的方式，完成适合场地的设计。当然最后的结果总会以一种形态表达出来，如果这种形态是从地块上生成的，就符合当代景观规划设计的价值观。这种形式与我们熟悉的所谓东方的传统可能很接近，也可能有很大的反差，但如果出现反差就认为设计是非东方传统的，这是

① 诺伯舒兹著，施植明译：《场所精神——迈向建筑现象学》，华中科技大学出版社2010年版，第7页。

对东方传统的符号化的理解，也是对当代景观规划设计的模式化的理解。

### 4.2.1　场所与场所精神

#### 4.2.1.1　场所

场所与空间的差异性在于：空间是用矢量来精确表达的，只包括地理位置（location）和物质形式（material form）两个部分，空间不具有文化的成分。场所是由特定的人或事所占有的环境，包括地理位置（location）、物质形式（material form）以及它拥有的价值和意义（value and meaning）3个部分，场所具有明显的文化因素，是社会模式在空间范围内运作具体化的一个概念。场所有明确的感知特性：可被认知、可记忆、生动、引人注意。[①] 场所应具有促使人们交往的能力。人在对场所的认知过程中，在头脑中把环境中的各种小片段组合成能使用的意象，其认知地图包含了两类信息：一是有关距离和方向的量度关系；二是场所之间相互连接的拓扑关系。

场所生态存在两个层面的关系，一是场所内部独特的条件、生态构成、生态过程、生态格局以及生态联系；二是场所周边环境的生态过程与场地内部的耦合关系。场所生态设计不仅要在内部生态过程的基础上设计，而且要把场所内部的生态过程与外部的生态过程统一起来，建立完整、连续的生态系统，而不是规划之后把场所变成一个独立的生态小岛。[②]

探索场所意义时语义差异，可以用一长串两极对仗的形容词来描述场所。如"好—坏""冷—暖""粗糙—光滑""安全—危险"等等这类经过试用的术语清单可供应用。当每一项模拟向受访者展示时，要求他指出最适合于那个场所的形容词。一群人合起来的答案就可以加以分析，看哪几个形容记号连起来能最恰当地反映场所的整体组合。这种方法也有局限性，它仅研究文字框架，而文字的类别又是强加给受访者的。[③]

一个好的设计保全一个场所先前使用的证据，特别是传达人们亲密地使用的证据（一个座位、一条门槛），或者激起深深的感情的证据（一棵古树、一座坟墓）。新旧对比，就能产生时间的纵深感。[④]

#### 4.2.1.2　场所精神

场所精神或地方精神（spirit of place）、地方性，指一个地方相对于另一个地方所特有

---

① 凯文·林奇·海克著，黄富厢、朱琪、吴小亚译：《总体设计》，中国建筑工业出版社1999年版，第75页。
② 王云才：《群落生态设计》，中国建筑工业出版社2009年版，第12页。
③ 凯文·林奇·海克著，黄富厢、朱琪、吴小亚译：《总体设计》，中国建筑工业设计社1999年版，第100～101页。
④ 凯文·林奇·海克著，黄富厢、朱琪、吴小亚译：《总体设计》，中国建筑工业出版社1999年版，第182页。

的独特品质或个性特征。地方精神是不可触摸的，但对于景观是很有价值的一个方面，有助于使景观易于感受。不仅比较大的区域可以有地方精神，较小的规模的地方也可以有地方精神。[①] 例如，与北京的场所精神相关联的是，《前门情思大碗茶》《说唱脸谱》《北京，北京》《One Night in Beijing》等具有浓郁的北京地方特色的歌曲。基于场所精神的设计，才能更好地讲好中国故事和北京故事。实际上每个人心中都有自己对一个地方的记忆，而这种记忆是随着时代的变化而变化的。

场所精神是对自然环境和文化环境产生满意感和安全感的情感。当人类生活在一个熟悉、可达以及珍视社会设施和地理环境的地方时，更有可能受益于生态系统服务和各种热爱生命的价值观。场所精神的重要特征包括熟悉的场所意义，一种在共同体验的基础上形成的强烈的伙伴关系，以及增强的习俗、生境和仪式的反复出现。

场所精神的重要性体现在：

● 一个场地的文化与自然之间的和谐相处的联系。

● 一个场地的生物物理背景与文化和自然的成功结合。

● 建筑和景观反映了一个特定的生物文化环境中独特的自然和社会特征。

自然条件、生物状况、文化状况、历史条件都极为重要地影响场所精神。当一个社区提供多种经济、教育、娱乐、市政设施和环境服务和机会时，当地居民会分享人与人之间的友谊，从而使此处的场所精神得到强化，形成对邻里关系和区域的一种自豪感和认同感（见表 4-5）。就像哲学家马克·萨哥夫（Mark Sagoff）讲到的那样，场所精神"导致了周围环境的和谐、同伴之情和亲密感。"[②]

表 4-5　　　　　　　　　　　　　　　场地地域性影响因素构成

| 自然环境因素 | 人文环境因素 | 场地周边环境 |
| --- | --- | --- |
| 地形地貌：自然形成；人为干预 | 使用群体：不同职业、不同年龄、不同类型（游客、当地居民） | 用地性质：商业、住宅、绿地等 |
| 气候：日照分析；风向、风速分析 | 交通方式：步行、自行车、汽车 | 使用功能：功能定位、使用人群、使用时间 |
| 水体：水质、水量、水位变化 | 使用需求：游憩、健身、教育、娱乐等 | 地下状况：地下水、地下管线、土壤特性 |
| 土壤：土壤酸碱度、肥沃度 | 生活方式：日常生活行为、民俗风情 | 优势资源：可引入场地的景观，如水系、植物等；可借景的景观 |

**220**

① 西蒙·贝尔著，王文彤译：《景观的视觉设计要素》，中国建筑工业出版社 2004 年版，第 105 页。

② 斯蒂芬·R. 凯勒特著，朱强、刘英、俞来雷等译：《生命的栖居——设计并理解人与自然的联系》，中国建筑工业出版社 2008 年版，第 54～56 页。

续表

| 自然环境因素 | 人文环境因素 | 场地周边环境 |
|---|---|---|
| 植被：品种、数量、生长状况 | 历史文化资源：文物古迹、历史故事、传统文化 | 劣势资源：如荒废的建筑物、废弃物 |
| 优势资源：如长势良好的植被、有利地形等 | 人工遗留物；构筑物、建筑、田地、水塘等 | |
| 劣势资源：如污染的水体、土壤 | | |

资料来源：王晓燕、张万荣、李炎：《与地域文化相融合的溪流景观设计》，载《山西建筑》，2014年第40卷第3期，第209～211页。

有意义、价值极大的场所精神比那些无生命力的物质要素来说还要重要。当一个场地是健康的、熟悉的并能够相互交融和联系时，这个地方就成为我们生活中的一部分，一种标志，一种回忆，生机勃勃的活力和情感。把健康的生态系统和有意义的地方变为有生命的价值体现。伟大的生态学家奥尔多·利奥波德（Aldo Leopold）把这种意识取向形容为"金字塔思维"，场所精神和一个健康的生态系统一样，提升了生活质量，保证了生活环境的可持续性。[①]

以土人设计主持完成的美国西雅图庆喜公园为例，该设计以"城市戏台"为主题，融入了多种中国和东亚文化元素及社区的地方精神。入口为一个具有场地标志性的门框，采用当代设计语言，表征社区的亚裔文化特征。"城市戏台"顺应原场地的地形，创造出一层层灵动的梯田式场地。每层流线的台地之间种植连续的乡土植被带，并运用剪纸形式的红色楼梯连接每层梯田台地，解决园区内垂直交通的问题。设计中包含了一个灵活的舞台，作为文化表演的空间。园内还设有公共休息平台，摆放了不同的运动健身设施和临时家具。

### 4.2.1.3 恋地情结、场所感知和场所依赖

1974年，著名地理学家段义孚（Yi-Fu Tuan）首先观察到"人与场所之间存在着一种特殊的依赖关系"，并提出"恋地情结"（Topophilia）概念，意为强烈的地域感，通常与一种感知相融合，即在某一人群之间的文化认同感。恋地情结是人与地方之间形成的感情联系，这种感情联系是人对地方的关系、感知、态度、价值观和世界观的总和。

1976年，瑞弗（E. Replh）提出"场所感知"（sense of place）概念。场所感知是人与自然以某种美妙的体验为中心的结合，这种体验和意识集中于某些特别的设施。戈登·库伦（Gordon Cullen）在《城镇景观》一书中将"场所感知"定义为"一种特殊的、可以激

[①] 斯蒂芬·R. 凯勒特著，朱强、刘英、俞来雷等译：《生命的栖居——设计并理解人与自然的联系》，中国建筑工业出版社2008年版，第56～58页。

发人们进入空间之中的视觉表现"。当许多因素同时发挥作用时，就会令人产生一种身心愉快的感受，这种空间质量的感受正是许多老的步行城市及其空间的特点。场所感强的地方正是非常宜人的逗留场所。如在威尼斯和许多著名的意大利城广场，空间中的生活、气候及建筑设计的质量相辅相成，创造了一种令人难以忘怀的总体印象。[①] 人对场所感的要求按个人（个人空间、领域、私密性）、团体（交往）、社会（意义）三个方面进行研究。

1989 年，威廉姆和罗根布克（Willams & Roggenbuck）提出"场所依赖"（place of attachment）的概念。场所依赖是人与场所之间基于感情（情绪、感觉）、认知（思想、知识、信仰）和实践（行动、行为）的一种联系。其中，感情因素是第一位的。因此，场所依赖是指个人在经历一个场所后，对这个场所满足自己的需求而产生依赖感，以及在情感层面对这个场所产生的认同感、归属感与其他情感层面的表现。场所依靠程度的强弱及活动时间的频率会进一步影响场所认同的程度。

### 4.2.2　场所情结

人们经常希望重游一些旅游目的地，对他们而言，不是这些目的地的物质形式，而是一种对这个地方特殊的感觉成为重游的主要驱动力。从地理微观的角度而言，城市中有些居民往往只习惯去少数的几个公园或开放空间开展游憩活动，一些居民对城市内某些特定的建筑或场所的改造会产生强烈的抵触情绪。[②]

不论是荒野、营地或者有利于垂钓的地方，大众通常会对在这些原野游憩场所的活动产生情感联系。在这个情感发展形成的过程中通常会涉及如场所情结、场所依恋、场所意识以及其他诸如此类的东西。当场地情结非常强烈和有特色时，游客可能被他们中意的场所深深地吸引，总是对某一场地重复使用。这种重复使用，尤其是一些游客对同一个特定场地产生情结时，会对营地和场所产生重大影响。最为糟糕的是，因为使用者对这个场所有着很强烈的情结，因此通常情况下很难将他们对这个地方的使用转移或者分散到其他地方。

当场地失去场所情感和凝聚力时，人们不再或者很少对他们生活的地方的文化或生态环境承担长久保护的责任，他们缺失这种场所精神延伸出的责任感，也很少去做一些工作延续这种精神。作家温德尔·贝里（Wendell Berry）这样描述无场地意识带来的尴尬和后

① 扬·盖尔著，何人可译：《交往与空间》，中国建筑出版社 2002 年版，第 170 ~ 171 页。
② 黄向、保继刚：《场所依赖（place attachment）：一种游憩行为现象的研究框架》，载《旅游学刊》，2009 年第 21 卷第 9 期，第 19 ~ 24 页。

果："对一个地方不再怀有复杂的情感，而且在缺少相应的感情的基础上，对一个地方也不再怀有信仰，那么不可避免地就是场地不会被仔细、认真地对待，甚至会遭受破坏的命运。"[1]马克·萨哥夫（Mark Sagoff）甚至更深层次地指出场地感的缺失使得我们感觉自己像是"生活在自己土地上的陌生人"，同时这也是当代环境危机的一个主要特征表现。[2]

在老北京的胡同和郊区的院落及周围，往往都种植有许多乡土树种，如香椿树、杏树、枣树、柿子树、榆树……这些树木的春华秋实，为这些家庭带来绿荫和诸多欢乐。伴随着棚改，许多老房子被拆迁，这些树木成为他们留住"乡情"的记忆物之一。因此，在棚改过程中，待房屋拆除后，由专业绿化队将之挖掘出来移栽到现有的绿化范围内，等回迁安置房建成后，再把这些树木种到回迁房小区内和周边，继续和它们的主人生活在一起。类似地，可以通过拍摄照片、录像，收集居住区的一些建筑和生活元素（如门墩、石狮、磨盘），建立胡同馆或村史馆，集中展示过去的历史和文化，帮助人们记住历史和"乡愁"。

## 4.3　旅游景观设计原则与方法

没有科学理论指导的景观设计作品，仅仅是一些点、线、面、体的经验组合。我们看到的绝大多数景区的景观规划都属于这一类型，有作品，没文化，基本雷同，缺乏场地的特色和文化。在景观设计过程中，经常要问5W1H，即为什么要设计（Why）、在什么地方（Where）、什么时间设计（When）、设计什么（What），由谁设计（Who），如何设计和表现什么（How）。以北京市"三山五园城市绿道"为例，规划受交通线路的影响，存在许多断裂点，作为一条景观廊道，它对于沿途动植物的传播，其长度、宽度、空间布局是否真的发挥作用？在近水的区域，驳岸应如何设计，才有利于两栖动物和水生植物生长？对于鸟类而言，沿途种植的植物是否适合它筑巢、觅食和社会交往？车水马龙的交通对于鸟类的行为产生哪些影响，不同的鸟类是如何适应的？如果不考虑这些问题，绿道有可能就只是一条景观优美的绿色荒漠，看不到鸟儿优美的身影，也听不到它们在草丛或树梢上欢快的歌唱。

### 4.3.1　设计原则

旅游景观设计过程应取得社会性、生态性、艺术性的平衡。首先，景观设计是为了满足人的使用功能，景观设计师追求的境界是为人提供实用、舒适、美观的设计。其次，在

---

[1]　W. Berry. The Regional Motive, in A Continuous Harmony：Essays Cultural and Agricultural, New York：Harcourt, 1972, PP. 68-69.

[2]　M. Sagoff. Settling America or the concept of place environmental ethics[J]. Journal of Natural Resources and Environmental Law 1992（12）, pp. 351-418.

设计中，生态要求与功能、形式要求同等重要，甚至处于首要的位置。再者，景观设计作为一门艺术，受到传统艺术、现代艺术形式的影响。<sup>①</sup>景观设计的基本原则包括可持续设计原则、系统性原则、生态性原则、地域性文化原则、以人为本原则、简洁性原则、参与性原则。

#### 4.3.1.1 可持续原则

景观的可持续设计被定义为是一种基于自然系统自我更新能力的再生设计（Regenerative design），包括如何尽可能少地干扰和破坏自然系统的自我再生能力，如何尽可能多地使被破坏的景观恢复其自然的再生能力，如何最大限度地借助于自然再生能力进行最少设计（Minimum design），创造和谐自然的人工景观生态系统。景观的可持续设计是建立在可持续发展概念基础上的设计理念，是一种新的设计思路。<sup>②</sup>

德国汉堡易北河畔有一座人工山，占地 45 公顷，最高处离地面 40 米。数十年前，这里是"二战"轰炸建筑瓦砾的堆场，此后又被用于堆积工业废料和城市垃圾。从 20 世纪 80 年代起，政府用塑料防水膜覆盖垃圾山，铺上厚达 3 米的土层，种上了植物，垃圾产生的沼气被收集起来转化为附近一家炼铜厂的部分用电来源。2011 年，垃圾山上安装了 8 000 平方米的光伏发电系统，功率更高的风力发电机取代了老电机，两者产生的电力可满足 4 000 户家庭的全年需求。垃圾产生的废液携带的热量也被收集起来，为办公室供暖。此外，山顶建成了一条长 1 000 米的长廊，成为人们观赏汉堡市全景的最新去处。垃圾山成为汉堡的能源之丘，市民的景观公园。根据德国法律，建筑垃圾生产链条中的每一个责任者，都需要为减少垃圾和回收再利用出力。目前，德国是建筑垃圾回收做得最好的国家之一，回收利用率达到 87%。<sup>③</sup>

#### 4.3.1.2 系统性原则

旅游景观设计过程实际上就是一个系统综合集成的过程，就是把景观设计的自然、人文等诸多要素有机地联系起来，实现系统功能的优化，产生"1+1>2"或"1+1=2+X"的效果。鉴于景观系统的组成部分之间相互作用的重要性，在旅游景观设计中，应把研究对象视为一个协调统一的整体。一方面，研究对象处于开放的系统中，必然与其他组成要素（社会、文化、政治制度、价值观念等）相互影响和相互作用；另一方面，景观设计作品

① 胡兰英、曹式军：《现代景观的价值取向》，载《河北林业科技》，2010 年第 2 期，第 63～64 页。
② 梁铮：《景观的可持续设计浅议》，载《安徽建筑工业学院学报（自然科学版）》，2007 年第 15 卷第 3 期，第 35～37 页。
③ 管克江、田泓、俞懿春：《回收利用破解建筑垃圾难题》，载《人民日报》，2016 年 1 月 11 日第 22 版。

并非下沉式广场或凸起的高台、座椅、园路、喷泉、雕塑、标识等景观小品的随意堆砌，而是各组成要素互相联系形成一个的有机空间。因此，在强调景观系统中的非物质化因素的同时，不能忽视景观物质形态的系统特征。

德国萨尔布吕肯市港口岛公园（Burgpark Hafeninsel）面积约9公顷，接近市中心。"二战"时期这里的煤炭运输码头遭到了破坏，除了一些装载设备保留下来外，码头几乎变成了一片废墟瓦砾。彼德·拉兹（Peter Latz）采取了对场地最小干预的设计方法，考虑到码头废墟、城市结构、基地上的植被等因素，对区域进行了"景观结构设计"，目的是重建和保持区域特征，并且通过对港口环境的整治，再塑这里的历史遗迹和工业的辉煌。拉兹用废墟中的碎石，在公园中构建了一个方格网作为公园的骨架。这些方格网又把废墟分割出一块块小花园，展现不同的景观构成。原有码头上重要的遗迹均得到保留，工业废墟，如建筑、仓库、高架铁路等等都经过处理，得到很好的利用。园中的地表水被收集，通过一系列净化处理后得到循环利用。港口岛公园获得1989年德国景观园林学会奖。

#### 4.3.1.3　地域文化性原则

景观设计作品是一种载体，搭载的是一个国家不同地域的文化。人们通常说，"民族的就是世界的"，这句话也同样可以理解为"地域的才是中国的"。地域的个性是由该地域的风土、历史、文化、产业等要素构成的。为了增强地域个性，必须扎根于地域风土，传承地域的历史、文化，灵活运用当地的材料和技术。无论什么样的地区，都有当地的历史和文化，都是地区居民们在生活岁月中不断积累形成的。景观设计应以地域的历史和文化为基础，体现地域居民们精心生活的结果，让人们对这方土地产生热爱，通过地域文化的传承和发展，确保地域的个性。[①]

场所精神告诉我们，景观设计项目应秉承"当地的问题在当地解决"的理念，即每一个规划任务，都应在当代的环境政策、法律、社会文化的指导下，充分分析场地的历史背景、文化内涵和特色，从中提取文化元素，因地制宜地对项目进行策划、设计。

不同区域的景观设计，或者同一区域的景观设计，都要因地、因人、因时制宜，不能千篇一律，千人一面。具体到区域景观设计，要根据各区域地形、天象、动植物、水体、建筑及小品和场所精神，合理进行要素的配置和组合。增强地域个性的主要因素见表4-6。

---

① 进士五十八、铃木诚、一场博幸编，李树华、杨秀娟、董建军译：《乡土景观——向乡村学习的城市环境营造》，中国林业出版社2008年版，第46页。

| 表 4-6 | 增强地域个性的主要因素 |
|---|---|
| 风土 | 气象条件（气温、风、雨、雪等）和土地条件（地形、地质、植被等） |
| 历史、个性 | 地区居民们的思维方式与建筑的表现形式 |
| 产业 | 适宜于地区的、独自进行的工作 |

资料来源：进士五十八、铃木诚、一场博幸编，李树华、杨秀娟、董建军译：《乡土景观——向乡村学习的城市环境营造》，北京：中国林业出版社，2008 年版，第 45 页。

地域性是对规划区域史脉的延续和继承，是形成协调景观的内在因素和规划设计思想的灵魂。景观设计只有拥有厚重的文化积淀和鲜明的主题特色，才能发挥其强大的生命力，体现其独特的文化品位。因此，应把富于地域色彩的图案、符号提炼成设计语言应用于景观设计中。2012 年，有"建筑界的诺贝尔奖"之称的普利兹克奖颁给了中国建筑师王澍。在设计宁波博物馆时，周围环境是被称为"小曼哈顿"的城市新 CBD，耸立着 100 多座超高层建筑。但王澍设计的方案把这座建筑当作一个村落来设计，建筑上部开裂的体块混合着山体和村落的印象，外墙和内墙大量使用"瓦爿"，材料回收自已经被拆毁的村落。当这座像山一样的建筑建成后，络绎不绝来参观的市民们在这里重新发现了与他们已经被拆毁的家园的关系，来这里寻找回忆，重返自然、神游山水。[1]

#### 4.3.1.4 生态性原则

尽管我们通常认为自己是超脱于自然的，但实际上人是自然的一部分。[2] 对一些人来说，自然仍然是"他者"。他们生活在自然中，却不把自己当成自然的一部分。斯本和莱利在探索如何把生态设计和与文化相结合创造新形式时，提出："设计应遵循一个原则，即对设计主体自然环境的理解应建立在尊重其整体机理设计的基础上。"[3]

伊恩·麦克哈格的《设计结合自然》认为自然模式是景观设计唯一可行的模式，强调自然生态研究要保持在自然过程的范围和计划里面。当然，人们不可能脱离自然进行设计，但可以围绕自然进行可行性的设计。[4] 生态设计不是某个职业或学科所特有的，它是一种与自然相协调的方式，帮助我们重新审视对景观、城市、建筑的设计以及人们的日常生活方式和行为。如果我们把景观设计理解为一个对任何有关于人类使用户外空间及土地问题的分析、提出解决问题的方法以及监理实施过程，那么，景观设计从本质上说就是对土地和户外空间的生态设计，生态原理是景观设计学的核心。从更深层的意义上说，

① 王澍：《造房子》，湖南美术出版社 2016 年版，第 96～97 页。
② 理查德·洛夫著，王西敏译：《林间最后的小孩：拯救自然缺失症儿童》，中国发展出版社 2014 年版，第 8 页。
③ Sedong. Landscape planning: a conceptual perspective. Landscape and Urban Planning, 1986 (13), pp. 335-347.
④ 马赫特·瑞本：《自然的回归》，詹姆士·科纳主编，吴琨、韩晓晔译：《论当代景观建筑学的复兴》，中国建筑工业出版社 2008 年版，第 33 页。

景观设计是人类生态系统的设计，是一种最大限度地借助于自然力的最少设计（minimum design），一种基于自然系统自我有机更新能力的再生设计。生态设计的基本原则是：地方性；保护与节约自然资本；让自然做功；显露自然。[①]

### 4.3.1.5　以人为本原则

景观设计应为使用者而设计，从人的角度考虑，满足人的行为需求以及人的心理需求。好的景观设计应该是以人为界，以当今时代为要，以优秀的民族传统为魂。当前我国的景观设计从南到北，从东到西，大城市和小城市都是一个模式，没有地区的、民族的特色，缺乏艺术审美的差异性，特别是缺少了对民族文化的一贯追求；或者说少了文化意义，思想上的"主义"就没有灵魂，只能跟着别人走。

20世纪80年代以来，孩子们花在组织性运动上的时间增加了27%，但可自由决定的时间相对减少。为了减少未来可能承担的责任，设计师致力于在公园内为有组织性运动规划平坦的草地或铺设人工草皮，却忽略了留下可供孩子们自由玩耍的自然角落。研究表明，孩子们自由玩耍的地方，多半是没有太多修剪的地方，如峡谷、很多石头的斜坡和有自然植被的地方。[②] 阐释和理解体验的能力是儿童期的一个主要挑战。因此，应努力让活动项目设计尽量显得"无组织"性，创造一种体验自然的随意的、未经安排的、梦幻般的时间。

### 4.3.1.6　简洁性原则

"大道至简"，意思是说，大道理（基本原理、方法和规律）是极其简单的，简单到一两句话就能说明白。所谓"真传一句话，假传万卷书"。《简单法则》的译者张凌燕在译者序中写道：简单是一种美，在物质、信息以及各种理论和工具极大丰富的今天，我们有太多的方式来表现和呈现，不知不觉就做复杂了。在复杂的世界里，我们的内心更加呼唤简单，简单是一种内在的力量。简单也是一种平衡之道，需要大的智慧。[③] 简洁性意味着避免过度设计。过度设计体现为两大类。一类是指设计与实现超出了有用需求的产品。另一类是指过于复杂的产品。爱因斯坦（Albert Einstein，1879—1955）说："让它尽可能简单，但不要过于简单。"对于简洁而言，少就是多。

纽约高线城市公园（High Line Park）是一个位于纽约曼哈顿中城西侧的线型空中花

---

[①] 俞孔坚、李迪华、吉庆萍：《景观与城市的生态设计：概念与原理》，载《中国园林》，2001年第6期，第3~10页。

[②] 理查德·洛夫著，王西敏译：《林间最后的小孩：拯救自然缺失症儿童》，中国发展出版社2014年版，第110页。

[③] 前田约翰著，张凌燕译：《简单法则：设计、技术、商务、生活的完美融合》，机械工业机械社2015年版，第Ⅳ页。

园。原来是 1930 年修建的一条连接铁路货运专用线，后于 1980 年功成身退，一度面临拆迁危险。在纽约 FHL（Friends of High Line）组织的大力保护下，高线终于存活了下来，并建成了独具特色的空中花园走廊。最后一期的设计对于设计师们来说至关重要，原因是它将一期和二期工程引入的设计策略推向了高潮，并且需要适应 30~34 街区之间的新环境。高线公园的最后一段，拥有观看哈德逊河最宽广的视野，从各种角度来说，这都是公园最精彩的一部分。然而设计师詹姆斯·科纳（James Corner）却说这里没有什么是需要设计的了。这个说法似乎非常令人失望，并被人们误解为错失了最佳的机会。然而，科纳继续解释到，他所遵循的准则是"谦逊是真实的力量"，作为高线公园工程的最后一环，在这里可以让人们感受到最真实的高线铁路。真实设计的目的不是为了"设计一些酷的东西"而是"让人们体验到真正酷的东西，置身其中"。

### 4.3.1.7　参与性原则

社区参与指在旅游决策、开发、规划、管理、监督等旅游发展过程中，充分考虑社区的意见和需要，并将其作为主要的开发主体和参与主体，以便在保证旅游可持续发展方向的前提下实现社区的全面发展。[①] 按阶段分，社区参与旅游规划与设计过程包括前期调查和访谈、中期方案评价、后期方案运行过程中的意见反馈。国外旅游景观设计过程中，有很长一段时间是设计方案与社区的沟通和协调。通过社区、设计师、政府、非政府组织和媒体的互动，加深各方对设计方案的理解，使利益相关者群体的利益得到更好的体现，使设计方案内容进一步得到完善。

有可能的话，所有利益相关者应该参与规划过程各个阶段的活动。由于被吸引参与到规划过程当中，利益相关者开始理解他们在景观规划中可能发挥的作用，并对规划设计内容、作品陈述他们的观点，最终的设计作品也更能满足他们的需求。没有任何人可以替代其他人做出规划，专业规划者的角色不是为别人做出规划，而是帮助其他人为他们自己做出规划。[②]

## 4.3.2　设计方法

### 4.3.2.1　功能设计法

功能设计法是从人的心理和行为活动需要出发进行设计的方法。功能设计法的原

---

① 邵琪伟：《中国旅游大辞典》，上海辞书出版社 2012 年版，第 536～537 页。
② 迈克尔·C. 杰克逊著，高飞、李萌译：《系统思考：适于管理者的创造性整体论》，中国人民大学出版社 2005 年版，第 156 页。

则是将"人"视为设计的中心,任何设计都应当围绕人来进行。应充分考虑公众的各种活动需要,根据适宜开展的活动进行景观环境的设计。如滨水空间设计中,要根据人们在滨水空间环境中所进行审美观光、科普教育、休闲游憩、宣传观演、娱乐锻炼及保健等活动进行设计。

景观设计既是技术也是艺术,但技术是为艺术、为表达景观设计思想服务的。如果过分注重技术,甚至炫耀工艺技术,忽略了内在思想的表达,那么景观设计的作品就成了没有思想的垃圾。美国芝加哥建筑学派的领军人物路易斯·沙利文(Louis Sullivan)在1907 年总结设计原则时所说的一句名言就是"形式要服从功能"(form follows function),而不是功能服从形式。但在实际的设计过程中,设计师往往过分追求景观的所谓异质性和个人风格,却忘记了设计的服务对象。如城市公园中为常见的棚架,上面没有一片可以挡雨遮阳的东西,下面没有辅助座椅,纯粹只是为了观赏而设计,没有一点实用价值。即使有一些设计了辅助座椅,但离地面的高度达50 ~ 65 厘米,坐上去根本没有舒适感可言。

同样是呈带状的河流型景区,区位条件不同,气候条件、河流的长度、宽度不同,两侧的绿地宽度不一,地形起伏不同,景观设计过程中,必须根据目标群体的要求,合理确定景区的功能定位,对地形、道路、植物进行生态设计。同样是驳岸,为了维护河流两侧的自然生态过程,绝大多数区域可以设计成缓坡式的,便于物质、能量的传递和交流,但是在一些开展集体性活动的局部区域,当需要建设一些广场或者观景平台时,就有必要设计成垂直型驳岸。

#### 4.3.2.2 场地文脉法

广义地理解,文脉指介于各种元素之间对话的内在联系,更确切地说,是指在局部与整体之间对话的内在联系。[①] 如单体建筑要反映特定的时空观,与环境有机结合,考虑传统的沿袭性,各个建筑既要符合社会需要,又有自己独特的个性。

马库斯(Clair Cooper Marcus)、弗朗西斯(Carolyn Francis)合著的《人性场所:城市开放空间设计导则》认为:"场所应该满足我们的正常需要——当需要向外瞻望时,应该有一扇窗户;双手被占用时,就应有一张台子来安放行李。"场地特色很大程度上取决于自然环境、历史和地方文化,当三者均衡表达时,地域特色最为显现。设计过程中

---

① 刘先觉:《现代建筑理论》,中国建筑工业出版社 2002 年版,第 41 页。

不仅要注意挖掘和继承自然环境、历史和地方文化的特质,还应特别注意文脉的延续。

"设计应根植于所在的地方",[①] 尊重自然就是在自然发展过程中,增强场地的自我调节能力。对于任何一个设计问题,设计师首先应该考虑的问题是,我们在什么地方?自然允许我们做什么?自然又能帮助我们做什么?对于设计师来说,设计应当是在遵循场地的"自然"的前提下进行。设计应该是属于地块的,如同从土地中生长起来的,而非强加于某块土地的。设计师应该不仅在图纸上设计,更应该在场地上设计。就综合公园来说,人与公园环境、公园环境与其所在城市、所在城市与其文化背景之间的内在关系,必然存在着内在的、本质的联系。只有对这些复杂关系的本质进行认真研究之后,公园景观的意义才能被揭示出来。强调公园景观设计的文脉,就是要强调公园是整个城市景观环境的一部分,注重城市景观在视觉、心理、环境上的传承的连续性。公园景观设计在传承历史、文化的同时又反过来影响并支配着文脉的发展。[②]

### 4.3.2.3 生态设计法

庄子《齐物论》"天地与我并生,万物与我为一"。生态设计的最深层的含意就是为生物多样性而设计。为生物多样性而设计,不但是人类自我生存所必需的,也是现代设计者应具备的职业道德和伦理规范。而保护生物多样性的根本是保持和维护乡土生物与生境的多样性。

19 世纪末,以西蒙兹(O. C. Simonds)为代表的美国景观设计师开始在设计中,运用乡土植物群落以体现地方景观特色,开启了景观设计生态思想的先河。之后,随着工业及城市化进程的加快,环境保护的意识逐渐在人们心中树立。特别是 1969 年美国景观设计师麦克哈格(Ian McHarg)撰写的《设计结合自然》一书出版后,生态设计的理论和方法在景观设计中逐渐深入和成熟起来。生态设计方法主要包括基础生态学和景观生态学方法。景观生态学在景观设计中的应用具有广阔的前景,它提倡系统观,从整个流域或更大的生态系统进行规划设计。

生态学家瑞恩(Simvander Ryn)和考恩(Cowan Stuart)在 1996 年提出了生态设计的定义:任何与生态过程相协调,尽量使其对环境的破坏影响达到最小的设计。这种协调意味着设计应尊重生物多样性,减少人类对自然资源的剥夺利用,保持营养和水循环,维持植物生境和动物栖息地的环境质量,以改善人居环境及生态系统的健康。生态设计是一

---

① 俞孔坚:《城市生态基础设施建设的十大景观战略》,载《规划师》,2001 年第 6 期,第 5 ~ 12 页。
② 裴鸿菲:《中国综合公园的改造与更新研究》,北京林业大学硕士论文,2009 年,第 46 页。

个积极塑造复杂环境形式和运行方式的过程，协助维持并增强一个区域生态关系的完整性。[1]生态设计的目标是创造具有适应力并且对干扰具有恢复力，且能在过程中自我管理以及在形式和构成中自我更新的景观。[2]

生态设计的内涵是节约资源能源、更高的效率和更长的使用期限、尊重土地、尊重生命、尊重自然过程、符合生态学原理、尊重地域文化特征。[3]生态设计应在三个层面上进行，即：保持有效数量的乡土动植物种群；保护各种类型及多种演替阶段的生态系统；尊重各种生态过程及自然的干扰，包括自然火灾过程、旱雨季的交替规律以及洪水的季节性泛滥。[4]

景观设计泰斗佐佐木·英夫（Hideo Sasaki）说："景观设计师或规划师应该做的是致力于人居环境的改善，而非只做一些装点门面的皮毛性的工作。"景观设计过程中，一般不会单一地采用某一种设计方法，而是综合采用以上多种设计方法，从多个角度出发，或是采用多种设计方法，以达到多样化的需求。

常规设计与生态设计的比较见表4-7（参照 Vander Ryn and Cowan）。

表4-7　　　　　　　　　　　常规设计与生态设计比较

| 问题 | 常规设计 | 生态设计 |
|---|---|---|
| 能源 | 消耗自然资本，基本上依赖于不可再生的能源，包括石油和核能 | 充分利用太阳能、风能、水能或生物能 |
| 材料利用 | 过量使用高质量材料，使低质材料变为有毒、有害物质，遗存在土壤中或释放入空气 | 循环利用可再生物质，废物再利用，易于回收、维修、灵活可变、持久 |
| 污染 | 大量、泛滥 | 减少到最低限度，废弃物的量与成分与生态系统的吸收能力相适应 |
| 有毒物 | 普遍使用，从除虫剂到涂料 | 非常谨慎使用 |
| 生态测算 | 只出于规定要求而做，如环境影响评价 | 贯穿于项目整个过程的生态影响测算，从材料提取，到成分的回收和再利用 |
| 生态学和经济学关系 | 视两者为对立，短期眼光 | 视两者为统一，长远眼光 |
| 设计指标 | 习惯、舒适，经济学的指标 | 人类和生态系统的健康，生态经济学的指标 |
| 对生态环境的敏感性 | 规范化的模式在全球重复使用，很少考虑地方文化和场所特征，摩天大楼从纽约到上海，如出一辙 | 根据生物区域不同而有变化，设计遵从当地的土壤、植物、材料、文化、气候、地形，解决之道来自场地 |
| 对文化环境的敏感性 | 全球文化趋同，损害人类的共同财富 | 尊重和培植地方的传统知识、技术和材料，丰富人类的共同财富 |

[1] 南希·罗特、肯·尤科姆著，樊璐译：《生态景观设计》，大连理工大学出版社2014年版，第14页。
[2] 南希·罗特、肯·尤科姆著，樊璐译：《生态景观设计》，大连理工大学出版社2014年版，第74页。
[3] 乔丽芳、张毅川、郑树景：《景观的生态设计研究》，载《安徽农业科学》，2005年第33卷第12期，第2316～2317页。
[4] Noose. R. F. and A. Y. Eooperrider. Saving Nature's Legacy：Protecting and Restoring Biodiversity[M]. Island Press, Washington，D. C. l994，PP. 89.

续表

| 问题 | 常规设计 | 生态设计 |
|---|---|---|
| 生物、文化和经济的多样性 | 使用标准化的设计，高能耗和材料浪费，从而导致生物文化及经济多样性的损失 | 维护生物多样性和与当地相适应的文化以及经济支撑 |
| 知识基础 | 狭窄的专业指向，单一的 | 综合多个设计学科以及广泛的科学，是综合性的 |
| 空间尺度 | 往往局限于单一尺度 | 综合多个尺度的设计，在大尺度上反映了小尺度的影响，或在小尺度上反映大尺度的影响 |
| 整体系统 | 画地为牢，以人定边界为限，不考虑自然过程的连续性 | 以整体系统为对象，设计旨在实现系统内部的完整性和统一性 |
| 自然的作用 | 设计强加在自然之上，以实现控制和狭隘地满足人的需要 | 与自然合作，尽量利用自然的能动性和自组织能力 |
| 潜在的寓义 | 机器、产品、零件 | 细胞、机体、生态系统 |
| 可参与性 | 依赖于专业术语和专家、排斥公众的参与 | 致力于广泛而开放的讨论，人人都是设计的参与者 |
| 学习的类型 | 自然和技术是隐藏的，设计无益于教育 | 自然过程和技术是显露的，设计带我们走近维持我们的系统 |
| 对可持续危机的反应 | 视文化与自然为对立物，试图通过微弱的保护措施来减缓事态的恶化，而不追究更深的、根本的原因 | 视文化与生态为潜在的共生物，不拘泥于表面的措施，而是探索积极地再创人类及生态系统健康的实践 |

## 4.3.3 可视化技术

### 4.3.3.1 传统可视化

可视化并不是一个全新的现代概念，人类很早就采用形象而直观的方法，如运用模型、绘图和绘画来描述数据之间的关系，人们因此更加容易观察、研究事物或现象的本质。从战国时代中山国王墓群出土的"兆域图"被认为是中国现存最早的建筑总平面图，该图大体上是依据一定比例绘制的，并附有名称、尺寸和说明地形位置的文字。在清代，样式房是皇家建筑样式的专门设计机构，所有的皇家建筑和大型建筑都要经过他们的设计与监管施工，而雷家连着几代都是样式房的掌案头目人，因此被世人尊称为"样式雷"。雷氏家族进行建筑设计方案，都按 1∶100 或 1∶200 的比例先制作模型小样进呈内廷，以供审定。模型用草纸板热压制成，故名烫样。英国著名的园艺师雷普顿（Humphry Repton，1752—1818）在造园中发明了所谓的"Slide"法。这是一种叠合图法，即将经改造后的景观图与现状图贴在一起，这样就可以比较改造前后的状况。[①]

即使在当今计算机普及的时代，在建筑和景观规划设计领域，传统可视化（手绘）依

---

[①] 针之谷钟吉著，邹烘灿译：《西方造园变迁史——从伊甸园到天然公园》，中国建筑工业出版社 1991 年版，第 256 页。

然是设计前期普遍采用的一种方法。设计师进行设计构思的时候，常常借助手绘草图、模型等手段来表达设计概念或想法，从直观的视觉效果中不断完善设计方案。虽然这种传统的可视化手段存在很多的局限性，带有太多人为因素，不能再现真实效果，但是作为快速、便捷、直观和有效的可视化方法，仍然被专业设计人员所采用。

### 4.3.3.2　现代可视化

现代可视化技术经历了从二维（2D）到三维（3D）、从静态到动态的发展过程。

（1）二维可视化。由于早期计算机处理能力有限，设计人员只能用平面上的"等值线图""剖面图""直方图"及各种图表，将枯燥的数据用图形表现出来，使人们可以快速准确地把握繁杂数据背后所隐藏的规律。

（2）三维静态可视化。1987年，麦考密克（McCormick B. H.）等人正式提出了"科学计算可视化"的概念，简称"科学可视化"。尽管科学可视化的概念很多，但是基本上都包含了两层含义：可视化将抽象的符号信息（数据）转换为视觉信息；可视化提供了一种发现不可见信息的方法。目前，3D可视化技术（如三维效果图）已经完全应用于建筑、景观设计中，成为必不可少的辅助设计手段，好处是形象直观，便于开发商、设计人员及决策者之间进行交流和沟通。

（3）三维动态可视化。三维动画技术又称为三维预沉浸回放技术，是由一组连续的静态图像（画面）按照人为指定的方式运动所组成的图像或图形序列。三维动画技术广泛应用于影视、广告、建筑、城市规划、景观、航天和气象等行业。与三维静态可视化相比，三维动画技术在景观设计中的优点是：可以考察设计方案的整体效果，以及对环境的影响，论证方案的合理性，提出修改意见；模拟人穿行在设计方案中，考察景观细部、比例，以及各景观要素的配置，以人的视觉效果感知空间设计的合理性；利用三维动画软件的丰富、逼真的材料和质感，模拟设计方案中的最佳视觉效果。三维动画技术的不足之处：在AutoCAD和3DMax中进行三维设计时要求使用者具备专业级计算机造型能力，生成的三维动画文件对用户来说是一种传教式的被动的缺乏交流的灌输，而不能由用户控制来观看，如放大、缩小、漫游和旋转等。[①]

长期以来，照片型效果图和手绘效果图一直被认为是景观表现手法中两种主要手段，可是无论出图的效果如何唯美，都无法通过这些效果图来讨论景观作为基础设施更

---

① 陈威:《景观新农村：乡村景观规划理论与方法》，中国电力出版社2007年版，第152～154页。

深层次的价值。翟俊（2010）认为，拼图的表现手法可以帮助我们在超越表面景色的层面，通过摄影照片，结合卫星图像、地形图、生态环境、人文历史，采用各种切割、嵌入、拼接、假设、并列及叠加等手法来揭示景观的自然与人文过程。拼图有助于读者在一张图上从多个视角，多尺度全方位地"阅读"景观。譬如梯田景观无论被摄影师拍摄得多么美仑美奂，都不足以探寻更丰富的内涵和过程。相比之下，拼图的解析手法将从空间里的表里结构到时间过程进行剖析，能够从历史的长河中获得梯田清晰透彻的演变过程与尺度感。等高线更清晰地描述了梯田作为地表结构的轮廓，精细的线条组织的纹理不仅表现出地理学科上的严谨，更丰富了图片的层次。梯田的等高线在变化，梯田上主要农作物的种植品种也在变化；季节在更替，梯田整体色调也在更替，丰产生态过程一览无遗。当地劳动者的身影在拼图中的点缀将立体的生活场景注入到平面二维图像中，由图片传播的人文气息把读者带入拼图所要告诉人们的故事里，读者不再局限于机械式的阅读，而是跟随图解的想象，感受到梯田上人们劳作的充实（见图 4-2）。①

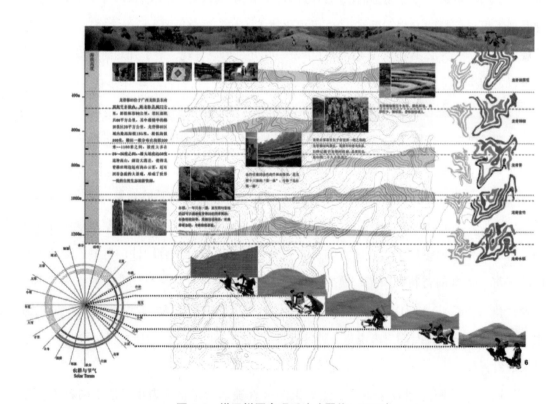

图 4-2　梯田拼图表现手法（翟俊，2010）

① 翟俊：《从丰产的景观到丰产景观的基础设施——中国农业景观的再发现与再表现》，载《景观设计学》，2010 年第 1 期，第 31～37 页。

### 4.3.3.3　虚拟现实

虚拟现实（VR）是一种基于可计算信息的沉浸式交互环境，即利用计算机技术生成逼真的视觉、听觉、触觉一体化的特定范围的虚拟环境，用户借助必要的设备以自然的方式与虚拟环境中的对象进行交互作用、相互影响，从而产生身临其境的感觉和体验。1989 年，美国 VPL 公司的创建人之一拉尼尔（Jaron Lanier）正式提出了"Virtual Reality"。

虚拟现实具有"3I"的基本特征：

（1）Immersion（沉浸感）：在计算机生成的虚拟世界中，用户通过视觉、听觉、触觉与之交互，具有与现实世界中一样的感觉。

（2）Interaction（交互性）：虚拟现实不是静态的世界，用户不再被动地接受计算机所给予的信息，而是通过交互设备来操纵虚拟世界或被其影响。

（3）Imagination（构想性）：用户在沉浸于虚拟世界的同时获取新的知识，提高感性和理性认识，从而深化概念和萌发新意，启发人的创造性思维。

手绘、模型、效果图以及三维动画仍然是目前广泛采用的四种设计和表现的可视化方式，它们各自都有明显的不足之处。不同可视化方式比较见表4-8。

**表 4-8　　　　　　　　　　　　　不同可视化方式比较**

| 三维仿真 | 动画 | 效果图 | 模型 | 手绘 |
|---|---|---|---|---|
| 用户随时可以任意视角、任意场景自由漫游 | 观察者路径预先设定后，无法改变 | 静态展示，效果真实，但是手法单一 | 比例固定，只获得鸟瞰的视觉形式 | 静态表现，用于早期或者概念设计 |
| 高度交互，用户可以控制场景中物体的运动 | 用户只是被动的观察者，场景变化需要重新生成、耗时、耗力 | | | |
| 支持方案实时调整、比较、信息查询等功能，适合复杂展示投标需要 | 只适合简单演示 | | | |
| 没有时间限制，可真实详尽地展示，可快速生成场景 | 制作周期长，无法详尽展示 | | | |

## 4.4　旅游景观设计程序

概念设计阶段的目标是在满足功能的前提下，组建跨学科设计团队，协调人与环境的关系。因此，在设计过程中要学会变换角色，站在不同立场上考虑，尽量满足政府，原住民、游人和甲方等不同人群的需求。另外还要注意人与景的关系，即人是否可以参与其中，做到情景交融。

具体内容包括：搜集资料，包括甲方设计委托书、地界红线图电子文档、地质勘察报告、气象资料、水文地质资料、实地拍摄的照片，当地文化历史资料；分析消费者心态，确定方案立意，大体构图形态；交通功能分析，绿化分析，景观分析，深化方案。

设计团队由人类学家、景观工程师、生物学家和心理学家等多学科专家组成，在规划的前期、中期、后期，鼓励原住民积极参与，对规划设计方案提出他们的不同看法和意见。经过跨学科设计团队、原住民、当地政府、投资者、非政府组织的反复协调，使设计方案尽可能地满足原住民的需求。

## 4.4.1 设计程序

一个旅游环境塑造整个过程，首先是对场地上的自然条件进行整体分析研究，其次才考虑游人如何在这块土地上活动，即分析、评价场地的适宜性策划工作。在此基础上进行旅游规划，提出控制原则。

### 4.4.1.1 任务书解读

"设计任务书"（或"设计招标书"）中详细列出了业主对建设项目的各方面要求和意向：总体定位性质、内容、投资规模及设计周期等。

规划方（"乙方"）应充分了解整个项目的概况，包括建设规模、投资规模、可持续发展现状等方面，特别要了解业主对这个项目的总体框架方向和基本实施内容。总体框架方向确定了这个项目是一个什么性质的绿地，基础实施内容确定了绿地的服务对象。

项目设计目的包括景观环境目的、社会目的、经济目的。

### 4.4.1.2 功能关系图解

功能分析任务：了解设计项目的规模和范围；了解服务对象的规模和特点；列出必需的功能要求和内容；列出可能的功能要求和内容。

功能图，也称为"气泡图"，是用比较松散的图形来反映规划区域里大致的使用区域和空间。功能图比较关注空间的关系，而不是具体的空间发展情况。功能图可以帮助设计师做出一些逻辑决定，如场地的布局，每个使用区域的规模、总的场地和各使用区域的交通及流线组织的形式、潜在的使用或交通的冲突、场地内外的关系。[①]

泡泡图中常用分析符号见图 4-3。几种常见的功能关系见图 4-4。

---

① 杰克·E.英格尔斯著，曹娟、吴家钦、卢轩译：《景观学》，中国林业出版社 2008 年版，第 62 页。

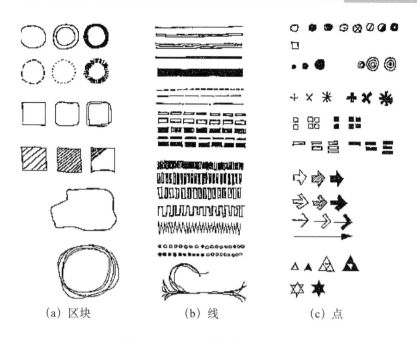

（a）区块　　　　　　（b）线　　　　　　　（c）点

图 4-3　泡泡图中常用的分析符号

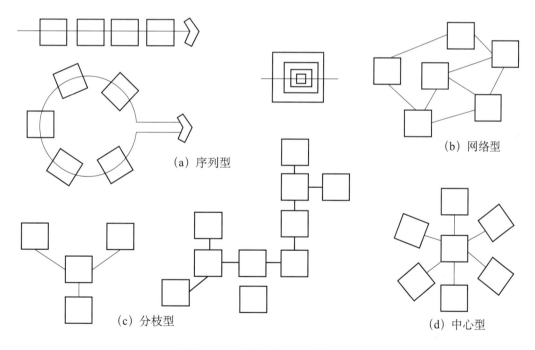

（a）序列型

（b）网络型

（c）分枝型

（d）中心型

图 4-4　几种常见的平面功能关系

### 4.4.1.3　场地调研与分析

扮演角色将是洞察力的有益源泉，也是一种学习方法。设计师应当暂时成为正在设计的环境的一个使用者。著名的景观设计师哈普林非常重视自然和乡土性。1962 年在受到海洋地产公司（Oceanic Properties Inc.）的委任后（Lawrence Halprin，1916—2009）……哈普林做的第一件事就是跑到海滩上连着睡了几晚。在其后的两年中，哈普林公司为风力与风向、土壤质量、场地地质状况，栖息于此的动植物的生命周期——绘制图表。①

（1）资料搜集。收集资料时，面临收集过多资料的诱惑。其实，不能在某个方面对设计产生重要影响的资料就不应当收集。了解基地对设计固然至关重要，然而，收集资料费用昂贵，使用资料同样费用昂贵。想收集基地的一整套完备资料是没有止境的，彻底调查会使设计瘫痪。人们必须仔细筹划资料收集，把原始资料的收集限于确属必需的范围。在出现新问题时再去收集特定的资料，因而资料必须加以组织，以取得新的资料。一开始决不应当收集过多的资料，这样不仅可以节约精力用于后续调研，还可以避免陷入不相干的资料堆中。②

原始资料收集：

1）自然与历史资料。

地形资料：基地的地形图、航空照片，地形标高、走向等。成套的航空照片经过专业人士的处理，可以转换成高精度、详细的地形图。

地质勘察资料：土壤成分；土壤承载力大小及分布；冲沟、滑坡、沼泽、盐碱地、岩溶等的分布范围。

水文资料：基地内湖泊、河流、水渠分布状况；水位、流量，最大洪水位、历年洪水频率、淹没范围及面积等。

气象资料：气温、地温、湿度、日照；降水量、蒸发量；主导风向、风向频率、风速；极端气候条件。

历史资料：地界红线图电子文档、历史沿革、名胜古迹分布与现状等。

2）基础设施资料。

交通运输：交通运输的现状、规划资料。

道路桥梁：道路桥梁等级、分布、长度、密度及断面形式等。

给排水：水源地、水厂、水塔位置等。

供电：电厂、变电所位置、容量，高压线宽度、走向等。

其他：环保、环卫、防灾等基础工程的现状及发展资料。

① 《劳伦斯·哈普林生平亮点简介》[ED/OL]. 中国风景园林园 . http：//www. chla. com. cn/htm/2013/1224/196 230. html
② 凯文·林奇·海克著，黄富厢、朱琪、吴小亚译：《总体设计》，中国建筑工业出版社 1999 年版，第 64～65 页。

3）社会经济资料。

行政区划：行政建制及区划、各类居民点及分布、城镇辖区、村界、乡界及其他相关地界。

人口资料：常住人口的数量、年龄构成、职业构成、教育状况、自然增长和机械增长。

经济结构：产业结构比例及发展状况。

（2）场地调研。

场地的历史和文化积淀。

周边交通状况：周围街道空间容量、公共交通状况和停车场数量。

服务对象类别、社会属性：居民、游客的社会属性、分布范围。

活动行为类别和频率：休闲、健身、健行等休闲娱乐活动种类、使用频率、使用理由和要求等。

条件和倾向：社区居民参与公共活动的意愿、各种设施使用情况。

潜在使用者的分布和要求：社会属性、分布范围、使用频率和具体要求。

第一次踏勘时，用照相机把引人注目的东西拍摄下来，并在地图上注明取景点和拍摄角度，这些照片将揭示那些当时不曾引人注目的信息。有些重要特征或问题不可避免地会被拍摄者遗漏，因此，在第二次踏勘时必须对重要地形特征、景观和小路从头开始作更系统的摄影覆盖。如果基地很大不能明确预见规划用途时，可能要作方格网摄影，将地形图划分为适当尺度的方格网，并在每一个交点拍摄4个主要方向的照片。有的照片是多余的，然而这些照片可以镶拼成整体，反映基地任何地形特征的有用形象，传达出基地景观的变化特征，足以假想任何穿越基地的线路。在一个已有确定通道并进行过较多开发的基地上，可以沿路的一定间隔从两个方向记录景观，或从每个交叉口的中央拍摄。[①]

（3）场地分析。

1）单因子分析。绘制单项因子分析图，如地形分析、土壤分析图、气候分析图、视觉景观分析图等。通过这些图对场地各方面属性和状况加以深刻认识，明确对场地中每一元素的具体属性和状态，以及它们对场地使用、规划与设计直接的影响。

2）叠置分析。叠置分析是将有关主题层的各个数据层面进行叠置产生一个新的数据层面，同时叠置分析不仅生成了新的空间关系，而且还将输入的多个数据层的属性联系起来产生了新的属性关系。其中，被叠加的要素层面必须是基于相同坐标系统的同一地带，

① 凯文·林奇·海克著，黄富厢、朱琪、吴小亚译：《总体设计》，中国建筑工业设计社1999年版，第46～47页。

还必须查验叠加层面之间的基准面是否相同。叠置的目的是通过区域多重属性的模拟，寻找和确定同时具有几种地理属性的分布区域，叠置结果不仅是产生视觉效果，更主要是形成一个新的目标。

从数据结构的角度看，叠置分析有栅格叠置分析和矢量叠置分析。它们分别针对栅格数据结构和矢量数据结构，两者都用来求解两层或两层以上数据的某种集合。只是栅格叠置得到的是新的栅格属性，而矢量叠置实质上是实现拓扑叠置后得到新的空间特性和属性关系。从叠置条件看，叠置分析分为条件叠置和无条件叠置。无条件叠置也称全叠置，适用于叠置要素较少的场合。

如图 4-5 所示，其中（a）为某地区的坡向图，（b）为同一地区，同一比例尺的植被图。如将坡向图和植被图进行无条件的叠合，得到由上述两图的因素组成的新分区图（c）。

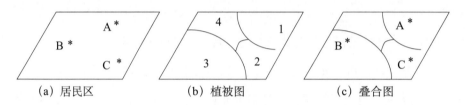

（a）居民区　　　　　　　（b）植被图　　　　　　　（c）叠合图

**图 4-5　点面视觉信息复合**

条件叠置是指以特定的逻辑、算术表达式为条件，对两组或两组以上图件中相关要素进行叠置。地理信息系统中的叠置分析，主要用条件叠置。在地理信息系统的空间分析中广泛使用的空间查询、空间聚类、空间聚合、区域信息提取等操作，其实主要是用条件叠置方法来实现的（见图 4-6）。

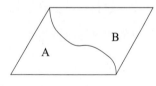

| 标号 | 属性 |
| --- | --- |
| A | 阳坡 |
| B | 阴坡 |

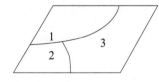

| 标号 | 属性 |
| --- | --- |
| 1 | 林 |
| 2 | 农 |
| 3 | 牧 |

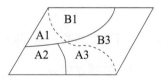

| 标号 | 属性 |
| --- | --- |
| A1 | 林　阳坡 |
| A2 | 农　阳坡 |
| A3 | 牧　阳坡 |
| B1 | 林　阴坡 |
| B3 | 牧　阴坡 |

（a）　　　　　　　　　（b）　　　　　　　　　（c）

**图 4-6　无条件叠置分析**

3）生态适宜性分析。生态适宜性分析是生态规划的核心，目的是应用生态学、经济学、地学及其他相关学科的原理和方法，根据研究区域的自然资源与环境特点、资源利用要求，划分资源与环境的适宜性等级，为生态规划方案提供基础。麦克哈格在其生态规划方法中，基于生态适宜性的分析，提出了生态适宜性分析的七步法：A—确定研究分析范围及目标；B—收集自然、人文资料；C—提取分析有关信息；D—分析相关环境、资源的性能及划分适宜性等级；E—资源评价与分级准则；F—资源不同利用方向的相容性；G—综合发展（利用）的适宜性分区（见图4-7）。

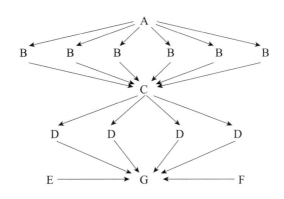

**图4-7　生态适宜性分析的七步法**

20世纪60年代，由麦克哈格将生态适宜性分析应用于高速公路选线、土地利用、森林开发、流域开发、城市与区域发展等领域的生态规划工作中，并形成一套完整的方法体系。因子叠置法直观性强，有明显的优点，但过程较为烦琐，当因子多时，使用颜色或符号较为麻烦，有时叠加后不易分辨。另外，叠置时将各因子的作用同等对待，与实际情况有所差异。此外，因子之间可能存在明显相关性，将其叠加可能出现重复计算的问题。例如在公路选线上，坡度与排水性就是一对密切相关的因子，大于10°的地段是不适宜作为公路的，但该地段排水却是适宜的，二者叠加后的结果可能是中度适宜，这显然是不对的。

4）可视域分析。

可视域指在全部或有限范围内从一个给定的视点上所能看到的区域，根据视点的不同，有单点可视域和多点可视域之分。可视域分析也可以简单地按视线分析方法扫描整个研究区域，通过判定视点与空间中每个点之间的通视性最终得出一个可视域的结果。[①]可视域分析以地形高程数据为基础，对所在观察点进行视域分析。假设某地区的等高线图如

① 张立强、杨崇俊、刘冬林：《三维地形数据的简化和空间分析的研究》，载《系统仿真学报》，2004年第16卷第3期，第608～611页。

图 4-8（a）所示，在观察点 A 处要了解 B 点是否在可视域范围内。通常，在地形复杂地区，很难从地形图上直接判断在观察方向上有遮蔽视线的地形，为此需借助剖面图，如图 4-8（b）所示。从观察点 A 到目标 B 作垂直剖面，画出剖面图得剖面线，连接 A、B 两点的线称视线。若在观察区内剖面线高出视线，则表示 B 点不在 A 点可视域范围内。本例中说明 B 点在 A 点的可视域内。从图 4-8（b）剖面图还可进一步求出 A 点的可视范围，即得到 A 点的视野。

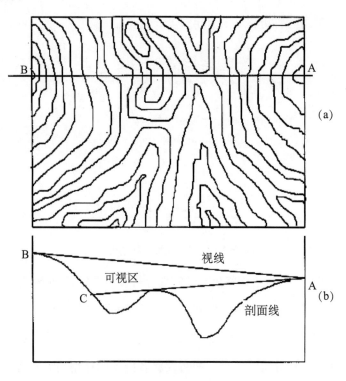

图 4-8　空间可视域分析

#### 4.4.1.4　立意与提炼主题

（1）立意。所谓立意就是设想设计的根据、设计的出发点。即设想将景观设计成什么样子，什么风格，创造什么样的景观空间气氛，为什么要这样设计。

立意依据：任务的分析结论；功能分析的结论；设计者的喜好；文化含义的考虑。

如何立意？从功能出发立意；从生态角度立意；从"诗情画意"出发立意；从"地方风情"出发立意；从"历史文化"出发立意；从生活或设计理念出发立意；从技术、材料等角度出发立意；模仿类似设计项目立意。

（2）提炼主题。所谓主题，就是设计师希望设计要表达或希望让使用景观作品的人能体会和理解的主要思想或主张。

设定主题要注意：主题要鲜明，一个项目一般只能有一个主题；主题要与立意相协调；主题要与基地条件相协调；主题要与功能相协调；主题要符合服务对象的特点；主题应有较好的文化品位。

根据前面的各项工作列出：实现各项功能要求的具体项目或设施；表达主题、体现立意的各个景点的内容和名称；可供利用的文字材料。

譬如，北京三里河是一个绿色、开放、共享的带状公园，起到空间串联作用。原住民们有机会依水而居，在水边喝茶、散步、观花、唱戏、遛鸟……每一种活动都特别有画面感。三里河完全湮没了，但是周边的街巷实际上是沿河呈扇形展开，虽然原有的胡同肌理被阻断，但是大的方位、走向没有变化，可以通过街巷的变化来推导出三里河的原貌。对于三里河景观的设计，难点在于既要充分尊重历史遗迹又要协调周边景观，新形成的景观风貌还要与旧时的古都风貌一致。三里河地区的四个特点是：水系、完整的胡同肌理、繁盛的会馆文化、丰富的民居院落。由此，设计师朱儁夫得出的基本设计思路是：将胡同街区、四合院建筑与自然环境渗透融合，形成特有的自然肌理与清新朴野的风格；绿地空间沿着河道弯曲形态自然展开；同时运用雨洪调蓄系统构建绿色生态环境。随着建设的进行，河道两边的会馆逐渐呈现出来，原住民不仅得到保留，室内生活质量也得到改善。

### 4.4.1.5　平面布局与空间序列组织

在任何景观中都有令人愉快的和令人不愉快的形象，而人们对一个地区的了解主要是他们看到的东西。人的视觉具有选择性，吸引人的自然和人工形象是"被选择"出来的。假如可能时，应将单调或难看的形象移去，否则就把它们遮挡住或围起来。简而言之，可以利用几乎一切景观的有利条件，在视觉上将它们转变为一个令人惊奇的和令人愉快的场所。[1]

（1）平面布局。平面布局分为中心布局、主从布局或多中心布局。中心布局可能有一个中央空间，其他空间都从属于它。主从布局中有一条主要通道连接许多次要通道，或者有一个主入口通道，由大门进入后达到布局的高潮之点。在大型、复杂、富于变化的景观中，设计师可以用多中心形式、相互联系的路网、连续变化的活动和空间、无确定的起始和终端的多线空间序列组织等设计处理。由于景观资源有限，设计师总是运用集中的手法，使之得到最好的展现，他将各种要素集中配置于视线焦点、主要道路沿线，以便着力渲染重点。[2]

布局依据：基地条件；设计立意；功能要求；主题。

① J. O. 西蒙兹著，程里尧译：《大地景观》，中国建筑工业出版社 1990 年版，第 61 页。
② 凯文·林奇·海克著，黄富厢、朱琪、吴小亚译：《总体设计》，中国建筑工业出版社 1999 年版，第 199～200 页。

布局要求：功能合理；主次分明；符合既定的风格特点要求；空间层次丰富、清晰。

布局方法：先大致分区；定主要景点；定其他景点和功能项目；设置主要道路系统；深入分析调整大布局；完善道路系统和各个景点及功能的关系。

（2）空间序列表现。规划过程中，空间序列是一系列连续的感知，空间序列以其自身的节奏，像丛林中的鼓声，其变化的鼓点激起了各种情感反映：兴奋、警告、恐惧、狂怒、神秘、好奇、敬畏、愉悦、幸福、狂喜、力量、愤怒、仇恨、挑战、欲望、后悔、忧愁、失控及舒适等。空间序列设计的构思、布局以至处理手法是根据空间的使用性质而变化的。设计师的大忌是在空间序列的规划中给主体引入与规划功能相悖的情绪反映或期盼。相反，如通过空间与形式序列的设计使主体产生并强化了与设计意图相一致的体验，那真是好极了。[①]

空间序列一般可分为以下四个阶段：

开始阶段，序列设计的开端，预示着将展开的内幕，如何创造出具有吸引力的空间氛围是其设计的重点。

过渡阶段，序列设计中的过渡部分，是培养人的感情并引向高潮的重要环节，具有引导、启示、酝酿、期待以及引人入胜的功能。

高潮阶段，序列设计中的主体，在这一阶段，目的是让人获得在环境中激发情绪、产生满足感等种种最佳感受。

结束阶段，序列设计中的收尾部分，主要功能是由高潮恢复到平静，也是序列设计中必不可少的一环，精彩的结束设计，要达到使人去回味、追思高潮后的余音之效果。

空间序列组织有开始和结尾，结尾通常是高潮，当然也不尽然。有时有多个高潮，每一高潮都必须服从整个空间序列的完美。

任何一个空间的序列设计都必须结合色彩、材料、陈设、照明等方面来实现，但是作为设计手法的共性，有以下几点值得注意：

1）导向性。所谓导向性，就是以空间处理手法引导人们行动的方向性。运用美学中各种韵律构图和具有方向性的形象类构图，作为空间导向性的手法。在这方面可以利用的要素很多，例如利用墙面不同的材料组合，柱列、装饰灯具和绿化组合，天棚及地面利用方向的彩带图案、线条等强化导向。

---

[①] 约翰·O. 西蒙兹著，俞孔坚、王志芒、孙鹏译：《景观设计学——场地规划与设计手册》，中国建筑工业出版社 2000 年版，第 249 页。

2）视线的聚焦。在空间序列设计中，利用视线聚焦的规律，有意识地将人的视线引向主题。

3）空间构图的多样与统一。空间序列的构思是通过若干相互联系的空间，构成彼此有机联系、前后连续的空间环境，它的构成形式随着功能要求而形形色色，因此既具有统一性又具有多样性。

#### 4.4.1.6 构图及造型设计

构图及造型设计任务是：在布局基础上完善整体构图；对主要景点进行造型设计；对其他景点进行造型设计；整体调整合成。

#### 4.4.1.7 设计方案表现

（1）设计方案表现的方式。草案表现的目的主要是供设计者自己深入推敲或与其他人讨论之用，所以制作上可以轻松随便一些，但一定要能够准确表达设计意图。设计草案包括平面图、主要景观立面图、局部透视图、功能分析图、设计概念分析图等内容。

（2）正式方案成果。正式方案成果包括：设计说明；区位现状图；总平面图（彩色或黑白）；各种分析图（功能分析图、景观分析图、道路系统分析图、绿化效果分析图、视线分析图等）；各景点的设计图和效果图；主要景观立面图；总体鸟瞰图、局部鸟瞰图；绿化景观示意图；公共设施铺装示意图；各种辅助的意向图或参考图；主要绿化苗木清单；概算造价。鸟瞰图制作要点：在尺度、比例上尽可能准确反映景物的形象；除表现景区本身，还要画出周围环境（如周围的道路交通、城市景观、山体和水系等）；应注意"近大远小、近清楚远模糊、近写实远写意"的透视法原则，以达到鸟瞰图的空间感、层次感和真实感。[①]

（3）方案成果的形式。排列设计展版；制作 A3 或 A2 图册；制作多媒体演示文件；制作设计模型。

### 4.4.2 案例分析

#### 4.4.2.1 游憩景观设计

根据甲方任务书的要求，画出某公园内一游憩活动场地功能泡泡图。场地中心是露台野餐区，以及为人们提供游憩活动的开放性草坪，露台野餐区与草坪区是可以直接相通的。露台野餐区的西侧是儿童区，南侧为住宅区，东侧靠近公路的地方是为野餐、开放性草坪区提供庇护和私密的视觉屏障区，在该私密屏障区的北面，即中心区的东北角是园艺

---

① 唐学山、李雄、曹礼昆：《园林设计》，中国林业出版社 1991 年版，第 164～165 页。

工具房。开放性草坪、野餐区的正北面是视野开阔的起伏山峦，可作为野餐区、草坪区的借景。中心区的西北角，与中心区正北借景区域相毗邻的是一片池塘区，用于栽植水生植物，供人们观赏和游乐。中心区西侧，池塘区的南侧，同样是一片为野餐区、草坪区提供庇护的私密屏障区（见图 4-9）。

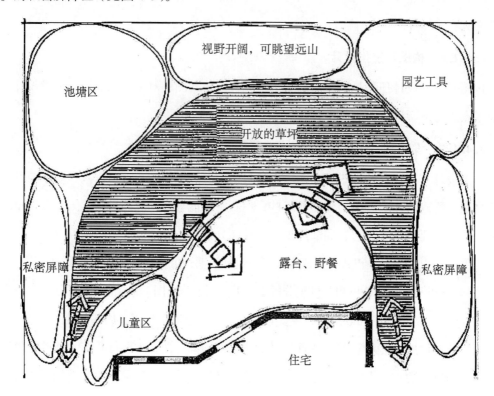

**图 4-9　功能图表初稿**

在功能泡泡图的基础上，进一步细分各功能区的形式、规模要求。露台、烧烤中心、儿童区设计成规则形，并且设计为木质平台。开放草坪区环绕在该区域周围。从露台、烧烤中心的平台向北望，借景北部起伏的山峦，因此，在北侧规划引种高大的植物，形成夹景，使在露台、烧烤中心活动的人透过北侧高大植物的间隙，远眺远处的山景。东侧、西侧提供私密庇护的林带规划为高大灌木篱笆，通过它们的围护，对场地周边的人形成视觉屏障。东北角规划的长方形工具房体量较小。西北角的观赏池塘为椭圆形，工具房、观赏池塘的外围种植稀疏的灌木，对空间进行限定（见图 4-10）。

在明确了各功能区的体量、初步设计思想后，根据景观设计要求，利用 AutoCAD 或其他设计软件，绘制场地的平面设计图初稿。从图中可以看出，甲方最初的设计要求已完全细化为具有可操作性的施工图（见图 4-11）。[1]

---

[1]　杰克·E. 英格尔斯著，曹娟、吴家钦、卢轩译：《景观学》，中国林业出版社 2008 年版，第 62～65 页。

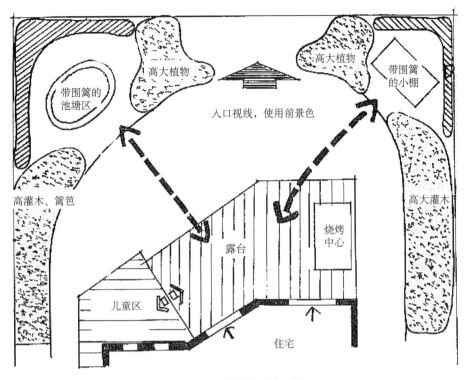

图 4-10　功能图表的变化

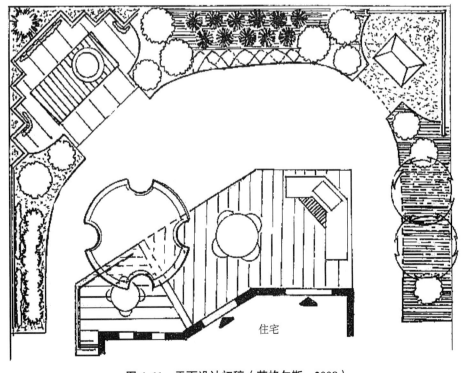

图 4-11　平面设计初稿（英格尔斯，2008）

### 4.4.2.2 成都活水公园生态设计

成都市活水公园坐落于成都市中心府河边，占地 2 4000m²，由美国贝西达蒙创意，美国景观设计师 Magie Rulldick 和韩国建筑师崔在希及中国环境、水利等诸多专家共同设计建造。公园模拟自然生态，构建城市人工河流湿地生态系统，是世界上第一座以"水保护"为主题，集水环境、水净化、水教育于一体，展示国际先进的"人工湿地系统处理污水"的大型环境教育公园，被看作是"中国环境教育的典范"。因其奇特的设计和美妙全新的公园主题而荣获了第十二届国际"优秀水岸奖"和国际环境设计协会 1999 年"环境设计奖"。

整个公园造型是一条大鱼，预示着人、水、自然互相依存，"鱼水难分"。这条"大鱼"长 525 米，宽 75 米，通过展示河水的自然净化过程，唤起人们对水环境的关注和保护，在植物的配置、景观的处理、造园材料的选择上，均打破了传统的中国式园林造园法，没有因循守旧。"水—环境—生命"这个永恒的主题始终贯穿于其中，并展现得淋漓尽致。公园表现了污水经过厌氧池、兼氧池、植物塘床系统、养鱼塘、戏水池之后，重新变清的过程。

在公园的"鱼嘴"部位，部分河岸被石材砌筑的浅滩代替，使河水可以直接进入园内，为人们提供了亲近河水的场地。在这个地段，种植了大量的天竺桂、桢楠、黑壳楠、桫椤、连香、峨眉含笑等植物。乔、灌、花、草形成仿自然植物群落并配以台阶式浅滩，为人们提供一个在城市中回归自然、享受野外山林的场地。

"鱼眼"部位，全园的最高处，建造了一个集环保及展览于一体的教育中心，内部设有一个净水工艺——400 立方米厌氧沉淀池。被人为污染、水质已低于 V 类水标准的府河水被泵入其中进行预处理。里面的生物群落主要是厌氧和兼氧微生物。物流沉淀作用可除去大部分悬浮物，微生物可将部分有机污染物分解成有利于植物吸收的低分子化合物，为下一步植物塘床系统的正常运行创造有利条件。

"鱼眼"周围是公园的中心广场，设有茶楼和水流雕塑。利用落差产生的冲力，使流水在水流雕塑中欢跳、回旋、激荡，并与空气充分接触、充氧，从而增加水中的溶解氧含量，使水更具活力，而后流入微生物池（也叫兼氧池），深度 1.6 米、容积 48 立方米。兼氧池中的兼氧微生物和植物对水有一定的净化作用，水中的有机污染物在兼氧微生物的作用下，进一步降解成植物易于吸收的有机物，然后进入"鱼身"部位。

"鱼身"部位是一个人工湿地系统，由 6 个植物塘和 12 个植物床，组成了 3 极植物塘、床系统。系统中种有漂浮植物（浮萍、紫萍、凤眼莲）、挺水植物（芦苇、水烛、茭白、旱伞草、菖蒲、马蹄莲、灯心草）、浮叶植物（莲、睡莲）、沉水植物（金鱼藻、黑藻）等。伴生有各种鱼类、青蛙、蜻蜓和大量微生物及原生物。污水在这里经沉淀吸附、氧化还原、微生物分解后，有机污染物中的大部分被分解为可被植物吸收的养料，水质得到了有效净化。适时收获或移出生长成熟的植物的同时，也把污水带入的污染物移出系统，使水质得到明显的改善。

净化后的污水再次经过水流雕塑充分曝气、充氧，水中的溶解氧含量大大增加，水质达到Ⅲ类，可以作为公园的绿化和景观用水了。这时的水便流入养鱼塘中。养鱼塘里养殖着观赏鱼类和水草。这些鱼类多以各种藻类和微生物为饲料，同时排出鱼粪等有机污染物促进藻类植物生长。这个系统除了能养殖供游人观赏的鱼类和水草，还可去除部分污染物，并起到生物监测的作用。

在公园的"鱼尾"部位，净化的河水流经戏水池石景喷泉，形成戏水、亲水的娱乐场所。

活水公园其实是一座小型的污水处理厂，能较充分地利用大自然的大型植物及其基质的自然净化能力净化污水，并在净化污水的过程中促进大型动植物生长，增加绿化和野生动物栖息地的面积。它展示了"去污保水，种草养鱼，建设良性的人工湿地生态系统"的人工湿地系统处理污水工艺的基本方法，以及水污染治理中追求的"用绿叶鲜花装饰大地，把清水活鱼送还自然"的人与鱼及水生生物协调发展的自然景观，较好地融入了当地社区中，起到了美化社区人居环境的作用，有效地宣传了环保知识。作为府河工程的重要部分，它的建成起到了重塑城市弄错，展现城市活力的作用。

活水公园的人工湿地系统处理污水工艺能较好地解决传统污水处理中运行费用高、充气曝气设施庞大、去除污水中氧、磷污染物的效果较差、易造成受纳水体富营养化等问题，还可以充分利用当地的土地和污水的水、肥资源，在种草养鱼、绿化、美化环境的过程中实现净化污水、改善环境的目的。当人们走过厌氧池、兼氧池、植物塘床系统、养鱼塘、戏水池，可以在不经意间体验到水由自然界由浊变清、由死变活的全部生命过程。[①]

活水公园平面图见4-12。

---

① 唐小敏、徐克艰、方佩岚：《绿化工程》，中国建筑工业出版社2008年版，第43～44页。

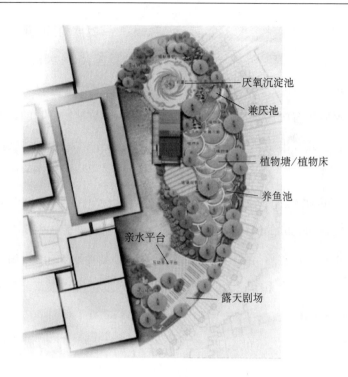

图 4-12　成都活力公园平面图

厌氧沉淀池
兼厌池
植物塘/植物床
养鱼池
亲水平台
露天剧场

# 复习思考题

## 一、名词解释

规划　设计　意境　形式美　意境美　意蕴美

## 二、问答题

1. 景观设计原则有哪些?

2. 如何理解"反规划"理论?实质是什么?

3. 简述景观设计的程序?你认为其中最重要的是哪些环节?

4. 景观设计中的千层饼模式在场地适宜性分析上,具有哪些优势?

# 第5章 旅游景观要素设计

申斯通（William Shenstone，1714～1763）认为"景物应该像绘画那样，唤起更多的判断或恰当的想象，甚于直接吸引人的眼睛"。景观要素设计就是根据设计主题，构建意境，①优化设计目标，一方面，从视觉、听觉、触觉、嗅觉和味觉方面，选择合适的造景手法进行要素的设计，以及要素的整合；另一方面，对景观要素进行合理的空间限定与景观空间组织。如苏州拙政园中就有倒影亭、塔影亭、放眼亭、见山楼、远香堂、秋香馆、荷风四面亭、待霜亭、听雨轩、雪香云蔚亭、留听阁等景点。

不论是景观艺术要素的设计，还是景观物质要素的设计，都可以根据"5W1H"着手来考虑。以标识、雕塑的设计为例，第一，为什么某个公园或场所需要这些标识或雕塑，没有标识或者雕塑是否可行（WHY）？第二，在规划设计中，由谁来设计，服务的目标群体是什么（WHO）；第三，需要什么类型的标识或雕塑（WHAT），从主题或场所精神考虑，是否具有特色？第四，什么时间、什么地点需要标识或雕塑（WHEN，WHERE）；第五，用什么材质、什么艺术手法进行表现（HOW）。标识或雕塑多少算够？因为少就是多，标识或雕塑既不能成为"压断骆驼背的最后一根稻草"，也不能不成系统和体系。

## 5.1 地形景观设计

### 5.1.1 设计原则、设计要求

堆山可称为"掇山""筑山"，人工掇山分为土山、石山、土石相间等类型。地形的设计改造是城市公园设计施工中的重要因素，在遵循地形设计改造整体原则的基础上，从多

---

① 意境指景观形象使游赏者触景生情而产生情景交融的一种艺术境界。意境寄情于自然及其综合关系之中，情生于境而又超出境，给感受者以余味或遐想余地。当客观的自然境域与人的主观情意相统一、相派发时，便会产生意境。意境是文化素养的流露，也是情意的表达。

方面、多角度深入思考其具体实施的方式方法。①

#### 5.1.1.1 设计原则

（1）体现景区主题，创造个性的主题空间。尊重传统文化和乡土知识，是地形设计成功的关键。

（2）功能优先，造景并重。优先考虑满足各种功能设施对建筑、场地的用地需要，多设计为平地；园路用地，依山随势，灵活掌握，控制好最大纵坡、最小排水坡度的要求。在此基础上，注重造景作用，尽量使地形满足造景的需要。

（3）利用为主，改造为辅。因地制宜，顺应自然，尽量减少对环境破坏，更好地体现原有乡土风貌和地方环境特色。景物的安排、空间的处理、意境的表达都要力求依山就势，高低起伏，疏密有致，灵活自由，就地挖池，就高堆山，使地形合乎自然山水的规律。同时，应使景观建筑与自然地形紧密结合，浑然一体。

#### 5.1.1.2 设计要求

（1）主客分明，遥相呼应。主山不宜居中，忌讳"笔架山"对称形象。山体宜呈主山、次山的和谐构图，高低错落，前后穿插，顾盼呼应，切忌"一"字罗列，成排成行。

（2）未山先麓，脉络贯通。堆山视山高及土质定其基盘，山形追求"左急右缓，莫为两翼"，避免呆板、对称。

（3）位置经营，山讲"三远"。在较大规模的景区中布置山体时，应考虑"三远"（平远、深远、高远）的艺术效果。

（4）山观四面而异，山形步移景变。讲究山体的坡度陡、缓各不同；不同角度，不同方面形态变化多端。峰、峦、崖、岗、山形山势随机，坞、洞、穴随形。

（5）山水相依，山抱水转。山水相连，山岛相延，水穿山谷，水绕山间。"地形高差处理"，地形设计必须遵循自然规律，注重自然的力量、形态和特点。

### 5.1.2 设计内容

#### 5.1.2.1 大型宫苑的山水布局

以自然山水为主体的大型宫苑一般规模宏大，并建于自然山水条件极佳之处。清代的大型皇家园林，统治者利用政治、经济上的特权把大片天然山水风景据为己有，有条件创造丰富的山水空间，实现造园者对于景观和意境的理想追求。

皇家的大型宫苑在建设之初就非常重视基址地理形势的选择、改造。利用山水、建筑

---

① 李辉：《城市公园地形的改造设计——以衢州月亮湾公园为例》，载《华中建筑》，2009年第9期，第139～140页。

等的形象和布局作为一种象征性的艺术手段，通过人们审美活动中的联想意识来表现天人感应和皇权至尊的观念，从而达到巩固帝王统治地位的目的。

颐和园的前身清漪园是一座以万寿山、昆明湖为主体的大型天然山水园，始建于1750年，1764年建成，面积290公顷，水面约占3/4。乾隆皇帝继位以前，在北京西郊一带，已建起了四座大型皇家园林，从海淀到香山这四座园林自成体系，相互间缺乏有机的联系，中间的"瓮山泊"成了一片空旷地带。乾隆十五年（1750年），乾隆皇帝为孝敬其母孝圣皇太后动用448万两白银将这里改建为清漪园，以此为中心把两边的四个园子连成一体，形成了从现清华园到香山长达20千米的皇家园林区。

昆明湖原名"西湖"，万寿山原名"瓮山"。瓮山原来只是西半部临湖，风景虽不错，但山水构架不够理想。昆明湖往东开拓直抵万寿山东麓，则前山得以全部濒临于前湖，消除了原西湖与瓮山的"左田右湖"的尴尬局面。再利用浚湖的土方堆筑于前山的东端以改造局部的山形，使其稍稍沿湖兜转而南，略成"山包湖"的形势，与前山的西端"湖包山"的形势相对应，从而把湖与山嵌合起来。这样，前山的中轴线正好与开拓后的里湖水域的中轴线大致重合，湖与山的嵌合关系就更为密切；而后溪河的开凿，并连接于前湖则最终形成了山嵌水抱的地貌结构（见图5-1）。

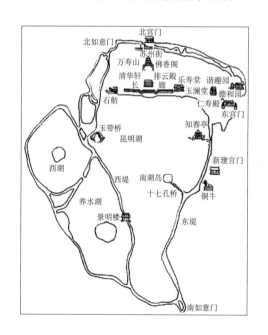

佛香阁建筑群鸟瞰

**图5-1　颐和园平面图、鸟瞰图**

通过对原始地形构架的改造及局部叠石造山的景观处理，原本单调的山水空间成为主山突出，岛、堤响应，空间富于开合变化，充分体现造园意旨的山水园。颐和园的山水空间具有以下特点：

（1）以万寿山作为突出的主景。万寿山最高处海拔 109 米，比湖面高出约 60 米。南面向开阔的湖面，山坡无大起伏，沟壑不多，基本上呈一面坡，但前山的建筑群利用地形的特点，形成了重点突出、宾主分明的布局，并且寓变化于严整之中。建筑与山体的完美结合恰如其分地掩饰了山形的缺陷，体现了雍容磅礴的气势和仙山琼阁的画境。

（2）岛、堤的布置，划分并丰富了单调的湖面空间。特别是南湖岛与万寿山隔湖遥遥相对，形成宾主呼应之势，密切了湖与山的联属关系。自岛上向北望去，万寿山仿佛托出于水面的一座岛山，如海上仙界；往北往西眺望，万寿山与玉泉山及西北群峰融为一体，山景倒映湖中，构成一副近 2 000 米长的山水画卷，气魄之大，实属罕见。

（3）后溪河与地形结合，创造出如画的山水意趣。万寿山后山是东西方向宽而南北方向窄的狭长地段，由于后溪河的开凿加上三五十米左右的短距观景视线，形成山重水复、幽静深邃的景观空间。地形经加工，坡谷、岩崖、岗坞、深涧、峡口等，创造了丰富的山地内涵，显示出如画的山水意趣。

（4）在园中园和庭院建筑群内堆筑假山，丰富游览空间。特别是叠石假山就天然之势，或平岗坂、陵阜陂陀，或洞穴蜿蜒、堆云集翠，促成了清漪园叠石堆山和技法的多样。万寿山裸岩极多，不少建筑群利用它辅以叠石而创建为庭院小景。如前山的画中游，后山的清可轩、霁青轩、云会寺、玉琴峡的天然与人工叠石更是结合得天衣无缝，创造了丰富多样的山石佳景。[①]

颐和园前山立面、平面图见图 5-2。

### 5.1.2.2 城市公园的山水布局

（1）公园地形设计。地形设计涉及公园的艺术形象、山水骨架、种植设计的合理性、土方工程等问题。与传统的园林不同，现代的城市公园占地规模大。为了维持公园的自然肌理和场所精神，一方面向上发展，因地制宜堆山，修建观景台、服务设施；另一方面向下发展，修建人工池塘、人工湿地、下沉式广场，以低衬高，以小衬大。

竖向地形规划原则：

1）维护原有地貌特征和地景环境，保护地质遗迹、岩石与基岩、土层与地被、水体与水系，严禁炸山采石取土、乱挖滥填盲目整平、剥离及覆盖表土、防止水土流失、土壤退化、污染环境。

2）合理利用地形要素和地景素材，随形就势，因高就低地组织地景特色，不得大范围地改变地形或平整土地。

① 朱志红：《假山工程》，中国建筑工业出版社 2009 年版，第 29～32 页。

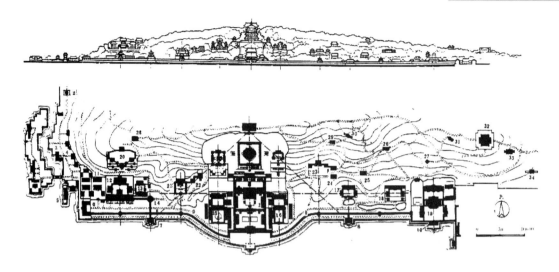

**图 5-2　颐和园前山立面、平面图**

注：1—排云阁、佛香阁；2—宿云檐；3—临河殿；4—小青天、斜门殿等；5—清宴舫；6—石丈亭；7—鱼藻轩；8—对鸥舫；9—长廊；10—水木自亲；11—西四所；12—听鹂馆；13—贵寿无极；14—山色湖光共一楼；15—清华轩；16—介寿堂；17—无尽意轩；18—养云轩；19—乐寿堂；20—画中游；21—云松巢；22—邵窝；23—写秋轩；24—圆朗斋；25—意迟云在；26—福荫轩；27—含新亭；28—湖山真意；29—重翠亭；30—千峰彩翠；31—荟亭；32—景福阁；33—自在庄；34—赤城霞起

3）对重点建设地段，在保护中开发、在开发中保护，统筹安排地形利用、工程补救、水系修复、表土恢复、地被更新、景观创意等各项技术措施。

4）竖向地形规划应为其他景观规划、基础工程、水系流域整治及其他专项规划创造有利条件并相互协调。[1]

**表 5-1**　　　　　　　　　　　　　　　　　**各类地表的排水坡度**

| 地表类型 | | 最大坡度（%） | 最小坡度（%） | 最适坡度（%） |
|---|---|---|---|---|
| 草地 | | 33 | 1.0 | 1.5～10 |
| 运动草地 | | 2 | 0.5 | 1 |
| 栽植地表 | | 视土质测定 | 0.5 | 3～5 |
| 铺装场地 | 平原地区 | 1 | 0.3 | — |
| | 丘陵地区 | 3 | 0.3 | — |

资料来源：唐学山、李维、曹礼昆：《园林设计》，北京：中国林业出版社，1997年版，第211页。

　　从公园总体规划角度考虑，对局部地形进行改造和设计要求：首先，规则式景观的地形设计，一般应用直线和折线，创造不同高程平面；自然式景观的地形设计，根据公园用地的地形特点，"挖湖堆山"。其次，应与全园的植物种植规划紧密结合。块状绿地、密林和草坪应结合山地、缓坡，水面应考虑水生植物、湿地植物和沼生植物等不同的生物学特性。山林地坡度应小于33%，草坪坡度不应大于25%。再次，结合各分区规划的要求。

———————
[1]《风景名胜区规划》（GB/50298—1999）。

安静休闲区、老人活动区，应利用山水组合空间造成局部幽静环境。文娱活动区，不宜地形变化过于强烈，以便开展大量游人短期集散活动。儿童活动区不宜选择过于陡峭、险峻地形，以保证儿童活动的安全。①

（2）案例分析。

1）月亮湾公园。月亮湾公园位于浙江省衢州市西区，在老城区的西北部，衢江的西部，属于衢州新开发的区域，总用地面积 6.89 公顷。地形起伏大，整个地势由西南向东北方向渐渐降低，最大高差近 15 米。公园周边以居住区为主，地块东、西两侧为待开发的居住用地，北侧为已建学校和住宅区，南侧为现有开关厂，周边地势平坦（见图5-3）。

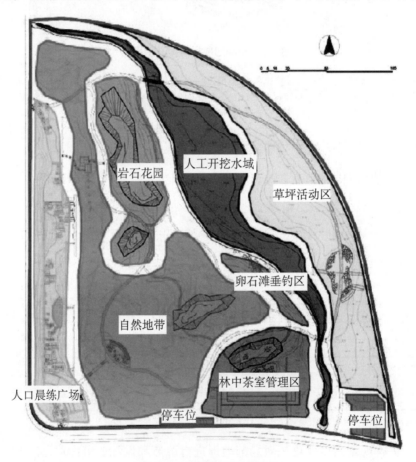

**图 5-3　月亮湾公园功能分区**

公园地形设计思路是力求依势而造，按局部基面的竖向变化创造出复合空间层次，节约工程造价，同时给人们带来不同的空间感受；辅以种植各种特色植物，修建合理的道路系统，充分表达衢州当地的山水意境。

① 唐学山、李维、曹礼昆：《园林设计》，中国林业出版社 1997 年版，第 210 ～ 211 页。

晨练广场毗邻公园正面入口，因现状土方开挖严重，在对地形做处理后形成台地，为居民提供安静的林下晨练空间。晨练广场与城市道路间以香樟、石楠、夹竹桃形成常绿隔离林带，晨练场地中种植冠大荫浓、树姿雄伟的珊瑚朴，形成林荫晨练空间（见图5-4）。岩石花园区位于公园山坡东侧，对颇具观赏价值的裸岩进行整体性的保护（见图5-5）；保留原有的富有野趣的岩生植物景观，利用山上乡土植物如金樱子、野蔷薇、硕苞蔷薇、悬钩子、算盘子、胡枝子、景天科、禾草类及苔藓类等，增加薜荔、络石、金银花等山区石壁常见的攀援植物，形成具有浓郁的当地特色的岩生植物景观。草坪活动区设置在稍有坡度倾斜区域的东南角，临水的大草坪，给人们提供休息、野餐、露营的空间；沿居住区一带营造密林隔离带，也使草坪活动区更具有围合感（见图5-6）。自然山林区利用原地形地貌，改造现有的马尾松林，增加常绿阔叶树和秋色叶树种，形成以体现秋景的风景林带；山上设有游步道和休息亭廊，秋天满山的红叶将成为一道亮丽的风景。[①]

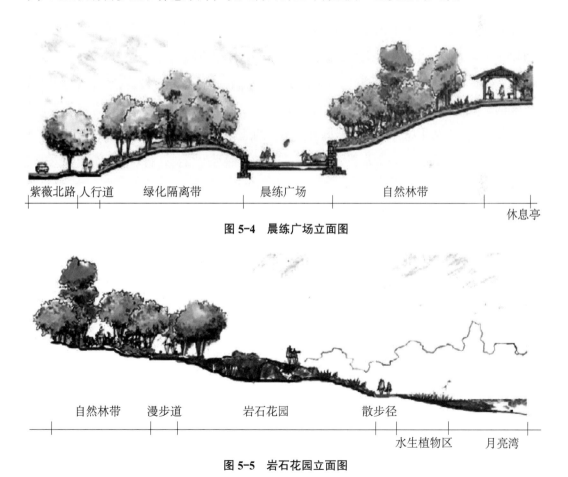

图5-4 晨练广场立面图

图5-5 岩石花园立面图

① 李辉：《城市公园地形的改造设计——以衢州月亮湾公园为例》，载《华中建筑》，2009年第27卷第9期，第139～2140页。

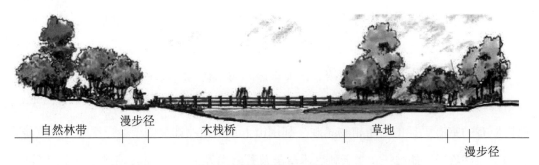

图 5-6 草坪活动区立面图

2）海湾公园。海湾公园位于福建省厦门市西港和筼筜湖之间，占地面积 20 公顷，2003～2006 年设计和建设。公园的北部是住宅区，南部是污水处理厂，西边是辽阔的大海，东面是筼筜湖。这里原来是一处农贸市场，由于地理位置十分重要。设计者希望将公园与大海、筼筜湖以及周边的环境建立起密切的联系。设计者用一条贯穿南北的之字形道路将公园分为东西两部分。东部由不同高度、修剪和不修剪的植物划分出大大小小，开敞或封闭的空间，这些空间的尺度与筼筜湖的尺度相协调；西部是一个开阔的疏林草地，市民可以在里面活动，开阔的草地与公园西侧大海的尺度相协调。

五条东西向的步道将筼筜湖和大海相连，中间的轴线广场又将公园分为南北两个部分。北部利用原有的土堆塑造了系列的螺旋形的土丘山，将公园和北侧的居住区分离，名为"山园"；南部利用原有的土堆塑造出覆斗状的地形，并利用公园南侧的污水处理厂的水源，在地形之间设计了一个水花园，通过不同高度的水生植物，将水面划分出不同的空间，称为"水园"。

海湾公园的结构非常清晰。由植物和地形塑造的空间形式强烈并且变化丰富，充满艺术感，适合雕塑的室外展示，并且与外围环境统一在一起。公园的林荫中有许多活动和休息的设施，沿海滨还布置了茶室、咖啡和酒吧（见图 5-7 和图 5-8）。

## 5.2　水景观设计

### 5.2.1　设计原则

"水随器而成形"，因此，古代造园家非常注重水形、岸畔的设计。理水，指各类景观中水的疏理与设计，如水的源头、池塘湖泊的大小与分隔，水面形态、河流溪涧的长短与曲折，水面与倒影的设计，乃至水中植物、鱼类的养殖等，还包括水与景观所有事物之间相互联系的设计与处理。水景的细部处理，如水口、驳岸、石矶以及水中、水边的植物配置和其他装饰，乃至利用自然景物等水景的创作构思，都应源于大自然。[1]

---

[1] 计成著，胡天寿译注：《园冶》，重庆出版社 2009 年版，第 205 页。

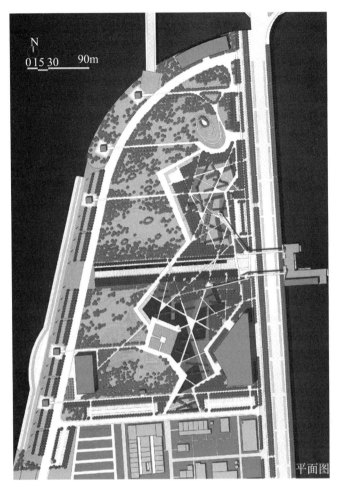

图 5-7　海湾公园平面图

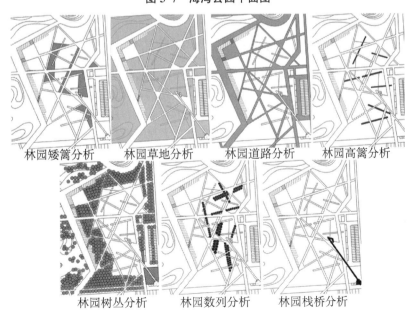

林园矮篱分析　　林园草地分析　　林园道路分析　　林园高篱分析

林园树丛分析　　林园数列分析　　林园栈桥分析

图 5-8　海湾公园场地要素分析

水景观设计应遵循防洪原则、生态学原则、多样性原则、景观美学原则。

（1）防洪原则。滨水景观是指水边特有的绿地景观带，它是陆地生态系统和河流生态系统的交错区。城市公园的湖泊、溪流、池沼对于调节地表径流，收集雨洪，补充地下水方面，都具有重要的作用。现代城市中频繁出现的内涝问题，原因之一是未发挥水景观的调节、雨洪收集功能。

（2）生态学原则。水景观设计成什么规模、形态，不仅仅是纯艺术、技术的问题，应从生态学、水文学的角度加以考虑。既要调配地域内的有限资源，又要保护该地域内美景和生态自然，保存自然的特性。

（3）多样性原则。在滨水区沿线因地制宜、适地适树，合理配置乔灌草，应强调功能的多样性、水体的可接近性及生态化设计，创造出市民及游客渴望滞留的休憩场所。尊重当地历史、重视生态环境重建的设计理念。为了保存湖泊、溪流沿岸的动植物，建筑物必须后退，开辟、清理或"改造"岸滩和临水地段，严格执行适宜的给、排水法规。

（4）景观美学原则。近水的地带容易受到破坏，把景观建筑和小品安排在离水边远一点的地方是较为妥善的处理方法，在那里仍可享受秀丽的景色，但美好的水边地带却免受损害。由于人们以水为基础的娱乐有很大的要求，不要让小农舍和低级的商业酒吧充斥在水边。

## 5.2.2 设计内容

水景观设计中，"聚"则水面辽阔，宽广明确；"分"则萦回环抱，似断似续。中国传统园林中的中小型庭园一般集中用水，即"聚"，如苏州网师园、畅园水池、颐和园谐趣园居中；而大型园林则有"聚"有"分"，主次分明，如颐和园昆明湖、圆明园的福海、后海。现代景区中，小型景区水体宜分，以溪涧、濠濮等线型水体靠边布置；大型景区宜聚分结合，水面的形式和布置方式应与空间组织结合，如紫竹院公园、玉渊潭公园、龙潭公园等。

### 5.2.2.1 河、湖

在大自然的特征中，极少有像河流为我们提供更多的趣味和全年的快乐。在河流的沿岸，春天会发现第一批蓓蕾和树叶；在炎热的夏季，在阳光炙热的土地上，河流刻画出一条冰爽清新的通道；秋季，沿着河岸葱翠的蔬菜，看上去具有最鲜艳而丰富的色彩；

冬季，河岸的植被提供了猎物和鸟类喜欢的庇护所。[①]"春发""夏荣""秋淌""冬枯"是对水体四季相态的综合概括，在实践中，通过控制景观水体四季水位来展示季相的变化。

天然的河道、湖泊或人工运河在改造过程中，应注意以下问题：

（1）河、湖的自然肌理。水景观营造过程中，不能随意改变地形和场所特点。陶然亭公园西南角的植物标本园地形由起伏和缓的坡岗和一条蜿蜒其间的溪涧组成，源头是就低凿成的小池，水自小池外溢，沿溪辗转跌落，而后注入西湖，宛若其源。水体虽只占该园面积的43%，但这些多变的"微地形"不仅满足了种植上的要求，而且使园景显得生动活泼。[②]

河流景观无论如何改造，也要维持其作为河流所具有的线性、流动、开放的基本特征，如果照搬园林设计手法，将河流当成水池（塘）或小溪来设计，营造出跌水花台、喷水、溢水等景观，这种设计其实是不合理的，因为它首先违背了河流景观的自然肌理和场所精神。在平原地区，许多天然的河道由于降雨量减少、上流大量兴修水库而出现了多年干涸的现象。在利用城市中水营造水景观的过程中，虽然需要逐段修建橡胶坝蓄水，但整体上看，仍然让人感觉各段是河流的一个有机组成部分。部分河段在条件具备时，还可以开展水上游憩、观光、游憩活动（见图5-9）。

**图 5-9　永定河在莲石湖公园一段被改造成了跌水花田**

① J. O. 西蒙兹著，程里尧译：《大地景观》，中国建筑工业出版社1990年版，第25页。
② 黄庆喜、梁伊任：《试谈北京一些公园的地形处理》，载《北京林学院学报》，1984年第4卷第4期，第24～35页。

（2）河、湖的生态过程。以河流为例，河流在流动过程中，由于中心处相对两边来讲流速较慢，河流搬动泥沙的能力较弱，所以在中心位置逐年泥沙堆积就会在河流中心出现"小岛"——江心洲。江水洲刚露出水面时，裸地环境极为恶劣，仅分布有芦苇、柳树等少数几种植物。江水洲面积扩大的同时，由于植物与土壤的耦合作用，土层厚度和养分逐渐增加，植物种类逐年增多，并由旱生植物类型向中生植物类型转变。类似地，湖泊水生演替系列是一个植物填平湖沼的过程。每一阶段的群落都以抬高湖底而为下一个阶段的群落出现创造条件。在湖沼不同深度的水生生境中，演替系列各阶段的植物群落成环带状分布。随着湖底抬高，它们逐渐向外变化。河、湖植物群落区系、结构的演替和改变，吸引了许多鸟类在这些地方筑巢、繁衍。诸如此类的地区成为湿地旅游、观鸟的理想场所。因此，景观设计过程中，维持河、湖的生态过程，将人为活动干扰降低至最低限度，实际上起到了人工促进天然更新和生态多样性保护的双重作用。

（3）河、湖生态治理。河流的生态功能包括栖息地功能、过滤作用、屏蔽作用、通道作用、源汇功能等方面。河流的流动造就了河流的生命。在德国的库夫斯泰因附近，因河的河水逐渐远离了阿尔卑斯山脉和奥地利，进入德国的境内后，流入了巴伐利亚湖。在这里，14座发电站将因河分隔开来，因河变成了一个个相连的湖泊，只有在德国巴伐利亚的米尔多夫县附近，因河仍能自由地流淌。事实上这段河水也曾停滞过一段时间，后来人们进行了一个大胆的尝试，堤坝沿岸的大石块被移走，水流的速度被慢慢加快。移出石块后的短短几年时间，因河道变宽，河水冲走了沿岸的树木并出现了新的河滩。更多迅猛的水流带走了河床上的大量石子，河水变得越来越深，导致地下水位下沉，湿地森林逐渐干涸。最终人们尝试着在河床上放置大石块以减缓水流速度，留住河床上的石子，河床已经趋于稳定。多瑙折罗鱼洄游到因河，并在河中产卵。

### 5.2.2.2 溪涧

景区内的人工溪流通常以自然溪涧为蓝本，随地形而变化，源头常隐于假山顶部，形成层层跌水。在平缓处其形态力求自然弯曲或环绕亭榭，萦回于石山之间，穿岩入涧，有分有合，有收有放，形成宽窄不同的水面。水面上有时布置汀步或者横跨的小木桥（木栈道）或石拱桥，增加溪流的层次感。水面零星点缀芦苇、旱伞草、小香蒲等水生植物。

设计具体要求。

（1）主次分明。陈从周先生在《说园》一书中谈到"水曲因岸，水隔因堤"，建造堤、廊、园桥等将水面横断，再配置适当的植物，可增加风景的幽深和层次感。[①]

（2）曲折有致。为了使景区内的景观在视觉上更为开阔，可适当增大宽度或使溪流蜿蜒曲折。溪流水岸宜采用散石和块石，并与水生或湿地植物的配置相结合，减少人工造景的痕迹。如陶然亭公园东北角土山掇石成瀑，下承以深潭，再以溪涧导水，利用地形落差，使水流迂回跌宕于山间林下。而后流入湖中，用声色俱佳的活水把山体和湖面有机地联系起来，产生了非常好的效果。

（3）因地制宜。人工溪流的坡度应根据地形条件及排水要求而定。普通溪流的坡度宜为 0.5%，急流处为 3% 左右，缓流处不超过 1%。溪流宽度宜在 1 ～ 2 米。溪底选用大卵石、砾石、水洗砾石、石料等铺砌片美化景观，水底与防护堤应设防水层，防止流淌渗漏。

（4）水深一般为 0.3 ～ 1 米，超过 0.4 米时，应在溪流边采取防护措施（如石栏、木栏、矮墙等）。对游人可能涉入的溪流，水深应在 30 厘米以下。同时，水底应作防滑处理（见图 5-10）。

赣州　黄金广场　　　　　　　　西双版纳　告岭·西双景

**图 5-10　溪流设计**

### 5.2.2.3　倒影池

倒影是光照射在平静的水面上所形成的等大虚像。成像原理是平面镜成像。由于水面平整，光线沿着水面反射的方向比较集中地反射到我们的眼睛中，眼睛接收了这部分光线，在脑中成像看到水面上物体，即为物体在水面的倒影。虚像和物体的大小相等，上下（或左右）相反，它们的连线垂直于镜面，它们到镜面的距离相等；简记为：正立、等大、

---

① 计成著，胡天寿译注：《园冶》，重庆出版社 2009 年版，第 39 页。

对称、虚像。

一个近似规则形的河流，当各边的宽度都足够大时，无论我们选择河流的哪一边作为观察点，都可以将对岸的植物、建筑作为观赏对象，并且它们的倒影可能成为很重要的观赏内容（见图 5-11）。

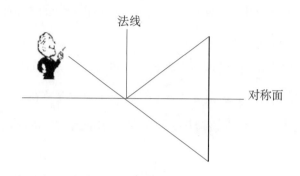

**图 5-11　投影成像原理**

对岸的物体高度（H）对水面的宽度是否产生影响？假定一个物体的高度是 H，它在水中的长度（L）就等于物体的高度 H。如果水面宽度小于物体的高度 H 时，水中就无法看清建筑物的全貌。换句话说，如果水边物体高度是 200 米的话，它映在水面的倒影长度也是 200 米，若水面的宽度只有区区 50 米的话，就无法"装下"这个物体的倒影（见图 5-12）。

**图 5-12　水边窄、对岸的植物高，其倒映几乎与彼岸相连**

物体离水边的距离是否对倒影产生影响？实际上，物体离水边的距离是通过对物体的高度的影响而发生影响的。因为任何一个物体，离我们越远，在视野中高度看起来就矮。因此，同样高度物体的物体，离水面越近的看上去越高，它在水中的倒影长度自然就要比离水面较远的物体在水中的倒影更长。

倒影池是利用光影在水面形成的倒影，扩大视觉空间，丰富景物的空间层次，增加景观的美观。倒影池极具装饰性。无论水池大小都能产生借景效果，花草、树木、小品、岩石前都可设置倒影池。倒影池的设计：首先，要保证池水处于平静状态，尽可能避免风的干扰；其次，池底部要采用黑色和深绿色材料铺装（如黑色塑料、沥青胶泥、黑色面砖等），以增强水的镜面效果。

倒影池的形状分为规则形（矩形、方形）、不规则形。规则形倒影池的长度应让观赏者从水中能够观赏到物体的全貌，而不只是看到水边物体的一部分倒影。倒影池最好位于被观赏物体的南侧，若倒影池位于被观赏物体的北侧，水中形成的倒影通常比较阴暗。陶然亭公园东门处的"映瑞池"呈扇面形，内有高约丈余的太湖石，有泉自石顶涌出，东北山上的青松翠柏和山顶金碧辉煌的瑞像亭倒映于池中，极富诗情画意。[①]

在塑造水中倒影的过程中，如果对面驳岸植物稀疏、土壤裸露，则驳岸在水中的倒影看上去不太雅观。为此，在这些驳岸的浅水区可种植一些芦苇、香蒲、千屈菜、慈菇等水生植物。在水中倒影中，原来不太雅观的浅水区倒影就被这些水中植物所遮蔽。

水中漂浮的人工岛如果恰好位于对岸物体的倒映位置，则物体本该投映到该区域的投影被水中的人工岛所占据，最终水中物体倒映只剩下上部没有被遮蔽的部分。因此，如果水中倒影是一些重要建筑物景观的重要组成部分，在观赏区域的水面上尽量不要设置水中人工岛，并且在观赏区域的前面一般不要种植水生植物（见图5-13）。

北京　陶然亭公园　　　　　　　　　　苏州博物馆

**图5-13　倒影池**

---

① 陶然亭公园志编纂委员会：《陶然亭公园志》，中国林业出版社1999年版，第95页。

#### 5.2.2.4 驳岸

由于历史原因，河流及湖泊的驳岸主要以硬质直立驳岸为主。这种驳岸破坏了原生态斜坡驳岸的生态群落结构，使许多两栖动物和湿地鸟类失去了赖以生存的空间，隔断了驳岸与湖水的生态交流，草长莺飞，蛙鸣虫叫的生态环境从此消失了。[①]

为了唤醒被钢筋混凝土或者浆砌而成的护岸及河床（"睡堤"），必须对河道硬质护堤护岸进行生态改造，将一部分已有的硬质护岸改造成柔性生态护岸。旨在呵护人居环境，关爱河湖健康。以恢复河岸的自然特征，实现亲水安全，提高河流生境的多样性，改善河流水质，增加河滨带的物种多样性。

西双版纳热带植物园的西入口水景观设计过程中，值得赞赏的是，在平地掘地为池，池中有岛，岛上种植露兜树、无忧花、醉红朱槿等草本植物，四周的绿地上种植屁股叶羊蹄甲、紫花羊蹄甲、马蹄豆、玫瑰金花树等小乔木和灌木。陆地与岛以木栈道、长廊、亭或轩、汀步相连。尤其特别的是池塘四周的绿地平缓地过渡到水面，没有硬化的驳岸，绿地与水面有机地融合在一起，显得特别自然与和谐（见图5-14）。

**图 5-14　西双版纳 热带植物园 百花园**

## 5.3　植物景观设计

### 5.3.1　设计原则

植物造景是运用乔木、灌木、草本及藤本植物等题材，通过艺术手法，充分发挥植物

① 王万珍：《园林艺术中水环境设计的新模式》，载《中国园艺文献》，2008年第3期，第29～31页。

的形体、线条、色彩等自然美，来创作植物景观。[①]

### 5.3.1.1　目的性与功能性原则

树种配置应与设计主题和环境相一致。一般庄严、宁静环境的配置宜简洁、规整，自由活泼的环境应富于变化，个性的环境应以烘托为主，平淡的环境宜用色彩、形状对比强烈的配置，空间环境的配置应集中，忌散漫。[②]克里斯多夫·特纳德（Christopher Tunnard）认为，选择植物不是根据它们园艺的美观性或者是稀有性，而是根据它们外形对花园构成的贡献来选择。[③]

### 5.3.1.2　乡土性原则

景观绿化中要摒弃单纯的只要是绿色植物就好这种思维方法，为此，应选择合适的乡土植物。北京奥林匹克森林公园内有乡土草本地被植物44种，隶属于22科43属。菊科、豆科和十字花科的频度最高，抱茎苦荬菜、草木樨和二月兰在全园分布最广泛。因此，二月兰、抱茎苦荬菜、蒲公英、紫花地丁、委陵菜、草木樨、紫花苜蓿和野豌豆共8种植物可以在北京城区绿地绿化中大量应用。[④]

据20世纪90年代《天坛植物志》记载，天坛公园种子植物有81科352种，其中草本植物221种，木本植物131种。20世纪80年代，为了改变过去自然野生草地易呈现出"荒凉"景象的状况，满足人们对现代公园的审美需求，天坛公园开始对园内大面积的自然野生草地人工干预，通过打草等方式逐步淘汰了其中过高的野生地被品种，形成了今天具有自然风格又符合现代审美的自然植被群落。同时，为了增加天坛四季景观，还选育自然地被优势种广泛种植，形成了天坛独具特色的二月兰及苦荬菜景观。每年4~5月间，天坛二月兰盛开，蓝色的花海在遒劲的古柏下盎然绽放，古老中透射出勃勃生机。[⑤]

### 5.3.1.3　生态学原则

"少则是多"，一方面指较少的植物材料即可获得较好的效果，另一方面指以最少的人类干预，降低人类活动对环境产生的负面影响。设计师在使用植物进行景观设计时，应根据旅游区不同的组织结构类型，设计相应的绿化用地，实现艺术性与科学性的融合。

---

[①] 苏雪痕：《植物造景》，中国林业出版社1994年版，第1页。
[②] 黄东兵、魏春海：《园林规划设计》，中国科学技术出版社2003年版，第177页。
[③] Christopher Tunnard：Garden in the Modern Landscape. London：Architectural Press, 1938.
[④] 张超、徐希、李雪珂等：《北京奥林匹克森林公园乡土草本地被植物调查及分析》，载《草业科学》，2012年第8期，第1193～1198页。
[⑤] 北京市天坛公园管理处：《公园园容管理》，中国建筑工业出版社2012年版，第37～38页。

267

在日本，香樟、尖叶栲等常绿阔叶树常用作行道树。它们是暖地性、海岸性的树木，虽然在内陆生长发育没有问题，但是会破坏内陆地区的地域性。小叶山茶、滨柃等暖地性的植物和降雪地区的地域性不吻合，这些常绿的、枝条斜向上的灌木类，常被积雪压垮，树枝折断，春季时惨不忍睹。神龛里上供用的供神树木，在关东用柃木，在关西用杨桐，在中部地区用具柄冬青，其他地区使用莽草、南天竹、竹柏和罗汉松。这些植物都是生长在各地区树林中美丽的常绿灌木，其枝叶作为具有"永久之树"之含义来使用，在神社祠堂的周围栽植。因此，很忌讳将它们栽植在厕所等不洁的地方。[①]

有些植物之间存在拮抗作用，配置时不能种在一起。在引种外来植物的过程中，应警惕生物入侵。火炬树，漆树科盐肤木属植物，原产于北美洲，果序红色，似火炬，故名。最初是以绿化树种引进北京的，火炬树有潜在的入侵性，可能会改变土壤，抑制其他植物生长。

#### 5.3.1.4 景观美学原则

陈从周先生在《说园》指出："小园树宜多落叶，以疏植之，取其空透；大园树宜适当补常绿，则旷处有物。此为以疏救塞，以密补旷之法。落叶树能见四季，常绿树能守岁寒，北国早寒，故多植松柏。"[②] 即运用虚实结合的原则，从虚无中见宽阔空间，见气韵，造成静谧、悠远、空灵的意境。

"人——因为野草而感动，野草——因为人而美丽"。景观美学原则体现在"真、善、美"三个方面，"真"即是强调回归土地，回到真实，尊重自然生态系统，充分发挥乡土植物、动物的作用；"善"强调植物对人的生存和发展有益；"美"强调植物的美学观赏价值，包括树形、根、茎、叶、花、果、实给人带来的美感。

色彩配置是景观植物设计时不能忽视的因素。色块是色叶植物紧密栽植成所设计的图形，并按设计高度修剪的种植类型。色块大小、浓淡直接影响景观的对比调和，对全园的景观效果起决定作用。[③]

秦皇岛滨海植物园和鸟类博物馆规划场地位于滨海旅游胜地秦皇岛市北戴河区，面积约 20 公顷。场地曾经被开发作为珍稀动物园，未果，半途而废，原有的部分滩涂地已被填埋，残留下一些工程痕迹。自然演替已悄然进行，野草丛生，其中不乏许多美丽的乡土物种，自成群落。根据场地肌理"泡"与"条"分析：首先，海水有规律的潮起潮落，在

---

① 进士五十八、铃木诚、一场博幸编，李树华、杨秀娟、董建军译：《乡土景观——向乡村学习的城市环境营造》，中国林业出版社 2008 年版，第 94 页。
② 陈从周：《说园》，同济大学出版社 2002 年版，第 44 页。
③ 黄东兵、魏春海：《园林规划设计》，中国科学技术出版社 2003 年版，第 177 页。

海边留下许多深浅不一的水泡。根据这种自然过程及其形成的景观，围绕水泡配置不同生境、不同耐盐度和不同水分要求的植物，为多种鸟类和生物创造栖息地，也为人创造独特的体验。与泡相对应，在鸽子窝公园内的湖面上，建立一个个泡状小岛，成为陆生生物的栖息地，丰富湖面的景观，给划船者创造独特的景观体验。其次，在不受潮水影响的滨海陆地，顺着风向，形成由一系列条带构成的肌理。沿条带布置种植畦或休息平台，条带上的种植以乡土植物为主，包括原场地中的禾本科草类。各类滨海抗风和抗盐碱的草类、灌木、乔木是植物园展示的主体。通过地形和植物的配置，形成多种空间体验（见图 5-15）。[①]

图 5-15 秦皇岛滨海植物园和鸟类博物馆规划场地

### 5.3.1.5 经济效益原则

在提高各类绿地质量和充分发挥其各种功能的前提下，选择那些经济价值较高的树种，以便今后获得木材、果品、油料、香料、种苗等，取得经济效益。

沈阳建筑大学在绿化资金有限的情况下，由俞孔坚教授倡议和设计，用水稻、作物和当地野生植物（如蓼，杨树）作为景观的基底，营造校园环境和显现场地特色，试图对庄稼、野草和校园进行重新认识。景观中应用了大量的水稻和庄稼，融化了城市和郊区的边界，并且为学生提供了一个良好的休闲和教育的场所。不但投资少，易于管理，而且形成独特的、经济而高产的校园田园景观。收获的稻米——"建大金米"目前已被作为学校的礼品，赠送给到访者。

① 俞孔坚、张静、刘向军：《与大海相呼吸——秦皇岛滨海植物园和鸟类博物馆设计》，载《建筑学报》，2006年第5期，第82～83页。

### 5.3.1.6 文化性原则

植物赋予建筑以时间、季节感。同时，亦应考虑植物的生态习性、含义，以及植物、建筑及整个环境的协调性。比如，中国皇家园林为了尊显帝王至高无上的权力。因此常选择姿态苍劲、意境深远的中国传统植物，如白皮松、青檀、七叶树、海棠、玉兰、牡丹等。江南园林小巧玲珑，精雕细琢，以咫尺之地表现"城市山林"，建筑物多为粉墙，灰瓦、栗柱，以显示文人墨客的清淡和高雅的品性，因此多在墙基、角隅处植松、竹、梅、兰等具有象征意义的植物。[①]松、竹、梅在古人被文人雅士称作岁寒三友，这一高度拟人化的称谓，表现了人们所寓寄的特别情分。

## 5.3.2 设计内容

### 5.3.2.1 配置形式

（1）孤植。孤植（solitary planting）是在开阔空间，如草坪、水面附近。远离其他景物的地方，种植一棵姿态优美的乔木或灌木的方法。孤植树（specimen plants）应具备一定的树形。孤植多用于场地较小而零星的地方，在大片开阔的草地中或花坛中央，多作点缀和遮荫之用。

（2）对植。对植（opposite planting）是在建筑物前，公园入口或桥头等处左右相对种植，主要作为配景。一般选用同种类，外形整齐美观的树木（见图5-16）。

孤植 赣州 黄金广场　　　　　　　　对植 福州 闽江公园

**图 5-16　孤植与对植**

对植可分两种方式：一种为对称种植，一般应用于规则式构图，树木体形大小都要相

---

① 计成著，胡天寿译注：《园冶》，重庆出版社 2009 年版，第 47 页，第 50 页。

同，与中轴线垂直距离相等；另一种为非对称种植，多用于自然式构图，树木大小姿态可有所差异，与中轴线距离也可不等，但需左右均衡。如左侧为一株大树，右侧则为两株小树，大树距轴线远些，小树则须近些。当对植为3株以上树木配合时，可用两种以上树种混植。[1]

（3）丛植（树丛）。丛植（group planting）是二株、三株至八株、九株乔木，加上若干灌木组成的一种配置方式。丛植既表现群体美，又表现出各株树木个体美。以庇荫为主的，多由乔木树种组成，下面可配置自然山石、座椅等供游人休息；以观赏为主的，可用乔木和灌木混交，特别是以具有独特观赏价值的树木为中心，和其他乔、灌木，乃至宿根花卉配合组成。[2]丛植基本形式有以下几种：两株配合、三株配合、四株配合、五株配合、六株及六株以上的组合。

（4）群植（树群）。群植（mass planting）是多数树木成群栽植而突出群体美的一种配置方式。以二十株、三十株或更多的乔灌木，组成封闭的群体，发挥其成片效果。在树冠部分的树木，只表现树冠部分美，林缘的只表现其外缘部分美。[3]

群植能防止强风的吹袭，遮蔽不雅致的部分；在种植空间效果方面，由于群植以数株同类或异类树种混合种植，无固定形式和株行距，群植后成片的树林可以形成高矮、明暗对比，林冠的起伏也使天际轮廓线发生较多的变化。前植树若用灌木装饰林缘或装饰林间隙地，使园区中增加许多野趣。树群常用作树丛的衬景，或在草坪和整个绿地的边缘种植。树种的选样和株行距不拘格局，但立面色调、层次要求丰富多彩，树冠线要求清晰而富于变化。

丛植树种选择不太严格，在配置时要考虑群体生态，要求长期相对稳定。群植也是构图上的主景之一，故应布置在有足够视距的开朗地段，也可以设置于道路交叉口上，或作隐蔽、境界种植。

（5）片植（纯林或混交林）。片植指单一树种或两个以上树种大量成片种植的方法。前者为纯林，后者为混交林。纯林一般形成整齐、壮观的整体效果，但缺少季相变化，混交林由多种树种组成，往往有明显的季相变化，这种形式较纯林的景观要丰富一些（见图5-17）。

---

① 姚庆渭：《实用林业词典》，中国林业出版社1990年版，第191页。
② 姚庆渭：《实用林业词典》，中国林业出版社1990年版，第161页。
③ 姚庆渭：《实用林业词典》，中国林业出版社1990年版，第805页。

整齐的树林，精确的，可靠的，"整齐的"，平静的，"呆板的"

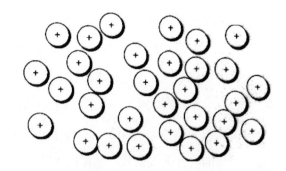
自由的树林，好玩的，感觉自由的，休闲的，"天堂般的"，空间的整体感觉混合着渐渐增长的破碎感

图 5-17　片植效果比较

群植应避免规则间距，或者一条线上排有两种以上的树。株距取决于树木类型和是否需要布置孤植的观赏树或枝叶的庭荫树。[①]

种植床栽植原则：适地适树、适树适植、适时适植、适法适栽。

### 5.3.2.2　草坪和地被植物配置

（1）草坪草的选择标准。

基本特征：茎叶密集，色泽一致，整齐美观，杂草较少，无病虫害污点，具有一定的抗性，适应性较强。

生态质量标准：耐践踏，抗干旱，耐频繁的修剪，抗病力强，践踏后的恢复、再生能力强，侵占能力强，夏季或冬季都有比较适宜的颜色。

（2）草坪草的设计要点。

总体上看，暖季型草种生长低矮，根系发达，抗旱，耐热，耐磨损，维护成本低，质地略显粗挺；冷季型草种耐寒力强，绿期长，质地好，坪质优，色泽浓绿、亮丽。

草坪植物配置应注意以下原则：

（1）充分发挥草坪植物各种功能的有机配合。草坪植物属多功能性镇物，在配置时应先考虑它的主要功能，兼顾其供人欣赏、休息、运动、固土护坡等功能。

（2）充分发挥草坪植物本身的艺术效果。草坪的地形起伏、色彩表现，给人以不同的艺术感受。另外，草坪的开朗、宽阔，林缘线的曲折变化，都能产生不同的艺术效果。

（3）根据植物生长习性合理搭配草坪植物。各种草坪植物均具有不同的生长习性，有的

① 约翰·O.西蒙兹著，俞孔坚、王志芳、孙鹏译：《景观设计学——场地规划与设计手册》，中国建筑工业出版社2000年第3版，第173页。

喜光，有的耐阴，有的耐干旱，有的耐严寒，有的极具再生能力等。因此在选择时，必须根据不同的立地条件，选择生长习性适合的草坪植物，必要时还需合理混合搭配草种。

（4）协调山石、树木等其他材料的关系。在草坪上配植其他植物和山石等物，不仅能增添和影响整个草坪的空间变化，而且能丰富草坪景观内容。如现在有不少的庭院绿化，都能较好地利用地形和石块等变化来丰富草坪景观，使草坪的空间出现较多的曲折变化，大大提高绿地的艺术效果。草坪常用草种见表5-2。

表5-2　　　　　　　　　　　　　　　　　草坪常用草种一览

| 种名 | 科别 | 特性 | 应用 | 分布 |
|---|---|---|---|---|
| 结缕草 | 禾本科 | 阳性，耐干旱，耐踩，低矮，不需推剪 | 观赏、游憩 | 全国各地 |
| 天鹅绒草 | 禾本科 | 阳性，无性繁殖，不耐寒，耐踩，低矮，不需推剪 | 观赏、网球场 | 长江流域，华南地区 |
| 狗牙根 | 禾本科 | 阳性，耐踩，耐旱，耐瘠薄，耐盐碱 | 体育场、游憩场 | 全国各地 |
| 假俭草 | 禾本科 | 阳性，耐潮湿 | 水池边，树下 | 长江以南 |
| 野牛草 | 禾本科 | 半阴性，耐旱，耐踩 | 游憩场，树下 | 北方各地 |
| 羊狐茅 | 禾本科 | 耐干旱、砂土、瘠薄土壤 | 观赏 | 西北 |
| 红狐茅 | 禾本科 | 耐寒，耐旱，耐旱 | 观赏，游憩 | 东北 |
| 翦股颖 | 禾本科 | 耐阴，耐潮湿，抗病虫，耐瘠薄，喜酸性土 | 观赏，树下 | 山西 |
| 红顶草 | 禾本科 | 耐寒，喜湿润，不耐阴 | 水池边 | 华北、西南、长江流域 |
| 早熟禾 | 禾本科 | 耐踩，耐阴湿 | 树下 | 全国 |
| 羊胡子草 | 莎草科 | 耐阴，不耐踩 | 树下 | 北方 |

资料来源：王波、王丽莉：《植物景观设计》，北京：科学出版社，2008年版，第111页。

### 5.3.2.3　案例分析

紫竹院公园西门广场一带共有32种植物。其中，属于乔木的树种有银杏、五针松、水杉、白玉兰、悬铃木、马褂木、泡桐、国槐、青桐、流苏、紫叶李、元宝枫、红枫13种植物；属于中乔木、小乔木的有美国红枫、美国海棠、美国红栌、黄栌、蝴蝶槐5种植物；属于灌木的植物有灯台树、紫薇、海州常山、蝟实、美人梅、金叶接骨木、天目琼花、灯台树、文冠果、月季10种。

从静态观赏分析，树皮、叶形与秋季叶变色、枝条、花色、果实观赏5项特性中，有的植物具有1～2项特性，而有的植物具有3种以上特性。如银杏、悬铃木，具有赏叶与叶变色、观果特性，而泡桐、国槐具有观赏树皮、观花、观果特性。

从花色分析，开白色花的有白玉兰、国槐、流苏树、紫叶李、蝴蝶槐、紫叶李、灯台树、文冠果，开绿色花的有马褂木，开紫色花的有泡桐、红枫，开黄色花的有元宝枫，开黄绿色花的有青桐，开深红色花的有美国海棠、海州青山、月季，开粉红色花的有美人梅、蝟实、月季等（见表5-3和图5-18）。

表5-3 紫竹院西门广场植物配置

| 序号 | 植物 | 科 | 观赏树皮 | 观叶，秋季叶变色 | 观枝条 | 观花 | 观果 |
|---|---|---|---|---|---|---|---|
| 1 | 箬竹 | 禾本科 | | √ | | | |
| 2 | 白纹阴阳竹 | 禾本科 | | √ | | | |
| 3 | 黄秆乌哺鸡竹 | 禾本科 | | √ | √ | | |
| 4 | 早园竹 | 禾本科 | | √ | √ | | |
| 5 | 银杏 | 银杏科 | | √ | √，长短枝 | | √卵球形，黄色或橙色 |
| 6 | 五针松 | 松科 | | √ | | | |
| 7 | 水杉 | 杉科 | √ | √，√ | √，长短枝 | | √球果，近球形 |
| 8 | 白玉兰 | 木兰科 | | √，√ | √，托叶痕 | √，白色 | √，蓇葖果 |
| 9 | 马褂木 | 木兰科 | | √，√ | | √，绿色 | √，聚合果 |
| 10 | 悬铃木 | 悬铃木科 | √，光滑，片状脱落 | √，√ | | | √，球形聚花果 |
| 11 | 泡桐 | 玄参科 | √，灰褐色 | √，√ | | √，紫色 | √，硕果 |
| 12 | 国槐 | 豆科 | √，成块状裂 | √，√ | | √，白色 | √，荚果，念球状 |
| 13 | 梧桐 | 梧桐科 | √，青色 | √，√ | | √，黄绿色 | √，蓇葖果，叶状 |
| 14 | 流苏树 | 木犀科 | | √，√ | | √，白色 | √，核果，暗蓝色 |
| 15 | 紫叶李 | 蔷薇科 | | √，√ | | √，白色 | |
| 16 | 元宝枫 | 槭树科 | √，深纵裂 | √，√ | | √，黄色 | √ |
| 17 | 红枫 | 槭树科 | | √，√ | | √，紫色 | √ |
| 18 | 美国红枫 | 槭树科 | | √，√ | | | √ |
| 19 | 美国海棠 | 蔷薇科 | | √，√ | | √，深红色 | |
| 20 | 美人梅 | 蔷薇科 | | √，√ | | √，粉红色 | |
| 21 | 美国红栌 | 大戟科 | | √，√ | | | |
| 22 | 黄栌 | 漆树科 | | √，√ | | √，紫褐色 | √，核果，肾形 |
| 23 | 蝴蝶槐 | 豆科 | | √，√ | | √，白色 | √，核果，肾形 |
| 24 | 灯台树 | 山茱萸科 | | √，√ | | | |
| 25 | 紫薇 | 紫薇科 | √，光滑 | | √ | √，白、粉红 | |
| 26 | 海州常山 | 马鞭草科 | | √，√ | | √，深红色 | √，蓝紫色 |
| 27 | 蝟实 | 忍冬科 | √，脱落 | √，√ | √，幼枝红褐色 | √，淡红色 | √，密披黄色刺刚毛 |
| 28 | 金叶接骨木 | 忍冬科 | | √，√ | | √，黄白色 | √ |
| 29 | 天目琼花 | 忍冬科 | | √，√ | | √，乳白色 | √ |
| 30 | 灯台树 | 山茱萸科 | | √，√ | | √，白色 | √，瘦果，紫红至蓝黑色 |
| 31 | 文冠果 | 无患子科 | | √，√ | √，褐红色 | √，白色 | √，黑色 |
| 32 | 月季 | 蔷薇科 | | √，√ | | √，深红色，粉红色 | √，红色 |

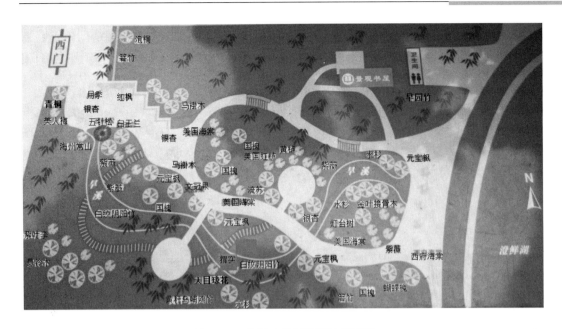

图 5-18　紫竹院公园西门植物配置

## 5.4　动物景观设计

### 5.4.1　设计方法

对于珍稀、濒危的动物资源，建设各类自然保护区，采取直接或间接的隔离措施，防止人类对其过多的干扰或破坏，为其营建安全舒适的生态环境。对于主要用于人类观赏的动物种类，可将放养于自然中，让游客直接或间接接触，营造和谐美妙的自然景观，满足城市居民接触大自然的需要。

植物生态环境营建时不能简单地就植物论植物，还应考虑到动植物之间相互依赖共生的关系。如河湖边的蟾蜍、蛇类等两栖类小动物，它们多栖居草丛石下或土壤中，夜间外出寻找昆虫、蠕虫及软体动物等。因此，人工河流岸边应种植芦苇、鸢尾等挺水植物，以及菱角、苴草、轮叶黑藻等沉水植物，控制水体营养成分和调节水体酸碱度，增加水体溶氧量，同时为滤食性鲢鳙鱼类提供食物。

动物景观设计方法：方法一，提炼动物相关特征，通过声音模拟、形态抽象、夸张或简化，局部添加景观实用功能，创造出新奇、独特且满足人们需求的环境空间。此时的动物景观设计没有深入考虑动物实际生活需求的环境及食物等生态系统问题。方法二，从景观生态学的角度，为之提供必要的栖息环境。不同动物种类对环境有特定的选择和要求，如中小型哺乳动物的活动范围主要被人为因素阻断，需要为之提供或者预留活动、觅食廊道；鸟类则要为之提供季节性迁徙途中的停息之所，蝶类要为之提供相当面积的缀花草地，营建蜂飞蝶舞的芳香环境；鱼类要根据不同水深，为之提供相应的食物和生存环境。生境栖息地的营建要从较完备的小环境建设开始，逐步串联成一个大型丰富的栖息地环境。

动物生存景观设计的注意点：

① 正确把握作为规划对象的地区、地块的现状。

② 以动物生存作为前提，对现在或者将来的问题点、可能性进行整理，作为规划条件。

③ 明确确定作为规划目标的动物种类、种群或者是自然（生态系统）的质量。

④ 拓展达成目标的必要技术。[①]

### 5.4.2　隐身设施布局与设计

如果野生动物观赏场地特别具有吸引力，需要建设大容量的隐身设施、良好的通道以及设计精良的停车场和厕所设施。

进入观察点的园路应使游人处于下风的隐蔽位置，可以利用地形确保路径设于土埂下面或斜坡后面，也可以利用茂密的植被来遮挡进出园路。屏蔽篱笆最好是作为一个暂时性措施，用于填满任何空隙或覆盖到达隐身设施之前的最后一段距离。用木材幕墙制作的隐身设施，成本不高但实用有效。

隐身设施最好是背向太阳，让野生动物处于顺光位置，方便观察和拍摄照片。为了便于四季观察，隐身设施外形为正方形、长方形或多边形。单坡屋顶的原木结构应采用封闭、简洁的形式，屋顶上铺上草皮、茅草或者树枝。由茂密树林掩盖隐身设施入口，还可以通过木栈道到达该处。隐身设施内设置不同高度的观赏口或观赏孔，方便身材矮小的人们。向外挑出的屋檐为观察孔遮挡了阳光。长椅和供人们架放双筒望远镜或照相机的壁架可以帮助人们逗留更长时间，观察到更多的野生动物。还可以在墙上粘贴展示各种野生动物的识别图谱。隐身设施建筑容量和复杂程度依据景区的环境容量。如果游客接待量大，内部可设置梯形座位，以容纳人数众多的游客团队，如学校聚会或客车旅客。

水栖野生动物如鱼类等采用从上方、侧方观赏的方式。如使用装备了坚固厚实玻璃窗的水下结构，透过玻璃窗看见河流或湖泊的水底风光。伸出河面或湖面的看台，可以观赏

---

① 进士五十八、铃木诚、一场博幸编，李树华、杨秀娟、董建军译：《乡土景观——向乡村学习的城市环境营造》，中国林业出版社 2008 年版，第 105 页，107 页。

洄游鱼类逆着激流奋勇跃进向前的壮观。

### 5.4.3　野生动物区设计

空旷的林间沼泽地：必须考虑空地的边界、形状、面积和管理活动的影响。在形状不规则的区域，处于地形凹隐处的空旷部分看起来比较自然。为了使边界处获得更多的光线或更加开阔方便观看，对树木进行的修枝要剪成不同的水平高度。

林间空地：有通道贯穿的林间空地边缘富有变化，以吸引野生动物和蝴蝶前来。树木边界、不同种类和高度的灌木丛、草本植被和处于周期性修剪的草地可以为蝶类幼虫提供食物，也为蝴蝶成虫提供食用的花蜜。通过改变林中空地宽度、空间形状和方向，构建一个贯穿景观内部通道沿途的线形栖息地。

湿地和池塘：有不同的水位线，不同的曲线形状并在不同区域设计不同的植物。在池塘偏离中心点的位置设置不规则小岛保护水鸟。创建岬湾以扩大不同鸟类的可用领地并增添自然效果。如果构筑了堤坝将水流引入野生动物池塘，堤坝的设计必须尽量和周围的地貌保持和谐，在堤坝中加入泥土使坝面更加融入附近的地形环境。工业化的梯形堤坝在景观上显得非常唐突，人工痕迹重，应改造为外形比较自然的土堤并种上充足的灌木和树木。

废旧的采集砾石坑：可以作为各种野生动物极佳的栖息地，动物在人工挖掘留下的适宜的地形区域可快速聚集。在这些环境中，野生动物观赏可以和环境教育联结起来。[①]

## 5.5　园路、广场设计

### 5.5.1　园路设计

园路设计的主旨是把最佳的观景点按照一定的观赏顺序合理地布置和巧妙地串联起来。[②] 园路不仅是各景点相互联系的纽带和景观游览的脉络，"美化"的最好方法不是用"园艺花卉"去装饰它，而是在确定其位置和设计时，着眼于保护和提供景观，使园路在具有自然特征的风景中穿过。[③]

#### 5.5.1.1　设计影响因素

园路设计着重考虑以下因素：

① 西蒙·贝尔著，陈玉洁译：《户外游憩设计》，中国建筑工业出版社 2011 年版，第 163～166 页。
② 许丽：《中国古典园林园路的意境美体现》，载《现代园林》，2009 年第 7 期，第 33～235 页。
③ J.O. 西蒙兹：《大地景观：环境规划指南》，中国建筑工业出版社 1990 年版，第 28 页。

（1）旅游吸引物因素。包括地质地貌、天象、水文、动植物、人文景观的类型、空间分布特点。所谓环境敏感和脆弱区域，一是珍稀濒危动物、植物区系栖息地；二是植被稀疏、易发生地质灾害（如石海）的分布区域；三是水陆、林农、农牧、林草等生态交错区。为了强化景区环境管理，园路建设、利用过程，应避免给这些区域的地质地貌、动植物造成干扰，或者对景观造成破坏。

（2）旅游设施分布。园路是联接各个景点的纽带，要和附近的各种设施相配合，方便游人使用观景亭（平台）、营地、运动区、观光游乐区、洗手间等设施。现有园路的空间分布、使用频率、通达性也是必须考虑的因素。

（3）游客行为特点。游客性别、年龄、群体规模大小、活动区域不同，对园路的要求也不同，对园路附近的植物、土壤产生的干扰、践踏效果不同，对鸟类、哺乳动物和土壤微生物的影响也不同。景观连接度是对景观空间结构单元相互之间连续性的量度，被认为是测定景观生态过程的一种指标。[①] 当景区内游客不走回头路、景观连接度最大。

（4）园路线型及布局形式。修建园路主要考虑的是游客在行进时能否有良好的感受而不在乎行进的速度。[②] 江南私家园林由于规模较小，故在园路布局设计时可谓独具匠心。"曲径通幽"虽能给审美主体"玩味不尽"之感，但不能满足现代旅游者追求简洁明快的审美情趣，喜欢顺畅便捷的游览方式。[③]

根据两点之间以直线为最短和"最省力法则"，景区面积很大时，切忌主干道、次干道人为地设计成曲线，显得娇柔做作，失去了道路的景观性、实用性。广东中山市歧江公园设计中，彻底抛弃了园无直路、小桥流水和注重园艺及传统的亭台楼阁的传统手法，代之以直线形的便捷步道，遵从两点最近距离，充分提炼和应用工业化的线条和肌理。类似地，沈阳建筑大学校园景观设计中，也采用了便捷的路网体系。用直线道路连接宿舍、食堂、教室和实验室，形成穿越于稻田和绿地及庭院中的便捷的路网。

### 5.5.1.2 设计原则、内容

（1）设计原则。一般道路工程规划、设计和施工等阶段，遵循"回避""最小化""均衡"以及"恢复与补偿"等原则。园路设计要尊重自然、融入自然，有利于野生动、植物的栖息地和活动规律，园路规划、设计和施工应遵循以下原则。

1）回避原则。园路选线应避开地形陡峭地段、水源和易遭破坏的生态敏感区，依自

---

① 邵琪伟：《中国旅游大辞典》，上海辞书出版社 2012 年版，第 207 页。
② 凯文·林奇·海克著，黄富厢、朱琪、吴小亚译：《总体设计》，中国建筑工业出版社 1999 年版，第 358 页。
③ 茅昊、周武忠：《江南古典园林旅游功能缺失研究》，载《旅游学研究》，2007 年第 2 期，第 127～129 页。

然地形或沿景观边缘交错带而建，达到"过景而不穿景"。

2）最小化原则。沿水岸修建连续的滨水路和亲水平台，势必导致水体与陆地的联系被割裂，湿生植物、两栖动物消失，岸边的水禽栖息林也被破坏。在自然排水情况下，沿岸修建园路，失去了林草的阻滞和过滤，水体容易变浑，影响沉水植物的光合作用。[①] 园路选线和施工应使隔断栖息地的影响降至最小程度。

3）均衡化及最适化。将园路两旁空间维护成最适野生动植物生育栖息的环境。如为了使路旁草地成为昆虫及小哺乳动物的生态走廊，降低割草次数。

4）环境补偿原则。传统的道路规划大多从旅游开发利用的角度设计，并没有考虑其生态影响以及对这些生态影响如何予以补偿。[②] 对于因道路建设不得不破坏的生态栖息地，重新就近设置一相同生态条件的新栖息地，以补偿原有的生态功能。

5）景观美学原则。西蒙兹（1990）："一条出色的道路给旅行者带来舒适、乐趣和愉快。"其位置要有利于欣赏风景和该地风景特征，避开对自然背景的阻挡或遮蔽。园路设计应根植于环境，注重用景观学方法加强竖向设计，通过引导人在特定区域行进来控制人在其中的视觉体验。[③]

6）文化为魂原则。如果设计重点仅停留在园路自身，忽略园路产品的核心体验价值——健康休闲的体验和生活方式，园路产品就变成了一具无血无肉的空壳骨架。文化是园路产品的灵魂和肉体，应从挖掘园路相关民俗、交通文化，形成完整、有主题的有机产品。[④]

（2）设计内容。包括园路选线、配套设施设计、道路交叉点设计、环境容量设计、铺装、植物景观等内容；除此之外，园路的解说系统、休憩设施（观景亭、台、点）、安全设施（避险平台）设计，成为园路必不可少的辅助设计。假如没有这些辅助设施，园路上一无所有，行走在这种园路上，游览过程将变得非常沉闷、单调和乏味。

与园路设计原则相对应：

1）园路线形规划。步行道选线定线的方法，一是尽量走平缓地方、山脊线等，利用地形展线，不做大填大挖。避免深沟、悬崖、岩石等地质不良地段；二是考虑排水和防护

① 朱元恩、吕振华:《基于生物多样性的园路规划》，载《长江大学学报（自科版）》，2005年第2卷第11期，第42～46页。
② Forman R TT and Alexander L. E. Roads and their major ecological effects. Annual Rev Ecol System, 1998（29），pp. 207-231.
③ 理查德·L. 奥斯汀著，罗爱军译:《植物景观设计元素》，中国建筑工业出版社2005年版，第70页。
④ 朱忠芳、兰思仁:《基于文化视角的森林公园园路产品设计——以福州国家森林公园为例》，载《福建林业科技》，2011年第38卷第1期，第128～131页。

等因素。<sup>①</sup>园路穿过林地时，应优先考虑经过林分稀疏的地方，避开生态敏感区域，避免占用生境走廊，促进物种迁移，保持生境之间的基因流动。<sup>②</sup>园路只应在某些景点靠近河流，不宜长段沿河流修路。

地形比较平缓、开阔，选用 S 型、C 型线形较好，如果地势陡峭，则多用"之"字型。<sup>③</sup>垂直方向，基于地形起伏，引起园路的高差变化和视线变化，形成动静有序。根据生态化园路设计要求，一般长 0.5～1.5 千米为宜，步行时间 0.5～1.0 小时。

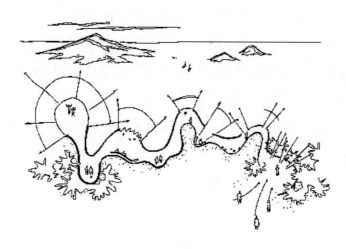

**图 5-19 视景的变化**

注：从右下角入口开始，透过松散的叶丛一瞥，看到狭长的框景，再到较开阔的地段，然后将兴趣逆转，看透景，看衬于视景下的物体，再将兴趣逆转，透过树丛年与视野相对的物体，然后集中精力于洞穴状的幽深之处，最后展现于眼前的是一览无遗的全景。

2）配套设施设计。配套设施设计包括观景设施、给排水设施、照明设施、解说系统、休憩设施等，丰富景区景观效果，起到衬景不夺景，添景不煞景的作用。对于峡谷型、城市周边山岳型景区，设计照明设施有利于扩大景区休憩观赏性、安全性。休憩设施除了为游客提供休息、观赏美景的作用外，还起到延长游客停留时间的作用。应根据游客生理心理特点，每隔一定距离设置一些休憩设施。

3）景观节点。景观节点包括穿越特定空间边界的道路和入口，联系不同高差的台阶和走道、道路交汇点，沿途的停顿信息点和适用于改变园路路线的位置。

4）道路交叉口设计。

①避免多路交叉。这样路况复杂，导向不明。

①③ 李纪友：《森林公园步行道总体设计探讨》，载《林业建设》，2005 年第 3 期，第 18～19 页。
② 朱元恩、吕振华：《基于生物多样性的园路规划》，载《长江大学学报（自科版）》，2005 年第 2 卷第 11 期，第 42～46 页。

② 尽量靠近正交。锐角过小，车辆不易转弯，人行要穿绿地。

③ 主次分明。在宽度、铺装、走向上应有明显区别。

④ 有景色和特点。尤其三叉路口，可形成对景，让人浮光掠影而不忘。

⑤ 园路在山坡时，园路和等高线斜交，来回曲折，增加观赏点和观赏面。人行坡度10%时，要考虑设计台阶。直坡上要避免长段台阶，可以将台阶分为较短的几段，中间插入坡道和平台。

⑥ 安排好残疾人所到范围和用路。

5）环境容量设计。"路是人走出来的"，人多的区域游客密度大，园路的环境容量也要相适应。在目前园路游客密度比较大的区域，满足当前需求比先建路再创造需求更能有效地利用资源。根据景区园路长度、宽度、游客利用率制定合理的环境容量。主次分明，疏密合理，布置有度。

### 5.5.1.3　园路铺装

（1）设计要素。

1）色彩。地面铺装的色彩一般是衬托风景的背景，应稳重而不沉闷，鲜明而不俗气。色彩必须与环境统一，并且为大多数人所接受，或热烈、粗犷，或舒适、自然。如杭州三潭印月的一段路面。以棕色卵石为底色，以橘黄、黑两色卵石镶边，中间用彩色卵石组成花纹，显得色调古朴，光线柔和。一般情况下道路作为背景，没必要使用图解标示和带图案的花砖，使用单色铺装会更好。如果无法决定选择铺装色彩，采用当地的土地颜色总不会错的。[①]

2）质感。铺装材料的表面质感具有强烈的心理诱导作用，不同的质感可以营造出不同的氛围，给人不同的感受。质感的表现必须尽量发挥材料本身所固有的美，如天然石板的原始粗犷、鹅卵石的圆润、青石板的大方等。质感与环境有着密切的联系。地面铺装的好坏不只是看材料的优劣，还取决于它是否与环境相协调，质感的变化要与色彩变化均衡相称。

3）图案纹样。铺装的形态图案，是通过平面构成要素中的点、线、面得以表现的。纹样起着装饰路面的作用，而铺装的纹样因场所的不同又各有变化。一些用砖铺成直线或平行线的路面，可增强地面设计的效果。如正方形、圆形和六边形等规则、对称的图案纹

---

① 吉田慎司著，胡连荣、申畅、郭勇译：《环境色彩规划》，中国建筑工业出版社 2011 年版，第 53 页。

样，会产生宁静的氛围，在铺装休闲区域时使用效果很好。在广场中央，一些砖头、鹅卵石等小而规则的铺装材料铺成同心圆，会产生强烈的视觉效果。

4）场地尺度。路面砌块的大小、砌缝的设计、色彩和质感都与场地的尺度有密切关系。一般大场地的质感可以粗一些，纹样不宜过细；小场地的质感不宜过粗，纹样也可以细一些。大体量的铺装材料铺设在面积小的区域里会显得比实际尺寸大，而在小区域里运用过多的装饰材料也会使该区域显得凌乱不堪。

（2）铺装材料。园路的铺装以功能性为指导，实现功能性、艺术性和生态性的完美结合。铺装材料的选择应分析其以下属性：

1）耐久性和耐磨性。耐久性依赖于铺装路段的使用方式，所处的具体环境和预算等情况。耐磨性是根据路面上的交通量来确定的。

2）安全舒适性。铺装必须平坦且不易打滑。晴天不存在因日光漫射产生的眩光，夜间和雨天时具有良好的步行性和车行性。[1]

3）环境适应性。具有一定的耐热性、耐寒性、耐雪性、抗风化性及色彩的持久性，用于行道时要具备透水性。

4）经济性。根据不同场地的特点，选用初期建设费用低，维护保养费用也相对低廉的铺装材料。

5）易维护性。铺装要将长期的维护修缮作为前提，施工过程要求技术简单、噪音低且施工期短，维护方法要求简单，修补后仍能保持良好的外观。

（3）边沟。边沟是一种设置在地面上用于排放雨水的排水沟，其形式多种多样，所使用的材料一般为混凝土，有时也采用砾石。常见的边沟断面有三角形、矩形、梯形等。三角形沟排水量小，用于土壤渗透性好和岩石堑地段。矩形沟占地少，用于场地狭小，管线密集地段；梯形沟排水量大，适用于建筑密度小及地下管线少的地方。边沟沟算的种类很多，如铸铁、混凝土、不锈钢等。

设计要点：

1）在水流速度小、淹没时间短、气候温和并适合草皮生长的地方，排水明沟可用草皮铺面。砌片石及砖砌排水明沟应设伸缩缝，缝宽30毫米，缝的间距一般30～40毫米，用沥青、麻丝填缝。

---

[1] 眩光：由于视野中的亮度分布或亮度范围的不适宜，或存在极端的对比，以致引起不舒适感觉或降低观察细部或目标的能力的视觉现象。

2）步行道、广场上的边沟沟算，选择细格栅类，以免行人的高跟鞋隐入其中。车道路面上的边沟沟算应采用能承受一定车辆荷载的结构，最好用螺栓固定，以免产生噪音。

3）为了避免轮椅的小轮或拐杖尖头卡在人行道地沟盖的空隙里，其角孔应在 20 毫米以下为宜，边沟沟算的单向间距不应超过 13 毫米，间距较大的隔栅要调整位置，使较长的部分与主要交通成直角。

4）建筑入口处一般采用缝形边沟、集水坑等排水设施，以免破坏人口景观。

（4）园路植物景观设计。植物景观是园路设计的重要内容，重视林缘处小地形的处理，沿林缘营造各种复层混交的群落。采用小群落、大混交，使林分在成林后能恢复天然状态，提高生物多样性和生态系统稳定性。[①]植物配置以乡土植物为主，乔、灌、草及不同冠形、色彩、质地的植物组合协调，体现原始、自然、野趣。

### 5.5.2　广场设计

广场设计应注意以下几个方面：

（1）让人们看到，在功能上便于进入。最好是一面或是两面向公共道路用地开放。越多的人觉得广场是道路红线范围的拓延，他们就越会觉得自己受到了欢迎。因此，通过把广场绿化向人行道延展可以向行人暗示他们已经进入广场中。从人行道向广场的过渡是广场设计的最重要方面之一，因为它能够鼓励或者限制广场的使用。[②]

（2）最受欢迎的公共广场是人们可以坐坐的地方，而不是一个设计优雅和品位高尚的建筑广场上。当一栋新的建筑遮住了公共广场的阳光时，在这里歇脚的人们也并不会减少。

影响户外舒适性的主要因素有气温、阳光、湿度和风。在环境温度满足户外休闲或许多户外区域缺乏阳光的天气下，风的负面影响尤为显著。即使广场并不太冷，过多的风夸大了广场使用者的感受。当衣服和卷发被吹乱、阅读材料被吹走或食物包装需要用手压住时，户外体验的享受就大打折扣了（见表5-4）。[③]

---

① 朱元恩、吕振华：《基于生物多样性的园路规划》，载《长江大学学报（自科版）》，2005 年第 2 卷第 11 期，第 42～46 页。
② 克莱尔·库珀·马库斯、卡罗琳·弗朗西斯著，俞孔坚、孙鹏、王志芳译：《人性场所——城市开放空间导则（第二版）》，中国建筑工业出版社 2001 年版，第 32 页。
③ 克莱尔·库珀·马库斯、卡罗琳·弗朗西斯著，俞孔坚、孙鹏、王志芳译：《人性场所——城市开放空间导则（第二版）》，中国建筑工业出版社 2001 年版，第 30 页。

表 5-4　　　　　　　　　　　　　　　　风对于行人的影响

| 风速 | 行人不舒服的程度 |
| --- | --- |
| 小于 4 英里 / 小时（1.78 米 / 秒） | 没有明显的感受 |
| 4～8 英里（1.78～3.57 米 / 秒） | 脸上感到有风吹过 |
| 8～13 英里（3.57～5.81 米 / 秒） | 风吹动了卷发、撩起了衣服，展开了旗杆上的旗帜 |
| 13～19 英里（5.81～8.49 米 / 秒） | 风扬起了灰尘、干土和纸张，吹乱了卷发 |
| 19～26 英里（8.49～11.62 米 / 秒） | 身体能够感觉到风的力度 |
| 26～34 英里（11.62～15.20 米 / 秒） | 撑伞困难，卷发被吹乱了且行人无法走稳 |

（3）从座椅的"社会舒适感"考量，可自由移动的座椅更为理想。人们可以自由选择在阳光、树荫，或树影斑驳的地方就坐，也许仅仅是将椅子移动一下，也可以等同于和其他人说了点什么；一个刚来的人可能并没有把椅子移动很远，但是，他传递了一个信息。对不起，打扰了，别的地方没有椅子，我会尊重你们的私密性，你们也会尊重我的私密性。[①]

（4）尽可能营造中小型的，具有嬉水、阅读、休息、沐浴阳光等活动的亲水景观。美国设计大师威廉·H. 怀特（William H. Whyte，1917～1999）认为："积极的边缘围合是增强广场场所感的手段，广场边缘具有安全感""开放空间内水体运用的好坏，取决于它能否满足人们的亲水行为，提供高质量的近水边缘。"应结合水底铺装图案、驳岸、小桥、雕塑小品的使用，借助灯光、音乐等手段，增强水景的表现力，使人们在与水的接触活动中获得愉悦的心理感受。如美国芝加哥千禧公园的皇冠喷泉，以其出色的构思和挺拔的外形，加上变幻的画面和强烈的互动性特征，被视为芝加哥新的城市标志之一。当水流喷出时形成互动的高潮，人与景观之间的角色关系完全发生互换，游人随着喷泉的变化充分地享受水带来的乐趣与清凉。[②]

（5）注意人体尺度。我国的一些城市绿化广场尺度巨大，对人有排斥性，应倡导温馨和谐的气氛，多一些情趣，少一些严肃与敬畏。根据所在位置，确定不同的空间环境组合。绿化广场的造景元素不应拘于一种形式，在以草坪和硬铺装占主体的广场，硬铺装吸热，而草坪不能遮挡阳光，不能吸引行人在这里停留或开展文化娱乐活动。[③]

广场竖向规划除满足自身功能要求外，应与相邻道路和建筑物相衔接。广场的最小坡度 0.3%；最大坡度平原地区为 1%，丘陵和山区应为 3%。

284
① 威廉·H. 怀特著，叶齐茂、倪晓晖译：《小城市空间的社会生活》，上海译文出版社 2016 年版，第 36～39 页。
② 方强华：《广场景观形式设计对人活动行为的影响分析》，载《院校风彩》，2014 年第 6 期，第 129～130 页。
③ 唐小敏、徐克艰、方佩岚：《绿化工程》，建筑工业出版社 2008 年版，第 84 页。

**知识链接**

都江堰被称为"天府之源"，城市因有二千多年历史的大型水利工程都江堰而得名。该堰是我国现存的最古老而且依旧在灌溉田畴的世界文化遗产。城之西北古堰雄姿，群山环峙；东南平畴万里，千顷良田。其水由西北向东南汇百川、泽沃野，奔腾呼啸，气势磅礴，形成放射状的水网，奠定了天府之国扇形文化景观的基础格局，是政治、经济和文化发展之所依赖。都江堰正是扇面的起点，水文化广场则为都江堰的扇面核心。

（1）设计目标。水文化广场景观工程建设规模10.7公顷，整个工程以体现水景为主。设计目标是用现代景观设计语言，体现古老、悠远且独具特色的水文化，以及围绕水的治理和利用而产生的石文化、建筑文化和种植文化，使之成为一个既现代又充满文化内涵的、高品位、高水平的城市中心广场，包容文化、休闲与旅游功能。

（2）设计构思来源。因水设堰，因堰兴城，水文化是都江堰的渊源和主要场所特征。因此，都江堰水文化广场的场地精神集中体现在：

1）场地景观：天府之源——自然与文化景观格局。

2）阅读历史：饮水思源——以治水、用水为核心的历史文脉。

场地问题分析：

1）城市主干道横穿广场，将广场一分为二，人车混杂。

2）分水的三个鱼嘴没有充分得到显现。

3）渠道水深湍急，难以亲近，一段渠道被覆盖。

4）广场被水渠分割，四分五裂。

5）局部人满为患，而大部分地带却无人光顾。

6）多处水利设施造型简陋。

7）大部分地区为水泥铺地，缺乏景观特色和生机。

8）周围建筑既无时代气息，也无地方特色。

（3）设计构思：天府之源，投玉入波；鱼嘴竹笼，编织稻香荷肥。在广场之中心地段，设一涡旋型水景，意为"天府之源"。中立石雕编框，内填白色卵石，取古代"投玉入波"以镇水神之象，同时喻古蜀之大石崇拜之要旨。石柱上水花飞溅，其下浪泉翻滚，夜晚彩灯之下，浮光掠金。水波顺扇形水道盘旋而下，扇面上折石凸起，似鱼嘴般将水一分为二、二分为四、四分为八……，细薄水波纹编织成一个流动的网，波光淋漓；意味深远，令人深思；蜿蜒细水顺扇面而下，直达太平步行街，取"遇弯裁角，逢正抽心"之意。

广场的铺装和草地之上是三个没有编制完的、平展开来的"竹笼"。竹篾（草带、水带或石带）之中心线分别指向"天府之源"。中部"竹笼"为草带方格，罩于平静的水体之上，中心为圆台形白色卵石堆。东部"竹笼"则以稻秧（后改为花岗岩）构成方格，罩于白色卵石之上，中置梯形草堆（后改为卵石堆）。西边"竹笼"则是红砂岩方格罩于草地之上。

（4）问题的解决对策。

1）整合场地。针对水渠将广场分割的现状，以向心轴线整合场地。轴线以青石导流，喻灌渠之意，隐枰槎之形。可观、可憩、可滋灌周边草树稻荷。同时在各条水渠之上将水喷射于对岸，夜光中如虹桥渡波（见图5-20）。

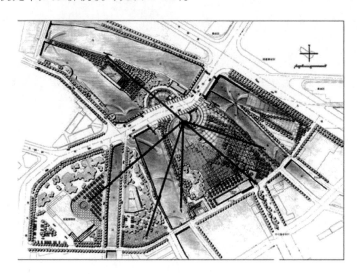

图 5-20　整合场地

2）人车分流。干道处为避免人车混杂，以下沉广场和地道疏导人流。广场北侧半圆形水幕垂帘，南端水流盘旋而下，以扇形水势融于地面并成条石水埠之景。

3）强化鱼嘴。四射的喷泉展现了分水时的气势，突出了鱼嘴处水流的喧哗。水落而成的水幕又使鱼嘴及周围景致若隐若现，独具情趣。

4）分散人流。广场四处皆提供小憩、游玩之地，市民的活动范围将不会再局限于现有的小游园处。

5）增强亲水性。设计后整个广场处处有水，注重亲水性的处理，重点有以下几方面：内江处水车提水，引水流于地面，游人触手可及。广场南部以展开的竹笼之形，阡陌纵横之态，引水注入，市民尽可在其间游玩。蒲阳河上暗渠复现，水薄流缓，人可涉而过之。

6）重塑水闸。利用当地的石材——红砂岩，将闸房建筑进行改造。罩以红砂岩框，上悬藤蔓植物，周围以白卵石铺装，兼悬水帘，将水闸以一种独具特色的建筑融入广场的环境与氛围。

7）创建生态环境。广场上水流穿插、稻香荷肥、绿如茵、树影婆娑，一改以往水泥铺地的呆板，营造出一片绿意与生机，成为都江堰市一处难得的生态绿地，市民身心再生的极佳空间。

8）营造生活情趣。广场的设计因袭当地的市民文化和村落街坊共赏院落格局，注重意境的创造，强调精制的细节。茶肆遍布，处处隐于林中；南端小桥流水，别具情趣；阡陌中或石或水，妙趣横生；疏林草地上，座椅遍布，市民或坐或卧、或读或聊；青石渠，红砂路，水树人融于一体。[①]

从设计作品的物质属性来看，设计者为当地创造出了一个新的景观形态。在这个巨大尺度的公众开放广场中，通过各种不同的"户外房屋"和亚空间，形成序曲/阡陌、楠木园、水景区、盒子、绿与蓝的对比区5个各具特色的区域。空间的多样性和作为场地边界的灌溉的波涛声，是这个广场场所能给人的整体印象。贯穿整个场地的水景观设计，是该作品中最突出的元素，也是广场最与众不同之处。

设计作品的中心是一座30米高的石雕水塔，其意义是唤起当地民间传说和神话中对岷江水神的记忆，并因此形成视觉地标。同时，借用几何形广场的设计，让人回忆起"竹笼"和毛石在都江古堰中的应用。一条竖向轴线，从中心雕塑一直延伸到广场的南边界，它由30米高的主塔、3个较矮的塔和一条线性石廊（导水渡槽）组成，引入了一条蜿蜒的小溪，缠绕在艺术化的导水渡槽的脚下，参观者可以与水亲近互动。

序曲/阡陌："序曲"或称为进入广场的南入口部分，为这个新的广场中随后经历的一系列步行空间和场景的展开设定了一个舞台。就像音乐中的音阶一样，这个公共入口空间起到了引导整体设计中其他空间的作用。这是一个空间的前院，由一些方块状、令人心旷神怡的绿地构成，从某些角度看过去，这块几何形的方格网绿地使人产生比实际拥有更大绿地面积的印象，甚至可以联想到附近的农田。序曲空间尺度并不算大，但它却起到了作为水景区的起点和指向的作用。

楠木园：园内楠木树整齐排列的种植方式，使人联想到附近农田中整齐排列的果树。这个地块的特性也会使人想到所在地域的农业传统。在楠木园中有多个观看河水的角度。沿着楠木园的一侧放眼望去，视觉焦点处的雕塑凸显于场地的中心。楠木园"边界"是由导水渡槽的石质漏墙定义的，漏墙从南边的地平，斜向向北延伸，终结于30米高的石制水塔。

① 俞孔坚、石颖、郭选昌：《设计源于解读地域、历史和生活——都江堰广场》，载《建筑学报》，2005年第9期，第46～49页。

水景区：广场中最重要的景观是坐落在中央位置的水塔，它是一座30米高的规则式雕塑，镂刻的斜向网格肌理，象征都江堰水利工程中用来装卵石的竹笼，或许可抽象地说，好像在回应着从都江古堰传来的水声。雕塑下水池中的红色卵石让人想起岷江中的河卵石。设计之初的一个重要设想是提河渠之水入广场，使人触手可及。为此，五次性从河中提水，从30米高的"竹笼"雕塑跌落，经过有微小的"鱼嘴"构成的坡面，旋转流下，水流经过时编织出一张网纹水膜，滚落浅水池中。池中大小卵石半露出水，如岷江河床上的浅水滩。从水池溢出的水又进入蜿蜒于广场的溪流，一直流到广场的最南端，潜入井院之中。

盒子：盒子是广场东北部桂花林和林下的多个方形的围合空间，它为人们观赏水景、集会活动或即兴表演提供了场所，也为人们游憩休闲提供了理想之地。向前走是用树丛和巨石构成的有趣的小型私密空间，似乎为人们追忆古老的灌溉工程提供了一个场所。

绿与蓝的对比：该区域位于广场西南部，它实际上是隐喻农业和都市生活之间的对比。大面积的绿地被视为农业的象征符号时，它与附近包括露天舞台、金色天幔和更多城市化硬质景观形成强烈对比。城市化部分的区域经常被用作太极拳的场所和其他娱乐形式开展的地方。

广场的设计被地域场所的文化气息和乡土气息所强化，广场与邻近河渠中奔腾的水流、浪涛声和各种设计元素有机地融为一体。水元素的引入和雾喷泉、主雕塑、小溪、下沉式水广场等，构成一部交响乐，讴歌都江古堰的水利盛事。水元素的使用和当地现有的关联背景使这个新的城市公共空间具有强烈的个性（见图5-21）。

**图5-21 都江堰广场平面效果**

### 5.5.3 停车场设计

停车场设计应注意容量、选址、配套设施、道路宽度与坡度、地面铺装等内容。

停车场容量：以最大日游客量为依据。

预订所需车位数 = 游客人次 × 使用该交通工具概率 / （转换率 × 平均乘客人数）

转换率 = 开放时间 / 平均游览时间

选址：选择坡度平坦、排水良好的地方；考虑与主要活动区或地点的步行距离；与附近游憩点、景点及交通旅游路线相互配合；在自然型景区、低密度地区，可设置在接近景点的地方；在人文型景区、高度开发区，应在游憩点入口或邻近处设置停车场；避免选择眺望视野的轴线上，以及自然环境脆弱之处。

配套设施：在停车场周围，应配置入口标志、指示设施、遮荫及隔离植物、照明、垃圾桶等设施；设置电话亭、简易供水、充气设施、消防灭火设施等供紧急使用的设备；收费停车场，应考虑管理站、入口栅门、车位告示牌、取票设备、相关机电设备及管线设施设置；大型停车场应设置厕所、公共电话、小卖店等设施。

坡度：坡度应大于1%，以维持其自然排水，但不宜大于3%；当坡度过大时，采用阶段式停车场，连接各阶段坡道的坡度最大不超过1∶6；身心障碍者专用停车位以内切式设置，侧坡坡度不超过1∶8，其连接步道的无障碍坡道坡度不得超过1∶12。

单车道宽度3.5米以上，双车道宽度5.5米以上。停车位角度超过60°，其前方车道宽度应在5.5米以上。

铺装材料：在不同功能的车道、车位及步道空间内，运用不同形式及材料的铺装，以加强停车场内不同分区的空间感。材料选用应考虑耐候性、耐压性、耐磨性及易维护性，宜选用天然材料（如石材）、回收材料（如碎石、废弃枕木）等为宜。[1]

## 5.6 建筑景观设计

根据边缘效应理论，如果直接在一处美丽的自然风景点上布置一幢永久性建筑物，将会破坏自然景观的价值。因此，建筑物最好选址在景色不太吸引人而在此能观赏景色的边缘地区。这样自然风景点得到保护，而新的建筑物又能使并无特色的边缘地区增色。在一个岛上，可以把营地设在内部地段上，而让海滩保持自然开敞。建筑物也不要布置在一块

---

① 张杰、邢守海、李雷鹏：《森林公园规划设计原理与方法》，东北林业大学出版社2003年版，第149～152页。

草地的中心，而应布置在其边缘区有树木的地方，以便观赏广袤的草地风光。不妨在池塘边上保留一道丛林屏障，以便让建筑内的人通过树丛欣赏水边的景色。也可以将建筑布置在一座小山的山脊上，而不是山顶上，以免损害构成风景的起伏山势。[①]

### 5.6.1　出入口设计

#### 5.6.1.1　设计原则

（1）开敞性原则。真正成功的出入口应精心设计为公园特征的缩影，公园不应对出入口路障的基本和物质的功能有任何的干涉。

（2）环境相融原则。出入口标志性造型（如门廊、门架、门柱、门洞）等应与旅游区整体环境及建筑风格相协调，避免盲目追求豪华感。

（3）体现场所精神。出入口应精细并优雅地折射出这个地区所具有的潜力和魅力，以及它能为公共干道提供的游憩机会。[②]

（4）以人为本原则。一些对公众免费开放的郊野公园、湿地公园，出入口区成为公园内部休闲、游憩功能的延伸部分，广场处设置有照明、座椅、卫生间及其他游憩设施。

（5）系统性原则。出入口中要顺乎自然，注意单体设计的特色，也要照顾总体的风格统一性与协调性，注意处理个体的变化和总体的协调。同一景区内，特别是同一游览线上各景点入口的建筑风格要统一。[③]

#### 5.6.1.2　出入口布局

出入口布局包括出入口选址和出入口数量。出入口选址：首先，要参照景区周边的城市道路规划以及景区总体规划。出入口要便于游人进入景区，朝向城市人流主要来向，采光通风良好，建筑结构紧凑，比例尺度适宜，空间组织合理。[④]其次，要考虑到发生自然灾害或游客量接近环境容量时安全疏导问题，便于采取应急措施从多个出入口对游客进行疏导。最后，从生态学角度考虑，应尽可能降低出入口区域游客喧嚣、交通运输对生物多样性产生的负面影响。

法国马赛市宝海利（Porrely）公园清运垃圾的车必须经过一片树林才能到公园后门100米处的垃圾场入口清运垃圾。以往这片树林中有刺猬、蛇、蚯蚓、线虫和野兔等，由于清运垃圾车从树林穿过时所引起的震动对地下的小动物来说无异于8.5级以上的大地

① 凯文·林奇·海克著，黄富厢、朱琪、吴小亚译：《总体设计》，中国建筑工业出版社1999年版，第357页。
② 艾伯特·H.古德著，吴承照、姚雪艳译：《国家公园游憩设计》，中国建筑工业出版社2003年版，第10页。
③④ 林焰：《滨水园林景观设计》，机械工业出版社2008年版，第137页。

震。它们逐渐离开了这片树林，动物的食物链被切断，而今这片树林除了绿化之外，已经没有了生态意义。为此，公园规划将公园垃圾场的清运口，改到公园后门的入口处。[①]

### 5.6.1.3　设计要素

出入口的平面构成，包括大门、门房、围墙、外广场和内广场等。有些开放型公园只有入口标志、内外广场，无售票房、景窗围墙等。

（1）大门的比例与尺度。适宜合理的大门比例与尺度，有助于刻画景区的景观特点和凸显绿地规模。大门比例和尺度根据景区规模大小，环境、道路及客流向、客流量等因素而定。

出入口主要供人流出入，一般供1～3股人流通行即可，亦可供自行车、小推车出入。单股人流宽度0.60～0.65米；双股人流宽度1.2～1.3米，三股人流宽度1.8～1.9米；自行车推行宽度1.2米左右；小推车推行宽度1.2米左右。单个出入口最小宽度为1.5米（见表5-5）。

表5-5　　　　　　　　　　　　　　公园游人出入口总宽度下限

| 游人人均在园停留时间 | 售票公园（米/万人） | 不售票公园（米/万人） |
| --- | --- | --- |
| >4小时 | 8.3 | 5.0 |
| 1～4小时 | 17.0 | 10.2 |
| <1小时 | 25.0 | 15.0 |

注：《公园设计规范》（CJJ48-92），表中单位"万人"指公园游人容量。

（2）门房的花格、图案。门房的花格、图案的纹样形式，应与大门形象协调统一，相互呼应，并结合公园性质加以考虑。门扇高度一般不低于2米。从防卫功能上看，以竖向条纹为宜，且竖条之间的距离不大于14厘米。

（3）门墩。门墩造型是大门艺术形象的重要内容，有时成为大门的主体形式。自然型公园门墩设计，应充分重视其形式、体量大小、质感等，与大门总体造型相协调统一。

大门的装饰力求简洁。作为路障不要破坏周围的景观质量，也不要与周围的景色"斗艳"。

大门环境空间，主要有大门内外广场两个空间，空间形成的构成要素可以是景观小品、围墙等，也可以是自然物，如林木、花草、山石、水体等（见图5-22）。

内容丰富的售票公园游人出入口外集散场地的铺装面积下限指标以公园游人容量为依

① 安建国、方晓灵：《法国景观设计思想与教育——"景观设计表达"课程实践》，高等教育出版社2013年版，第92页。

据，宜按 500 平方米 / 万人计算（《公园设计规范》（CJJ48-92 ））。

北京　台湖公园西大门

江苏　苏州博物馆

**图 5-22　入口景观**

### 5.6.2　休憩设施设计

#### 5.6.2.1　项目设置

《公园设计规范》（CJJ48-92 ）根据公园陆地面积大小，给出了各种休憩设施"可设""应设"的规定（见表 5-6）。

表 5-6　　　　　　　　　　　　　　公园游憩设施　　　　　　　　　　　　单位：公顷

| 设施项目 | 陆地规模 | | | | | |
|---|---|---|---|---|---|---|
| | <2 | 2～5 | 5～10 | 10～20 | 20～50 | ≥50 |
| 亭或廊 | ○ | ○ | ● | ● | ● | ● |
| 厅、榭、码头 | - | ○ | ○ | ○ | ○ | ○ |
| 棚架 | ○ | ○ | ○ | ○ | ○ | ○ |
| 园椅、园凳 | ● | ● | ● | ● | ● | ● |

注 "○" 表示可设，"●" 表示应设；"-" 表示无。

根据《旅游景区质量等级的划分与评定》（GB/T 17775—2003），AAAAA 级景区游客公共休息设施布局合理，数量充足，设计精美，特色突出，有艺术感和文化气息。AAAA 级景区游客公共休息设施，布局合理，数量充足，设计精美，有特色，有艺术感。

#### 5.6.2.2　观景台

为了使很多人更好、更安全地看到令人兴奋的景象，可以在悬崖上或陡坡上从实地向外延伸，修建悬臂式结构的观景台，通常底下有支撑件作为额外支持。[1]

---

① 西蒙・贝尔著，陈玉吉译：《户外游憩设计（原著第二版）》，中国建筑工业出版社 2011 年版，第 141 ～ 142 页。

（1）选址原则。

1）典型性原则。选址应注重体现灵活的布设原则，满足观景需要，尽量不设置观赏景观雷同的观景区；交通组织要合理，充分考虑管理和交通安全需要。

2）简洁性原则。尽量以自然、朴实、维护费用低的设计为主，不宜搞大规模的土方工程，对于场地内能保留的自然地形和植被应尽量保留，不能因为设置观景台而造成对周围环境的破坏。①

3）自然性原则。充分体现"保护自然、融入自然、享受自然、回归自然"的原则，采取一切必要技术措施，在满足游客观赏活动的同时尽可能地减少因人的活动给自然生态环境尤其是野生动物的生活带来不利的影响。

（2）设计内容。包括停车设施、观景设施、休息设施、安全防护设施、信息系统和绿化工程等。观景台既要考虑满足人们观景的要求，同时也应考虑其自身也是被观赏的"景观"的特性。观景台造型设计应具有新颖性、简洁性、生态性、地方性特点。

（3）可视域分析。利用 ArcGIS 三维分析模块的视域分析功能，生成景区重要节点视域分析图，得到真实的视觉感受，在此基础上，进行观景台、道路规划。具体内容参照 4.4.1.3。

（4）案例分析——徐州云龙风景区三节山观景台。作为观景台，应该放在一个制高点上，徐州城四周环山，制高点很多，但整个城区的布局是：城北、东、西均为工业、农业区占主导地位，而南部为风景游览区，其中制高点三节山顶处在城区边沿。

规划选址：三节山筑台，向北可望整个城区，向东可望黄河故道，黄河绿化带，津浦、陇海两条铁路干线以及著名的淮海战役烈士纪念塔，向西可眺云龙湖秀丽景色，整个云龙湖风景区都会映入眼帘，向南一片绿林，群山都像被一层绿色毛毯覆盖着。所以，三节山山顶是观景台设置的最佳选择。

设计构思：因观景台构筑在山顶，根据山势和轮廓线，海拔高度，以及周围环境，确定建筑物的体量（一层大平台 31.8 米 ×27 米，二层台子 19 米 ×22 米，亭高 11.25 米）。从视角上看，整个台子不能全暴露，只能看到部分栏杆和标志性的亭子，引导人们逐步了解全貌。建筑本身是台，就以台为主，重点突出台。采用仿古建筑形式，既融于周围环境，又能达到稳重、宏观、粗旷、古朴大方的建筑风格。建筑材料以花岗岩为基调。

① 杨帆，孟强：《公路观景台及设计技术初探》，载《公路交通科技》，2009 年第 11 期，第 193～195 页。

平面布局：以南北中轴线对称布局，面对市区的北入口为主要入口，观景台设置在大平台上偏南方向，留出约300平方米范围作为游人在登上观景台之前休息的缓冲空间。因观景效果以向北、西、东为最佳，所以将重檐六角亭设置在观景台偏南方位，作为景观吸引人们向南观看时的视线，使得向四面八方观景均有不同感受，不同特色的景观效果。观景台踏步设在中轴线上，通过休息平台向二侧拾级而上，从北立面看效果极佳，踏步的横线条衬托着台子显得更加雄伟，高大，气势磅礴。另外，为解决人们在游览时的需要，利用观景台下的空间设置了小卖部，茶座，接待室，厕所等服务设施（见图5-23）。[①]

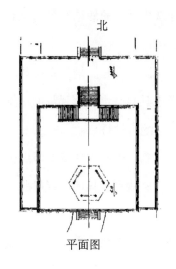
平面图

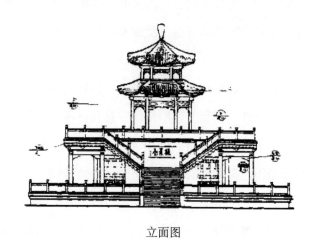
立面图

图 5-23  观景台平面图、立面图

### 5.6.3  游憩设施设计

游憩设施空间布局应符合以下原则：有一定的用地规模，既接近游览对象又有可靠的隔离，符合风景保护的规定，严禁将设施布置在有碍景观和影响环境质量的地段；具备相应的水、电、能源、环保、抗灾等基础工程条件，靠近交通便捷的地段，依托现有游览设施及城镇设施；避开有自然灾害和不利于建设的地段；相对集中与适当分散相结合，方便游人，利于发挥设施效益，便于经营管理与减少干扰。

#### 5.6.3.1  游客中心

（1）布局。游客中心是整个景区的信息集散地，应尽可能考虑景区规划要求、景区规模、游人的可达性、解说效果。张立明等（2006）认为，游客中心布局应与其作用、设计

---

① 徐锡玖：《观景台设计构思》，载《古建园林技术》，1998年第1期，第50～51页。

风格相结合，使之有利于景区良好发展。[①]美国国家公园主管们认为游客中心应设置在公园入口，或游览服务比较集中的区域，或邻近被解说资源最有效率。Edward Inskeep 认为也可布局在游客进入公园后需要指路服务的第一停留处，或者公园的终点。[②]

根据游客中心规模、地势、用地情况，布局模式有集中型、星座型（或散点型）两种。峨眉山风景区山势挺拔，山上可用场地稀少，而报国寺位于低山区，地势较平缓，用地条件较好，故游客中心布局采用了集中型，布局在报国寺景区。九寨沟风景区自沟口至沟里分为五个风景区，漳扎镇处于沟口位置，是九寨沟风景区的门户，诺日朗位于树正沟及其支沟交汇处，是风景区的一个重要节点，因此游客中心布局采用了星座型，漳扎镇设游人、管理、客运中心，诺日朗设次级游客中心。道路网呈放射环形的景区，游客中心可布置在中心的服务区域，加强游客中心与各景点之间的交通联系。

（2）选址。游客中心选址既要符合景区规划的要求，也要视旅游景区规模和游客量而定，尽量保留原来的地形、地貌及生态。[③]选址过程应考虑：自然条件、基础工程条件、游客容量，交通便捷，依托现有服务设施及城镇设施，避开自然灾害地段，同时将建设过程对地形、环境的影响降到最低。美国国家公园"66"计划中，一些历史公园、战争纪念地等景区游客中心经常建在核心地带，出发点是以资源的轻度破坏换取最理想的解说效果。这种情况现在有所改变，如宾夕法尼亚州盖底斯堡国家军事公园游客中心新址，没有建在1863年美国内战决定性战役的地点，而是选在离旧址1.6千米的地方，建筑外观像新世纪的农庄。台湾玉山国家公园塔塔加游客中心位于向南的箭竹坡坡地，建筑师将庞大的空间体量以较小的体量群连接，以减少对景观的冲击及增加亲切感；建筑物尽量沿等高线展开，增加朝南的面积，以突出的阳台及暖房方便游客观赏山景。[④]

（3）建筑面积、设施组成。

1）建筑面积。由于景区游客规模是不断变化的，因此游客中心的建设需要也是不断变化的，游客中心规模要与规划级别相适应。级别越低，规模越小，功能越简单明确。据《旅游景区游客中心设置与服务规范》（LB/T011-2011），大型游客中心建筑面积应大于150平方米，中型游客中心建筑面积不应少于100平方米，小型游客中心建筑面积不应少

① 张立明、胡道华：《旅游景区解说系统》，中国旅游出版社2006年版，第75～85页。
② Edward Inskeep 著，张凌云译：《旅游规划———一种综合性的可持续的开发方法》，旅游教育出版社2004年版，第256～257页。
③ 况烨：《江西省山岳型风景名胜区游客接待中心设计方法初探》，南昌大学硕士论文，2007年，第34～37页。
④ 陈玮：《台湾现代建筑创作中的地域主义趋向》，载《重庆建筑大学学报》，2000年第22卷第5期，第32～35页。

于 60 平方米。约翰·A. 维佛卡（2008）认为，游客中心预期的单次人数（PAOT）=DL/（H×TR）其中，DL 为游客中心一个平均高峰季节的周末或假期设计承载量；H 为运营的小时数；TR 为周转率。[①]

2）设施组成。游客中心服务设施数量、质量、性能对游客中心能否发挥效用有着极其重要的作用。游客中心的设施应与旅游景区的主题相适应。对应于游客中心的展示功能，主要设施有全景沙盘、大型导游图、各种解说标牌／实物；对应于服务功能，主要设施有咨询接待、邮电通信、银行、医疗救助、休息、娱乐、购物、住宿、票务等；对应于管理功能，有办公室、会议室、库房、电脑机房等。不同规划级别、功能、规模的游客中心内部设施配置要求有所不同。

### 5.6.3.2 营地

（1）布局、选址。营地布局应尽可能考虑游人可达性、私密性、周边开发的特征，以便营员对营地内部、周边的接待设施加以充分利用。但新球等（2005）在森林公园野营区规划中认为，帐篷营地距公园中心服务区的距离应不超过 1 500 米，以 500 米左右为宜；木屋营地距最近的固定旅馆或服务中心不超过 2 000 米，否则应配备完善的娱乐、购物等设施。[②]

（2）营地规模、营盘面积。营地规模可用营地面积大小、营盘数、可容纳营员数量及人均营地面积来表示。营盘面积 = 营员人均所需面积 × 每个营盘设计容量。

宿营单元（Camping unit）简称"营盘""营位"，为营员提供住宿而设计的一块地方，由宿营设施、缓冲带两部分组成。通常家庭式营地每个营盘设计容量 3 ～ 4 人，最多 8 人。根据营地的集中程度，美国的中央营地每个营盘面积 300 平方米，森林营地营盘面积 800 ～ 1 000 平方米，远远大于法国（最小面积 90 平方米）、德国（120 ～ 150 平方米）、荷兰（150 平方米）、日本（100 平方米）单个营盘面积。

（3）营地设施。营地设施应与营地功能、主题和周边环境相协调。单一功能型营地设施包括供水、排水设施、卫生设施、解说系统等。综合功能型营地设施包括供水、排水设施、卫生设施、娱乐设施、管理建筑、解说系统、园路等。其中，饮水器应尽可能利用临近的建筑物，将其视为临近建筑的附属部分，在注重特色的同时，设计符合儿童使用的附加设施（如台阶）。卫生设施包括洗濯池、垃圾桶、个人洗浴设施、厕所等。管理建筑包

① 约翰·A. 维佛卡著，郭毓洁、吴必虎、于萍译：《旅游解说总体规划》，中国旅游出版社 2008 年版，第 62 页。
② 但新球、喻甦：《森林公园野营区的规划探讨》，载《中南林业调查规划》，2005 年第 24 卷第 2 期，第 24 ～ 26 页。

括营地管理中心、管理员室或住房、旅行车修理站等。服务设施包括贵重物品保管处、商店与供应站，娱乐设施包括室内或室外的游乐场或运动设施，如森林剧场、艺术中心或简易活动设施。

为了避免中断天然的排水模式。有些道路被建在上面铺着滤布并覆以砂砾和沥青的渗水路上。水分可以渗透到路面底下，而无须汇入水沟并利用路面下的管道排出。[①]

（4）营地环境容量。营地环境容量是指不影响宿营者体验的情况下，所能承载的宿营者最大数量，它不仅取决于营地空间容量、水资源供给能力、土地承受力，还取决于营地设施、植被的耐践踏能力影响。营地空间容量受到营地开放面积、每个营盘面积、营地开放时间、宿营者每次使用营盘时间等诸多因素影响。营地开放时间受季节影响较大，我国北方地区，夏、秋昼长夜短，日照时间长，室外温度高，室外活动时间长；冬、春昼短夜长，日照时间短，室外气温低，不适于露营。营地设施容量取决于营地供水、供电能力。在绝大多数营地，供水能力是制约营地接待能力扩大的重要因素。

（5）营地植被设计。公园营地选址的条件之一是具有优美的自然或人文景观。营地内树种组成结构单一，不利于形成林分的季相变化；林分郁闭度过疏或过密，投射到营地的阳光过强或不足，也不利于营员露营。但新球等（2005）认为森林野营区帐篷、木屋营区应选择郁闭度 0.2～0.3、0.3～0.4 的稀疏林分，吊床营区应选择郁闭度 0.7～0.8 的阔叶纯林和落叶针叶混交林。草地或游憩性草坪是日间营地比较理想的选址场所，草地分布于森林环境中，不需要人工修剪。游憩性草坪允许游人在此游戏、休息、散步及其他户外活动，草坪植物一般要求叶片细、韧性强、绿色期长、较耐践踏。营地超负荷接待营员会给营地、植被带来负面影响。

### 5.6.4　卫生设施设计

（1）设计原则。

1）生态环保原则。通过先进的节水设备和环保处理技术，减少单次用水量。洗手池的水全部不对外排放，而是经管道收集至污水过滤设备处理，然后用于厕所内循环冲洗及植物灌溉，物尽其用。无水冲厕所的设计能让每个小便器每年节省约 151 吨清水。单纯的尿液经过简单的处理，实现循环利用，而粪便则需要进一步处理。

2）与周边景观相融原则。注重自身景观与景区相互融合，按照园区内的景观风格进

---

① 西蒙·贝尔著，陈玉吉译：《户外游憩设计（原著第二版）》，中国建筑工业出版社 2011 年版，第 186 页。

行个性化的设计，使景区内的旅游厕所也成为一种景观。

3）凸显地域文化原则。根据景区的风格和定位，对厕所进行个性化的包装。

4）以人为本原则。合理设置厕位比例，男、女蹲（坐）位设置比例以1∶1或2∶3为宜。增设"第三卫生间"，方便残疾人和儿童。婴儿换片室里设置一个平台，方便家长为孩子换尿片。母婴亲子洗手间里设计马桶、"婴儿换片"整理架和婴儿小座椅等设施。儿童厕所、亲子厕所内按照小朋友的性别分成男女两个，除了便池的高低可进行调整外，洗手池、镜子等的安装也考虑到孩子的身高和喜好。

（2）选址。配合该旅游区的格调、地形的基本特点。不同旅游区厕所的外观应具有个性和特色，在满足人们生理需求的同时，对环境无干扰，给人一种愉悦的感觉。公厕应醒目，建筑造型与景观环境相协调。

（3）布局。厕所的设计及其选址、布局的合理性，体现设计者对人的关怀和服务的理念。

选择厕所修建位置要明显、易找，便于粪便排入排水系统或便于机械抽运。不论规模大小，均应本着男、女厕分别设置的原则。若男、女在动线系统上有秩序关系时，以男使用者不经过女厕为宜。使用频繁的厕所，为避免外围通道过于拥挤，宜考虑男、女厕通道分别设置，进入男、女厕所的道路可设在建筑物的两端。

（4）设计要求。

1）用地范围。距公厕外墙皮3米以内的空地一般为公共厕所用地范围。在这个用地范围内，可提供其他附属设施，例如垃圾桶、座椅、照明设施等。

2）面材、质感和颜色应反映特色及特殊风格，材料应坚固耐用，以易于管理与维护为原则。[①]公厕表面可用木质板条或石质贴面（如蟹岛度假村、北京国际花卉港），营造出近自然的装饰效果。

3）照明。应在高处设置窗户或天窗，高处窗户可以设置在斜屋顶的山墙末端或沿着单坡结构较高的墙面安装。天窗从室内可开至屋椽处或使用板条顶棚，令自然光线进入下部空间。为保护如厕者的个人隐私，厕所窗户应开设在高出视线的地方，否则，应选用磨砂玻璃。另外，也可在窗外增设小格子纱窗。如果公厕设置在寒冷地区，在冰冻期又无供暖设施时，必须提供保证水管和附属设施完全疏通的防冻装置。

4）辅助设施。厕所前方的空地两侧最好设置一些休闲座椅，以便一些不上卫生间的

① 邓涛：《旅游区景观设计原理》，中国建筑工业出版社2007年版，第271～277页。

游客在此休息，等候那些需要上卫生间的人。在一些大型广场，为了避免卫生间占用绿地，影响视觉景观，卫生间可以隐藏在人造假山的山洞里（如深圳市中华民俗园、中山公园）或者藏匿于大草坪之下，入口处设置醒目的标识（如大连市星海广场）。

5）男女厕位比例。长期以来，中国男女厕间数量都是按照 1 比 1 的比例配备，这样的厕所性别设施比容易出现女性如厕排队难的问题。2015 年 5 月，国家旅游局发布的《旅游厕所建设管理指南》，未来北京升级改造的旅游厕所将在男女厕位比例上达到 2 ∶ 3。除厕位改革外，解决厕所排除难的方法，一是建造无性别公厕，二是利用大数据技术，采用"互联网＋"技术，使系统能精确计算如厕人员数量，并根据等候情况，智能转换男女厕位，实现卫生间的高效利用。

# 5.7　景观小品设计

景观小品的设计应形式服务于功能。同一景区的景观小品基于同一景区主题，设计成果应具有相似性，又具有差异性。

景观小品设计原则：生态设计原则；环保、低碳原则；主题性与文化性原则；独特性原则；人性化原则。在一些公园中，景观小品（如亭子、标识、休闲座椅、栏杆等）只存在地理分布空间上的区别，在外观造型、材料上均完全相同，根本起不到地标的识别作用。

## 5.7.1　雕塑设计

### 5.7.1.1　设置环境

雕塑作品需融于环境之中，又要考虑如何从复杂的环境中分离出来，便于人们的欣赏。在一般情况下，雕塑的位置一旦确定，便几乎永远伫立在原来的地方，所以要求设计者与施工者必须根据特定位置的特定条件全盘加以考虑，在有了全面成熟的方案后，才能施工建造。[①] 在雕塑创作中，应根据环境条件选择适宜的雕塑题材与表现形式，以达到相互衬托、相辅相成的效果，增强雕塑的感染力。

### 5.7.1.2　雕塑布局

雕塑可布局于规则式的广场、花坛、林阴处，也可点缀在自然式的山坡、草坪、池畔或水中。其主题和形象应与环境相协调，与所在的空间大小有恰当的比例，并考虑自身的

---

① 杨子奇：《谈景观设计的构成要素——雕塑》，载《艺术教育》，2009 年第 11 期，第 125 页。

朝向、色彩及同背景的关系，做到与周围环境互为衬托，相得益彰。[①] 景观雕塑构建位置要得体，并有良好的观赏条件；注意雕塑与相关景物的相互衬托和补充，使之相互协调，气韵相连。

雕塑的平面布局形式分为规则式和自由式（见图5-24）。

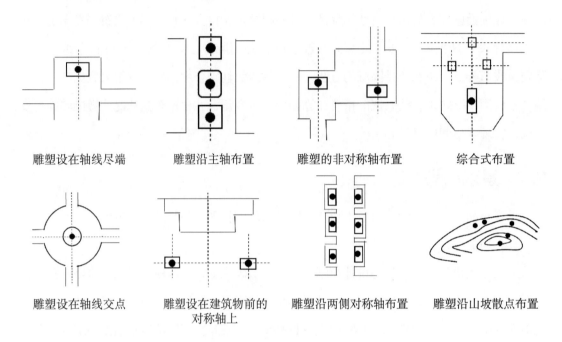

| 雕塑设在轴线尽端 | 雕塑沿主轴布置 | 雕塑的非对称轴布置 | 综合式布置 |

| 雕塑设在轴线交点 | 雕塑设在建筑物前的对称轴上 | 雕塑沿两侧对称轴布置 | 雕塑沿山坡散点布置 |

**图 5-24　雕塑的平面布置形式**

### 5.7.1.3　设计要素

雕塑造型、轮廓、主题思想应与环境相符，不相排斥；雕塑的质感、色彩及细部加工应考虑在不同光线下的视觉效果。

（1）视距。由视距与景物高度的关系可知（见图3-52），当距离 L<H 时，只能看到雕塑的局部；当距离 L=H 时，可观察雕塑的细部；当 L=2H～3H 时，是最适合的观赏距离；当 L>3H 时，雕塑主体突出，周边的环境也突出，无主次之分。

（2）视角。视角分为垂直、水平视角两种。最佳的垂直视角为 18°～27°，当垂直视角大于 45° 时，只能观赏细部；水平视角 54° 时，能集中有效地观赏雕塑，而有效观赏到周围环境的水平视角不宜大于 85°。

（3）体量。空间过于拥挤或过于空旷，都会影响其艺术效果。对雕塑的上下、前后应做修正和调整。

① 　邵琪伟：《中国旅游大辞典》，上海辞书出版社 2012 年版，第 671 页。

（4）基座。雕塑造型应烘托主体，并渲染气氛，使雕塑的表现力与基座的体量相得益彰，不能喧宾夺主。

（5）色彩。雕塑的色彩与主体形象有关，也与环境及背景的色彩密切关系。如白色的雕塑与浓绿色的植物形成鲜明的对比，而古绿色的雕塑与蓝天、碧水互成美好的衬托。

一般雕塑可以不要基座，直接放在土坡上或草地上。纪念性雕塑加基座，基座与雕塑的比例见表5-7。

**表 5-7** 　　　　　　　　　　　　　　　　　　　雕塑与基座比例

| 雕塑体 | 雕塑高：基座高度 | 雕塑宽：基座宽度 | 雕塑体 | 雕塑高：基座高度 | 雕塑宽：基座宽度 |
|---|---|---|---|---|---|
| 立像 | 3：2 | 1：1～1：2 | 坐像 | 1：1～2 | 1：1～1.5 |
| 群立像 | 5：1 | 1：1.5 | 胸像 | 1：2 | 1：1～1.2 |

资料来源：唐学山、李雄、曹礼昆：《园林设计》，北京：中国林业出版社，1997年版，第186页。

## 5.7.2 标识牌设计

很多博物馆和设计中心都有一个共同特点：展品和指示牌很漂亮，但是其中的解说却让人看不懂，个中原因可能是这类地方常被认为是艺术的殿堂，人们参观的目的是为了欣赏，而并非学到什么知识。在圣迭戈市的科学博物馆，游客似乎对展品很感兴趣，但通常弄不明白展品的内涵，指示牌上的长篇大论令人费解。维多利亚和阿尔伯特博物馆举办的"自然设计"展览，展品的摆设也别具特色，给人以深刻的印象，但游客却弄不明白哪一个指示牌是哪一件展品的，也看不懂指示牌上的文字。因为设计人员和博物馆的工作人员对展品太熟悉了，他们很难设想前来参观的游客会遇到什么样的问题，产生什么样的误解，以及可能做出什么样的错误操作。博物馆展示设计过程中，设计人员要切记博物馆的主要目的是为了让游客通过了解展示品而获取知识，而不要让成本、耐用性或美观等因素破坏这一点。[①]

### 5.7.2.1 指导理论、设计原则

（1）指导理论。国内外对于旅游标识系统基础理论的研究比较少。旅游标识的规划与设计应以人本主义为原则，应用社会学、心理学、经济学、人体工效学、材料科学、环境科学、地理学、视觉传达设计等相关学科领域的基本原理，构建解说对象与游客之间的桥梁。

（2）设计原则。旅游标识设计应遵循规范性、连续性、可读性、人性化和环境美学（生态美学）、地方特色、参与性等原则。即景区标识应设置在游客容易发现、方便使用的

① 唐纳德·A.诺曼著，梅琼译：《设计心理学》，中信出版社2003年版，第157～162页。

地方，如有多处适合的地点，应选择最需要解说、最能吸引游客的地点。

赵云川等（2004）认为，应从历史和传统因素、地域风貌和文化特点、使用者的认同程度、视觉效果及制作工艺、国际规范等方面切入标识的设计。[①]北京什刹海景区的标识，提取了北方四合院的传统元素，在此基础上，设计了全景图、景点解说标识和导向标识（见图5-25）。

图 5-25　北京什刹海景区标识

### 5.7.2.2　设计要素

（1）标识的体量、形状、视角。旅游标识应能让游客清晰看见为首要条件，应避免使用形状较大的解说牌示，以免被误认为是广告牌。旅游标识大小一般在 A₃（297 毫米

① 赵云川、陈望、孙恺、于清渊：《公共环境标识设计》，中国纺织出版社2004年版，第50～99页。

×420毫米）至 $A_0$（841毫米×1 189毫米）之间，长方形的长宽比为 5 ∶ 3 或 5 ∶ 4，最常使用的解说标牌形状为 900 毫米 × 600 毫米。①

旅游景区通常所见的标识形状多为圆形、方形、矩形、三角形。圆形是最完美和永恒的图形，常与东方文化的哲学思想密切联系，比较容易吸引人的视觉注意；正方形具有近似圆形的性质，中心明确，四个角不太引人注意，具有理性与端庄的性格，常给人以现代的联想；矩形和正方形相比，具有一定的方向性，显得比较活泼生动；三角形尤其是正三角形，是最稳固的图形，显得特别的慎重。应根据环境和区域的不同，选择最为简洁、单纯的造型。②

景区标识的视角主要有平视、仰视、俯视和鸟瞰四种。平视给人便捷、规则、有序的感觉。仰视给人稳定、雄伟、高大的感觉，具有较强的震撼力和标志性。俯视时标识给人一种随意、亲切的感受。平视视距是标识高度的 1.5 ～ 2.0 倍时，旅游者容易看清标识内容，把握标识全貌。由此可见，平视设计时要注意留有足够的视距空间。

（2）标识文本特性、文本编排。

①文本特性。字体设计应有利于文字的阅读、富于独特的个性、体现文字的审美特征。景区标识常用的字体有新宋体、黑体、行书、楷书等。公众对部分字体具有某些心理联想，例如：黑体，庄重、典雅；行书，潇洒、飘逸。

改变字体大小（字号）是增加空间感的很好方法。字号的种类可增加可读性，但绝不可超过三种。一般小号字体使标识版式细致严谨，大字号字更具有冲击力和前卫感。标识中文字高度（H）一般为牌面宽度的 0.024 倍，解说的文字横写一行应占 5/3H，字间距 7/6H。③

字距，是平衡视觉的方法，包括字间距与行间距。字间距小，具强烈的视觉冲击力和急促感；字间距大，感觉疏明、清新，具现代感。成段的文本字间距小于行间距，便于人们的阅读，字间距过大会中断人们观看时视线的连贯性，适当的行间距会形成一条明显的水平空白带，引导阅读者的目光延续至下一行文字。为了加强装饰效果，可以有意识地增加或缩小行间距，体现独特的审美意趣，但行间距过大或过小也会使人观看时产生视觉障碍。

②文本编排。标题，是标识中要传达内容的概括性文字，一个标识一般只有一个标

① 钟永德、罗芬：《旅游解说牌示规划设计方法与技术探讨》，载《中南林学院学报》，2006 年第 26 卷第 1 期，第 95 ～ 99 页。
② 张西利：《城市标识系统规划设计》，中国建筑工业出版社 2006 年版，第 138 ～ 152 页。
③ 王维正、胡春姿、刘俊昌：《国家公园》，中国林业出版社 2000 年版，第 104 ～ 119 页。

题，少数标识有一个"正标题"及若干个"副标题"，正标题一般 6 ～ 8 字，次标题字数不超过 25 字。标题应简明扼要，以便游客看完标题后能迅速抓住解说的核心内容。正标题位置比较灵活，字体可采用多种文字结合的方式，字间距和正文有所不同，与正文之间的行间距要大于正文的行间距。副标题字间距要考虑与正文、标题之间的关系。

正文，是传达标识详细内容的部分，根据人的视觉流程，正文的排列方式有两端对齐、居中、左对齐、右对齐。完善的铭文应来自 90% 的思考和 10% 的写作技巧。"填满文字与图形的版面往往是人产生厌倦感的主要原因，有些人会因此而对信息来源产生排斥心理"，文字应尽可能简短，能够用一个字说明的就尽量用一个字，以约定俗成的为主，不要依着个性去随意增加。文字总字数宜控制在 150 ～ 200 字，每行约 20 ～ 25 字，多使用短句，每句字数为 10 ～ 15 字，最小字号为 24 磅。

文字颜色，应考虑和标识颜色、功能及所处环境相对应。文字颜色与底色有较大反差时，才能反衬出文字的颜色，两者之间最好为互补色，如红与绿，橙与蓝，黄与紫等。道观、佛寺、古庙的门匾常以黄色字体书写（背景为黑色或棕色），危险警告的标识常用醒目的红色，海岸地区标识常用蓝色。深底白字比白底深字的扩张性强，传达信息的速度更快。利用光线照明时，明度和饱和度高的颜色反光或透光性强。

③ 文本布局。为了提高标识文字的可读性与识别性，文字的排列应当符合旅游者视觉流程的一般规律，人类在观察和阅读时的普遍视觉线路是从左到右，自上而下，先看图形再看文字。左上方是视觉停留的重要区域，较之其他区域更易被人捕捉。

（3）标识颜色及图件设计。标识的颜色既不要过于绚丽带来不适感，也不要用色过多看起来过于复杂，同时还要考虑所在位置的气候、地理、民族、文化等因素。为使旅游标识外表更加漂亮、更吸引游客，应考虑颜色的冷暖感、强弱感、轻重感、远近感（进退感）对于旅游者的影响。

标识上的图件包括照片和图标两种。标识中的照片是与旅游景区相关的自然景观、人文景观的特色照片。图标是一些公共标志，如安全标志，风景名胜区标志、旅游设施与服务符号等。图件大小、数量和位置要根据表达主题与所处环境来决定。

### 5.7.2.3 标识布局、制作及安装

（1）标识布局。标识的系统设计应考虑标识的选址、安装高度、标识数量等因素。

"一个显得既不隐蔽又不突兀的标识能够很好地引人注目"，标识的布局应具有空间秩序感，遵循系统性、可视性、合理性、安全性、环境统一性、视觉效应有效性等原则。费

门·提尔顿（2007）指出，标识"不要过多"，以免成为"最后的轻轻一击"。艾伯特·H.古德（2003）认为，太多的标识会遭到希望大自然井井有条的旅游者反对，而标识不足，也会惹恼那些没有时间又不喜欢一路找寻的人。[①]

（2）标识的制作材料。标识制作材料包括天然、人工两种类型，不同的环境对标识的要求不同，标识材料的选择应视环境和材料的加工性能、耐候性能、抗破坏性能而定。现代气息浓厚的主题公园或设施、建筑物旁边，标识材料宜选人工材料；古色古香的园林，则宜选用天然材料。

（3）标识的安装。标识设置方式分为装嵌式、悬挑式、悬挂式、基座式、落地式五种类型，无论采用哪种方式设置，都应牢固、可靠、安全、方便使用和管理。标识设立的地点及高度要让游客清楚看见，应注意稳定与平衡，一般安装在离地面45～60厘米高度的位置；室内墙面的展示，以下端距地面95厘米、上端在视平线上方27º以内为宜。为提高标识夜间的信息传达，可选择投光灯、灯箱、霓虹灯三种照明方式，注意避免眩光的产生。

### 5.7.3　休闲座椅设计

#### 5.7.3.1　设计原则

（1）座椅设置。座椅设置应有利于行人接近，尽量形成相对安静的角落，为游人提供休息和观赏。观赏对象可以是景物也可以是广场上活动的人群。座椅（具）通常设置在园舍，凉棚、露台边、通道旁、水岸边、墙角、草地、树下、纪念碑或雕像脚处。应避免设立于阴湿地、陡坡地、强风吹袭的地方。

（2）设计原则。

连续性原则。根据游客活动区域及其行为特点，合理规划各区域的座椅数量。

生态性原则。路边座椅外观应融入周围环境。当沿着小路布置休息场所时，可在合理范围内对自然物体或自然形态加以利用。岩石的突出部分、大石头或倒下的圆木等，只需稍加改动，就可以在不介入外来元素的情况下生成路边座椅。

舒适性原则。基于人体工程学原理，从安全、舒适的角度设计座椅的形式和空间布局。考虑到气候条件，在一些地点为简单的路边座椅增加一个顶棚。

综合性原则。尽可能将旅游标识与路边座椅结合在一起。

① 艾伯特·H.古德著，吴承照、姚雪艳译：《国家公园游憩设计》，中国建筑工业出版社2003年版，第169～184页。

台阶是辅助座椅的类型之一，如果高度合适的话，这类空间恰恰为聚会提供了绝佳的场所——尤其是台阶的拐角处。

### 5.7.3.2 设计内容

（1）单个座椅设计。座椅之间的间距 250 米左右。在主要的节点根据场地的环境容量计算座椅的数量。在最佳使用的广场上，座椅空间的面积大约占整个开放空间面积的 6% ～ 10%。[1]

1）功能性设计。普通座面高 38~40 厘米；座面宽 40~45 厘米；标准长度：单人椅 60 厘米左右，双人椅 120 厘米左右，三人椅 180 厘米左右；靠背座椅的靠背倾角 100°~110° 为宜。综合考虑气候变化，给座椅增加遮荫、避雨的凉棚。

2）观赏性设计。包括座椅本身的艺术性设计，以及周边景观小品（如雕塑、标识牌）的艺术性设计。座椅与景观小品的设计相结合，在满足休息要求的同时，还具有美学观赏功能。

3）环保性设计。尽可能选择低碳、环保、可回收利用的材料，如竹、木、石材等。石材尽管是可再生利用的材料，如果不考虑遮荫、避雨的要求，石质座椅实际上就成了"皇帝的新衣"。

（2）园路交叉点及可供停顿区域的座椅设计。

1）园路交叉点。在园路交叉点形成一个可供停顿的区域，旅游者在此稍作停顿，观察选择自己的运动方向，因此，连接点需要在交叉点加宽，有足够的空间，避开主要的活动流线。

放射性十字相交的通道，也称作"涡轮"。下图中，虚线代表主要运动流线，短粗线代表坐椅，圆圈代表绿化植物（见图 5-26）。

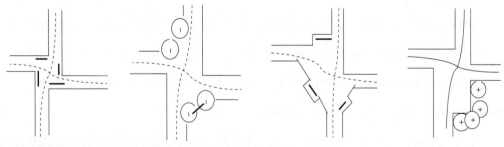

在安静的区域设置了长凳。指示线联系了视线和后方保护区

延伸的交叉点，两侧设长凳和树木

延伸的交叉点，设置长凳，形成安静的避风港

延伸的交叉点，毫无疑问的休息区

**图 5-26　园路交叉点座椅设置**

① 威廉·H.怀特著，叶齐茂、倪晓晖译：《小城市空间的社会生活》，上海译文出版社 2016 年版，第 40 页。

不同用途的园路交叉点有不同的宽度，不同宽度的园路连接在一起使得交叉点有更明确的方位指引，不同的形状区分出更重要（主要方向）和次级的园路，暗示了次要的可达目的地（见图5-27）。

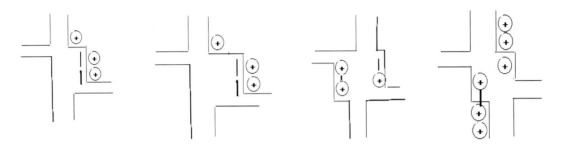

**图5-27　分等级的交叉点——不同的路宽**

2）可供停顿区域座椅设计。停顿区域是沿途的放大节点，从而将漫长的路径分成若干段，提供沿途的休息区，而不会让人感到脱离了园路的走向，脱离那些新奇往来的事物。停顿区域不是简单地贴在路边界，而是从园路的某些位置可以看见，如果某些区域需要独立出来（如儿童游戏场），也不应该是路边随意的一块场地，而应该明确地后退限定出来，并有自己独立的通道（见图5-28）。

## 5.7.4　栏杆、围栏与园墙设计

其他设施包括栏杆、扶手、围栏、挡土墙、饮水器、台阶与坡道、景观照明。任何缺乏技术性的处理都将成为玷污自然美的污染源。所以，应精心规划，结合场地条件，因地制宜，石墙、栅栏、护栏和挡土墙等与自然环境融为一体，否则，如果采用不适合基地条件的栅栏或挡土墙的设计方案将导致灾难性的后果。自然性很容易消失，人工性却容易留存。[①]

### 5.7.4.1　栏杆与围栏

栏杆设计应考虑功能要求、美观要求、安全要求，安全坚固甚于对美观的要求。栏杆选材应本着就地取材、耐用、适用、美观的原则，就地取材既能体现地方特色，又能减低造价。

---

[①] 艾伯特·H.古德著，吴承照、姚雪艳、严诣青译：《国家公园游憩设计》，中国建筑工业出版社2003年版，第31页。

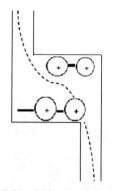

a. 停顿区域作为园路结合点——将漫长的路径打断

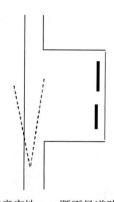

b. 路旁空地——既不是道路的一部分，也没有真正独立。已经超出园路上视线范围30°～35°，不推荐此做法

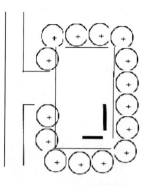

c. 更好的做法：独立的空间单元——明确地与园路相分离，有单独的出入口。用途改变，如儿童游戏场

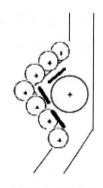

d. 路径转弯处的停顿区域——通过恰当的角度联系，使园路方向与运动方向相顺应，停顿区域也就是道路的一部分，比b更好的做法

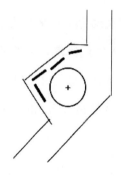

e. 同 d

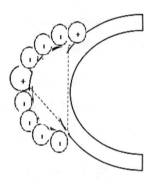

f. 停顿区域位于园路顶点——很明显地在视线范围以内。功能与d、e类似

**图 5-28　停顿区域座椅布局**

栏杆布置，根据栏杆功能的不同，用作围护的栏杆常设在地形变化之处，交通危险的地段，人流集散的地方，如崖边、岸边、桥梁、码头、台地及园路等周围；用作分隔空间的栏杆，常设在活动分区的骤变、绿地周围；花坛、草地和树池的周边，常设装饰性很强的花边栏杆点缀环境，防止游人践踏，一般需与路边保持200毫米左右的距离，不致影响游人的行进；用于无障碍通道、台阶起止点处的栏杆，应水平延伸300毫米以上，当坡道侧面凌空时，在栏杆下端宜设置高度不少于50毫米的安全挡台（见表5-8）。[①]

① 栗建军、徐国明：《栏杆设置简述》，载《建筑知识》，2002年第2期，第44页。

**表 5-8** 　　　　　　　　　　　　围栏、栅栏设计高度

| 功能要求 | 高度 / 米 | 功能要求 | 高度 / 米 |
|---|---|---|---|
| 隔离绿化植物 | 0.4 | 限制人员出入 | 1.8～2.0 |
| 限制车辆出入 | 0.5～0.7 | 供植物攀缘 | 2.0 左右 |
| 标明分界区域 | 1.2～1.5 | 隔噪声 | 3.0～4.5 |

在不出产石材的地方，引进石材作为材料看起来是不合适的。在出产木材的地方，木材成为更合适、更经济的材料。当一个地方既不出产石材也不出产木材时，应根据自然条件巧妙地使用这两种材料。

当公园需要大量使用护栏时，必须注重护栏的多样性，避免一种类型的单调重复。如果几个需要使用护栏结构地块被无须使用护栏的地块相互隔开时，在每个地块使用形式各异的护栏是十分合理的。①

### 5.7.4.2　挡土墙

挡土墙必须设置排水孔，一般为 3 平方米设一个直径 75 毫米的排水孔，墙内宜敷水管。防止墙体存水。钢筋混凝土挡土墙必须设伸缩缝，钢筋墙体每 30 米设一道，无筋墙体每 10 米设一道（见表 5-9）。

**表 5-9** 　　　　　　　　　　　常见挡土墙技术要求及适用场地

| 挡土墙类型 | 技术要求及适用场地 |
|---|---|
| 干砌石墙 | 墙高不超过 3 米，墙体顶部宽度 450～600 毫米，适用于可就地取材处 |
| 预制砌块墙 | 墙高不应超过 6 米，适用于弧形或曲形走向的挡土墙 |
| 锚固式挡土墙 | 用金属片或聚合物片将松散回填土方锚固在连锁的预制混凝土面板上。适用于挡土墙面积较大时或需要进行填方处 |
| 他式挡土墙 / 格间挡土墙 | 由钢筋混凝土连锁砌块的粒状填方构成，模块面层有多种选择。适用于使用特定挖举设备的大型项目及空间有限的填方边缘 |
| 混凝土式挡土墙 | 用混凝土砌块垒成挡土墙，然后进行土方回填。垛式支架与填方部分的高差不应大于 900 毫米，以保证挡土墙的稳固 |
| 木制垛式挡土墙 | 用于需要表现木制材料的景观设计，不宜用于潮湿或寒冷地区，适宜用于乡村、干热地区 |
| 绿色挡土墙 | 结合挡土墙种植草坪植被。砌体倾斜度 25°～70°，尤适用于雨量充足的气候带和有喷灌设备的场地 |

北京园博园锦绣谷底的石笼挡土墙景观，利用建设过程中产生的建筑废料，通过现代形式感较强的框架结构，根据其特有的色彩、质感等特征，重新排列组合，营造出质朴、自然风格的人文景观，散发出浓重的时间印记与历史沉淀的气息，体现了当代景观设计低

---

① 艾伯特·H. 古德著，吴承照、姚雪艳、严诣青译：《国家公园游憩设计》，中国建筑工业出版社 2003 年版，第 31 页。

碳环保的新理念（见图 5-29）。

北京园博园                                  北京园博园

**图 5-29　挡土墙**

### 5.7.4.3　景观照明

（1）设计法则。

1）高效性原则。基于可持续发展和低碳环保的理念，确定合理的灯泡布局和适度的用光量，选用效率高、寿命长、节能、低损耗的照明器具，发挥光源的最大效益，避免光源浪费。

2）生态性原则。研究各种照明方式及其对生态环境的影响，选择绿色环保光源，最大限度地减少照明工程对自然生态，尤其是对动植物的影响，从而使灯光明显工程能够更好地为人们服务。

3）人性化原则。从人的心理、生理需求出发，选择适宜的光源、光色，确定合理的用光量和照度，杜绝光污染对人产生的各种影响。

4）时代性原则。照明设计要紧跟时代前沿，运用新技术、新材料、新产品和新的设计手法，体现科技魅力和时代特色。

5）特色性原则。照明设计应立足于地方文化，发挥照明的表现力，选择不同的灯型、光源、光色和艺术明显手法，充分展现夜景的地方特色。[①] 例如西双版纳告岭·西双景万象大街的照明设计成了孔雀、大象、菠萝、提灯傣族少女的形状（见图 5-30）。

（2）影响因素。景观照明是人文与自然景观的有机结合，是景观设计的重要组成部分之一。最好的照明规划是与景观的总体设计同时进行，规划前应考虑以下问题：

---

① 汤晓敏、王云：《景观艺术学》，上海交通大学出版社 2009 年版，第 329 页。

西双版纳　告岭·西双景

西双版纳　告岭·西双景

西双版纳　告岭·西双景

西双版纳　告岭·西双景

**图 5-30　景观照明**

1）休闲者在晚上如何使用景区？在没有光线的地方，需要多大的亮度才能支持这些活动的开展？

2）夜间，景区哪些区域存在潜在的危险，哪些区域需要安全照明？

3）建筑和景观小品的哪一部分需要强调？夜景如何强化它们的效果？

4）哪些物体需要在晚上将其隐藏或者最小化？

5）不同区域是否需要不同的模式？

（3）景观灯具布置。

1）景观灯具设计步骤。

①收集绿地景观总体规划设计图、说明书及各景观要素相关资料。

②根据绿地总体规划及设计意图，确定景观灯布局结构和所要表达的艺术效果。

③详细研究各景观要素的特征，确定照明方式及光源的光色、显色性等因素，以及照明灯、投光角度、照度等。

④进行施工图设计，确定照明方案。

⑤照明施工完成后，依据现场照明情况，适当调整设计方案，以达到最佳照明效果。

2）功能性照明设计。功能性照明主要是满足人们室外活动与工作的明视要求，提供安全的保障，包括园路及场地的照明、安全警示照明及活动设施照明。园路灯具平面布置形式包括：单侧布置、交错布置、对称布置、横向悬索布置、居中布置。

活动设施照明是为了人们在公园内娱乐而在一定时间内开灯，采用杆头式照明灯具，但到深夜，除保留治安所需照明外，其他时间应关闭照明（见图5-31）。

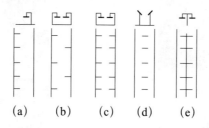

（a）　　（b）　　（c）　　（d）　　（e）

**图5-31　园路灯具平面布置**

（a）单侧布置（b）交错布置（c）对称布置（d）居中布置（e）横向悬索布置

3）装饰性照明设计。装饰性照明是为了创造出夜间景色，营造夜间气氛的照明，包括建筑、山石、水体、植物、雕塑灯景观要素的照明，它由亮度对比来表现光的协调，而不强调照度值本身。比如各景观要素由透光灯照射时，利用明暗对比来显示出深远及层次感。

灯光环境的设计应注意：

①高位照明与低位照明互相补充，路灯、草坪灯和庭院灯相互结合。

②地面照明和地面处同一高度的地灯不会妨碍人的行走。

③防止眩光和光污染，灯具设计应注意光线照射角度，防止直接射入人眼。

④ 提供内光外透，充分利用建筑内部的光源。[①]

⑤ 灯光效果比灯杆艺术化更加重要，因为要照明的对象是主角，灯杆是配角，不要喧宾夺主；避免过度使用照明，随行就势要比将一个可爱的白天变成夜间的主题公园要好得多。[②]

# 5.8　生态工法

## 5.8.1　生态工法概述

生态工法（ecological engineering method）的概念起源于德国与瑞士。1938 年，德国人 Seifer 首先提出了"近自然河溪整治"的概念，希望在整治河流时能以接近自然的、价廉的方式，且保持美丽的天然景观。1962 年，美国人 H. T. Odum 首先提出了生态工程（ecological engineering）一词。他主张"在人类所操纵的环境中，利用一小部分额外的能量，来控制一个以自然能量为基础的系统"，生态工程所应用的规则虽以自然生态系统为出发点，但之后衍生的新系统将有别于原来的系统。1989 年，美国人 Mitsch 及 Jorgensen 明确定义"生态工程"的概念和适用范畴，至此，生态工程可谓正式诞生。

生态工程的是大自然不可分的一部分，以太阳能为基础，自我设计，生态系统保育。[③]传统工程方法与生态工程方法的比较见表 5-10。

表 5-10　　　　　　　　　　传统工程方法与生态工程方法的比较

| 类　型 | 传统工法 | 生态工法 |
| --- | --- | --- |
| 能源类型 | 石化燃料，非再生性资源 | 太阳能为主，非再生性资源为辅 |
| 材料 | 钢筋水泥、人工科技材质、外来的材料 | 各种物种、生态系统、自然界取得的材质 |
| 型态及组成 | 单一化 | 多元化 |
| 人类社会的定位 | 与自然区隔 | 大自然的一部分 |
| 与其他物种关系 | 排斥 | 共融 |
| 建设成本 | 视工程类别而定 | 视工程类别而定 |
| 管理成本 | 视工程类别而定 | 视工程类别而定 |
| 可持续发展 | 低 | 高 |

资料来源：林镇洋、邱逸文：《生态工法概念》，台北：明文书局，2003 年版，第 15 页。

---

① 李开然：《景观设计基础》，上海人民美术出版社 2006 年版，第 107 页。
② 杰克·E. 英格尔斯著，曹娟、吴家钦、卢轩译：《景观学》，中国林业出版社 2008 年版，第 152 页。
③ 林镇洋、邱逸文：《生态工法概念》，明文书局 2003 年版，第 3 页。

1993 年 5 月，在美国科学院（national academy of sciences，NAS）举办的生态工法研讨会上，将生态工法（ecotechnology）定义为"整合人类社会与其自然环境共赢的可持续发展的设计法则"。20 世纪 90 年代中后期，我国台湾地区开始引进并研究推广生态工法，将其应用于公路和河川溪沟整治工程建设。2002 年 8 月，台湾行政院公共工程委员会将生态工法统一定义为："基于对生态系统之深切认知与落实生物多样性保育及永续发展，而采取以生态为基础、安全为导向的工程方法，以减少对自然环境造成伤害。"① 生态工法以生物学和生态学为基石，在遵循自然法则下，应用符合且有利于自然的生态技术，设计出合适的施工方法。如同 Bergen（2001）所说，生态工法应回归"生态"与"工程"的结合，而不是在工程中加入一点点生态的色彩，或在生态中加入一些工程的技术特质，而是以生态学为基础，运用工程特有处理问题的技巧，完成规划的整体目标。②

生态工法的本质是所采用工程措施使生态环境的破坏得到尽快恢复。生态工法的基本原则是因地制宜、维持所设计各项功能需求的独立性、承认激发生态设计的价值与意义。

生态工法是一个对环境、生态友好的工程概念，并无固定的标准，具有相对性而非绝对性。其基本精神是创造多样性的生态环境，容许生态系统自我消长，避免工程使生态系孤立化。生态工法涉及地形、水体（雨水收集、驳岸、旱池、按需浇灌）、园路（路边下渗沟渠）、挡土墙、卫生间等设施。

基于对生态系统正确的认知、丰富而完整的资料系统，理想的生态工法执行重点包括：拟定生态目标；厘清系统中所有的因子；判定满足各因子的基本需求；判定各因子的相互关系；设计"能被设计者"，控制"能被控制者"，善用大自然的特质；时间点的掌控是成败关键。③

## 5.8.2　地形生态工法

宏观尺度上，地形的分析与管理必须从流域尺度出发，与水源保护、公共空间保护、栖息地保护、洪水管理等多种功能分析相结合，综合考虑地形、坡地稳定性、排水状况、洪水、土墩以及植被等因子，在此基础上建立坡度与土地利用之间正确的匹配关系，采用

---

① 林镇洋、邱逸文：《生态工法概念》，明文书局 2003 年版，第 24 页。
② Bergen, S. D., S. M. Bolton, J. L. Fridley, Design principles for ecological engineering, Ecological Engineering, 2001（18），pp. 201-210.
③ 林镇洋、邱逸文：《生态工法概念》，明文书局 2003 年版，第 34 页。

适当的方法来控制和引导开发密度。[①]

　　微观尺度上，地形设计一方面应顺应地势走向，使积水快速排出，另一方面利用微地形改造，有目的地对地表下垫面原有形态结构进行二次改造和整理，从而形成大小不等、形状各异的微地形和集水单元，有效增加景观异质性，改变水文循环和物质迁移路径，其空间尺度一般在 0 ～ 1 米范围内波动。[②]微地形处理原则：顺应自然，充分体现自然风貌；以小见大、适当造景；因地制宜，融建筑于自然景色与地形之中。竖向设计中最主要的就是高度的确定和坡度的设计，在使用平面设计方法的时候要重视营造空间整体感觉。微地形设计要求：结合自然地形，充分体现自然风貌；以小见大，适当造景；因景制宜，融建筑于自然景色与地形之中。

　　以北京亦庄博大公园为例，人工湖是公园的最低点，由渗水区、积水区组成。以积水区为中心，大约1/4的公园用地低于周边的城市道路，周边的公路设计有不被察觉的坡度，雨水会沿缓坡自然汇集湖中。积水区常水位的高程低于周边城市道路4 ～ 5米，积水区为中心的下沉区域可蓄洪30 000立方米。当暴雨来临时，周边1 ～ 2平方千米的积水能够快速向人工湖汇集。

　　积水区有防渗处理，常年保持正常水位。一旦超过一定水位，积水区周边芦苇下面的粗砂砾能让雨水快速下渗。湖面上种植的荷花、芦苇、香蒲和千屈菜等植物，不仅能美化环境，还能遮蔽阳光，减少湖面水分的蒸发。在非汛期，渗水区是一个可以供游人玩耍的缓坡；汛期集中降雨会使水位上升，多出来的雨水汇集到渗水区反补城市地下水。渗水区、积水区两个部分有着地势落差，平时水分可以相互循环。

　　连接渗水区和积水区的生态沟是一条不宽的小溪，其中种植了很多净水植物。相隔不远，还有高低叠水曝气。通过水体的高低错落，让水充分暴露于空气中，起到净化水质的作用。不仅如此，公园内水流过的明渠中，还设置了沉砂池，湖水经过沉砂池的沉淀后，再流向湖体。渗水区、积水区就像海绵一样——既避免了城市内涝，又能涵养大量的雨水。到了旱季，可以从周围区域抽取地下水，补充到地面上的湖水中，实现采补平衡（见图 5-32 ）。

①　朱强、黄丽玲、俞孔坚：《设计如何遵从自然——〈景观规划的环境学途径〉评介》，载《城市环境设计》，2007年第1期，第95 ～ 98页。
②　Bruland G L. ,Richardson C. J. Hydrological Edaphic and Vegetation Responses to Micro-topographic Reestablishment in a Restored Wetland, Restoration Ecology,2005,13（3）, pp. 515-523.

图 5-32　北京博大公园

### 5.8.3　水景观生态工法

所谓海绵城市，是城市像"海绵"一样，具有良好的"弹性"，下雨时具有吸水、蓄水、渗水、净水功能，能够弹性地适应环境变化和应对自然灾害。海绵城市建设的"六字箴言"是"渗、滞、蓄、净、用、排"，从绿色屋顶、透水地面、透水停车场、透水道路、雨水花园，到下沉式绿地广场、下凹式绿地等，都可以成为海绵城市建设的组成部分。为此，必须充分发挥原始地形地貌对降雨的积存作用，充分发挥自然下垫面和生态本底对雨水的渗透作用，充分发挥植被、土壤、湿地等对水质的自然净化作用，通过人工和自然的结合、生态措施和工程措施的结合、地上和地下的结合，解决水体黑臭问题，调节微气候、改善水生态等。类似地，具有涵养水源、保持水土、减少水土侵蚀功能的景区，可以称之为海绵景区，可借鉴海绵城市建设的理念和规划设计方法。

#### 5.8.3.1　旱池、旱溪

设计旱池、旱溪（河）的目的是为了收集雨洪，减少地表径流侵蚀，促进雨水下渗，增加浅层土壤的含水量并涵养地下水，降低场地暴雨期间瞬间地表径流量对市政排水系统的压力。

旱池、旱溪是城市与自然湿地之间的缓冲区，在雨季有利于收积地表径流，促进雨水向土壤大量下渗，并在局部地区出现一定规模的水面。枯水期季节，旱池、旱溪虽然看上去没有水，但表面铺设的鹅卵石有利于减少土壤表层水分蒸发，为芦苇、水葱、香蒲等水生植物提供适宜的生长环境，即使在秋冬季节，也有利于减少地表扬尘。

基于生态学原则，旱池、旱溪的形态应模拟自然界洼地、溪流。旱池面积大小不等，椭圆形或不规则形状，池底距地表深度宜2.0～2.5米。为了增加旱池的景观、游憩功能，在旱池上可设计"之"字型曲桥、螺旋形的园路或者休息亭，旱池周围呈自然原生态或者用红色玻璃钢围合，增加旱池的注目性。

旱溪线形宜结合自然卵石、植被和木桥建构具有郊野气息的自然景观。旱溪上部宽度1～2米，底部宽度0.50～1.00米，深度0.20～0.50米。旱溪底部铺设驼鸟蛋大小的鹅卵石，增加旱溪驳岸的粗糙度。驳岸应尽可能平缓、近自然，以便汛期地表径流快速向旱池汇集。为了扩大旱池的辐射范围，切忌将驳岸设计成垂直的形式（见图5-33）。

旱池　北京　东石公园

旱池　北京　东石公园

旱溪　北京　京城梨园

旱溪　北京东升八家郊野公园

图 5-33　旱池、旱溪

### 5.8.3.2　河川生态工法

这里所谓的"河川"既包括河幅宽度较大的河流，也包括河幅宽度较小的溪沟。

（1）规划基本构想。

1）明确保护对象。视保护对象的重要性及安全允许度范围，确定工程应采取的形式。

2）维护自然环境形态。在两岸冲蚀不很严重、纵横向冲蚀可以部分横向控制时，尽量维持自然溪岸，仅需整治破坏溪岸，加强两岸植物，藉植物之根系稳定溪岸。

3）近自然工法。在河道冲蚀淤积严重的河川需全线治理时，在两岸均为农林等低开发地区时，尽量采用近自然工法减少因人工构造造成的渠化，破坏原有生态。

4）考虑景观因素。溪沟治理因环境或保护对象限制，不得不筑护岸时，防止破坏生物栖息生境，注意结构物对环境的冲击，与现有景观能有所结合。

5）考虑社区或游客亲水。在水质、环境许可时，营造水体环境以维护河川生态，并将社区、游客引入，使之易于接近溪流。

（2）设计原则。绿带（植物）与蓝带（水）相结合；协调视觉环境与景观；维持生物迁徙通道；在溪流用地许可下，尽量维持原有自然溪沟的蜿蜒度；在泄洪安全原则下，尽量减少槽化护岸构造，维持自然溪岸；在水利安全要求下，河幅配合原溪沟自然形状和宽狭程度进行规划；注意水域环境变化（河床深浅、砂砾、孔隙、流速、水体变化），维持水质。

（3）工程技术。

1）土壤保护技术。保护河滨及沿岸区域的表土，改善水、土系统的平衡，有效提升土壤内部化学、生物反应，改善地力。

2）地质稳定技术。主要目的在于稳固或保护水岸、边坡及天然斜坡等，利用植物根系天然的固着能力及伴随植物生长过程的蒸腾作用。常用方法是线状或点状扦插枝条，至其萌发后形成灌木丛或林带，郁闭的树冠也可减少淋溶作用。

3）联合式施工技术。配合石块、木桩以及少部分钢筋水泥等材料，增加稳定度并延长使用年限。主要用于水流冲击力较强区段的河岸或边坡等。

4）辅助性施工技术。运用播种、植物栽植等方法，使整体工程所呈现的岁月、线条更加完善和协调（见表5-11）。

表5-11　　　　　　　　　　　　　　各类工法技术的适用性

| 技术项目 | 大地工程 | 河道保护工程 | 地景工程 |
| --- | --- | --- | --- |
| 土壤保护技术 | 极高 | 极高 | 极高 |
| 地质稳定技术 | 极高 | 低 | 极低 |
| 联合式施工技术 | 极高 | 极高 | 普通 |
| 辅助性施工技术 | 显著 | 高 | 极高 |

（4）常用的生态工法技术。

1）固定：包括石梁固床、河床抛石、潜坝。石梁固床是以大型天然石块作为河床的横向构造物，设计时应避免全断面阻绝，并留有高度较低的水流路，以利于水生动物于上下水域迁移。石樑与护岸连接片,应嵌入护岸和河床中。河床抛石是在河道中将阴流石不规则分布于河床,使水流流向改变,以降低水流速度,避免河道过分冲刷。河床抛石也应将部分石块嵌入河床中。潜坝是为维持河床安定所构造高度在5米以下的横向构筑物,目的是安定河道,防止纵横向侵蚀,以及保护护岸等构筑物的基础。

2)护岸:包括加植植栽、打桩编栅法、地工合成材 + 植栽、块石护岸、抛石护岸、石笼护岸 + 植栽、木框格墙 + 植栽、植岩互层法。加植植栽是在坡度过陡的河岸,将原有堤岸改造为坡度2:1以下的缓坡,并在坡脚放石块,用无纺布覆盖坡面且延伸于坡脚的大石块,以固持土壤。在护坡上扦插数层具萌芽力的乔灌木和耐水湿的草本植物。打桩编栅法是在河流水流变动大、冲蚀较严重地区,于木桩间编织枝条,用以抵抗较大的冲蚀能量。待枝条发芽后,其茎、叶除具美观效果外,也可提供额外的抗蚀力。地工合成材 + 植生适用于需要短期内立即抑制坡地的冲蚀状况的地方,工程技术加植物技术相结合。块石护岸以本地石材干砌为宜,块石护岸完工后,其间隙可作为水生动物的栖息场所。抛石护岸是将岩石置放于溪流岸上,用以保护河岸,避免河岸材料流失。石笼护岸 + 植栽是在石笼中回填土壤后种植树木。

3)挡土:砌石墙、石笼墙、格框挡土墙、加劲挡土墙植物及其他。

以往河川整治工程主要是减轻或避免灾害所造成的损失,近自然溪流或河川生态工法更注重对于生态的影响及其景观与周围环境的和谐。以传统工法进行整治,忽略系统考量,结果形成了形式单调的人工河渠。整治前后,河岸侵蚀问题获得改善;稳定河道渠形,改善河滨栖息地环境;原本裸露的河岸通过绿化获得改善;景观、栖息地异质性增加。[1]

## 5.8.4　园路与停车场生态工法

### 5.8.4.1　园路生态工法

园路(游步道)是一条线型的通道,因为联络两个景点的交通功能而存在。一条精心设计的园路应对环境低度干扰、避免接近环境敏感区,却又能令使用者感到有趣。一条融于环境、看似自然产生的园路,实际上却需要相关人员倾注心血规划、选线、设计、施工和维护管理。

建造园路应考虑三大因素,即土壤、水和重力。园路需要连接的地方包括景观瞭望

---

[1]　林镇洋、邱逸文:《生态工法概论》,明文书局2003年版,第111～119页。

台、古迹、水域、草原等，需要避让的地方是陡崖、冲刷峡谷、水道、冲刷地、露岩、古迹遗址等。

（1）设计原则。尽可能使用现有步道，前提是现存步道位置妥当并具有良好的排水条件，选择排水较佳及较能稳住阶梯的平地。尽可能提供多点出入口，避免险峻及急遽升高的地形。

避免步道靠近水边，保持一缓冲带以过滤冲刷，缓冲带宽度依步道与水体之间的坡度而定（见表 5-12）。一些工程计划在未经评估的情况下，便将"亲水平台的营造"列入工程目标之一，致使许多环境敏感度极高的区域，设有使用率很低或破坏景观及生态的亲水平台设施。[①]

步道经过不同的地理、植物和文化特征，提供多元的视觉和体验。

表 5-12　　　　　　　　　　　　　　地面坡度与缓冲宽度

| 水与步道间地面坡度（%） | 建议缓冲带宽度（m） | 水与步道间地面坡度（%） | 建议缓冲带宽度（m） |
| --- | --- | --- | --- |
| 0～1 | 10 | 21～40 | 26～35 |
| 2～10 | 10～17 | 41～70 | 36～60 |
| 11～20 | 18～25 | | |

（2）园路设计程序：步道布置、地图上规划路线；勘查地图初拟路线；现地标示最后路线（定线）。一般大树的上坡会有自然平台，所以把路线定在大树上坡以免伤害树根系统，自然平台做Z字型回转，可节省建造经费，同时与地形融合。

（3）园路营造规范

路面宽：路面宽指行走的步道面宽度。踏面宽度在荒野区大致 0～65 厘米，一般约50 厘米；在非荒野区大致 0～3 米，一般约 1.2 米。宽度为 0 即步道通过自然地面，不需开挖建步道。

清理范围宽度、高度：步道范围包括步道基床及其上方和周边的区域。清理范围是指把阻挡步道通行的树枝、落石、杂草等清除的范围，使步道使用者不至于被打到头、脸或勾到背包。一般清理范围宽度是 2.0～2.5 米，在密林中，清理宽大树枝。路的踏面清理草本植物，一般宽度是 1.2 米。清理范围高度是 2.5～3 米，排除阻挠游客通行的树枝。

坡度：一般使用率转高的步道坡度在 5%～12%，具挑战性或土壤转稳定的步道坡度可达 20%，而坡度在 20% 以上没有阶梯或硬铺面的步道则难以维护。

横向泄水坡度：步道横向泄水坡度应使地表径流在跨过步道后沿山坡向下流，避免步

① 林镇洋、邱逸文：《生态工法概论》，明文书局 2003 年版，第 135 页。

道坡度内倾集水。

步道面：一般使用当地土壤建造步道踏面，若土壤的有机物成分高，要先将上层土壤暂时移开，踏面铺设好后再覆盖在表面或者步道边的植物上。木屑不适于湿地或坡地较大的步道使用。

Z字型步道：可用于保持步道坡度而使步道往上升，特别是在工作区受限制的地方。适宜的Z字型步道应能提供最容易和最诱人的上升或下降路段，让使用者不走捷径。Z字型工程包括建造弯曲路段、护栏、挡土墙和上、下脚（由转变至邻接路段）。步道坡度要保持2%～5%。[①]

步道踏面包括外来材料、本地材料两种形式。外来材料铺面包括混凝土铺面、栅型砖铺面、砌砖铺面；本地材料铺面包括石头铺面、木屑铺面、甲板铺面。石头及石材包括铺石板、抛铺石块、提高铺面、建卵石堤道及利用自然露石，适用于在软地质或湿地的地方，以及防止因不当使用步道而造成冲刷的地方。木屑铺面外观自然，走起来很舒服，但不适宜放置在潮湿或高坡步道路面。因为在潮湿的地方，步道会吸水而易腐化，在高坡步道，行人或大雨造成木屑流失，行走不便。

栅型砖铺面、砌砖铺面属于透水性路面，有利于动植物地下生态环境改善，维持生态系统成长；减少地表径流，降低河川洪患；减轻排水管理负担及减少路面排水设施；减少公共水域的污染及降低噪音；地下水涵养，有利于资源永续经营；降低热岛效应，减少能源损耗；增加抗滑性能，改善步行条件；减轻因日光漫反射造成的目眩。[②]

### 5.8.4.2　挡土墙生态工法

生态挡土墙兼有结构性防护功能和美化生态环境功能，挡土墙生态工法的重要设计原则是：在确保"安全、经济、适用、实用"的前提下，尊重自然环境的多样性，因地制宜，少破坏，可恢复。目前可绿化的生态挡土墙结构型式主要包括预制块型、石笼型、土工织物型等3类。

预制砌块挡土墙的砌块一般比较轻巧，施工便利，是重力式结构与美学构造的良好结合。在依靠挡土砌块护坡的同时，通过预制砌块的空间美学构造为护坡创造可绿化的生态环境，并可由加筋带连接构成的复合挡土墙来抵抗土壤压力荷载，达到生态陡坡防护的目的。其特点是产品标准化生产、施工速度快、干砌施工、工程质量容易保证，挡土墙结构

① 欧风烈：《步道生态工法》，明文书局2007年版，第24页。
② 林镇洋、邱逸文：《生态工法概论》，明文书局2003年版，第179～180页。

具有柔性变形适应特性，并可实现绿化效果。

石笼型生态挡土墙随特点是通过金属耐腐蚀工艺处理（如镀锌、钛合金、表面塑封等），由厂家提供具有专利的耐腐蚀金属材料，根据挡土墙设计尺寸或加筋土挡土墙设计原理，将钢筋网编织成格构状，内部充填碎石，从而形成钢筋石笼型挡土墙。该挡土墙对材料的工艺要求比较高，绿化效果比较好，防护能力强，但造价比较昂贵。

土工织物型生态挡土墙特点是使用简单方便，植物出苗率高，坡面绿化效果持续稳定，具有较好的柔性变形适应特性。植生袋是一种新兴的绿化产品，可用于垂直或接近垂直的陡峭岩石坡面、排水沟及堤坝的修复等。植生袋作为陡坡挡土墙防护使用时，通常要与格构、防护网等技术相结合，从而既确保边坡稳定安全，又能实现边坡绿化效果。

预制砌块型挡土墙是挡土墙生态工法的重要发展方向之一。它能适用于较陡的坡率，能与加筋体有效结合；结构柔性，对挡土墙受力变形具有较好的适应性。Ω型砌块及其构筑的挡土墙具有一定的内倾坡率，砌块之间能互嵌式锁定，结构稳定性好（见图5-35）。[1]

预制砌块挡土墙

石笼型生态挡土墙

土工织物型生态挡土墙

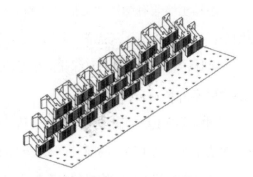

Ω型砌块及其构筑的挡土墙

**图5-34 挡土墙**

① 朱益军、施铁峰、杨少华：《挡墙生态工法技术分析与应用研究》，载《公路》，2011年第2期，第25～28页。

### 5.8.4.3 停车场生态工法

停车位设计，应注意足够的车体间隔。一般车体间隔至少 60～90 厘米，车位至少长 5 米，宽 3 米，以保证车辆顺利进出。停车场应设置连贯的步行通道，宽度 1.5 米以上，以保证正常通行。人、车实行平面分离，步行路线尽量用醒目颜色标识。与机动车通道交叉时，应设置斑马线。停车带前面设置绿化隔离带；通过乔灌木对周边建筑视线进行遮挡；停车位使用绿色地面，如植草砖。[1] 为了避免夏天车辆在阳光下暴晒，郊野公园停车场宜设置在林带中。

停车场的发展方向是生态停车场，在满足停车需求的基础上，配植乔木、灌木和草坪，并辅以高渗透性能的地面铺装和完善的基础服务设施，突出特点是：增加绿地面积，提高城市绿化率；提高滞尘量，降低噪音；固定 $CO_2$ 量，增加释放 $O_2$ 量，净化空气；降低温度，增加湿度，减少热污染；有利于雨水下渗，增加蓄水量。

停车场林荫化建设对机动车的安全运行也是极为有利的。夏季高温时节在阳光下暴晒的车辆，车内温度会超过 50℃。机动车辆机件过热时一旦运行，会导致循环系统、润滑系统的机件磨损加剧，同时还会增加空调的负担，增加燃油能源的消耗。此外，电路系统有毛病或是电路老化的车辆，在高温暴晒时更容易引发车辆自燃。

生态停车场建设的技术关键：

① 地面铺装形式：地面铺装形式主要有嵌草砖和透水砖。嵌草砖的应用结合了硬化地面和植物栽植的形式，相对美观，并且可以对渗入地下的雨水予以净化，在生态停车场建设方面具有较明显的优势。此外还可以在停车场行车道采用多孔沥青透水路面，路面坡度为 1/9，集蓄效率能达到 70%，可以使更多雨水渗入地下增加浅层土壤的含水量。[2]

② 植物选择及配置：根据停车场土壤类型，遵循适地适树的原则，乔木、灌木和草坪组成复式群落结构，各种植物实现景观的连续性和层次感。树种选择应考虑到树形本身的遮阴效果、季相变化，以达到夏日降低车内温度的要求。同时要考虑抗污染、病虫害少、根系发达、易于移栽的乡土树种。为了节约养护成本，耐干旱和耐瘠薄树种也应考虑在内。

华北地区应以高大的落叶乔木为主，推荐树种有小叶白蜡、千头椿、臭椿、国槐、法国梧桐等。种植池内下层植物应以低矮的色块植物和花卉草坪为主，既增加了绿量，又不

① 许浩：《景观设计：从构思到过程》，中国电力出版社 2011 年版，第 141～143 页。
② 陈明、王冬梅：《北京市生态停车场建设思路与关键技术探讨》，载《山西建筑》，2011 年第 37 卷第 9 期，第 205～207 页。

会遮挡视线。[①]

　　海口市假日海滩停车场设置于高大的椰子下，地面铺装为嵌草渗水砖。而万绿园景区停车场设置于浓绿的阔叶林下。茂密的椰子树还是阔叶树郁闭度达 0.8 ～ 0.9，为骄阳下的汽车提供了绿荫，一定程度上降低了车内的温度（见图 5-36）。

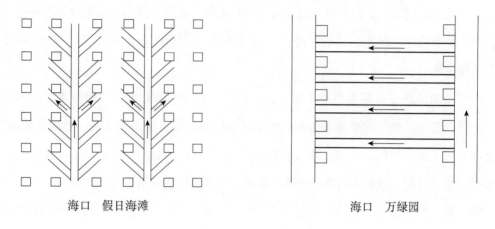

海口　假日海滩　　　　　　　　　　海口　万绿园

**图 5-35　生态停车场**

（左图中每一个小方框代表一株椰子树，右图中每一个小方框代表一株小叶榕。）

## 复习思考题

1. 简述颐和园水系变迁过程及其景观特色。

2. 北京哪些乡土植物适宜景观绿化？

3. 与传统工法相比，生态工法具有哪些优点？

① 辛向东：《浅谈北京市停车场的绿化建设》，载《北京园林》，2007 年第 23 卷第 4 期，第 3 ～ 5 页。

# 第6章  旅游景观设计案例

## 6.1  城市公园景观设计及案例分析

### 6.1.1  废弃地概述

人类从事工业生产的结果，使自然环境遭受极大的损害，生态系统发生混乱最明显的例子之一是来自采矿和其他工业操作过程中废弃物的积聚，使植物和动物群落逐渐趋于灭绝。由于这些废弃物中常常含有毒性和缺乏肥力，这样的环境不但有碍于生物有机体的重新定居，而且使景观丑陋，污染严重，当地居民和社会深受其害。

英国政府将被废弃地定义为："凡是由于工业或其他方面发展的原因而受到损害，非经治理而无法利用的土地。"英国大多数工业废弃地，是在产业革命时期创建的各种工业所造成的。这些工业目前正处于衰落状态，或者已经完全消失了。工业废弃地的全部重建以及对自然资源的保护，对许多国家而言，都是当前极为重要的问题。工业废弃地对所在地来说是一项经济负担，因为它占用了那里本来已显稀缺的土地，造成了令人生厌的环境，妨碍着周围土地上工业和住房计划的发展和实施，从而使当地经济陷入不景气状态，甚至可能成为人口大量外流的原因。因此，工业废弃地的重建，已被看作对主要工业地区恢复场所有生力量的组成部分，是改善当地居民生活条件的有效途径。[①]

土地开发规划首先考虑的问题之一是，规定这一地区土地的最终用途。土地的最终用途可能是供人民建房居住，或是用于发展工业、农业和林业，或者使之成为怡养身心的地方，如开辟成公共广场、娱乐场所，或者把它定为野生生物的生境。在正常情况下，再生土地的用途，应该规定在正常结构规则以内，保证既能去掉造成污染的根源，又能为人类提供土地的一种新用途。[②]

---

① R.P. 格默尔著，倪彭年、李玲译：《工业废弃地上的植物定居》，科学出版社 1987 年版，第 1 ~ 7 页。
② R.P. 格默尔著，倪彭年、李玲译：《工业废弃地上的植物定居》，科学出版社 1987 年版，第 9 页。

在城市推行科学城规划建设、生态文明建设、城市精细化管理的大环境下，旧厂房／工厂或者棚户区的改造，为旅游景观的保护和开发提供了新机遇。城市废弃地的改造，既拓展了城市公园的类型，扩大了城市绿地面积，又给城市绿色廊道空间规划和原来缺乏绿地空间、人口密集区域的居民提供了休闲游憩的场所。

### 6.1.2　案例分析——中山市岐江公园

公园位于中山市区中心地带，总体规划面积 11 公倾，其中水面 3.6 公倾，水面与岐江河相连通。公园前身是一个废旧造船厂和废弃空地，旧船厂虽然面积不大，但代表了中国走社会主义道路的重要时期，具有深刻的历史意义。该地区水位变化大，具有自然不确定性，还有树木保护等因素为建造带来一定困难。场内遗留了不少造船厂房及机器设备，包括龙门吊、铁轨、变压器等。岐江公园规划合理地保留了原场地上最具代表性的植物、建筑物和生产工具，运用现代设计手法对它们进行了艺术处理，诠释了一片有故事的场地。[①]2002 年获全美景观设计年度荣誉奖。项目特色体现在：

（1）合理地保留了原场地上标志性物体，形成了一个完整的故事。岐江公园场地为原粤中造船厂旧址。场地内至今仍遗留着不少造船厂房和设备。经特定年代和那代人艰苦的创业历程，粤中船厂已沉淀为真实和弥足珍贵的城市记忆。公园将船坞、水塔、铁轨、机器、龙门吊等原场地串联起来，记录了船厂曾经的辉煌。

（2）亲水、保护生态。公园的设计保留了岐江河边原有船厂内的大树，保护原有的生态，采用绿岛的方式以河内有河的办法来满足岐江过水断面的要求，既满足了水利要求，也使公园增加了一景——古榕新岛。公园还较好地处理了内湖与外河的关系，将岐江景色引入公园。尤其值得称道的是，公园不设围墙，巧妙地运用溪流来界定公园，使公园与四周融洽和谐地连在一起。这条水流的设计正是要让人们尽情挥洒人之亲水的天性。

（3）公园内主要道路采用斜交的直线，简捷合理。这种"直线路网"的形式彻底抛弃了传统中国园林的章法以及西方形式美的原则，表达了对大工业，特别是发生在这块土地上的大工业的理解；无情的切割、简单的两点之间最近原理。公园内红盒子（红色记忆）是一种形式，设计师试图用红盒子装下场地以及那段时间曾经发生的故事。

（4）历史特色和现代性交融。公园以原有树木、部分厂房等形成骨架，采用原有船厂的特有元素如铁轨、铁舫、灯塔等进行组织，反映了历史特色。同时，又采用新工艺、新材料、新技术构筑部分小品及雕塑（如孤茵长影、裸钢水塔和杆柱阵列等），形成新与旧

---

① 俞孔坚：《足下的文化与野草之美——中山岐江公园设计》，载《新建筑》，2001 年第 5 期，第 17～20 页。

的对比、历史与现实的交织。

铁轨是工业革命的标志性符号，也是造船厂的重要元素，新船下水，旧船上岸，都借助于铁轨的帮助。设计者把一段旧铁轨保留下，铺上白色鹅卵石，两边种上草，这些都是中山本地野生的茅草，曾一度被城市人所鄙弃，但在岐江公园的设计中，大量使用了乡土野草，包括用于湖岸绿化的挺水植物、各类茅草。象草和莎草成为营造公园历史与工业气氛的主要材料之一，通过与路网和机器的对比，它们变得美不胜收。铁路旁边有上百根细钢管组成密集的白色柱阵，风穿行其间，钢管发出的清亮声音在柱阵间回绕不休。

相隔不远的两座水塔成为公园的焦点。一座由红色钢骨架构成的"骨骼水塔"，采用了减法设计：剥去其水泥的外衣，展示给人们的是水塔的内部钢结构——线性的钢筋和将其固定的结点，仿佛旧水塔的"骨架"，又仿佛旧水塔的X光影像。减去混凝土因素后，产生了一种意想不到的形象陌生，对人们已形成的某种视觉规范，达到解除和再认识，产生了新的语境。另一座是"琥珀水塔"，高耸的水塔被透明的玻璃罩罩起来，夜间配以灯光照明。本来一座五六十年历史的水塔，再普通不过，当它被设计者罩进一个泛着现代科技灵光的玻璃盒后，却有了别样的价值（见图6-1）。

公园的主体建筑是中山美术馆，楼高两层的钢结构建筑物，与原粤中船厂的工业时代特色一脉相承，美术馆用大量的管道、钢筋和工字钢构成，粗看如一个工厂车间；铁青色钢架和鲜艳的柠檬黄墙壁，以及大幅的落地玻璃外墙，使美术馆极具欧陆色彩。走进美术馆，看到宽阔的展厅和玻璃透光的中庭，都可以感受到这个美术馆非常强烈的现代感。

岐江公园是秉承先锋的理念设计的，但是公园建成后，不但没有遇到其他先锋性作品经常遭受的冷遇和垢病，反而迅速得到社会各界的认可和喜爱。市民们以城市拥有这样一座公园为荣。朱镕基总理等国家领导人来过这里，对之也赞誉有加。这座公园无疑提高了中山的知名度和文化形象。这或许是连设计者本人也感到意外的（见图6-2）。

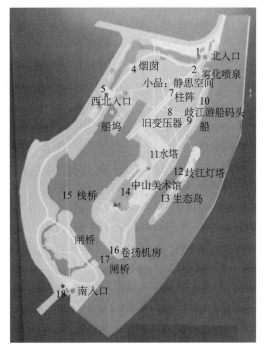

**图6-1　岐江公园**

图 6-2　岐江公园景观

## 6.2　绿道景观设计及案例分析

### 6.2.1　绿道概述

20 世纪中叶之后，汽车在北美普及，并成为道路的主宰，步行者和自行车使用者饱受尾气、噪音和安全的威胁。所以，早在 20 世纪 60 年代，威廉·霍林斯沃思·怀特（William Hollingsworth Whyte，1917 ～ 1999）首先将"绿带"和"公园道路"这两个词结合起来，形成了"绿色通道"（绿道）这个词，用以描述用于户外娱乐活动如步行、慢跑、徒步旅行、骑自行车和骑马的林木覆盖的道路。

所谓绿道，就是城市周边的慢行交通系统，依托城市的水系、道路、桥梁等重要廊道，通过林荫道、自行车道、健身道等多种形式，将公园绿地、森林景观、人文历史等资源与城市、乡村、社区之间串联起来，方便市民通过慢行的方式走进森林、亲近绿色。绿道是供各式各样社区居民分享和共用的"线状公共用地"。绿道沿着自然元素如河流和山脊、或沿着人工元素如废弃铁路两旁的设施用地，水渠两边的栈道或输油管道和高压线设施用地，提供了运动、社会交往和观察自然景色的机会，也为注入湖泊、水塘、河流的雨洪提供了一个过滤缓冲区，为野生动物提供了重要的旅行通道。[①]

---

① 兰德尔·阿伦特著，叶齐茂、倪晓晕译：《国外乡村设计》，中国建筑工业出版社 2010 年版，第 224 ～ 225 页。

　　绿道的关键特征是边缘和连接。绿道呈现狭长的带状，所以，绿道宽度与它的周边地区面积的比率相当高，以致它与周围的开发具有最大的界面，而边缘最大的方式一般并不适合生物多样性。绿道把公园、街区、住宅、学校、商店和办公室等场所连接起来，把小公园与大公园连接起来，体现了系统整体作用大于部分要素之和。[①]

　　绿道布局类型包括线形、环形、多环式、卫星式、车轮式、迷宫式布局。[②]绿道布局类型见图6-3。

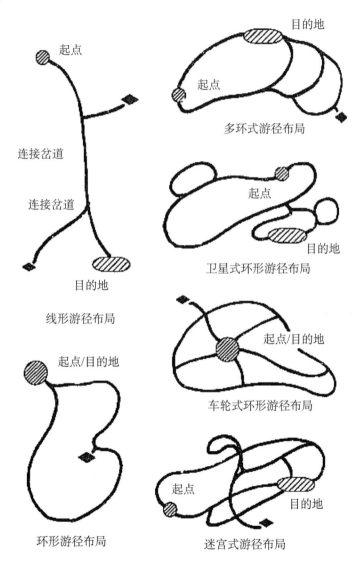

图6-3　绿道布局类型

①　兰德尔·阿伦特著，叶齐茂、倪晓晖译：《国外乡村设计》，中国建筑工业出版社2010年版，第224～225页。
②　洛林·L. 施瓦茨、查尔斯·A. 弗林克、罗伯特·M. 西恩斯著，余青、柳晓霞、陈琳琳译：《绿道规划·设计·开发》，中国建筑工业出版社2009年版，第196页。

### 6.2.2　案例分析——美国纽约高线公园二期

纽约高线公园二期工程获得了 2013 年 ASLA 专业奖、综合设计荣誉奖，评委会认为："这是这座城市做的一件伟大的事情。它延续了高线公园第一期设计的出色创意，同时也进行了一些新的尝试。虽然项目的条件很严苛，但是设计师们还是做了许多实质性的创新。公园增强了人们的体质，调控了雨水利用，并且重建了自然栖息地。"[a]

高线公园曾经是一个建在高空中的铁路运输系统，如今经过重新改造利用，变成了一个杰出的公共空间，公园连接了邻里社区，并且被誉为一个城市环境"绿化"的新范例。它创造了一种发现城市的新方式，同时被认为是创新和可持续性设计的标志。公园为其他城市景观设计提供了灵感，证明了景观设计在提升城市生活质量上具有显著作用。

高线公园一期从 Gansevoort 街区到 20 街区，共跨越了 9 个街区，在 2009 年建成开放。二期从 20 街区到 30 街区，共跨越 10 个街区，在 2011 年 6 月开放。二期工程的建设将公园的长度增加到了 1 英里。因为一期工程的受欢迎程度大大超出了预期，所以第二期工程面临的挑战是既要兑现之前的承诺，又要与第一期的设计有所不同，并且在创造出惊喜的同时取得成功。场地自身就为设计师詹姆斯·科纳提供了灵感。由于二期工程一直向北延伸，自西切尔西的第 20 街区开始，到第 30 街区西侧的铁路止，因此在地域上有自己独特的特点。它更加狭窄，也更笔直，两侧边界被具有历史意义的货仓，居民住宅和新建的建筑所界定。它的尺度更加私密、更加紧张，更加让人有窥探的欲望，公园创造出一种脱离大城市的感觉，使人更加沉浸在邻里社区之中。

作为一个雄心勃勃的城市重建项目，高线公园的本质是保留和利用。它在政治、生态、历史、社会和经济可持续发展等各个层面来讲都是一个具有重要意义的项目。政治层面，它是对社区活力的一次很好的证明，它拯救了附近两个社区的居民；生态层面，它在城市中央建立起了 6 英亩的绿色屋顶；历史层面，这一改造计划将这个被废弃的铁路线转变为了一个新的公共空间；社会层面，它既是一个社区休闲空间，更是一个世界级别的公园，家人，游客和邻里之间可以在此碰面并进行日常的社交活动。从经济层面上讲，通过企业家的努力，证明了公共空间产生财富，吸引商业贸易，刺激当地经济增长的作用。

二期工程将 0.5 英里长的基础设施转移到了公园之中，减弱了热岛效应，创造了一块意义非凡的栖息地。设计师精心挑选了超过 300 种植物，建立一个以本土植物为主的景

---

① 纽约高线公园〔ED/OL〕. http：//www.360doc.com/content/14/0905/14/11462117_40722796.shtml

观，并为它们的生长营造了特殊的小环境。绿色屋顶技术连同带有缝隙的步行道，增加了雨水的储存量、提升了排水和通风设备，并将灌溉需求降到最低。被改进的可回收的材料包括：旧木材、旧钢铁和当地的预制水泥构件。公园靠节能 LED 灯照明，本土和有利于可持续发展的食物被允许在特许商店经营，同时社区还推出了一系列的免费教育计划。

高线公园是城市多样景观中的一个持续的断面。高线两侧不同类型的混合住宅，以及它们和高线之间相互形成的关系，连同步行道的私密设计一起，将视线引导至哈德逊河岸、社区之间的道路和城市的标志纪念物，唤起了人们对于"慢步道"概念回归城市公园的重新重视。高线位于距地面30英尺的高度，为人们提供了一段独特的城市体验，在那里，人们既是城市的一部分，也同时感觉与城市相隔离。与想象中的单纯从城市中逃离不同，高线公园的设计利用了城市带来的灵感和改变。即使是最熟悉身边环境的纽约人，来到高线公园之后，也会以一个新的并且是他们所期待的方式来看纽约（见图 6-4）。

图 6-4　高线公园绿道景观二期

## 6.3　植物园景观设计及案例分析

### 6.3.1　植物园概述

植物园是公共园绿地的一种，是广泛收集种植各种植物，进行科学研究和科学普及教育的园地。植物园以开发植物资源，改良植物品种，进行引种驯化、栽培实验为中心，同时作为教学、参观的基地，也是供群众游览、休息的场所。园内一般按分类系统、经济价值或生态特性分区种植。植物园可独立进行采集、调查、研究和编著等工作。[①]

从植物园发展历史来看，其规划设计是从简单的整形式到比较复杂的自然式，从着重于实用和科学研究发展到满足科普与游览。因而，植物园的规划设计与公园有许多共同之处，但在科学性方面的要求比公园更高，规划中更多地涉及植物分类学、植物生态学等方面的知识。

### 6.3.1.1　植物园分区

（1）科学实验用地。包括办公室、实验楼、标本室、图书馆、试验地、苗圃等。该区域多设在园中一角，对外联系方便，但不对外开放，与展览区有一定的分隔，以保证科研工作顺利进行。

（2）生活服务用地。如管理区、宿舍、食堂、车库等服务性用地，可与其他两区分开，另辟出入口。

（3）展览区。一般约占植物园总面积的1/2以上，内容丰富多彩，是科普教育及游览休息的重要园地。而园中植物的布置方式大致有以下几种。

1）按照植物进化和分类系统排列布局。该专类园以植物分类学为理论基础，依据一定的分类系统，将植物按照进化顺序排列布置，反映了植物界由低级到高级发展进化的过程。它可以任何等级上的一个分类单位为基础，如一个纲、目、科、属或种。目前运用较多的分类系统有Engler（恩格勒）系统、Hutchinson（哈钦松）系统、Cronqust（克朗奎斯特）系统、Takhtajan（塔赫他间）系统等。

2）按照植物地理来源布局。该专类区以植物地理学为基础，收集、展示具有特别趣味的植物类型及其原产地和分布情况，比如澳大利亚的山龙眼科植物、马达加斯加岛的棕榈科植物、热带美洲的附生凤梨科植物、西南欧的球根植物等。按照植物地理来源或以植物区系布局的专类园，可以增进人们对世界各地植物种类、植被类型及所依附的自然地理条件的认识，加深对世界各地植物资源的了解。

3）按照植被类型布局。该专类区是为了保护展示当地本土植物而建立的，目的是指导重建和恢复真正的自然生境，具有一定的科学意义。例如，古巴哈瓦那国家植物园的蛇纹岩地区植被；我国吉林长春森林植物园的长白山地区植被，西双版纳热带植被，湖南南

① 姚庆渭：《实用林业词典》，中国林业出版社1990年版，第725页。

岳植物园的低丘陵植被等。

4）按照植物生长所处生境布局。该专类区表现主题是不同类型的生境。根据植物对其主要影响环境因子要求的不同，形成多样的专类园。其中，根据植物对水分的不同适应性，可分为水生植物区、湿生植物区、中生植物区、旱生植物区；根据植物对不同土壤的要求，有岩石园、盐生园、沙漠植物区、沙旱生植物区等；根据光照和温度条件的不同，有阴生植物区、高山植物区等。

5）按照亲缘关系相近原则布局。该专类区将亲缘关系相近的植物，如同科或亚科、同属、同种作为分类标准进行布局。其中同种植物专类区，是由该种植物的不同品种及变种组成。该专类区（园）的主题植物在花期常有较高的观赏价值，如梅园、菊圃、牡丹园、月季园、荷园、樱花园、桂花园等。植物园中同种植物专类区的数量相对较少，多半会引入其他亲缘关系相近的种，组成同属植物专类区。

### 6.3.1.2　植物园选址

（1）水源。水源有无是建园成败的重要因素。一般植物都需要灌溉，水生、沼生植物更不能没有水面。水面还可以调节气温及湿度，丰富园林景色。杭州植物园由于有玉泉水源保证植物生长，又形成了大大小小的水面，为植物园添色不少；昆明植物园靠近黑龙潭泉，亦可满足水源要求；相反，北京植物园由于缺水而深感美中不足。

（2）地形。植物园要求有比较丰富的地形地貌，以便合理安排不同分区，并可形成各种小气候条件，以利于引种驯化工作。杭州植物园原地形有起伏变化，在海拔 15～45 米处因高就低，挖湖堆山，在动土方量不大的情况下以略高于视线的土丘分隔视线，组织空间，形成了适应植物不同生态要求的展览区，在较高的山地布置了树木园与实验区，效果较好。因此，原有地形地貌比较丰富，又有一定的平地，是选址中必须考虑的条件。

（3）土壤。植物园内的植物种类十分丰富，因此对于土壤的要求也多种多样，最好具有不同的物理及化学性状，以便适应各种植物生长。在整个园地范围内，应有 1/2 以上的土壤，土层深厚，排水良好。因此，选址时要充分考虑土壤条件，规划前要做好土壤普查工作。必要时，进行适当的土壤改良工作。上海植物园在定植前，进行了大量田间改良土壤，取得了很好的效果。

（4）原有植被的保留。园址内植被丰富说明其自然环境适宜多种植物生长，如果树木过多，建园过程中不可能充分利用，反而要大量砍伐后才能种植，则会造成浪费。因此，最好有一定数量的树木，近期可达到绿化效果，以后逐步改造。广东植物园将原有蒲岗萌生林作为自然保护区；杭州植物园也有一片原有林地，这些对今后植物园的发展将会起到一定的作用。园址内如有古迹文物，应慎重保护，并可结合植物配置，形成具有特殊风格的景区。杭州植物园将"玉泉观鱼"与山水园、槭树杜鹃园结合，取得很好的效果。同时植物园多位于近郊，有的周围有工厂，选址时要注意避开大气、水源及土壤污染的地方，以免影响植物正常生长，干扰科研工作，破坏植物园景色。

（5）园址选择。植物园园址的选择，除本身所应具备的条件以外，还应考虑其在城市规划中的位置。植物园要进行经常的科研工作，又有对外开放游览、进行科普教育的任务，不同于风景区或疗养地，更有别于自然保护区，因此距市区不宜过远，一般离市中心以乘公共汽车不超过 1 小时为宜。选址时要考虑城市规划的远景，使植物园在近期内既不过于偏僻，远期又不至于为居民区或工厂所包围。

### 6.3.1.3　植物园景观设计

欣赏植物景观的过程是人们视觉、嗅觉、触觉、听觉、味觉五大感官媒介审美感知并产生心理反应与情绪的过程。其中视觉起主导作用，对植物感知的先后顺序首先是眼睛欣赏色彩和形状，其次是闻其香、触其体。植物的观赏特征如音乐的音符，绘画的色彩、线条、形体，是情感表现的语言。设计者应努力体会理解这些语言，研究能使主观产生美感的植物景观的内在规律，设计出符合人的生理需求的植物景观。

## 6.3.2　案例分析——河北秦皇岛植物园

秦皇岛植物园位于秦皇岛市海港区，占地近 25 公顷。东临汤河，与"红飘带"隔河相望，是汤河生态廊道的有机组成部分和重要节点，连接山海。植物园昔日为苗圃，更有多家残破工厂盘踞，垃圾遍地。植物园的规划和建设分两期实施完成，一期工程为南部园区。2007 年 10 月开始建设，翌年 7 月即向市民和游客开放。二期工程为北部园区，2008 年 10 月开始建设，2009 年 7 月初步建成开放。[①]

设计尊重场地原有地形和植被。游客所见之滨河林带、池塘及园中的老枣树、刺槐、杨树，乃至成片的幼林，皆为场地苗圃遗物，在设计施工时巧妙保留。场地原有部分道路也得以保留，包括园中的南北直线主干道路，使建园工程投资少，见效快，且留下了场地的记忆。在此基础上，叠加新的设计。整体设计从材料、色彩、植物种类和构景设计手法

---

① 俞孔坚：《秦皇岛植物园：植物园的当代设计探索》载《风景园林》，2012 年第 4 期，第 158～163 页。

诸方面，彰显当代中国的特色。

秦皇岛植物园以展示本土植物为特色，融科普教育、审美启智与景观体验为一体。为体现这一理念，植物园设计打破常规，将植物展示与生态知识、环境伦理、可持续理念及当代景观设计手法相结合，形成多个各具特色的区域。

在西南角，将植物园的部分空间置于围墙之外，形成"园外园"，此在古今园林中堪称绝无仅有。4个半围合的院落错落交叠，环环相套，构成丰富的院落空间。园外园形成植物园与城市之间的缓冲区，作为入口人流集散和休息之所，并在植物园不开放的时候，仍然能给城市居民一个游憩之地。院落由高低不同的灰砖墙围合，红色钢格为漏窗，分别以碎石和毛石铺地，布置各类传统中国药用植物。

西入口以银杏构成林荫轴线，中以白沙铺地，条状置石沿轴线分布，两侧为青砖步道，构成具有很强引导性的入口景观轴。入口处有一组灰砖建筑，保留原场地的枣树若干，围合两处院落，以供接待和展览，素雅别致，淳朴悠然。自门口延续向东，为土壤轴，延续入口中轴，直指汤河岸上的遗留水塔，构成园区之东西主轴。石砾由巨而细，土壤由瘠而沃，生境渐变，相应的植物滋生其间。

沿土壤轴至汤河，再顺汤河而北，为滨水生态廊道。游道串联林带、滨河生境以及原有鱼塘，展示滨水丰富的植物群落，高处有榆槐梓桑，低湿处有苔蒲蒹葭，为典型的华北滨河植物。有白鹭亭，三五成群，亭亭玉立于滨水步道一侧，取意于汤河边栖息的群群白鹭，供藤本植物攀援，也为游客驻足休憩。白鹭亭投下阴影，或疏或密，适宜于有不同光照需求的植物种类在其下生长。

在植物园的最北侧堆土为丘，构成屏障，以蔽朔风，其山北坡多为耐寒的禾草，山的南坡为宿根花卉，山顶有白杨临风，鸳亭翘然。待游者登临俯瞰，而又置身于林荫之中。北山的阳面，设植物园北入口，有林荫广场。广场的东面是宿根园区，阡陌井然，百卉竞放，万紫千红。山的西南面有几条绝壁悬崖，岩层皴皱，仿佛燕山之断崖剖面，交错围合，森森然如入深壑。

5 000年的中国文化在许多植物身上都有深深的烙印，使植物被赋予诸多含义和象征：松之不屈、竹之的高洁、杏之窈窕、桃之妖冶、牡丹之华丽、木兰之雍容、海棠之旖旎，故在园之西部，依平原田地之肌理，置花田树畦和多个文化植物苑专类园，普及中国植物之人文知识（见图6-5）。

图 6-5　秦皇岛植物园

# 参考文献

**国外专著**

［1］Jorge Valentin and Lucila Gamez. Environmental Psychology-New Developments［M］. New York:Nova Science Publishers，Inc.，2010.

［2］Noose R. F. and A. Y. eoopemdcr. Saving Nature's Legaly：Protecting and Restoring Biodiversity［M］. Island Press，Washington，D. C.，l994.

［3］Simvander Ryn，Cowan Stuart. Ecologieal Design［M］.Washington D. C.：Island Press，1996.

［4］Wageenknecht-Harte，Kay. Site+Sculpture［M］.New York：Van Nostrand Reinh-old，1989.

［5］Garrett Eckbo. Landscape for Living［M］.New York：F. W. Dodge，1950.

［6］〔日〕原研哉著，朱锷译.设计中的设计［M］.济南：山东人民出版社，2006.

［7］〔挪〕诺伯舒兹著，施植明译.场所精神——迈向建筑现象学［M］.武汉：华中科技大学出版社，2006.

［8］〔英〕C.米歇尔·霍尔，斯蒂芬·J.佩奇著，周昌军，何桂梅译.旅游休闲地理学——环境·地点·空间［M］.北京：旅游教育出版社，2007.

［9］Bryan Lawson. How designers think The Design Process Demystified［M］.4th. Oxford：Architectural Press，2005.

［10］Bryan Lawson. The Language of Space［M］.Oxford：Architectural Press，2001.

［11］Frederick Steiner. The Living Landscape：An Ecological Approach to Landscape Planning［M］.2nd，Washington：Island Press，2008.

［12］Alan Jay Christensen. Dictionary of Landscape Architecture［M］.New York：McGraw-Hill，2005.

［13］〔美〕Edward Inskeep著，张凌云译.旅游规划——一种综合性的可持续的开发方法

〔M〕. 北京：旅游教育出版社，2004.

[14]〔英〕Ian Thompson, Torben Dam, Jens Balsby Nielsen 著，王进，卢鹏译. 欧洲景观建筑学——最佳细部设计实践〔M〕. 北京：机械工业出版社，2013.

[15]〔美〕M. Elen Deming, Simon Swaffield 著，陈晓宇译. 景观设计学：调查·策略·设计〔M〕. 北京：电子工业出版社，2013.

[16]〔美〕Richard Primack 著，季维智译. 保护生物学基础〔M〕. 北京：中国林业出版社，2000.

[17]〔美〕Richard T. T. Forman, Daniel Sperling, John A. Bissonette 著，李太安，安黎哲，李凤民译. 道路生态学——科学与解决〔M〕. 北京：高等教育出版社，2008.

[18]〔美〕William E. Hammitt, David N. Cole 著，吴承照，张娜译. 游憩生态学〔M〕. 北京：科学出版社，2011.

[19]〔美〕保罗·贝尔，托马斯·格林，杰弗瑞·费希尔等著，朱建军，吴建平译. 环境心理学〔M〕. 5 版. 北京：中国人民大学出版社，2009.

[20]〔阿根廷〕博尔赫斯著，王永年译. 小径分岔的花园〔M〕. 杭州：浙江文艺出版社，1999.

[21]〔英〕布莱恩·劳森（Lawson Bryan）著，杨青娟，韩效，卢芳，李翔译. 空间的语言〔M〕. 北京：中国建筑工业出版社，2002.

[22]〔美〕查尔斯·瓦尔德海姆著，刘海龙，刘东云，孙璐译. 景观都市主义〔M〕. 北京：中国建筑工业出版社，2011.

[23]〔英〕德斯蒙德·莫里斯著，刘文荣，今夫译. 人类行为观察〔M〕. 深圳：海天出版社，1990.

[24]〔英〕盖奇·凡登堡著，张仲一译. 城市硬质景观设计〔M〕. 北京：中国建筑工业出版社，1985.

[25]〔德〕汉斯·罗易德，斯蒂芬·伯拉德等著，罗娟，雷波译. 开放空间设计〔M〕. 北京：中国电力出版社，2007.

[26]〔日〕吉田慎司著，胡连荣，申畅，郭勇译. 环境色彩规划〔M〕. 北京：中国建筑工业出版社，2011.

[27]〔美〕杰克·E. 英格尔斯，曹娟，吴家钦，卢轩译. 景观学〔M〕. 北京：中国林业出版社，2008.

[28]〔日〕进士五十八，铃木诚，一场博幸著，李树华，杨秀娟，董建军译. 乡土景观——向乡村学习的城市环境营造〔M〕. 北京：中国林业出版社，2008.

[29]〔英〕凯琴琳·迪，陈晓宇译. 设计景观 艺术 自然与功用〔M〕. 北京：电子工业出版社，

2013.

［30］〔加〕科林·埃拉德著，李静滢译.迷失——为什么我们能找到去月球的路，却迷失在大卖场？〔M〕.北京：中信出版社，2010.

［31］〔法〕勒·柯布西耶著，陈志华译.走向新建筑〔M〕.西安：陕西师范大学出版社，2004.

［32］〔美〕理查德·L.奥斯汀著，罗爱军译.植物景观设计元素〔M〕.北京：中国建筑工业出版社，2005.

［33］〔日〕铃木大拙著，刘大悲，孟祥森译.禅与生活〔M〕.黄山：黄山出版社，2010.

［34］〔日〕芦原义信著，尹培桐译.外部空间设计〔M〕.北京：中国建筑工业出版社，1985.

［35］〔美〕罗布·W.索温斯基著，孙兴文译.景观材料及其应用〔M〕.北京：电子工业出版社，2011.

［36］〔美〕洛林·L.施瓦茨，查尔斯·A.弗林克，罗伯特·M.西恩斯著，余青，柳晓霞，陈琳琳译.绿道规划·设计·开发〔M〕.北京：中国建筑工业出版社，2009.

［37］〔美〕南希·A.莱斯辛斯基著，卓丽环译.植物景观设计〔M〕.北京：中国林业出版社，2004.

［38］〔美〕前田约翰著，张凌燕译.简单法则：设计、技术、商务、生活的完美融合〔M〕.北京：机械工业出版社，2015.

［39］〔美〕斯蒂芬·R.凯勒特著，朱强，刘英，俞来雷等译.生命的栖居——设计并理解人与自然的联系〔M〕.北京：中国建筑工业出版社，2008.

［40］〔英〕汤姆·特纳著，王珏译.景观规划与环境影响设计〔M〕.北京：中国建筑工业出版社，2006.

［41］〔美〕托伯特·哈姆林著，邹德侬译.建筑的形式美的原则〔M〕.北京：中国建筑工业出版社，1982.

［42］〔英〕西蒙·贝尔著，王文彤译.景观的视觉设计要素〔M〕.北京：中国建筑工业出版社，2004.

［43］〔丹麦〕扬·盖尔著，何人可译.交往与空间〔M〕.北京：中国建筑工业出版社，2002.

［44］〔美〕约翰.O.西蒙兹著，俞孔坚等译.景观设计学：场地规划与设计手册〔M〕.3版.北京：中国建筑工业出版社，2000.

［45］〔美〕约翰·A.维佛卡著，郭毓洁，吴必虎，于萍译.旅游解说总体规划〔M〕.北京：中国旅游出版社，2008.

［46］〔美〕约翰·O.西蒙兹著，俞孔坚，王志芳，孙鹏译.景观设计学——场地规划与设

计手册［M］.北京：中国建筑工业出版社，2000.

［47］〔美〕约翰·布林克霍夫·杰克逊著，俞孔坚，陈义勇译.发现乡土景观［M］.北京：商
务印书馆，2015.

## 国内专著

［1］《江西森林》编辑委员会.江西森林［M］.北京：中国林业出版社，南昌：江西科学
技术出版社，1986.

［2］安建国，方晓灵.法国景观设计思想与教育——"景观设计表达"课程实践［M］.北
京：高等教育出版社，2013.

［3］北京动物园.公园导览标识［M］.北京：中国建筑工业出版社，2012.

［4］北京市天坛公园管理处.公园园容管理［M］.北京：中国建筑工业出版社，2012.

［5］陈易，陈申源.环境空间设计［M］.北京：中国建筑工业出版社，2008.

［6］陈志华.中国造园艺术在欧洲的影响［M］.济南：山东画报出版社，2006.

［7］崔莉.旅游景观设计［M］.北京：旅游教育出版社，2008.

［8］崔生国.标志设计基础［M］.上海：上海人民美术出版社，2006.

［9］邓涛.旅游区景观设计原理［M］.北京：中国建筑工业出版社，2007.

［10］刁俊明.园林绿地规划设计［M］.北京：中国林业出版社，2007.

［11］丁圆.滨水景观设计［M］.北京：高等教育出版社，2010.

［12］呙智强.景观设计概论［M］.北京：中国轻工业出版社，2006.

［13］郭琼莹.景观学体系的发展创新研究——国际思想与台湾经验.景观教育的发展与
创新——2005国际景观教育大学论文集［M］.北京：中国建筑工业出版社，2006.

［14］何小颜.花之语［M］.北京：中国书店，2008.

［15］黄东兵，魏春海.园林规划设计［M］.北京：中国科学技术出版社，2003.

［16］黄建成.展示空间设计［M］.北京：北京大学出版社，2007.

［17］计成.园冶［M］.胡天寿译注.重庆：重庆出版社，2009.

［18］计成.园冶［M］.赵农注释.济南：山东画报出版社，2003.

［19］金煜.园林植物景观设计［M］.沈阳：辽宁科学技术出版社，2008.

［20］孔祥伟，李有为.以土地的名义：俞孔坚与"土人景观"［M］.北京：生活·读书·新
知三联书店，2009.

［21］赖维铁.交通心理学［M］.武汉：华中理工大学出版社，1988.

［22］乐嘉藻.中国建筑史［M］.北京：团结出版社，2005.

［23］黎德化.生态设计学［M］.北京：北京大学出版社，2012.

［24］李博，杨持，林鹏.生态学［M］.北京：高等教育出版社，2000.

［25］李迪华，韩西丽，孟彤.徒步阅读世界景观与设计——"世界建筑城市与景观"课
　　　程教学案例［M］.北京：高考教育出版社，2010.

［26］李光斗.魔鬼营销［M］.北京：新世界出版社，2010.

［27］李惠军，张璟.现代景观设计表现技法［M］.上海：上海人民艺术出版社，2008.

［28］李开然.景观设计基础［M］.上海：上海人民美术出版社，2006.

［29］李星学，周志炎，郭双兴.植物界的发展和演化［M］.北京：科学出版社，1981.

［30］林玉莲，胡正凡.环境心理学［M］.北京：中国建筑工业出版社，2000.

［31］刘滨谊.现代景观规划设计［M］.南京：东南大学出版社，2005.

［32］刘抚英，王育林，张善峰.景观设计新教程［M］.上海：同济大学出版社，2010.

［33］刘天华.画境文心：中国古典园林之美［M］.北京：生活·读书·新知三联书店，1994.

［34］刘伟，李慧文，吴健平.景观环境设计［M］.北京：中国民族摄影艺术出版社，2011.

［35］刘文杰，梅君.路文化［M］.北京：人民交通出版社，2009.

［36］刘先觉.现代建筑理论［M］.北京：中国建筑工业出版社，2002.

［37］刘晓光.景观美学［M］.北京：中国林业出版社，2012.

［38］楼庆西.中国古建筑二十讲［M］.北京：生活·读书·新知三联书店，2004.

［39］卢云亭，王建军.生态旅游学［M］.北京：旅游教育出版社，2001.

［40］马克辛，李科.现代园林景观设计［M］.北京：高等教育出版社，2008.

［41］欧善华，杨斌生.常见植物鉴别手册.上海：上海科技教育出版社，1993.

［42］邵琪伟.中国旅游大辞典［M］.上海：上海辞书出版社，2012.

［43］苏雪痕.植物造景［M］.北京：中国林业出版社，1994.

［44］孙文昌.现代旅游开发学［M］.2版.青岛：青岛出版社，2001.

［45］孙喜林.旅游心理学［M］.广州：广东旅游出版社，2002.

［46］汤晓敏，王云.景观艺术学——景观要素与艺术原理［M］.上海：上海交通大学出
　　　版社，2009.

［47］唐小敏，徐克艰，方佩岚.绿化工程［M］.北京：中国建筑工业出版社，2008.

［48］唐学山，李雄，曹礼昆.园林设计［M］.北京：中国林业出版社，1997.

［49］王波，王丽莉.植物景观设计［M］.北京：科学出版社，2008.

［50］王康，邴艳红，张佐双.植物园的四季［M］.北京：化学工业出版社，2008.

[51] 王柯平.旅游美学新编[M].北京：旅游教育出版社，2000.

[52] 王良范.千家苗寨的故事[M].北京：中国文联出版社，2002.

[53] 王宁，刘丹萍，马凌.旅游社会学[M].天津：南开大学出版社，2008.

[54] 王其钧.中国园林词典[M].北京：机械工业出版社，2013.

[55] 王维正，胡春姿，刘俊昌.国家公园[M].北京：中国林业出版社，2000.

[56] 王云才，韩丽莹，王春平.群落生态设计[M].北京：中国建筑工业出版社，2009.

[57] 王展，马云.人体工学与环境设计[M].西安：西安交通大学出版社，2007.

[58] 邬建国.景观生态学——格局、过程、尺度与等级[M].北京：高等教育出版社，2000.

[59] 吴家骅.景观形态学[M].叶南译.北京：中国建筑工业出版社，2000.

[60] 夏惠.园林与艺术[M].北京：中国建筑工业出版社，2007.

[61] 夏祖华，黄伟康.城市空间设计[M].南京：东南大学出版社，1992.

[62] 肖笃宁，李秀珍，高峻，等.景观生态学[M].北京：科学出版社，2003.

[63] 徐化成.景观生态学[M].北京；中国林业出版社，1996.

[64] 许浩.景观设计：从构思到过程[M].北京：中国电力出版社，2011.

[65] 闫立杰，崔莉.旅游景观鉴赏[M].北京：旅游教育出版社，2007.

[66] 杨公侠.视觉与视觉环境[M].上海：同济大学出版社，2002.

[67] 杨世瑜，庞淑英，李云霞.旅游景观学[M].天津：南开大学出版社，2008.

[68] 姚敦义.植物学导论[M].北京：高等教育出版社，2002.

[69] 姚庆渭.实用林业词典[M].北京：中国林业出版社，1990.

[70] 余树勋.园林美与园林艺术[M].北京：中国建筑工业出版社.2006.

[71] 俞孔坚，李迪华.景观：文化、生态与感知[M].北京：科学出版社，1998.

[72] 俞孔坚，庞伟.足下文化与野草之美[M].北京：中国建筑工业出版社，2003.

[73] 俞孔坚.生存的艺术：定位当代景观设计学[M].北京：中国建筑工业出版社，2006.

[74] 俞孔坚.回到土地[M].北京：生活·读书·新知三联书店，2009.

[75] 俞孔坚.景观：文化、生态与感知[M].北京：科学出版社，2000.

[76] 俞孔坚.理想景观探源——风水的文化意义[M].北京：商务印书馆，1998.

[77] 俞孔坚.生存的艺术[M].北京：中国建筑工业出版社，2006.

[78] 张大为，尚金凯.景观设计[M].北京：化学工业出版社，2008.

[79] 张家骥.中国造园论[M].太原：山西人民出版社，2003.

[80] 张建涛.城市景观设计[M].北京：中国水利水电出版社，2008.

[81] 张西利.城市标识系统规划设计[M].北京：中国建筑工业出版社，2006.

［82］张晓燕.景观设计理念与应用［M］.北京：中国水利水电出版社，2007.

［83］张昕，徐华，詹庆旋.景观照明工程［M］.北京：中国建筑工业出版社，2006.

［84］张祖刚.世界园林史图说［M］.2 版.北京：中国建筑工业出版社，2013.

［85］赵云川，陈望，孙恺，于清渊.公共环境标识设计［M］.北京：中国纺织出版社，2004.

［86］赵云川.展示设计［M］.北京：中国轻工业出版社，2001.

［87］中国人与生物圈国家委员会秘书处.杨桂华译.生态旅游的绿色实践［M］.北京：
科学出版社，2000.

［88］周岚，陈闽齐，王奇志等.城市空间美学［M］.南京：东南大学出版社，2001.

［89］周锐，黄英杰，邹一了.城市标识设计［M］.上海：同济大学出版社，2004.

［90］周武忠.理想家园：中西古典园林艺术比较［M］.南京：东南大学出版社，2012.

［91］周晓虹.现代社会心理学名著精华［M］.南京：南京大学出版社，1992.

［92］朱淳，张力.景观艺术史略［M］.上海：上海文化出版社，2008.

［93］朱冬冬，韩大庆.景观学与环境艺术设计的学科特点比较研究.景观教育的发展与
创新——2005 国际景观教育大学论文集［M］.北京：中国建筑工业出版社，2006.

［94］朱志红.假山工程［M］.北京：中国建筑工业出版社，2009.


**期刊文献：**

［1］Argyle，M. & Dean，J. Eye-contact distance and affiliation［J］.Sociometry，1965
（28），289-304.

［2］Dale D. & T. Weaver. Trampling effects on vegetation of the trail corridors of North Rocjey
mountain［J］.Journal of Applied Ecology，1974（11）：767 -772.

［3］Daniel T. ，Wither C. Scenic Beauty：Visual Landscape Quality Assessment in the 21st
Century［J］.Landscape and Urban Planning，2001（54）：267-281.

［4］Finney S. K. ，Pearce-Higgins J. W. ，Yalden D. W.. The effect of recreational disturbance
on an upland breeding bird，the golden plover（Pluvialis apricari）［J］. Biological
Conservation，2005（121）：53–63.

［5］Forman RTT and Alexander L. E. Roads and their major ecological effects［J］. Annual
Rev Ecol System ，1998（29）：207-231.

［6］Sedong. Landscape planning：A conceptual perspective［J］. Landscape and Urban
Planning，1986（13）：335-347.

［7］Wohwill, J. F. Human response to levels of environmental stimulation［J］.Human Ecology, 1974（2）：127-147.

［8］安旭, 陶联侦.城市园林水体景观功能及其评价体系［J］.浙江师范大学学报, 2010, 33（3）：337-339.

［9］柏洁.中西方古典园林差异的透视学分析［D］.天津：天津大学, 2009.

［10］蔡凌豪.浅论视域分析理论在中国古典园林研究中的应用——以留园入口空间序列为例［C］.中国风景园林学会 2009 年会论文集, 2009.

［11］陈冬红.园林设计自然风格在城市道路植物景观中的运用［D］.西安：西北农林科技大学, 2008.

［12］陈伟志, 王依涵, 丁继军.中国古典园林的分隔性及其文化内涵［J］.合肥工业大学学报（社会科学版）, 2011, 25（2）：147-152.

［13］陈小敏, 田志平, 张延龙.极简主义园林中的植物应用研究［J］.安徽农业科学, 2007, 35（29）：9246-9247, 9252.

［14］陈鑫峰, 王雁.森林美剖析——主论森林植物的形式美［J］.林业科学, 2001, 37（2）：122-130.

［15］范建红, 张弢, 雷汝林.国外景观地理学发展的回顾与展望［J］.世界地理研究, 2007, 16（1）：83-89.

［16］高国静, 秦安臣, 赵志江等.农业观光园道路规划主要技术指标的研究［J］.西北林学院学报, 2009, 24（2）：197-200.

［17］高建亮, 赵林艳, 叶铭和.栏杆在园林绿地中的应用［J］.安徽农业科学, 2010, 38（8）：4324-4326.

［18］葛小东, 李文军, 朱忠福.网络有效性——评价旅游活动对环境影响的一个新指标［J］.自然资源学报, 2002, 17（3）：281-386.

［19］洪铁城, 俞孔坚, 曹杨.漫谈俞孔坚创建中国景观设计学［J］.建筑创作, 2008（2）：134-143.

［20］胡洁, 吴宜夏, 段近宇.北京奥林匹克森林公园交通规划设计［J］.中国园林, 2006（6）：20-24.

［21］黄清平, 王晓俊.略论 Landscape 一词释义与翻译［J］.世界林业研究, 1999（1）：74-77.

［22］黄胜英.园林中的视觉基本元素［J］.苏州大学学报, 2009, 29（5）：88-90.

［23］黄向, 保继刚.场所依赖（place attachment）：一种游憩行为现象的研究框架［J］.

旅游学刊，2009，21（9）：19-24.

[24] 景峰.从私密性角度探讨户外公共空间中的座位设计 [J].装饰，2013（3）：98-99.

[25] 李广雯.园林铺装的视觉探索 [J].山西建筑，2009，35（19）：349-350，366.

[26] 李辉.城市公园地形的改造设计——以衢州月亮湾公园为例 [J].华中建筑，2009（9）：
139-140.

[27] 李睿煊，李斌成.从审美心理角度谈园林美的创造 [J].中国园林，1999，15（3）：45-
47.

[28] 李月辉，胡远满，李秀珍等.道路生态研究进展 [J].应用生态学报，2003，14
（3）：447-452.

[29] 李运远.简析现代景观材料的运用与设计的关系 [J].沈阳农业大学学报（社会科学
版），2006，8（2）：267–269.

[30] 梁铮.景观的可持续设计浅议 [J].安徽建筑工业学院学报（自然科学版），2007，15
（3）：35-37.

[31] 林广思.景观词义的演变与辨析 [J].中国园林，2006（5）：42-45.

[32] 林继卿.基于 GIS 的灵石山国家森林公园游览线路组织研究 [D].福州：福建农林
大学，2009.

[33] 林芹.基于嵌入式的无线区域识别系统的研究 [D].重庆：重庆大学，2004.

[34] 林箐.理性之美——法国勒·诺特尔式园林造园艺术分析 [J].中国园林，2006（4）：
9-16.

[35] 刘鸿琳，王跃.基于生态设计理念的城市公园景观规划——以宜昌市六泉湖公园景
观规划为例 [J].规划师，2011，27（1）：92-95.

[36] 刘韬，彭明春，王崇云.基于可视域分析的景观生态恢复 [J].云南大学学报（自然
科学版），2009，31（1）：344-349.

[37] 刘翔，邹志荣.园林景观空间尺度的视觉性量化控制 [J].安徽农业科学，2008，36
（7）：2757-2758，2761.

[38] 刘晓明.论北海公园濠濮间的造园艺术特色 [J].北京林业大学学报，2000，22
（3）：68-71.

[39] 吕昀，袁敏，许建和.浅议城市滨水步道空间节点 [J].华中建筑，2008，26（10）：146-
147，157.

[40] 马源，邹志荣.谈古典园林动·静观及对现代园林设计的启示 [J].安徽农业科学，2006，3
（414）：3319-3321.

［41］茅昊，周武忠.江南古典园林旅游功能缺失研究［J］.旅游学研究，2007：127-129.

［42］潘谷西.苏州园林的观赏点观赏路线［J］.建筑学报，1963（6）：14-18.

［43］庞明伟，龙波，许传军."天人合一"景观生态设计的现代理念［J］.长春大学学报，2006，26（2）：96-99.

［44］乔丽芳，张毅川，郑树景.景观的生态设计研究［J］.安徽农业科学，2005，33（12）：2316-2317.

［45］裘鸿菲.中国综合公园的改造与更新研究［D］.北京：北京林业大学，2009.

［46］史吉祥.最省力法则对博物馆学的启示［J］.中国博物馆，1999（2）：32-34，5.

［47］孙文婧，马博华.步道铺装材质的创新表现［J］.艺术与设计，2013（3）：93.

［48］王敏.公园中结合自然环境条件的道路景观规划设计［D］.西安：西安建筑科技大学，2007.

［49］王南希，李雄.寻找生态设计的脉络［J］.山西建筑，2011，37（26）：3-5.

［50］王向荣，林箐.现代景观的价值取向［J］.中国园林，2003（1）：4-11.

［51］王晓青.左转弯习性与商业空间设计［J］.山西建筑，1999（3）：41-42.

［52］吴军，石峰.基于可持续发展的旅游景观设计［J］.社会科学家，2005（4）：119-121.

［53］吴祥艳.古今园林差异性比较［J］.中国园林，1999，16（6）：54-55.

［54］徐超英.故宫博物院数字化广播［J］.中国博物馆，2003（3）：73-75，64.

［55］许丽.中国古典园林园路的意境美体现［J］.现代园林，2009（7）：33-35.

［56］闫昱.迂回与进入——苏州明清私家园林中路径对体验密度的影响［D］.天津：天津大学建筑学院，2009.

［57］杨滨章.J.A.安德森的园林设计艺术观及表现手法［J］.中国园林，2007（1）：13-17.

［58］杨立霞，李绍才，孙海龙等.中国古典园林园路美的结构要素与排序［J］.西南大学学报（自然科学版），2008，30（8）：155-159.

［59］杨蜀光.传统园林设计中暗藏的心理学应用［J］.建筑，2006，24（1）：114-116.

［60］姚亦峰.风景区道路的美学意义［J］.规划师，2005，21（5）：73-75.

［61］叶鹏，潘国泰.景观物质形态的系统化特征［J］.合肥工业大学学报，2004，27（9）：1024-1027.

［62］余鸿，彭尽晖，朱霁琪.城市公园生态设计研究进展［J］.安徽农业科学，2009，37（18）：8789-8790.

346 ［63］余英.当代西方建筑中的解构主义［J］.西北建筑工程学院学报，1990（1-2）：17-24.

［64］俞孔坚，李迪华，吉庆萍.景观与城市的生态设计——概念与原理［J］.中国园林，

2001（6）：3-10.

［65］张桂生，吴德兴．生态工法在国内外公路工程中的应用和启示［J］.公路交通技术，
2008（1）：127-131.

［66］张婉．生态美视野下的园林艺术设计［D］.南京：南京林业大学，2008.

［67］章文姣，张红艳，王飞等．城市开放式公园社会向心空间使用状况评价——以保定
市竞秀公园为例［J］.安徽农业科学，2008（36）：15848-15850，15935.

［68］赵显刚，宋淑艳．浅谈园林景观中园路的设计［J］.天津农学院学报，2003，10
（2）：57-59.

［69］钟永德，罗芬．旅游解说牌示规划设计方法与技术探讨［J］.中南林学院学报，
2006，26（1）：95-99.

［70］朱强，俞孔坚，李迪华．景观规划中的生态廊道宽度［J］.生态学报，2005，25
（9）：2406-2411.

［71］朱元恩，吕振华．基于生物多样性的园路规划［J］.长江大学学报（自科版），2005，2
（11）：42-46.